Panorama of Mathematics

数 学 概 览   19.1

Gromov
的数学世界（上册）

— M. 格罗莫夫　著

— 季理真　选文

— 梅加强　赵恩涛　马　辉　译

高等教育出版社·北京

图书在版编目（CIP）数据

Gromov 的数学世界（上册）/（俄罗斯）M. 格罗莫夫
著；季理真选文；梅加强，赵恩涛，马辉译 . -- 北京：
高等教育出版社，2020.6
（数学概览 / 严加安，季理真主编）
ISBN 978-7-04-053402-3

Ⅰ . ① G… Ⅱ . ① M… ②季… ③梅… ④赵… ⑤马…
Ⅲ . ①数学－普及读物 Ⅳ . ① O1-49

中国版本图书馆 CIP 数据核字（2020）第 025571 号

策划编辑	和 静	责任编辑	和 静	封面设计	姜 磊	版式设计	徐艳妮
插图绘制	于 博	责任校对	王 雨	责任印制	刁 毅		

出版发行	高等教育出版社	网　址	http://www.hep.edu.cn
社　址	北京市西城区德外大街4号		http://www.hep.com.cn
邮政编码	100120	网上订购	http://www.hepmall.com.cn
印　刷	中农印务有限公司		http://www.hepmall.com
开　本	787mm×1092mm 1/16		http://www.hepmall.cn
印　张	20.25		
字　数	280千字	版　次	2020 年 6 月第 1 版
购书热线	010-58581118	印　次	2020 年 6 月第 1 次印刷
咨询电话	400-810-0598	定　价	69.00元

《数学概览》编委会

主编： 严加安　季理真

编委： 丁　玖　李文林

　　　林开亮　曲安京

　　　王善平　徐　佩

　　　姚一隽

《数学概览》序言

　　当你使用卫星定位系统 (GPS) 引导汽车在城市中行驶, 或对医院的计算机层析成像深信不疑时, 你是否意识到其中用到什么数学知识? 当你兴致勃勃地在网上购物时, 你是否意识到是数学保证了网上交易的安全性? 数学从来没有像现在这样与我们日常生活有如此密切的联系。的确, 数学无处不在, 但什么是数学, 一个貌似简单的问题, 却不易回答。伽利略说: "数学是上帝用来描述宇宙的语言。" 伽利略的话并没有解释什么是数学, 但他告诉我们, 解释自然界纷繁复杂的现象就要依赖数学。因此, 数学是人类文化的重要组成部分, 对数学本身以及对数学在人类文明发展中的角色的理解, 是我们每一个人应该接受的基本教育。

　　到 19 世纪中叶, 数学已经发展成为一门高深的理论。如今数学更是一门大学科, 每门子学科又包括很多分支。例如, 现代几何学就包括解析几何、微分几何、代数几何、射影几何、仿射几何、算术几何、谱几何、非交换几何、双曲几何、辛几何、复几何等众多分支。老的学科融入新学科, 新理论用来解决老问题。例如, 经典的费马大定理就是利用现代伽罗瓦表示论和自守形式得以攻破; 拓扑学领域中著名的庞加莱猜想就是用微分几何和硬分析得以证明。不同学科越来越相互交融, 2010 年国际数学家大会 4 个菲尔兹奖获得者的工作就是明证。

现代数学及其未来是那么神秘, 吸引我们不断地探索。借用希尔伯特的一句话: "有谁不想揭开数学未来的面纱, 探索新世纪里我们这门科学发展的前景和奥秘呢? 我们下一代的主要数学思潮将追求什么样的特殊目标? 在广阔而丰富的数学思想领域, 新世纪将会带来什么样的新方法和新成就? " 中国有句古话: 老马识途。为了探索这个复杂而又迷人的神秘数学世界, 我们需要数学大师们的经典论著来指点迷津。想象一下, 如果有机会倾听像希尔伯特或克莱因这样的大师们的报告是多么激动人心的事情。这样的机会当然不多, 但是我们可以通过阅读数学大师们的高端科普读物来提升自己的数学素养。

作为本丛书的前几卷, 我们精心挑选了一些数学大师写的经典著作。例如, 希尔伯特的《直观几何》成书于他正给数学建立现代公理化系统的时期; 克莱因的《数学讲座》是他在 19 世纪末访问美国芝加哥世界博览会时在西北大学所做的系列通俗报告基础上整理而成的, 他的报告与当时的数学前沿密切相关, 对美国数学的发展起了巨大的作用; 李特尔伍德的《数学随笔集》收集了他对数学的精辟见解; 拉普拉斯不仅对天体力学有很大的贡献, 而且还是分析概率论的奠基人, 他的《关于概率的哲学随笔》讲述了他对概率论的哲学思考。这些著作历久弥新, 写作风格堪称一流。我们希望这些著作能够传递这样一个重要观点, 良好的表述和沟通在数学中如同在人文学科中一样重要。

数学是一个整体, 数学的各个领域从来就是不可分割的, 我们要以整体的眼光看待数学的各个分支, 这样我们才能更好地理解数学的起源、发展和未来。除了大师们的经典的数学著作之外, 我们还将有计划地选择在数学重要领域有影响的现代数学专著翻译出版, 希望本译丛能够尽可能覆盖数学的各个领域。我们选书的唯一标准就是: 该书必须是对一些重要的理论或问题进行深入浅出的讨论, 具有历史价值, 有趣且易懂, 它们应当能够激发读者学习更多的数学知识。

作为人类文化一部分的数学, 它不仅具有科学性, 并且也具有艺术性。罗素说: "数学, 如果正确地看, 不但拥有真理, 而且也具有至高无上的美。" 数学家维纳认为 "数学是一门精美的艺术"。数学的美主要在于它的抽象性、简洁性、对称性和雅致性, 数学的美还表现在它内部的和谐和统一。最基本的数学美是和谐美、对称美和简洁美, 它应该可以而且能够被我们理解和欣赏。怎么来培养数学的美感? 阅读数学大师们的经典论著和现代数学精品是一个有效途径。我们希望这套数学概览译丛能够成为在我们学习和欣赏数学的旅途中的良师益友。

严加安、季理真
2012 年秋于北京

目录

上册

下册

主编推荐

Mikhail Gromov 是当代最伟大的数学家之一. 他充满活力、思想丰富, 许多想法具有高度的原创性, 非同寻常. 大约 20 年前, 已故的伟大数学家 Armand Borel 曾告诉我, 在他所认识的所有数学家中, Gromov 想法最多.

Gromov 的想法听起来往往简单直观, 然而却很玄奥. 它们通常直指问题的核心, 有时竟能引出出人意料的新领域, 如辛几何中的伪全纯曲线理论和几何群论. 在某些方面, 他经常使问题看起来简单易行, 他的方法具有 "软" 的表象. 人们喜欢说 Gromov 利用软性的几何方法破解困难的问题, 显露其本质属性. 其工作中软的一面包含拓扑和整体几何思想. 所谓整体几何的思想不仅是关于单个流形的整体微分几何性质, 而且是一族流形, 或是满足某些条件的流形集和流形间的映射, 如 Gromov-Hausdorff 拓扑和度量空间的 Gromov-Hausdorff 收敛这样简单而深刻的概念.

对比别的大数学家, Gromov 也更加富于哲学味, 读者由本书的自序可看出这点. 一个原因也许是 Gromov 对生物数学感兴趣, 因此他对大脑的结构和思维过程, 特别是科学观念的演变感兴趣. 也许 Gromov 这一哲学兴趣可以解释他解决数学问题时那简单自然而又务实的观念和手法, 以及对数学所采取的软性和整体方法.

　　这本书从开始策划到完成花了很长时间. 2015 年初我给 Gromov 写信提出了翻译他的数学以及相关课题的综述文章的想法, 他立即表示赞同. 我选取了一些文章列出清单, 他也立即表示同意, 并且又增加了一篇. 但是翻译是一个漫长痛苦的过程, 花费了我和王丽萍非比寻常的共同努力完成这本书. 我们感谢三位译者梅加强、赵恩涛、马辉的辛勤工作.

　　令人难过的是当我写这些时, 王丽萍已经离开了高等教育出版社乃至出版界. 鉴于 "数学概览" 丛书是我们从零开始建设成了如今的规模, 这尤其令人难过. 更多卷书仍然在准备中, 但是她却不能监督丛书的最终出版了. 这使人想起生活中什么是真正的永恒这个哲学问题. 如果遵照 Gromov 在自序中所写的 "深刻的哲学问题不是凡夫俗子所能回答的", 那么我应该什么也不说. 但是下面的回答无法控制地进出我的脑海: 思想和想法比有形的物质更重要, 但是只有把思想和想法清楚地表达出来, 写下来, 印刷出来, 它们才成为永恒不变的. 这也印证了这套 "数学概览" 丛书的初衷, 它包含若干大数学家很多成果丰富的想法.

　　Gromov 的数学世界丰富庞大, 它涵盖了许多不同的分支. 但是我们希望这一系列文章能传递他关于数学的本色、数学的用途以及如何学数学与做数学的独一无二的观点.

　　聆听 Gromov, 与 Gromov 交谈是宝贵的经历, 总令人感受到他的活力与热情. 对那些没有这样机会的读者, 这本书也许是不错的替代品! 请享受此书吧!

季理真

2019 年 4 月 3 日

自序

数学: 虚幻与现实的桥梁

当数学家处于哲学的情绪中时会提出这样的问题:

数学真理是被发现还是被发明的?

认真地着手回答这个问题实为对哲学的冒犯:

深刻的哲学问题不是凡夫俗子所能回答的。

一个数学家的大脑应该降到基态, 聚焦于那些更切合实际且预计是可回答的问题:

构成数学的思想网络是那些由人类心智产生的思想与来自现实世界中的观点缠绕而成, 它的数学表示或模型可能是什么?

为了感受他/她脚下坚实的地面, 人们可能倾向于从思想、数学、心智和现实世界的严格定义开始, 但是, 由内心深处对真理的感觉 —— 一种根深蒂固的东西, 个人思维的逻辑直觉 —— 而得出概念、定义和原理, 从而得到答案获取智力满足, 屈服于这种满足将是具有误导性的.

一个人需要接受的唯一事实是, 我们的问题不存在简单快速的解答: 就像尝试任何其他的数学难题那样, 我们必须一小步一小步地前进, 慢慢地对简单的例子 —— 大问题中的小碎片 —— 发展出数学 (而非逻辑上或哲学上) 的直觉.

　　但是由于上述问题并非内在的数学问题, 我们应该把数学考虑为自然现象, 在对这种现象建模时向自然科学家, 如物理学家和生物学家取经.

　　尽管囿于我数学知识上的局限和科学上的无知, 这就是我在这一文集的文章中尝试去做的事.

Misha Gromov

2019 年 4 月 2 日

Preface

Mathematics: a Bridge between Imagination and Reality

A mathematician, when in a philosophical mood, asks:

are mathematical truths discovered or invented?

It will be an insult to philosophy to start seriously responding to this:

deep philosophical questions are not for anybody answering them.

A mathematician's brain should return to the ground state and focus on the more pragmatic and conjecturally answerable question:

what could be a mathematical representation/model for the network of ideas which constitute mathematics, as these are generated by the human mind and intertwine with ideas arriving from the real world?

To feel the solid ground under his/her feet, one may be inclined to start with rigorous definitions of ideas, mathematics, mind and real world, but it would be misleading to succumb to the lure of intellectual comfort of the solution based on concepts, definitions and principles drawn from the depth of your internal feeling for truth–something deeply ingrained within yourself, the logical intuition of your personal mind.

The only truth one has to accept is that there is no easy fast solution to our problem: one must proceed in tiny steps slowly developing mathematical, as opposed to logical or philosophical, intuition on simple examples-small fragments of the big problem, as one does approaching any other difficult mathematical question.

But since the problem is not internally mathematical one, one should think of mathematics as of a natural phenomenon and borrow from the the experience by natural scientists-physysts, and biologists-in modelling such phenomena.

This is what I tried to do in the essays making this collections, with visible limitations set by insufficiency of my knowledge of mathematics and my ignorance in science.

Misha Gromov

April 2, 2019

第一章 一点回忆*

经过几次令人沮丧的尝试之后, 我得出一个不可避免的结论: 写自传是一件逻辑上不可能完成的任务.

让我提醒你, 这个 "不可完成臆想" 有许多反例. 在阅读阿贝尔文集第一卷时, 里头的自传部分让我乐在其中. 不过, 我想此臆想在狭义上是成立的, 如果你能将 "数学家 – 凡人" 和 "数学家 – 数学家" 区分开的话.

从数学的角度来看, 我们的非数学生活没那么有趣, 除非某人有幸经历了一段有意义的时光或 "有趣的" 个人体验.

数学家的生活体现于我们在论文中阐述的思想, 我们还有什么可以增益的呢? 有什么其他重要的东西可以算成生活的一部分呢?

"平凡" 是我们最深的恐惧: 你说过的愚蠢的话, 做过的非原创性的事或令人无法容忍的错事 —— 当尘埃落定时这些终究会被遗忘, 然而如果你在论文中傲慢地将 $a+b=c$ 称为 "定理", 从此你会被别人称为 "那个 $a+b$ 家伙", 不管你后来是否证明了相当出色的定理. (当心: $2+2 =_3 4$ 是挺不平凡的事, 或至少不那么平凡.)

上面的看法是我们的分析学教授鲍里斯·米哈伊洛维奇·马卡罗

---

* 原文 A Few Recollections, 写于 2011 年 1 月 6 日, 发表于 *The Abel Prize* 2008—2012, Holden H., Piene R. (eds), Springer, pp.129–137 (2014). 本章由南京大学数学系梅加强翻译.

夫 (Boris Mikhailovich Makarov) 在第一节微积分课上告诉我的, 那是在 1960 年 9 月 1 日, 列宁格勒大学. 他用某种比喻性的话说: 除非你有重要的事要说, 否则最好闭嘴.

受其他老师和同学的持续的鼓励, 我试着遵循上述建议. 显然, 在这方面我是成功的 —— 最近 10 ~ 20 年我从未听到别人对我的言论表示过不尊重. 奇怪的是, 这并没有让我感到有多开心.

"平凡" 是相对而言的. 对数学工作者来说, 两分钟前理解的任何事现在看上去都是平凡的. 但是, 事后回顾那个 "我找到了" (eureka) 的关键时刻时, 我们会感到很开心. (根据特里·普拉切特 (Terry Pratchett) 的《古希腊词典》修订版, "eureka" 直译为 "给我浴巾".)

在某些时候你学到的另一概念是关于 "未解决问题" 的. 戴维·吕埃勒 (David Ruelle) 曾经表示, 当他对某些事无法理解从而感到心烦时就会看到问题. 就像科学家一样, 儿童非常善于不理解一些事, 只不过此时感到恼火的往往是他们的父母, 他们会被无休止地问到诸如 "什么" "为什么" "什么时候" "如何" "在哪里" 以及 "谁" 等问题.

当你的成人个性成熟到不受科学或艺术方面的倾向干扰时, 一般是这么对儿童回答上述问题的: "这是我听过的最愚蠢的问题." (李普曼·伯斯 (Lipman Bers) 有一次对我洋洋自得地说当他在高中时问是否有两种不同的无限时, 他的老师就是这么回答他的.)

我的父母都是医生 (其实是病理学家) 而不是数学家. 他们常和朋友 (也是病理学家) 一起讨论在尸体解剖中遇到的各种问题.

我想起一个非常有趣的故事, 至少当时大家都笑了. 我父亲反复仔细地检查解剖台上的一具尸体, 可还是找不到死因. 正当他准备放弃检查并将死因可耻地归为 "心脏病发作" 时, 那位负责移动并清理尸体的人说: "嘿, 大夫, 这人没洗左脚, 你看那儿的黑色印记." 我父亲立刻明白了死因来自电击, 显然, 可怜的人踩上了高压线.

我得做点说明. 按照规定, 尸体解剖前必须仔细做外部检查. 虽然经验丰富, 我父亲当时却心不在焉, 从而忽略了外部检查过程. 对于病理学家来说, 这就像是一位数学家写下了 $dx/dy = x/y$ 这样的等式.(梅纳德·史密斯 (Maynard Smith), 一位卓越的理论生物学家, 抱怨过生物学杂志有时将他论文中的 dx/dy 简化成了 x/y.)

在苏联医院中,尸体解剖是常规性操作.治疗医生总是害怕病理学家的最后结论,就像学生等待考试结果那样.最终,治疗医生反抗起来了——在大多数国家中,尸体解剖很罕见,通常只针对那些从坟墓中挖掘出的死了几十年的尸体——病人的死亡原因可安然地归为"心脏病发作".

这个故事对病理学家有很明显的寓意,对数学家也一样.可是"愚蠢"的问题"什么、如何以及为什么人死的时候心脏会失效?"也许就躲过了.

并不是心脏停止跳动而已,这只是所谓的常识告诉你的.实际上,停止和重启心脏可由心脏除颤器实现,在机场很常见——运用得当的话它们真能救人——血液停止输氧后大脑还能坚持几分钟.

在心脏停止跳动前的关键性过渡时刻,心肌组织中电/化流的动力性质发生了改变——转变为一种非半周期的混沌模式.(外部高压可使之激活,但也可能散播混沌.)

一位聪明的数学家可能欢呼说,这难道不是混沌理论对生命体的新应用吗!?确实,这个主意不坏.我敢打赌,《自然》杂志一定有若干文章用这样的标题.隐情在于生物混沌系统不会持续很长时间,它们的寿命比这些文章的半衰期还短——现今还没有广为接受的关于心律不齐和心室纤颤(我们都将以此告终)的一般理论.关于心脏的生理学和背后的数学原理可不是那么平凡的.或许,真正的"愚蠢的儿童问题"还没问对呢.

普通生理学(特别是医学)中充满了恼人的近乎数学谜题.5岁时你会问:

四头大象能不能打败一只鲸鱼?

20年后你会问:

原则上,一种卑微的细菌或是一种极小的病毒(比如HIV,其所有信息都写在由四个字母组成的9749长字符串的RNA中)是怎样击败拥有存储在每个人突触记忆体以及图书馆中海量信息(TB级)的全人类的呢?

什么是病毒知道而我们不知道的呢?需要向我们的知识库中添加(或清除)多少位的信息才能击败9749?

我的第二个故事需要一点开场白. 有几种无害的反应可使类水溶液变成红色液体, 就像血液一样.

更有趣的是你可以得到一种高锰酸钾和浓硫酸的混合物:

$$6KMnO_4 + 9H_2SO_4 \rightarrow 6MnSO_4 + 3K_2SO_4 + 9H_2O + 5O_3.$$

其中 O_3 (臭氧) 汽化液能点燃浸透了酒精的纸张; 运气不好的话, 爆炸会将硫酸弄到你的眼睛里.

根据基本的化学安全条例, 你首先生产人工血液, 将一个大碗 B 放在你面前, 然后才在一个试管 T 中混合 $KMnO_4$ 和 H_2SO_4, 并时刻保证 B 严格地位于 T 和你的眼睛之间的连线上.

当 T 爆炸时, 中间的碗可防止硫酸进入你的眼睛, 尽管 B 中血状物生动地泼在你的脸上.

这事就发生在我身上, 那时我 13 岁, 在高中演示 "化学奇迹". 观众们惊呆了, 尤其是我们的化学课老师. 至于我自己, 我错过了演示中最精彩的部分, 因为满脸是 "血" 的时候我手头没有镜子.

当然, 我一点也不知道为什么这可恶的东西会爆炸 (有些读者可能已经猜到上述步骤中的错误之处了). 但是, 之后我们的化学课老师伊凡·伊万诺维奇·塔拉年科对我说犯错误的是他自己: 偶然地, 当我正要在一个平碟中混合 $KMnO_4$ 和 H_2SO_4 时, 伊凡·伊万诺维奇建议我用试管. 反应释放出的热量和气体产物被限制在相对狭小的试管中, 于是爆炸就发生了.

那时, 我并未对老师的诚实表现留下深刻印象, 我以为这只不过是平常的人类行为.

后来我却发现哪怕是模拟一个次要的版本在心理上也是非常困难的, 例如, 恰当地承认别人对自己定理的评论所产生的影响. 作为例子, 在撰写关于巴拿赫猜测的早期论文时, 迪马·富克斯 (Dima Fuks) 建议我将典型群的同伦群用于它们 k-分类空间维数计算, 我成功地说服自己这建议太平凡了, 不值得在文章中提到.

恐怕我积累了不少这种 "不值得提及" 注记, 很多同事也告诉过我他们在解决 "致谢问题" 时的自我痛苦斗争. 可是另外一些人可能根本就没有意识到这会有什么问题. 很可能对有些人来说诚实是天生的, 而另一些人之所以看不到问题是因为他们从未试着诚实过.

我在苏联时, 电台发出的多是白噪声, 这总让人感到某种灰色调. (当然, 官方的说法是没什么 "白噪声" 之类的事, 要不你可得在监狱里蹲 2 ~ 7 年. 不过西方那些顽固的苏联羡慕者们倒是承认 "白噪声", 他们提出了若干看上去合理的解释, 其中最可信的一种是说为了防止载有饥饿小绿人的飞碟落在苏联农场中去吃那些可口的绿色农作物.)

根据显然的原因, 这种 "白噪声" 并没有覆盖调频 (40 ~ 50 MHz) 以及那些不用的电视频道 (大约 70 MHz). 可是有一天晚上, 对电视的干扰开始了. 住在我们公寓的人都打开门, 焦急地互相看着. 他们不敢大声地问他们心里想的事是不是发生了, 只是每个人眼里都看得到显然的答案: "是的, 发生了."

当然, 家庭成员之间没什么秘密, 我母亲很快就将消息告诉了我. 我得意得很: 生命中第一次 (也是最后一次) 由我亲手做的东西有效运转了! 这件东西 —— 我组装的一个小无线电发射机 —— 应该产生 42 MHz, 但谁关心那 40% 的误差呢, 它起作用的事实让我骄傲得直冒泡.

参与到这种自己动手做无线广播之类的事是受我亲密伙伴列弗·斯拉茨曼的影响. 我俩一起上高中, 又一起在大学数学系念书. 电学定律中的数学对他而言是一种实实在在的事, 就像用手指头能感受得到的东西, 或是他造的那些成功运行的装备. 他有十分特殊而稀有的数学天赋 —— 数学在他骨子里就像在他头脑中一样深入. (列弗现在在美国工作, 他在大规模网络测试之类的事情上拥有大量的专利算法.)

在我们高中班级中, 还有一个名叫迪马·斯米尔诺夫的男孩有种类似的能力, 尽管没那么明显的数学色彩. 迪马是班级中最差、最懒的学生, 差点毕不了业.

有一回, 我们需要在家里做个东西, 然后带到班上. 很多男孩, 包括我, 带来了滑翔机模型. 这种模型是由商店出售的带有安装说明的标准部件组装而成.

老师们根据作品的美观程度做出评价. 我的是第二脏的, 迪马的比最脏的还差四倍, 而且完全不对称. 显然, 他都懒得去看安装说明. 他的滑翔机却是唯一能滑翔的.

老师们也好同学们也好, 没人被迪马的滑翔机所打动. 我们感到很尴尬. 看到这个沾满了油和胶水的丑东西能在空中优美地滑翔几十米, 而那些完美组装又干净的模型都直直地掉到地上 (不管多努力地驱动它们保持水平), 真让人感到不公平, 不相称, 极荒唐. (毕业后, 迪马在大学里读物理系, 后来成为一位非常成功的实验物理学家.)

后来我在美国和法国遇到过两位实验物理学家 (恕我忘记了姓名, 因事情过去太久). 其中一位从事量子计算机方面的工作, 另一位制造纳米装备, 如果我没记错的话, 配合原子力显微镜 —— 一种 "接触原子" 而不是 "查看" 原子的装备. 所有关于量子力学的数学, 至少是我曾听说过的那些, 例如包括 C^* 代数的表示等, 都在他们指尖上.

你需要在科学界维持什么样的数学水准才能让这么多东西出现在某人的指尖!?

学习和理解数学是困难的, 不管是阅读文章还是与别人交谈. (实际上, 说的时候不如聆听时学得多 —— 丹尼斯 · 沙利文常对我说 "说话的时候你学不到什么东西".)

罕见的是, 你读的东西正好在关键的地方启发了你. 不过我记得一个例外 —— 托尼 · 菲利普斯 (Tony Phillips) 的 1966 年发在《拓扑学》杂志上的关于淹没的论文.

在弗拉基米尔 · 阿布拉莫维奇 · 洛克林 (Vladimir Abramovich Rokhlin) 教授的学生讨论班上, 我们早先研读过斯梅尔 (Smale) 和赫希 (Hirsch) 的关于浸入的理论. 我以为想清楚了是怎么回事.

事实上, 淹没是跟浸入完全相反的东西, 跟随斯梅尔和赫希的步骤是一种启示. 我花了一年时间才理解这种相似性到底意味着什么.

托尼写给我的其他东西, 一封私人信件, 也让我迷惑了好一阵. 这封信包含几页无法理解的数学内容, 开头像这样:

······一个容许型的对合 gromomorphism $G : SU \to US$ ······T 变换 $MG \to SB$ ······

我一句话也理解不了. 但当我拿给一位朋友, 分析学家沃罗迪亚 · 艾德林 (Volodia Eidlin) 看的时候, 他问我: "什么是 gromomorphism?"

"你是说 homomorphism (同态) 吧," 我回答道, "没啥叫做 gromomorphism 的." (在俄语中, "homomorphism" 的拼写和发音是 "gomomorphism".)

"你曾按他写的那样读过吗?" 他有点恼火, "这明明是 'gromomorphism' 嘛, 白纸黑字."

"肯定拼错了……" 我嘟囔道. 接着我开始理解了. 托尼的信加密过了. 他在建议我从苏联移民到美国, 并且邀请我到他工作的加州大学石溪分校访问. (一年前托尼访问苏联时我遇到过他. 他的访问时间很短, 但也足以学到苏联的基本秘密生存技巧.)

几年后我遵循了他的建议. 当我到石溪时, 我很享受托尼和整个数学系的热情款待.

我和别人的唯一问题是所谓的 "文化冲击". 每一个人对我都很友善, 愿意帮我克服这个神秘的 "文化冲击". 我却根本想不出这个冲击是啥. 为了不使大家失望, 我不得不编造了若干骇人听闻的故事, 比如我是如何怀恋在黑暗的极地之夜在列宁格勒大街上溜冰的白熊, 以及一个存放易腐败食品的小型家庭冰山.

当你读一本书或一篇文章时, 你可能会遇到作者没想过要那么写的东西. 当你倾听一位数学家讲话时, 你常会学到他/她期望你早就掌握的东西, 从他/她的角度看显然的东西, 甚至人们不敢写在书面上的东西.

有一件 "显然" 的东西我是从迪马·卡兹丹 (Dima Kazhdan) 那儿学来的, 他是在访问莫斯科的时候告诉我的: 库罗什子群自由定理可从图的覆迭空间仍为图看出, 维数在覆迭变换下不变.

在那之前, 群论对我来说只是一种无法抓在手里的滑溜溜的形式主义. 从这以后我开始渐渐明白这一切 —— 尽管非常缓慢 —— 之后我花了 20 年时间才将群论的某些片段用几何的语言来表述.

我十分肯定地认为还有许多 "因看上去平凡而忽略" 的没人告诉我的评论, 一些基本且简单而我从未理解的东西.

这也适用于非数学家. 你不可能从书本中学到一切. 只有极少的作者 —— 我记得的有理查德·费曼 (Richard Feynman) (量子电动力学), 查尔斯·康托 (Charles Cantor) (人类基因计划背后的科技) 和马克西姆·弗兰克–卡门斯基 (Maxim Frank-Kamenetskii) (DNA 解密) ——

拥有清晰的思维和直指本质的勇气, 这种本质对创始人是显然的, 外人却连猜都猜不到.

这种特别令人沮丧的事情就发生在我学习法语 (而不是数学或科学) 的时候. 在学习了好几本教科书、录音磁带等之后, 我忠实地遵循着发音规则, 训练我自己将动词后面的 ent 大声地发出如同 ils parlent 中的 ent 一样的音. 很久以后, 当我在巴黎生活了 10 年, 已经能完全自如地说法语时, 我偶然看见一本 1972 年出版于魁北克的教科书, 其中作者吉尔伯特·塔格特解释说, 这个 ent 是不需要读出来的! 他还说了其他很多东西, 我学起来已经太迟了.

我不断地问自己, 为什么大多数其他教科书对此秘而不宣. 最终我意识到这个问题是多么的愚蠢: 每个人都知道这个, 除了我以外没有一个人曾发出 "ils parlent" 中的音, 至少我在巴黎就没发现. (魁北克会有所不同吗?)

我曾提到, 当你读一篇数学论文, 特别是已经过了一段时间时, 你会偏离作者的内心想法. 不过, 相反的事也可能会发生. 这曾发生在我身上……某个入室窃贼在这一点上帮了我.

当我开始研读纳什在 1956 和 1966 年发表的论文时 (那是在洛克林的讨论班上, 大约是 1968 年), 他的证明使我备受煎熬, 就好比是要让人相信一个人拎着自己的头发就能使自己离开地面. 在洛克林施加的压力下, 我艰难地前进, 最终掌握了要点: 它是一个看上去像是循环论证的 "通过迭代找不动点" 的过程, 其中迭代过程中每一步的迭代映射都要通过调整所涉空间的范数使之成为压缩映射. 经过冗长但直接的计算, 最终结果脱颖而出, 就像你能神奇地拎着自己的头发离开地面.

1972 年我写了纳什定理的一个抽象版本, 其中通过空间的范数做迭代的过程被我分离了出来, 而纳什的一部分论证被吸收到了定义之中.

后来当我写 *Partial Differential Relations* 这本书的时候, 我试图重述上述结果. 我发现 "正确地形式化" 的代价就是不可阅读 —— 我得将一切重新写一遍.

这真是件苦差事, 最终完成时我如释重负. 我将手稿交给打字员,那是 1979 年, 我还在石溪.

第二周, 秘书办公室失窃, 我的手稿连同几部打字机都不见了. 我不得不将一切又重写一遍, 这已是第三回了.

我试图重构证明, 却没能做到这一点. 我发现 "通过定义去形式化" 是不完整的, 我那 1972 年的证明对非紧流形并不成立. 当我简化一切并小心翼翼地写下证明时, 我意识到这几乎跟纳什 1956 年的文章逐行相同. 他的论证就如同 "思想空间" 中的一个稳定不动点一样! (我既不是第一个, 也不是最后一个推广/简化/改进纳什证明的人, 但他的证明还是无可匹敌.)

我们的思想是什么? —— "从产生到消亡; 就像河面上的水泡; 闪耀、破裂、流逝." (雪莱)

数学是发明出来的还是发现的呢?

即使已得到答案, 我们还是不会满意, 就像一位古代地理学家对他的简单问题 "地球到底是搁在鲸鱼背上还是搁在四头大象背上" 的如下答案感到迷糊一样:

"除了虚空中的原子, 一切都不存在; 其余的东西均为信仰." (留基伯 (Leucippus)? 德谟克利特 (Democritus)? 留克利希阿斯 (Lucretius)?)

我们这些数学家离提出正确的问题还有同样长的距离.

第二章 曲率的符号和几何意义[*]

摘　要

这篇单行本是我在米兰所做的 "Lezioni Leonardesch" 讲座的扩展版本, 试图引领入门者由相对少的概念出发, 沿着从基础到前沿的途径, 揭示黎曼几何发展的方法.

黎曼流形的曲率张量是 (多重) 线性代数中的小魔怪, 它的全部几何意义仍然不尽清晰. 但是人们可以利用曲率定义许多类重要的流形, 然后在老式综合几何学的精神下研究它们, 而后者对曲率张量所属于的无穷小世界没有吸引力. 无穷小量和几何对象看得见的性质之间的类似关系体现于几何和分析的每个角落. 单调函数的两个等价定义可以提供一个最简单的例子:

$$\frac{df}{dt} \geqslant 0 \iff \text{对任意 } t_1 \leqslant t_2, \text{有 } f(t_1) \leqslant f(t_2).$$

---

[*] 原文 Sign and Geometric Meaning of Curvature, 是作者 1990 年 6 月 14 日参加米兰数学与物理研讨会的会议报告, 发表于 *Rendiconti del Seminario Matematico e Fisico di Milano*, Volume 61, Issue 1, pp 9–123 (1991). 本章由清华大学数学系马辉翻译.

而二阶无穷小量可进一步给出一个几何上更有趣的现象 —— 凸性:

$$\frac{d^2 f}{dt^2} \geqslant 0 \Longleftrightarrow f\left(\frac{1}{2}(t_1 + t_2)\right) \leqslant \frac{1}{2}(f(t_1) + f(t_2)).$$

下面的例子属于黎曼几何的范围, 因此我们来详细考察更多细节.

§0　第二基本形式和欧氏空间中的凸性

$\mathbb{R}^n$ 中一个光滑超曲面 $W \subset \mathbb{R}^n$ ("超" 指 W 的余维数等于 $n - \dim W = 1$) 的基本无穷小不变量是第二基本形式 $\Pi = \Pi^W$, 它是一个定义在切空间 $T_w(W) \subset T_w(\mathbb{R}^n) = \mathbb{R}^n$ 的二次型 Π_w 的场, 其定义如下.

Π 的仿射定义. 将 $\mathbb{R}^n$ 中超曲面 W 的点 w 沿 W 上的平行移动移到 $\mathbb{R}^n$ 中的原点, 把由此得到的嵌入映射 $W \subset \mathbb{R}^n$ 与线性商映射 $\mathbb{R}^n \to \mathbb{R}^n / T_w(W) \underset{def}{=} N_w$ 复合. 将 1 维线性空间 N_w 与 $\mathbb{R}$ 等同起来, 就得到函数 $p = p_w : W \to \mathbb{R}$. 由 $T_w(W)$ 的定义知 p 的微分 Dp 在 w 点为零. 于是可以定义二阶微分 $D^2 p$ 为 $T_w(W)$ 上的二次形式, 使得对 W 中任意向量场对 $\partial_1, \partial_2, p$ 在 w 点的 (第二李) 导数满足

$$\partial_1(\partial_2 p)(w) = (D^2 p)(\partial_1(w), \partial_2(w)).$$

(这样的 $D^2 p$ 的存在性可通过简单计算由 $Dp = 0$ 得到.) 对 W 上所有点 w 做这一构造, 则给出第二基本形式 Π, $\Pi_w = D^2 p$ 可视为定义在 $T(W)$ 上取值在 W 的法丛 $N = T_w(\mathbb{R}^n)/T(W)$ 的二次型, 其中 $T_w(\mathbb{R}^n)$ 表示 $T(\mathbb{R}^n)$ 在 W 上的限制.

图 1 是我们熟悉的 $n = 1$ 时的图:

从几何角度说, Π_w 衡量的是 W 在仿射子空间 $T_w(W) \subset \mathbb{R}^n$ 的二阶无穷小导数. 特别地, 大家知道, 若 W 连通, 则 Π 在 W 上消失等价于 W 位于一个超平面上.

Π 与 W 的 (仿射) 几何之间的一个更有趣的关系是

第二基本形式 Π 半正定当且仅当 W 是凸的.

具体而言, 为了区分局部上 W 把 $\mathbb{R}^n$ 分成的两个分支, 我们需要选定 W 的双边定向. 通常这可由一个沿 W 定义的横截向量场 ν (如

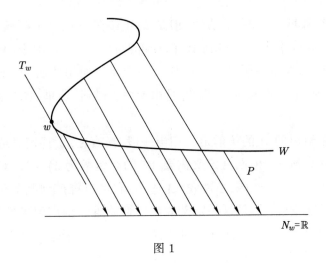

图 1

法向量场) 得到. 这样的所谓内向向量场一旦取定, $\mathbb{R}^n$ 中 ν 指向的部分称为 W 的内部.

注意这样的向量场也定义了法向纤维 N_w 的定向, 因此我们可以谈第二基本形式 II_w 在 N_w 取值的符号. 现在我们引用下面的定义.

凸性的仿射定义. W 称为在 w 点凸, 如果它被包含在由超平面 $T_w(W) \subset \mathbb{R}^n$ 为边界的内部上半空间 $T_w^+ \subset \mathbb{R}^n$.

例如, 图 2 中的曲线 W 在 w 点凸但在 w' 点非凸. 但是若通过改变 ν 的符号改变定向, 则 W 在 w' 变为局部凸的.

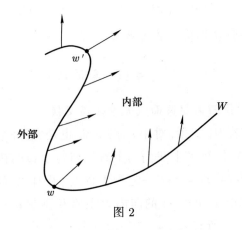

图 2

借助于投影 $p : W \to N_w = \mathbb{R}$, 凸性实际上意味着 $p \geqslant 0$, 这恰与 $\mathrm{II}_w = D^2 p$ 的正性一致. 事实上, II_w 的正性显然意味着 W 的局部凸性,

即 w 的小邻域 $U \subset W$ 的凸性. 但是要由 Π 在 w 的一个邻域中 (并非 w 一点处) 的半正定性得到 W 的局部凸性还是有点困难. 并且证明 W 的整体凸性也不平凡. 假设 W 为一个闭连通超曲面, W 的整体凸性, 即在 W 上所有点 w 的凸性, 是由 $\Pi \geqslant 0$ 得到. 这里 "闭" 是指紧致无边.

　　上面给出的 Π 的仿射定义相当一般. 换言之, 上述定义适用于任意维数和余维数 (但凸性定义需要 W 的余维数为 1), 因此对任意光滑映射 $f : W \to \mathbb{R}^m$ (未必是嵌入) 适用, 它可以推广到配备仿射联络的非欧氏底空间. 但是这一定义的仿射性质难以推广到黎曼几何, 那里主要对象是与黎曼结构相关联的距离函数. 基于这一观点, 下面我们转向 Π 的第二个定义, 它以下面的概念为基础.

　　等距离变换 (equidistance deformation). 设 W 为 $\mathbb{R}^n$ 中定向超曲面, 记 $\mathbb{R}^n$ 中点 x 到 W 的有向距离函数为 $\delta(x)$, 即若 x 在 W 外部有 $\delta(x) = \mathrm{dist}(x, W)$, 若 x 在 W 内部则 $\delta(x) = -\mathrm{dist}(x, W)$. 注意内部点和外部点的区别, 一般而言只在局部上靠近 W 时有意义, 即 $\delta(x)$ 只定义在 W 的小邻域中. 回顾

$$\mathrm{dist}(x, W) := \inf_{w \in W} \mathrm{dist}(x, w),$$

其中

$$\mathrm{dist}(x, w) = ||x - w|| = \langle x - w, x - w \rangle^{\frac{1}{2}}$$

为欧氏距离. 于是我们称 δ 的水平集

$$W_\epsilon = \delta^{-1}(\epsilon) = \{x \in \mathbb{R}^n | \delta(x) = \epsilon\}$$

为 $W = W_0$ 的 ϵ-等距离超曲面或 ϵ-等距离变换.

　　容易证明, 若 W_0 光滑, 对小 ϵ 流形 W_ϵ 也是光滑的, 但是对大 ϵ 而言, W_ϵ 可能会奇异. 事实上我们马上看到对每个凸的初始超曲面 W_0, 其向内等距离变换 (即 $\epsilon < 0$) 一定产生奇点 (见图 3). 例如 $\mathbb{R}^n$ 中半径为 r 的圆球面 $W_0 = S^{n-1}(r)$ 的向内等距离变换在 $\epsilon = -r$ 时会把 W_0 变成球心. (这里对所有 $\epsilon \geqslant -r$, $W = S^{n-1}(r + \epsilon)$.)

　　下面我们考虑 $\mathbb{R}^n$ 中在 w 点与 W 正交的法线 N_w. 容易证明对小 ϵ, 这样的法线与每个 W_ϵ 相交于一个点 w_ϵ, 或记为 $(w, \epsilon) \in W_\epsilon$. 于是

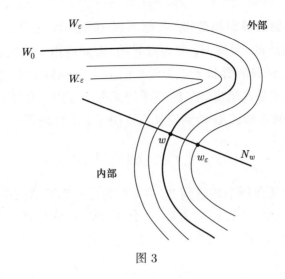

图 3

有光滑映射 $d_\epsilon : W \to W_\epsilon, d_\epsilon(w) = w_\epsilon$. (事实上, d_ϵ 是一个微分同胚, 而且初等微分几何告诉我们 N_w 与 W_ϵ 在 w_ϵ 正交.) 现在我们把第二基本形式定义为由 W_0 无限接近超曲面 W_ϵ 时 W_0 中的曲线 C 的长度的变化率. 回顾把欧氏空间 $\mathbb{R}^n$ 中的欧氏内积 (其实质为 $\mathbb{R}^n$ 上的一个二次型), 限制在 $w \in W$ 的切空间 $T_w(W) \subset T_w(\mathbb{R}^n) = \mathbb{R}^n$ 上得到 W 的第一基本型 g. 曲线 C 的长度是由 g 给出的 C 的切向量的长度的积分定义. 换言之, g 是由 $\mathbb{R}^{n+1}$ 的标准黎曼度量诱导的 W 上的黎曼度量. 用几何语言讲, "诱导" 指对 W 中所有光滑曲线 C,

$$C \text{ 的 } g\text{-长度} = C \text{ 的欧氏长度}.$$

我们把 W_ϵ 的第一基本型记为 g_ϵ, 用映射 d_ϵ 的微分将它拉回到 $W = W_0$ 上, 记为 g_ϵ^*. 令

$$(*) \qquad \mathrm{II}^W = \frac{1}{2} \frac{d}{d\epsilon} g_{\epsilon=0}^*.$$

例. 设 W 为单位球面 $S^{n-1}(1) \subset \mathbb{R}^n$ (如平面中的单位圆周). 则 g_ϵ^* 来自于同心球面 $W_\epsilon = S^{n-1}(1+\epsilon)$, 我们可以清楚地看到 $g_\epsilon^* = (1+\epsilon)^2 g_0$. 正如每个人从幼儿园就知道的, 对 $W = S^{n-1}(1)$, $\mathrm{II}^W = g_0$.

不难由基本无穷小计算证明 II 的上述 "等距离" 定义等价于之前的仿射定义. 事实上, 等距离定义可推广到任意余维数的情形, 并且仍与仿射定义等价 (例如见 [30] 的附录 1).

凸超曲面的等距离变换. 若超曲面 $W = W_0$ 是凸的, 则对所有 $\epsilon \in \mathbb{R}$, W_ϵ 是凸的, 即使 W_ϵ 变为奇异的, 需要适用于非光滑的超曲面的凸性定义. 经典的管状公式告诉我们 Π^{W_ϵ} 如何随 ϵ 变化. 首先我们用经典的管状公式给出 W_ϵ 的凸性的无穷小证明. 为写下管状公式, 我们从第二基本形式 Π 转到定义在 $T(W)$ 上的伴随算子 A,

$$\Pi(\tau_1, \tau_2) = g(A\tau_1, \tau_2) = \langle A\tau_1, \tau_2 \rangle_{\mathbb{R}^n}.$$

注意 A 是定义在每个切空间 $T_w(W)$ 上的对称算子, 它有时被称为形状算子. W_ϵ 上对应于 Π^{W_ϵ} 的算子 A_ϵ 被 Dd_ϵ 拉回得到 $T(W)$ 上的算子 A_ϵ^*, 对线性算子 A_ϵ^* 通常定义的平方, 管公式是

$$(**) \qquad\qquad \frac{dA_\epsilon^*}{d\epsilon} = -(A_\epsilon^*)^2.$$

这个公式实际上说 d_ϵ 的微分 Dd_ϵ 把第二基本形式 Π 的主轴 (A 的特征向量) 映射为 W_ϵ 的第二基本形式 Π^{W_ϵ} 的主轴, W_ϵ 的主曲率 $\lambda_1(\epsilon)$, $\lambda_2(\epsilon), \cdots, \lambda_{n-1}(\epsilon)$ (W_ϵ 相应于 Π^{W_ϵ} 的形状算子 A_ϵ 的特征值) 满足

$$(+) \qquad\qquad \lambda_i^{-1}(\epsilon) = \lambda_i^{-1}(0) + \epsilon.$$

这与 W 取作球面 $S^{n-1}(r)$ 的情形一致, 那时 $\lambda_1 = \lambda_2 = \cdots = \lambda_{n-1} = r^{-1}$, $W_\epsilon = S^{n-1}(r + \epsilon)$, 由于 $\lambda_i(\epsilon) = (c_i + \epsilon)^{-1}$, 由 $(+)$ 得 $c_i = \lambda_i^{-1}(0)$, 于是 $\lambda_i(\epsilon)$ 的导数是 $-(c_i + \epsilon)^{-2}$, 因此公式 $(+)$ 与 $(**)$ 一致. (参见 [30] 附录 1 关于管公式的证明.) 现在很清楚若 $\Pi^{W_0} \geqslant 0$, 则 Π^{W_ϵ} 对所有 $\epsilon \geqslant 0$ 和 $0 \geqslant \epsilon \geqslant - \max\limits_{i=1,\cdots,n-1} \lambda_i^{-1}(0)$ 保持半正定. 事实上, 只要 ϵ 在一点 w 变为 $-\lambda_i^{-1}(0)$, 则映射 $d_\epsilon : W \to \mathbb{R}^n$ (把 w 移到 W 在 w 点的 $[0, \epsilon]$ 法线段的 ϵ 端) 在 w 不再是正则的, 即对这一所有 ϵ 都光滑的映射的微分在 $T_w(W)$ 上非单射, 所以映射像 $d_\epsilon(W)$ (对大 ϵ 没有正则性故并非 W_ϵ) 在 $d_\epsilon(w) \in \mathbb{R}^n$ 得到一个奇点.

现在从整体的观点来看 W_ϵ, 其中 $W = W_0$ 为 $\mathbb{R}^n$ 中的一个闭的凸超曲面. 上述讨论证明了对所有 $\epsilon \geqslant 0$, W_ϵ 光滑且凸, 因此 W_ϵ 上的诱导度量关于 ϵ 单调增加 (这里通过把两个黎曼度量由映射 d_ϵ 拉回到超曲面 W_0 上比较它们的大小). 由此得到由 $\Pi^W \geqslant 0$ 这一无穷小方式定义的凸性有下面的整体性结果.

对 $\mathbb{R}^n$ 中以 W 为边界的紧致区域外部的任意点 $x \in \mathbb{R}^n$, 在 W 上存在唯一的点 $w = p(x) \in W$, 使得线段 $[x, w] \subset \mathbb{R}^n$ 在 w 点正交于 W. 而且相应的映射 $p: \mathrm{Exterior}(W) \to W$ 是随距离递减的.

我们将在 §2 看到这一性质是具有非正截面曲率的底流形的特性.

现在, 让我们来看当 $\epsilon < 0$ 时内向变换曲面 W_ϵ. 正如前面提到的, 这样的 W_ϵ 必然在某个 $\epsilon < 0$ 的时刻变成奇异的. 例如, 若 $W = S^{n-1}(r)$, 则唯一的奇异时刻为 $\epsilon = -r$, 虽然对 $\epsilon < -r$ 法映射 d_ϵ 把 W 映为同心球面 $S^{n-1}(r + \epsilon)$, 这时 W_ϵ 变为空集. 但是对非圆的 W, 奇异的定义域是在 W_ϵ 消失前关于 ϵ 的一个区间, 如图 4 所示.

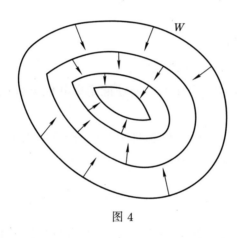

图 4

奇点的出现使得用无穷小方式证明 W_ϵ 的凸性变得更难, 但是这从几何上看是相当明显的, 因为容易看到内部区域 $\mathrm{Int}W_\epsilon$ 在通常意义下是一个凸集. 换言之, 若 x_1, x_2 是 $\mathrm{Int}W_\epsilon$ 中两个点, 则线段 $[x_1, x_2]$ 也落在 $\mathrm{Int}W_\epsilon$ 中. 事实上, $\mathrm{Int}W_\epsilon$ 由 $\mathbb{R}^n$ 中满足 $\mathrm{dist}(x, \mathrm{Ext}W) \geqslant \epsilon$ 的点构成, 因此包含关系 $[x_1, x_2] \subset \mathrm{Int}W_\epsilon$ 等价于 $U_\epsilon([x_1, x_2]) \subset \mathrm{Int}W_\epsilon$, 其中 U_ϵ 表示 ϵ-邻域, 它是到线段 $[x_1, x_2]$ 的距离不大于 ϵ 的点的集合. 现在, 这个 $U_\epsilon([x_1, x_2])$ 显然是 ϵ 球体的并集 $B(x_1, \epsilon) \cup B(x_2, \epsilon)$ 的凸包. 由于在我们现在的凸性讨论中假设 $\mathrm{Int}W$ 是凸的, 所以集合 $U_\epsilon([x_1, x_2])$ 包含于 $\mathrm{Int}W$ 中.

如果坚持有一个无穷小证明, 我们可以定义奇异凸超曲面 W 为那些内部为有限个以光滑凸超曲面为边界的区域的交集 W' 的恰当极限. 然后我们可以用主曲率的上界来取出 W' 的光滑凸片, 避免产生新奇点, 之后把管公式应用到 W' 的光滑凸片上, 由 W' 收敛到 W 通过简单的逼近方法来证明 W_ϵ 的凸性. 这一做法的优点是可以应用到 W 所在的底流形 V 非欧氏的情形. 事实上, 内向等距离流形 W_ϵ (即 $\epsilon \leqslant 0$) 是非负截面曲率流形 V 所特有的 (见 §3).

让我们谈谈这里故事的寓意. 第二基本形式 Ⅱ 是一个容易计算的张量, 在无穷小层面上它有很丰富的解释. 而且, 以无穷小条件 Ⅱ $\geqslant 0$ 定义的凸超曲面类有整体的几何解释, 可以利用综合几何学 (synthetic geometry) 来研究. 事实上, 几何方法自然地引入了奇异凸超曲面, 但是由于它们可以被光滑的凸超曲面逼近, 所以它们的整体几何并没有带来任何令人惊讶的结论.

§$\frac{1}{2}$ 广义凸性

以上讨论引出下面的问题:

利用第二基本形式 Ⅱ 的性质还能定义其他类有重要几何意义的超曲面或高余维子流形吗?

一个有趣的广义凸性概念是平均凸, 指超曲面 W 具有非负平均曲率, 即 W 的平均曲率满足

$$\operatorname{MeanCurv} W := \operatorname{trace} \Pi^W = \sum \lambda_i \geqslant 0,$$

其中 λ_i 为 W 的主曲率. 借助于 W_ϵ, W 平均凸等价于 W_ϵ 的体积元的单调性, 而非 W 诱导度量的单调性. 几何上这一单调性是指当 W 变为 W_ϵ ($\epsilon \geqslant 0$) 时, n 维超曲面 $W = W_0$ 中的每个区域 U 的 $n-1$ 维体积单调递增. 更具体些讲, W_ϵ 中的区域 $U_\epsilon = d_\epsilon(U)$ 满足下列关系

$$\frac{d\operatorname{Vol} U_\epsilon}{d\epsilon} \geqslant 0, \quad \text{当 } \epsilon = 0.$$

$\mathbb{R}^n$ 中的区域 V 的边界 $W = \partial V$ 的平均曲率非负蕴含着有向距离函数

$$\delta(v) = -\operatorname{dist}(v, W) = - \inf_{w \in W} \operatorname{dist}(v, w)$$

满足下列性质:

函数 $\delta(v)$ 是次调和的 (subharmonic), 即对所有 $v \in V$ 有

$$\Delta\delta(v) \geqslant 0.$$

注意函数 δ 并非在 V 上处处光滑, 在奇点处拉普拉斯算子 Δ 的符号必须在适当推广的意义下理解.

不等式 $\Delta\delta \geqslant 0$ 在 δ 的光滑点处可以容易地对 δ 的水平面, 即等距离超曲面 W_ϵ, 应用管状公式, 而在奇异点处, 我们需要一个额外的逼近论证. 我们将对更一般的具有非负 Ricci 曲率的流形 V 中的超曲面 W 再次讨论平均凸性质. 那时超曲面的等距离变换提供了研究这类流形 V 的主要工具 (参见 §5).

k-凸. 若对整数 $k = 1, 2, \cdots$, 或 $n-1$, $\mathbb{R}^n$ 中定向超曲面 W 的 $n-1$ 个主曲率中至少有 k 个主曲率 λ_i 非负, 则称 W 为 k-凸. 如 W 有 k 个主曲率 λ_i 为正的, 则 W 是严格凸的. 例如 $n-1$ 凸即为通常的凸.

注意 k-凸在 $\mathbb{R}^n$ 的射影变换下保持不变. 这就允许我们把 k-凸这一概念推广到与 $\mathbb{R}^n$ 局部射影等价的球面 S^n 和实射影空间 $\mathbb{P}^n$. 由管公式, 我们观察到 k-凸对 $\mathbb{R}^n$ 中超曲面 W 在小的向内等距离变换下是稳定的. (对非光滑的超曲面适当地推广定义 k-凸性, 则上述结论对大的变换也成立.) 进一步, 因为 S^n 具有正常数曲率, 所以由广义的管公式 (参见 §2 中 (∗∗)) 可得到 S^n 上关于球面距离的向内等距离变换也保持 k-凸性 (对比 §2 中由 (∗∗) 的讨论). 而且由于 S^n 的曲率为严格正的, S^n 中的任意小的等距离变换使每个 k-凸的超曲面 W 为严格 k-凸的. 由于这两个概念都是射影不变的, 我们断定 $\mathbb{R}^n$ 中的每个 k-凸超曲面允许一个严格 k-凸的逼近.

因此由正曲率的基本黎曼几何得到了一个纯粹的欧氏结论.

闭 k-凸超曲面更有趣的整体性质可以由线性函数 $f : \mathbb{R}^n \to \mathbb{R}$ 限制在 W 上的初等 Morse 理论得到. 若这样的 f 的临界点是非退化的, 这是线性函数 f 的一般情形, 则 f 在 W 上所有的临界点处的指标 $\geqslant k$ 或 $\leqslant n-1-k$. 所以 W 允许一个不含 $n-1-k < l < k$ 维胞腔的胞腔分解.

例. (a) 若 $k = n-1$, 则可能的胞腔维数是 0 或 $n-1$, 以上讨论简化为 $\mathbb{R}^n$ 中局部凸闭超曲面的标准性质: 它们同胚于球面的不交并 (我们没有假设 W 连通).

(b) 设 $k = n-2$. 这时从 $n=5$ 起上述胞腔限制变为非空的, 允许的胞腔维数是 $0, 1, n-2$ 和 $n-1$. 一个明显的推论是对 $n \geqslant 5$, 基本群

是自由的并且 $H_i(W) = 0$ 对 $i \neq 0, 1, n-2, n-1$ 成立.

一般而言, W 的 Morse 理论告诉我们只有当 $n \geqslant 2k+1$ 时有某种非平凡性. 但是, 对 $\mathbb{R}^n$ 中的以 W 为边界的区域 V 对所有 $k \geqslant 1$ 存在非平凡限制.

若 $\mathbb{R}^n$ 中的有界区域 V 有光滑的 k-凸边界, 则 V 允许一个到 V 中的 $l \,(l = n-1-k)$ 维子多面体的同伦收缩.

这是把 Morse 理论应用于紧致带边流形 V 中的函数 f 的直接结论.

不难看到结论的反面也对. 若 V 在 $\mathbb{R}^n$ 中可以由连续粘贴指标 $\leqslant l$ 的环柄得到, 则它微分同胚于以 $(n-1-l)$-凸的超曲面为边界的区域. 例如, $\mathbb{R}^n$ 中余维数为 $k+1$ 的光滑子流形 V_0 的每个小 ϵ-邻域显然有 k-凸的边界.

现在我们想利用 Morse 理论来探讨 V 的有趣的几何性质. 首先, 我们观察到一个 k-凸区域 V (即 ∂V 为 k-凸) 与 $\mathbb{R}^n$ 中余维为 d 的仿射子空间 X 的交在 X 中是 $(k-d)$-凸的 (即有一个 $(k-d)$-凸的边界, 其维数为 $n-1-d$), 使得交集 $V \cap X$ 在 X 中有光滑的边界. 然后我们对 V 与线性子空间的交上的线性函数应用 Morse 理论, 关于 d 做归纳法 ($d = 1$ 的情形由上面的 Morse 理论可证) 得到下面的定理.

Leftschetz 定理. 同调态射

$$H_l(V \cap X) \to H_l(V)$$

对 $l = n-1-k$ 和 $\operatorname{codim} X = d \leqslant n-k$ 是单射.

例. 若 $k = n-1, d = n-1$, 由以上知 V 的每个连通分支与直线的交集是连通的. 换言之, 具有局部凸边界的连通区域在通常意义下是凸的.

容易看到 Lefschetz 性质是 k-凸性特有的.

若 $\mathbb{R}^n$ 中具有光滑边界的紧致区域 V 对 $\mathbb{R}^n$ 中任意 $l+1$ 维仿射子空间 X 有单射 $H_l(V \cap X) \to H_l(V)$, 则对 $k = n-l-1, V$ (的边界) 是 k-凸的.

现在我们可以接受上述单射性质在没有假设 $W = \partial V$ 的前提下当作 k-凸的定义. 第一个明显的定理如下: 若 $\mathbb{R}^n$ 中 V_1 和 V_2 为 k-凸

的, 则交集 $V_1 \cap V_2$ 也是 k-凸的.

注意 $(n-1)$-凸性的同调定义允许 $\mathbb{R}^n$ 中没有局部凸边界的非连通区域. 对 $\mathbb{R}^n$ 中所有 $(l+1)$-维子空间 X, 由 $l = n-1-k$ 时 $H_l(V \cap X) = 0$ 可以将连通性推广到 $k < n-1$. 例如, 对仅次于凸, $k = n-2$ 的情形, 这就要求 V 与任意平面 $X \in \mathbb{R}^n$ 的交集是单连通的.

最后我们对比经典的凸性, 指出另一类 k-凸条件. 对 $\mathbb{R}^n$ 中每一个 V 之外的点 x, 存在一个过 x 点不过 V 的 k-维仿射子空间.

这真正是 $V \subset \mathbb{R}^n$ 的整体性质, 比 k-凸性要强得多, 若想由 $\mathbb{R}^n$ 中到 $(n-k)$-维子空间的线性投影重新构造 V, 则这一性质不可或缺.

k-凸的浸入超曲面. 现在允许 $\mathbb{R}^n$ 中的 W 有自交. 这意味着 W 是由浸入 $W \to \mathbb{R}^n$ 得到的 $(n-1)$ 维光滑流形, 这里浸入映射是一局部微分同胚. 若 W 作为抽象流形定向, 则若我们固定 $\mathbb{R}^n$ 的定向, 则浸入的 W 是双边定向的. 此时我们可以定义 W 的第二基本形式和 k-凸性概念.

图 5 是 $\mathbb{R}^2$ 中的一条局部凸浸入闭曲线. 注意到浸入的像在二重点是奇异的, 没有道理谈凸性.

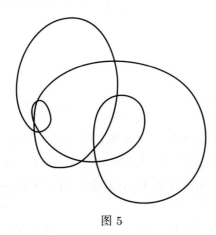

图 5

一个经典的凸性定理断言, 对 $n \geqslant 3$, $\mathbb{R}^n$ 中每个局部凸闭连通超曲面是嵌入的 (即没有二重点), 因此围成 $\mathbb{R}^n$ 中一个凸区域. 后一结论可以如下推广到 k-凸情形.

设 $W \subset \mathbb{R}^n$ 为闭浸入 k-凸超曲面 $\left(k > \dfrac{n}{2}\right)$, 则 W 围成 $\mathbb{R}^n$ 中 n 维浸入流形 V (即 W 作为抽象流形是 V 的边界, 且 $W = \partial V$ 到 $\mathbb{R}^n$ 的浸

入可以延拓为浸入 $V \to \mathbb{R}^n$).

V 的构造可由下面的定义在 W 上的线性函数的水平集, 即 W 与 $\mathbb{R}^n$ 中的一族水平超平面 X_t 的交集 $W \cap X_t$ 得到. 这些交集在 t 为非临界点即 X_t 与 W 横截处为 $(k-1)$-凸的, $W_t = W \cap X_t$ 是 $X_t = \mathbb{R}^{n-1}$ 中的光滑浸入超曲面. 当我们把 t 在非临界区间移动时超曲面通过一个正则同伦移动 (即保持浸入), 但是 W_t 的自交模式也许会随着 t 变化. 然而不等式 $k < \dfrac{n}{2}$ 会排除图 6 所示的 W_t 的两片对头碰撞的情形 (W_t 的初始位置的向量场标出了双边定向).

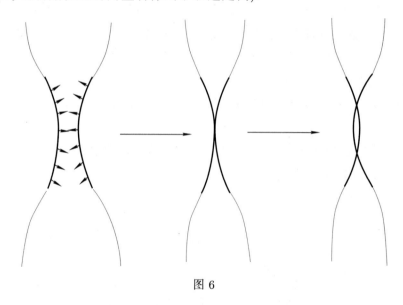

图 6

容易看到, 对 $t_1 > t_0$ 只要正则同伦 $W_{t_0} \to W_{t_1}$ 的过程中上述对头碰撞没有发生, 若 W_{t_0} 在 $X_{t_0} = \mathbb{R}^{n-1}$ 中围成某一浸入流形 V_{t_0}, 则对 W_{t_1} 也是如此. 那么流形 V_t 填满所有 W_t, 加在一起得到所要的 V 填满 W.

注. 图 5 中的圆给出一个 $k = 1, n = 2$ 的反例. 对任意 n 和 $k \leqslant \dfrac{n-1}{2}$, 容易造出 $\mathbb{R}^n$ 中不可填充的 W. 但是对 $n \geqslant 4$ 为偶数时 $k = \dfrac{n}{2}$ 的情形构造的例子不显然.

伪凸. 如果满足于限制在保持 k-凸的对称群, 凸性可以有大量推广, 其中最重要的一类是 $\mathbb{C}^n$ 中的超曲面 W 的伪凸性. $\mathbb{C}^n$ 的复结构可区分出 $\mathbb{R}^{2n} = \mathbb{C}^n$ 中的一类仿射子空间, 即 $\mathbb{C}^n$ 中那些不仅关于 $\mathbb{R}$-仿射, 而且关于 $\mathbb{C}$-仿射的仿射子空间. 特别, $\mathbb{R}^{2n} = \mathbb{C}^n$ 中这类特殊的平面称为 $\mathbb{C}^n$ 中的 $\mathbb{C}$-直线. 利用这一术语, 如果对 W 中的每一点 w 和 $\mathbb{C}^n$ 中与 W 切于 w 的每条 $\mathbb{C}$-直线 X, 第二基本形式 Π_w^W 在 $X = \mathbb{R}^2$ 上的限制有特征值 λ_1, λ_2 且 $\lambda_1 + \lambda_2 \geqslant 0$, 我们称 W 为伪凸. 换言之, W 沿着所有 $\mathbb{C}$-方向是平均凸的. 类似地, 我们利用与 W 切于 w 的某 k 维 $\mathbb{C}$-仿射子空间中的 $\mathbb{C}$-直线成立的上述不等式来定义 k-伪凸.

我们建议读者陈述并证明这一情形下的 Lefschetz 定理和填充定理.

伪凸性和 k-伪凸性的优美性质是在 $\mathbb{C}^n$ 的局部和整体双全纯变换下的不变性. (证明不难.) 这就允许这些概念可以被推广到任意复流形 V 上, 伪凸性在 V 的分析和几何研究中扮演着主要的角色. 例如, Grauert 的著名定理断言任意具有非空严格伪凸边界的紧致连通复流形 V 上有非常值全纯函数. 而且存在由 V 的内部到某 $\mathbb{C}^N$ 的常态全纯映射 f, 使得 f 在 V 中某个具有正余维数的紧致复子流形 V_0 的补集上是单射.

最后, 我们建议读者给出四元数空间 $\mathbb{H}^n$ 中 k-凸性的概念, 并进一步推广到关于 $\mathbb{R}^n$ 中给定特殊子空间集合的平均凸性, 然后读者可以叙述并证明 Lefschatz 定理和填充定理.

(k_+, k_-) **型超曲面**. 这里指的是要求 W 在每点 w 处有 k_+ 个严格正主曲率和 k_- 个严格负主曲率. 我们也假设 Π^W 在 W 上处处非奇异, 于是 $k_+ + k_- = n - 1$. 注意由一个平凡的论证可知 Π^W 的非奇异性质等价于 Gauss 映射的正则性. 回顾 Gauss 映射 v 把双边定向超曲面 W 上每一点 $w \in W$ 映到该点处的单位外法向量 $v(w)$, 并把 $v(w)$ 拉到 $\mathbb{R}^n$ 中的原点出发, 从而映到单位球面 $S^{n-1} \subset \mathbb{R}^n$. 对不可定向的情况, Gauss 映射可通过把 w 映到 $\mathbb{R}^n$ 中过原点平行于 $v(w)$ 的直线定义为 W 到 P^{n-1} 的映射. 若 W 光滑则相应的 Gauss 映射光滑, 上面提到的 v 的正则性指微分 $Dv : T(W) \to T(S)$ 关于所有 $w \in W$ 在切空间 $T_w(W)$ 上为单射, 或等价地说, v 为局部微分同胚.

例如, $\mathbb{R}^3$ 中曲面 W 有两种可能. 第一种是 Π 为正定的或负定的 (可以通过改变定向从正定变为负定), 于是 W 为局部凸或凹. 第二个可能性是 W 为鞍曲面, Π 是不定的. 见图 7.

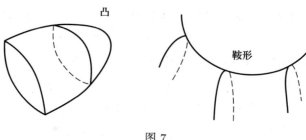

图 7

回顾若 W 在 w 点既非凸又非凹, 即切空间 $T_w(W) \subset \mathbb{R}^n$ 与 W 的内部和外部在距 w 很近时相交, 则称 $w \in W$ 为鞍点. 等价地, w 包含在它的任意充分小的邻域 $U \subset W$ 的边界的 (欧氏) 凸包中. 若 W 中所有点 w 都是鞍点则称 W 为鞍形的.

若想由 Π^W 的类型得到整体结果, 必须对 W 在无穷远处的形状做假设. 这里值得注意的是任意闭超曲面总至少含有一个凸点或凹点. 例如, 任意固定点 $x_0 \in \mathbb{R}^n$, 在 W 上定义的距离函数 $\mathrm{dist}(x_0, w)$ 的每个极大点上显然 W 是凸的. 因此鞍形超曲面必然是非闭的, 若 W 在 $\mathbb{R}^n$ 中没有这类或其他显然边界 (apparent boundary), 那么可以期待有趣的几何. 这里有三个关于 W 常见的条件使得排除掉这样的边界.

(1) W 常态嵌入 (properly embedded) (或浸入, 若允许自交) 到 $\mathbb{R}^n$ 中. 即包含映射 $W \subset \mathbb{R}^n$ 是常态的: $\mathbb{R}^n$ 的紧子集与 W 的交集是 W 中的紧集. 换言之, 若 W 中的点列 w_i 在 W 中趋向于无穷, 则在 $\mathbb{R}^n$ 中也趋向于无穷 (故没有子列收敛到 W 在 $\mathbb{R}^n$ 中的边界点).

(2) W 在 $\mathbb{R}^n$ 中是准常态的(quasi-proper), 即 $\mathbb{R}^n$ 中的任意紧子集与 W 的交集是 W 中不交紧子集的并. 就是说 W 中的任意趋向于 W 中无穷远点的连通曲线在底空间 $\mathbb{R}^n$ 中必是无界的. 很明显, 常态的是准常态的.

(3) W 是完备的. 这指诱导黎曼度量的完备性. 等价地, W 中任意趋向于无穷远点的连通曲线在 $\mathbb{R}^n$ 中是无限长的 (故关于 W 的诱导度量也是无限长的). 此条件比准常态弱.

若 W 自身作为拓扑流形无边界, 则以上三类条件排除了 W 在 $\mathbb{R}^n$ 中的边界点或极限点.

下面的例子将阐明上述定义的含义.

(a) 设 $W_0 \subset \mathbb{R}^n$ 为闭子流形, $W \to W_0 \subset \mathbb{R}^n$ 为无限复叠映射. 如 $W_0 = S^1 \subset \mathbb{R}^2$, $W = \mathbb{R}$ 覆盖 S^1. 则 W 是完备的但是它在 $\mathbb{R}^2$ 既不是常态也不是准常态的. (当然无限复叠映射 $W \to W_0$ 不会给出 $W \to \mathbb{R}^n$ 的嵌入, 但有时可通过任意不影响上述性质 (1)、(2)、(3) 的小扰动由这样的映射造出嵌入映射. 很显然这是可能的, 如 $\mathbb{R} \to S^1 \subset \mathbb{R}^2$.)

(b) 定义在 $]0,\infty[$ 上的函数 $\sin\frac{1}{x}$ 的图是完备的, 但在 $\mathbb{R}^2$ 中不是准常态的; 定义在 $]0,\infty[$ 上的函数 $\frac{1}{x}\sin\frac{1}{x}$ 的图是准常态的, 但不是常态的; 定义在半轴 $]0,\infty[$ 上的函数 $x^2\sin\frac{1}{x}$ 甚至不是完备的.

现在令 $W \subset \mathbb{R}^n$ 为满足上述条件 (1)、(2)、(3) 之一的无边子流形, 其第二基本形式 II^W 为 (k_+, k_-) 型. 可以预期 W 的整体几何 (和拓扑) 十分特殊. 我们还不能回答下述看起来容易的问题.

W 的某类 Betti 数是否有界? 高斯映射 $v: W \to S^{n-1}$ 的结构如何? 这个映射是否有 $|\mathrm{Jac}\,v| = |\mathrm{Discr\,II}| \geqslant c > 0$? (由 Efimov 的一个困难的定理知 $n = 3$ 时这是不可能的, 见 [28].) 设 v 是 W 到 S^{n-1} 中的开子集 U 的微分同胚. U 是否有有界拓扑? 是否能以这样的方式分类子集 U?($n = 2$ 时 Verner 给出肯定回答, 见 [18] 第 $188 \sim 283$ 页的讨论.)

W 的紧化. II^W 是常数型的这一条件不仅是仿射不变的, 还是在 $\mathbb{R}^n$ 的射影变换下不变的. 因此, 可以谈 $\mathbb{P}^n$ 或球面 S^n 中常数 (k_+, k_-) 型的超曲面. 这里这样的超曲面可能是闭的, 那么可以问 S^n 中这样的闭超曲面 W 有怎样令人信服的几何与拓扑? 最简单的例子是等距群作用在 S^n 上的余一维轨道, 此时不仅 II^W 是常数型的, 而且 W 在 S^n 中的主曲率为常数. 具有常主曲率 (即 II 的特征值) 的超曲面称为等参 (isoparametric) 超曲面, 而且令人惊奇的是, 对于大 n, 并非所有等参超曲面都是齐性的 [15]. 现在, 我们不能指望 S^n 中给定常数 (k_+, k_-) 型的闭超曲面 W 的 (拓扑) 分类很简单, 但是我们仍然可以相信这样的 W 有 "有界" 的拓扑和几何, 例如, W 的 Betti 数必然仅关于维数 n 是有界的.

最后我们观察到 $\mathbb{P}^n$ 中的每个闭超曲面给出 $\mathbb{R}^n = \mathbb{P}^n - \mathbb{P}^{n-1}$ 中的 (常态嵌入) 超曲面 $W' = W - \mathbb{P}^n$. 这时我们可以问常数型 W' 的这一 "紧原点 (compact origin)" 是否对 W' 强加了额外的拓扑限制.

我们尝试阐述 Π^W 与 W 的整体几何的一般问题来结束本节. 首先注意到 (在刚体运动下) Π^W 在每一点 $w \in W$ 处由主曲率 $\lambda_1(w), \cdots,$ $\lambda_{n-1}(w)$ 完全刻画, 令 $\lambda_1 \leqslant \lambda_2 \leqslant \cdots \leqslant \lambda_{n-1}$. 于是我们有一个无歧义的 (因此, 连续的) 映射 $\lambda : W \to \mathbb{R}^{n-1}$, $\lambda(w) = (\lambda_1(w), \cdots, \lambda_{n-1}(w))$, 它把每点 $w \in W$ 处的无穷小信息编码藏在 Π^W 中. 例如, 给定 $\mathbb{R}^{n-1}$ 的任意子集 Λ, 若要求像集 $\lambda(W)$ 包含在 Λ 中, 则定义出 $\mathbb{R}^n$ 中的一类超曲面 W. (这包含 k-凸、平均凸和常数型这些特例.) 除了 $\lambda(W)$ 的几何像, 另一个重要的不变量是 W 的黎曼测度 dw 的推前 (push-forward) $q_* = \lambda_*(dw)$. 于是 $\mathbb{R}^{n-1}$ 的每个测度类 $\mathcal{M}$ 定义了 $\mathbb{R}^n$ 中带有属于 $\mathcal{M}$ 的测度 $\lambda_*(dw)$ 的一类 W. 给定 Λ 和 $\mathcal{M}$, "局部 – 整体" 问题可以陈述如下. 在由 Λ 或 $\mathcal{M}$ 定义的类中 W 的 (几何和拓扑) "形状" 是怎样的? 我们想用 Λ 或 $\mathcal{M}$ 给出一个答案, 可以预期只有对特别好的 Λ 或 $\mathcal{M}$ 才能给出答案. 不幸的是除非解决问题, 之前我们无法知道哪个问题好哪个问题糟糕.

§1 回顾长度、距离和黎曼度量

一个光滑流形 V 的黎曼结构由切丛 $T(V)$ 上的正定二次型 g 给出. 这样的 g 对每个切向量 $\tau \in T(V)$ 分配了一个范数 (或长度)

$$\|\tau\|_g = (g(\tau, \tau))^{\frac{1}{2}},$$

于是对 V 中任意 C^1 光滑的曲线, 即映射 $c : [0,1] \to V$ 有 g-长度, 定义为 $v = c(t)$ 点处向量 $c'(t) = (Dc)\dfrac{\partial}{\partial t} \in T_v(V)$ 的范数的积分

$$\text{length }(c) = \int_0^1 \|c'(t)\|_g dt.$$

几何上说, 范数 $\|\tau\|_g$ 被 c 的切映射拉回到 $[0,1]$ 定义了 $[0,1]$ 上的测度密度, 其总质量是 c 的长度. 因此长度关于 $[0,1]$ 的重新参数化不变.

对 $\|\ \|_g$ 的二次性质无须害怕. 可由 $v \in V$ 处切空间 $T_v(V)$ 上的 (非欧)范数 $\|\ \|$ 的任意连续族出发, 通过对 $\|c'\|$ 积分定义曲线的长度. 这里我们仅提到 $T(V)$ 上的一个范数称为 V 上的一个 Finsler 度量, 带有该度量的流形称为 Finsler 流形.

　　让我们暂时集中注意力考虑定义在映射 $[0,1] \to V$ 的空间上的函数 $c \mapsto \mathrm{length}\,(c)$, 其中 $T(V)$ 上配有某黎曼度量或 Finsler 度量. 这样满足一些显然的性质 (如重新参数化下的不变性和曲线细分成小段的可加性) 的函数称为是 V 上的长度结构, 自身是一个有趣的几何对象. 假定有这样的结构, 我们可以用通常方式定义 V 上关联的度量, 即考虑 V 上给定两点 v_1, v_2 间的所有曲线, 令 $\mathrm{dist}(v_1, v_2)$ 等于这些曲线长度的下确界. 明显地, 在黎曼和 Finsler 的情形这的确给出了一个度量 (但对不够正则的长度结构则未必, 比如, 若我们允许距某子丛 S 无限远的 $T(V)$ 上赋予广义范数, 则 v_1 和 v_2 间的每条曲线可能无限长).

　　由长度结构得到的度量称为长度度量, 如下性质基本上可以刻画它们.

　　三角 ϵ-等式. 对任意两点 v_1, v_2, 任意 $\epsilon > 0$, 任意正 $\delta \leqslant \mathrm{dist}(v_1, v_2)$, 存在一点 $v \in V$ 使得

$$\mathrm{dist}(v, v_2) \leqslant \delta + \epsilon$$

和

$$\mathrm{dist}(v, v_2) \leqslant \mathrm{dist}(v_1, v_2) - \delta.$$

换言之适当选取 v 可使三角不等式

$$\mathrm{dist}(v_1, v_2) \leqslant \mathrm{dist}(v, v_1) + \mathrm{dist}(v, v_2)$$

接近变成等式. 事实上, 若存在 v_1 和 v_2 之间的最短曲线 c 使得 $\mathrm{length}(c) = d = \mathrm{dist}(v_1, v_2)$, 则确实可以得到一个等式. 明显地, V 中这样的曲线 c 关于诱导度量等距于线段 $[0, d] \subset \mathbb{R}$, 习惯上称之为 v_1 和 v_2 之间的最小测地线段, 即使该线段并不唯一, 相应地, 记之为 $[v_1, v_2] \subset V$. 于是对任意 $\delta \in [0, d]$, 相应地 $v \in [v_1, v_2] \leftrightarrow [0, d]$, $\mathrm{dist}(v, v_1) = \delta$ 满足三角等式

$$\mathrm{dist}(v, v_1) + \mathrm{dist}(v, v_2) = \mathrm{dist}(v_1, v_2).$$

　　注意到, 众所周知, 若 V 为紧致 (也许带边) 黎曼 (或 Finsler) 流形则对 V 中任意两点 v_1, v_2, 最小测地线段必然存在. 若 V 是一个完备的非紧度量空间, 这一性质也成立.

长度度量的局部性. V 中任意长度度量由它在其任意开覆盖中开子集 U_i 上的限制唯一确定. 即若两个这样的度量在每个 U_i 上重合, 则在 V 上相等. 事实上对 V 上任意度量 d, 可以定义 d^+ 为度量 d' 的上确界, 其中 d' 在 V 的一个开覆盖的每个开集 U_i 上满足 $d' \leqslant d$. 则三角 ϵ-等式表明对长度度量 $d^+ = d$. 但一般 $d^+ > d$. 例如, 若我们由 $\mathbb{R}^m$ 中的子流形 V 的欧氏度量 d 开始, 则 d^+ 相应于由 V 中曲线的欧氏长度定义的 V 的诱导黎曼结构. 于是

$$\mathrm{dist}_V(v_1, v_2) = d^+(v_1, v_2) > d(v_1, v_2) = \mathrm{dist}_{\mathbb{R}^m}(v_1, v_2),$$

除非 V (或至少 $\mathbb{R}^m$ 中 V 的闭包) 包含 $\mathbb{R}^m$ 中点 v_1 和 v_2 的直线段.

长度度量的局部性, 特别是黎曼度量的局部性是黎曼几何中遵循局部到整体原理的主要 (非心理性的) 原因.

度量的长度定义的失效. 即使 V 的黎曼度量可以明确地写出来, 要算出给定两点的距离也许仍然十分困难. 例如, 若 V 是 (微分同胚于) $\mathbb{R}^n$ 的一个区域, $n = \dim V$, 则 V 的每个黎曼结构由 $\dfrac{n(n+1)}{2}$ 个函数给出, 它们是 g 在标准基底下的分量函数, 对 $\mathbb{R}^n$ 的向量场 $\partial_i = \dfrac{\partial}{\partial x_i}$,

$$g_{ij} = g(\partial_i, \partial_j), \quad i, j = 1, \cdots, n.$$

但是即使对非常简单的函数 (如多项式函数)g_{ij}, 我们也不能很好地看出曲线的 g-长度的极小化.

另一个例子是当 V 为一个紧流形 V_0 的万有覆盖空间, 问题的逻辑性质很清楚. 此时长度结构能很容易地从 V_0 提升到 V, 只要把 V 中每条曲线的长度指定为它在 V_0 中的像的长度. 但是它没有告诉我们 V 中相应度量的信息. 例如, 没法告诉我们通过 V_0 是否能得知 V 的直径 (即 $\sup\limits_{v_1, v_2 \in V} \mathrm{dist}(v_1, v_2)$) 有限与否, 因为这等价于确定 V_0 的基本群 $\pi_1(V_0)$ 是否为有限的. 而后一问题众所周知是不可决定的, 因此 V 的直径不能有效地由 V_0 计算出来.

最后一个例子是当 V 为一个李群, g 为左不变黎曼结构. 这样的 g 由在一个切空间上的性状唯一确定, 例如取单位元 $e \in V$ 处的切空间 $T_e(V)$. 因此 g 可以由线性空间 $T_e(V)$ 上的二次型确定. 然而我们对这样的 (V, g) 的度量结构知之甚少 (尤其是非幂零可解李群).

上述困难使得可由能有效计算的 V 的无穷小不变量得到的度量信息变得十分可贵. g 的黎曼曲率张量提供了大量此类不变量, 它们是由 g 和其在给定坐标下的分量函数 g_{ij} 的一阶和二阶导数的直接 (且繁琐) 的代数公式给出.(这些公式在本节后面给出.) 例如, 这些导数的一个特别组合, 称为截面曲率 $K(V)$ (见 §2), 它的严格正性 $K(V) \geqslant \epsilon > 0$ 蕴含着只要 V 作为度量空间是完备的则它是紧致的. 这就对上述覆盖 $V \to V_0$ 的直径问题给出了 (有效的) 部分解答. 反之, 若 V_0 (因此 V) 的截面曲率处处为负, 则 V 非紧, 其直径无限大 (见 §2 和 §4). 可惜的是, 大多数流形的截面曲率变号, 上述准则无法应用. 但是截面曲率符号不变的情形对某些有趣的例子确实存在, 如一些齐性黎曼流形 (但是上面提到的可解群不在截面曲率符号不变的流形范围内).

由度量重温 g. 由相应的距离函数有如下的简单方式重新构造 g. 对给定的点 v, 我们定义 V 上的函数 $\rho(v')$ 为 $\rho(v') = (\operatorname{dist}(v, v'))^2$. 观察到 ρ 在 $v' = v$ 是光滑的, 导数 $D\rho$ 在 v 为零. 于是二阶导数 $D^2\rho$ 是在 $T_v(V)$ 上完好定义的二次型, 由简单推导知它等于 T_v 上的 g.

于是我们建立了关于黎曼结构的三个基本观点的等价性: 无穷小观点, g 是 $T(V)$ 上的二次型; 道路理论上曲线的长度函数观点; 度量 (或距离函数) 观点. 通常我们不区分这三类结构, 用 "黎曼结构" 统称之. 应该注意到虽然三种结构形式上等价, 它们代表的是不同世界的对象. 例如, g 是一个张量, 特别地是一个二次型, 它的正定性有时可能被忽略. 但那对关联 g 的度量结构就无甚可剩了 (除了如 "Lorentz 度量" 等剩下的名词). 另一方面, 我们可以有一个 (非黎曼的) 度量空间, 带有令人不快的奇点, 使得无穷小方法难以为继. 因此看起来我们十分幸运有不同的概念和观点在黎曼几何的河流中出现.

黎曼体积. 每个 n 维黎曼流形 V 带有一个典范的度量, 它由下面两个公理 (唯一地) 刻画.

单调性. 若存在两个 n 维流形间的距离单调递减的满射 $f: V_1 \to V_2$, 则

$$\operatorname{Vol} V_2 \leqslant \operatorname{Vol} V_1,$$

其中 Vol 表示相应流形测度下的总体积 (或质量).

规范化. $\mathbb{R}^n$ 中单位立方体的体积为 1.

　　注意到上述定义对长度结构、$T(V)$ 的黎曼范数和距离函数这些层面都有意义. 事实上, 下面关于 f 的三个条件等价:

　　(i) f 是距离递减的;

　　(ii) f 减少曲线的长度;

　　(iii) f 的导数减少切向量的长度 (这里我们需额外假设 f 可微).

　　对 V 上连续结构 g 黎曼测度的存在和唯一性可从 g 在每点 $v_0 \in V$ 上由欧氏度量 g_0 给出的无穷小逼近得到. 换言之, 若我们取 V 在 v_0 附近的局部坐标 $u_1, \cdots, u_n$, 那么 g 在坐标邻域 U 定义了一个欧氏度量 g_0,

$$g_0(\partial_i(u), \partial_i(u)) = g(\partial_i(v_0), \partial_j(v_0)),$$

其中 $\partial_i = \dfrac{\partial}{\partial u_i}$, u 取遍 U, $v_0 \in U$ 固定. 清楚看到 (U, g_0) 等距于 $\mathbb{R}^n$, g_0 在 v_0 以零阶逼近 g. 即对任意 $\epsilon > 0$, 存在 v 的邻域 $U_\epsilon \subset U$, 使得在 U_ϵ 上,

$$(1 - \epsilon)g_0 \leqslant g \leqslant (1 + \epsilon)g_0.$$

由单调性可知, U_ϵ 的黎曼 g-体积 (以显然的意义)ϵ-接近于它的 g_0-体积 (它是欧氏的, 可以假定已知), 令 $\epsilon \to 0$ 可得 Vol_g 的唯一性. 存在性也可在上述框架中看出, 但更方便的是由单纯的无穷小定义得到. 具体而言, g (的判别式) 定义了 $T(V)$ 的最高次外积幂空间上的一个范数, 从而给出 V 上的一个测度 (密度). 在实际的计算项中出现了 C^1 映射 $f : V_1 \to V_2$ 的 |Jacobian|, 它可由点 $v \in V$ 处 $T_v(V)$ 上的 (欧氏!) 度量 $g_1(v)$ 和 $w = f(v) \in V_2$ 处 $T_w(V_2)$ 上 $g_2(w)$ 视为切映射 $Df : T_v(V_1) \to T_w(V_2)$ 的 |Det| 计算得到, 即

$$|\mathrm{Jac}f| = |\mathrm{Det}f| = (\mathrm{Det}DD^*)^{\frac{1}{2}},$$

其中 $D = Df$, D^* 为 D 关于 $g_1(v)$ 和 $g_2(w)$ 的伴随. 于是对每个小邻域 $U \subset V$, 通过取微分同胚 $f : U \to U'$, 其中 $U' \subset \mathbb{R}^n$, 定义了 U 的黎曼体积

$$\mathrm{Vol}_g U = \int_{U'} |\mathrm{Jac}f| du',$$

其中 du' 为欧氏体积元.

注意到黎曼结构限制到 V 中维数为 $k < n = \dim V$ 的子流形 W 中, 得到 W 的黎曼体积 Vol_k. 特别是, 对 $k = 1$, 我们再次得到曲线的长度, 即 $\dim W = 1$ 时 $\mathrm{Vol}_1 W$.

g_0 对 g 的一阶无穷小逼近. 由于 g 在 v_0 是零阶欧氏的, 人们也许认为 g 的非平坦性 (即对局部欧氏性状的偏离) 可由在某局部坐标下 $g_{ij} = g(\partial_i, \partial_j)$ 的一阶导数衡量. 然而令人惊讶的是, 这并不成立, 因为在 v 附近总存在特别好的局部坐标, 称为测地坐标, 使得对所有 $i, j, k = 1, \cdots, n$,

$$\partial_k g_{ij}(v_0) = 0,$$

其中我们需要度量 g 在 v_0 处为 C^1 光滑的. 事实上, 稍作思考可解释来由. 坐标系由 n 元函数 $u_i : V \to \mathbb{R}$ 给出. 当我们改变坐标系时, 可以观察到 $\partial_k g_{ij}(v_0)$ 的变化由 u_i 在 v_0 处的二阶导数决定. 总计来说, n 个函数 u_i 的 $\dfrac{n^2(n+1)}{2}$ 个导数的数目出乎意料地恰好与 $\dfrac{n(n+1)}{2}$ 个 g_{ij} 函数在 v_0 处的一阶导数一样多. 于是容易相信 (并且不难证明) 可以调整 u_i 的二阶导数使得 $\partial_k g_{ij}$ 变为零. 事实上, 可以证明二阶导数可以由 $\partial_k g_{ij}(v_0) = 0$ 唯一确定. 换言之, 若 u_i 和 u_i' 为测地坐标, 使得 $\partial_{u_i} u_j' = \delta_j^i$, 则 u_j' 关于 u_i 的二阶导数在 v_0 点消失.

在 U 中如前所构造的欧氏度量 g_0, 现在与测地坐标 u_i, 在 v_0 点处一阶逼近 g,

$$-\epsilon^2 g_0 \leqslant g - g_0 \leqslant \epsilon^2 g_0,$$

其中 ϵ 为定义在 V 上且在 v_0 点消失的光滑函数. 通常称 g_0 为 v_0 点处的密切度量 (osculating metric).

有人也许会想类似地进一步处理关于 u_i 的三阶导数使得 g 在 v_0 处的二阶导数消失. 但是现在关于 u_i 的三阶导数只有 $\dfrac{n^2(n+1)(n+2)}{6}$ 个, g_{ij} 的二阶导数有 $\dfrac{n^2(n+1)^2}{4}$ 个. 二者之差 $\dfrac{n^2(n^2-1)}{12}$ 告诉我们用于衡量 g 在 v_0 点处的非平坦性的参数量. 事实上当保持测地坐标 u_i 在 v 点的一阶和二阶导数不变时, 下面由 $\partial_k \partial_l g_{ij}(v)$ 的线性组合定义的 R_{ijkl} 在 u_i 的变化下为常数, 通过直接但繁琐的计算知

$$R_{ijkl} = \frac{1}{2}(\partial_j \partial_l g_{ik} + \partial_i \partial_k g_{jl} - \partial_i \partial_l g_{jk} - \partial_j \partial_k g_{il}),$$

其中系数 $\frac{1}{2}$ 只是惯例. 很清楚地看到

$$R_{ijkl} = -R_{ijlk} = R_{klij} = -R_{jikl}$$

和

$$R_{ijkl} + R_{iklj} + R_{iljk} = 0,$$

后者称为第一 Bianchi 恒等式. 容易看到线性独立的 R_{ijkl} 恰好有 $\frac{n^2(n^2-1)}{12}$ 个, 在坐标变换下 R_{ijkl} 按张量规律变化 (此时对这些坐标没有第一和第二导数的限制). 于是我们得到 V 上 g 的张量称为曲率张量 (curvature tensor) $R = \{R_{ijkl}\}$, 它以如下意义衡量 g 的非平坦性.

一个流形 (V, g) 的曲率为零当且仅当在 V 的每一点 v 有一个邻域 U 等距于 $\mathbb{R}^n (n = \dim V)$ 的某一开子集 U'.

v 点处的曲率 R 为切空间 $T_v(V)$ 上由欧氏结构 $g|_{T_v(V)}$ 给出的 4-线性张量. 人们可以构造 $R|_{T(V)}$ 的大量在 $(T(V), g)$ 的 g-正交变换下不变的数值量, 给出 g 的数值不变量, 它们是在 V 的每一点 v 处的测地坐标下由二阶导数以不变的方式构造出来的 V 上的实值函数. 例如, 取 g-范数 $\|R\|_g$ 为 $\left(\sum_{i,j,k,l} R_{i,j,k,l}^2\right)^{\frac{1}{2}}$, 它是 V 的非平坦性的整体数值估量. 若在 V 上 $\|R\|_g \leqslant \epsilon$, 则称 V 是 ϵ-平坦的. 对给定 $\epsilon > 0$, 可尝试研究 ϵ-平坦流形的几何 (参见如 [7]). 但是我们关注另一些更微妙的数值不变量, 它们并不自动为正的, 其符号反应了 V 的非平凡几何信息. 作为比较, 我们可以回顾 $\mathbb{R}^{n+1}$ 中的超曲面 V 的第二基本形式 Π^V, 其范数 $\|\Pi^V\|$ 衡量 $\mathbb{R}^{n+1}$ 中 V 的非平坦性, 但是 Π^V 的特征值 λ_i 的符号 (它们是 $\mathbb{R}^{n+1}$ 中 V 的刚体运动下的数值不变量) 告诉我们比 Π 庞大规模的范数多得多的信息 (注意 $\sum_{i=1}^{n} \lambda_i^2 = \|\Pi\|^2$).

黎曼几何中有很多类似的数值不变量 (相应于 $T(V)$ 的曲率张量空间上关于纤维正交变换下不变的函数), 但迄今为止其中仅有少数不变量具有有意义的几何解释. 而这其中被研究最多的是, V 的二维切平面的 Grassmann 丛上的函数, 截面曲率 (sectional curvature) $K(V)$,

V 的二次型 Ricci 曲率, V 上函数数量曲率. 这些曲率将在后面的 §2—§6 中定义并研究.

§2 等距离变换和截面曲率 $K(V)$

对黎曼流形 $V = (V, g)$ 中的任意超曲面 W (回顾 "超" 曲面指 $\dim V = n$ 时 $\dim W = n-1$), 把黎曼距离函数 $\mathrm{dist}_g(v, W)$ 的水平集定义为等距离超曲面 W_ϵ, 与 §0 中对 $\mathbb{R}^n$ 中超曲面的做法一样研究它. 我们也可定义映射 $d : W = W_0 \to V$, 对小 ϵ, 取代 $\mathbb{R}^{n+1}$ 中的直线段 (见 §0), 它用与 W 正交的测地 ϵ-线段把 W_0 移动到 W_ϵ. 为了得到 V 中测地线的好理论, 我们假设 g 为 (在某坐标系下) C^2 光滑的. 从黎曼的工作我们就知道对任意单位切向量 $\tau \in T_v(V)$ 存在唯一的从 v 出发沿 τ 方向的测地线. 这里 "测地" 指从 $\mathbb{R}$ 或者 $\mathbb{R}$ 的一个连通子集到 V 的关于 V 中距离函数的局部等距映射. 换言之, 一条测地线每个充分小的曲线段必为 V 的最短曲线段, 其长度等于在 V 中它的两端点间距离. (例如, $\mathbb{R}^{n+1}$ 中单位球面 S^n 的测地线是球大圆, 更确切地说以单位速度围绕这些圆的线和线段. 因为其长度不超过 π, 因此它们是最短的.)

若 V 是无边完备流形 (如紧流形), 由经典理论知 (也许黎曼就已经知道) 对任意 $v \in V$, 单位 $\gamma \in T_v(V)$, 存在测地射线 $\gamma : \mathbb{R}_+ \to V$ 满足 $\gamma(0) = v$, $\gamma'(0) = \tau$. 若 V 为带边流形, 则射线也许在有限时间内达到边界. 类似地, 若 V 为不完备的, 则射线也许 (就像 $\mathbb{R}^n$ 中由有界区域 V 中一点出发的直射线一样) 会在有限时间内到达 V 的 "无穷远点". 但是, 对 V 的任意内点和依赖于 v 的 $\epsilon > 0$, 总存在一条 ϵ 曲线段 $\gamma : [0, \epsilon] \to V$ 满足 $\gamma(0) = v$, $\gamma'(0) = \tau$ (对给定的单位 $\tau \in T_v(V)$), γ 是连接 $v = \gamma(0)$ 和 $v' = \gamma(\epsilon) \in V$ 的极短测地线段. 于是 V 中测地线的局部几何与 $\mathbb{R}^n$ 中情形非常类似 (后者的测地线是直线、射线和线段).

现在用 W 的单位外法向量场 v 来定义 d_ϵ, 它把每个 $w \in W$ 映为由 w 出发沿 $v(w)$ 方向的测地线段的 ϵ 端点. (若 $\epsilon < 0$, 我们用 $\gamma : [-\epsilon, 0] \to V$, $\gamma(0) = w$, $\gamma'(0) = v$.) 若 V 是完备的, 则我们得到映射 (称为法指数映射) $d : W \times \mathbb{R} \to V$, 用上面的记号有 $d(w, \epsilon) = d_\epsilon(w)$. 对

任意 $w \in W$ 它由 d 在直线 $w \times \mathbb{R}$ 的测地性质和初始条件

$$d(w, 0) = w, \qquad \frac{\partial}{\partial \epsilon} d(w, 0) = v(w)$$

决定. (在非完备的情形, 若 W 包含在 V 的内部, 我们有定义在 $W \times 0 \subset W \times \mathbb{R}$ 的某邻域 $U \subset W \times \mathbb{R}$ 上这样的映射.)

V 中 W 的第二基本形式. 利用 d_ϵ, 为衡量 W 在 V 中的弯曲程度 (恰如欧氏空间的情形, 参见 §0), 我们可以定义第二基本形式 Π^W 为

(+) $$\Pi^W = \frac{1}{2} \frac{d}{d\epsilon} g^*_{\epsilon=0},$$

其中 g^*_ϵ 为 W 由映射 $d_\epsilon : W \to V$ 拉回 g 诱导的度量.

还有另外一种方式, 利用点 $w \in W \subset V$ 处的测地坐标 $u_1, \cdots, u_n$ 计算 Π^W. 换句话说, 这些坐标把坐标邻域 U 和 $\mathbb{R}^n$ 中 (带有欧氏坐标 $u_1, \cdots, u_n$ 的) 区域 U' 等同起来, 使得 w 对应 0, $W \cap U$ 变成过原点的超曲面 $W' \subset U' \subset \mathbb{R}^n$. 于是像 $\mathbb{R}^n$ 中的超曲面 W' 在 0 点的定义一样, 我们可以定义 $W \subset V$ 在 w 点的第二基本形式 Π^W 为

$$\Pi^W|_{T_w(W)} = \Pi^W|_{T_0(W)},$$

其中微分同胚 $U \leftrightarrow U'$ (把 $W \cap U$ 映为 W', $T_w(W)$ 映为 $T_0(W')$) 的切映射把切空间 $T_w(W)$ 与 $T_0(W')$ 等同起来. 稍微思考一下可以证明这一定义不依赖于坐标 u_i, 再稍许努力一下可以看到这种形式与上面 (+) 的定义是相同的.

第二种定义的附加产品是, 对任意过 v 点的光滑超曲面 $W \subset V$, 切于 S 在 v 点测地的切超平面 $S \subset T_v(V)$ (指 $T_v(W) = S$) 的存在性. 在 v 点测地按照定义指 $\Pi^W|_{T_v(W)=0}$. 例如, 取 W 相应于在测地坐标下的欧氏超平面 $W \subset \mathbb{R}^n$, 使得 W' 在 $T_0(\mathbb{R}^n) = T_v(V)$ 处与 S 相切.

现在, 对上述的 W 和相应的等距离 W_ϵ, 由于在 v 点 $\dfrac{d}{d\epsilon} g^*_{\epsilon=0} = 0$, 我们想看一下二阶导数. 这一步最好用 $T(W)$ 上的算子 A^*_ϵ 来做 (原因下面会变清楚), 它是 W_ϵ 上的形状算子 A_ϵ 在映射 $d_\epsilon : W \to W_\epsilon$ 的切映射下的拉回 (与 §0 相比, 这里与欧氏情形一样, 对小 ϵ, d_ϵ 是 W 到 W_ϵ 的微分同胚, A_ϵ 定义为 $\Pi^{W_\epsilon}(\tau_1, \tau_2) = g(A_\epsilon \tau_1, \tau_2) = \langle A_\epsilon \tau_1, \tau_2 \rangle_V$). 换句话说, 我们令

(++) $$B_S = \frac{d}{d\epsilon} A^*_{\epsilon=0}|_S,$$

其中 $S = T_v(W)$. 这个 B_S 是 S 上的对称算子, 通过简单的无穷小计算可以证明, 它只依赖于 S 和 g, 不依赖于 W 的选择. 还可以注意到由于二阶导数当自变量符号改变时是不变的, 因此 B_S 不依赖于 S 的双边定向的选择.

切超平面 $S \subset T(V)$ 上的算子 B_S 携带着与曲率张量同样多的无穷小信息, 有一个简单的代数公式对它们相互表示. 另一方面, 我们可以用 B_S 对任意 2 维切平面 $\sigma \subset T_v(V)$ 定义截面曲率 $K(\sigma)$. 任取与 σ 交于一条线的超平面 $S \subset T_v(V)$, 交线为 $l = S \cap \sigma \subset T_v$, 且正交于 σ (即直线 l 的正交补 $l^\perp \subset \sigma$). 然后我们取单位向量 $\tau \in l$, 定义

$$(*) \qquad\qquad K(\sigma) = -g(B_S(\tau), \tau).$$

同样地, 应该通过简单的代数计算来验证结果不依赖于 S 和 τ 的选取. 至于减号, 是因为我们希望保证 $\mathbb{R}^{n+1}$ 中的单位球面 $S^n = S^n(1) \subset \mathbb{R}^{n+1}$ 有正曲率. 事实上, 令 V 为 $\mathbb{R}^{n+1}$ 中的单位球面 $S^n = S^n(1) \subset \mathbb{R}^{n+1}$, 带有诱导黎曼度量 g, $W \subset V = S^n$ 为赤道超球面. 那么 W 显然在所有 $w \in W$ 上是测地的, 因此可以用 $S = T(W)$ 计算 B_S. ϵ-等距离同心球面 $W_\epsilon \subset V$ 显然比 W 小. 更准确地说, 球面 W_ϵ 由 $W = W_0$ 带来的度量由下面众所周知 (且显然) 的公式

$$g_\epsilon^* = (\cos^2 \epsilon) g_0$$

给出. 所以 g_ϵ^* 由 B 衡量的二阶导数是负定的, 用习惯的约定, 截面曲率 K 是正的. 而且注意到 g_ϵ^* 随 $|\epsilon|$ 增加而减小, 与第二基本形式 II^{W_ϵ} 的性质一致: S^n 中以 W_ϵ 为边界的两个球中小球体是凸的, 大球体是凹的. 于是 W (关于给定定向) 的向内等距离变换使 W_ϵ 凸, 向外变换使 W_ϵ 凹.

现在来计算 $W = S^n(1)$ 的截面曲率 K. 首先,

$$\frac{d}{d\epsilon} g_\epsilon^* = -2 \sin \epsilon \cos \epsilon g_0,$$

因此

$$A_\epsilon^* = -\tan \epsilon \mathrm{Id},$$

(形式上, A_ϵ^* 等于 $\frac{d}{d\epsilon} g_\epsilon^*$ 除以 g_ϵ^*). 然后,

$$\frac{d}{d\epsilon} A_\epsilon^* = (-1 - \tan \epsilon) \mathrm{Id},$$

其中 Id 为 $S = T(W)$ 上的恒同算子. 于是, $B_S = -\mathrm{Id}$, 对 $W = S^n(1)$ 中任意切平面 σ 有 $K(\sigma) = 1$.

注意在度量的数乘变换下 K 做二次变换. 例如, 半径为 R 的球面有 $K = R^{-2}$ (这种情形也可由 $g_\epsilon^* = \cos^2(\epsilon R^{-1})$ 直接看出). 一般地, 若我们流形 RV 的新旧度量有关系 $g_{new} = R^2 g_{old}$, 相应的距离满足 $\mathrm{dist}_{new} = R\,\mathrm{dist}_{old}$. 于是 K 的变换公式为

$$K(RV) = R^{-2} K(V).$$

曲面的截面曲率. 若 $\dim V = 2$, 则曲率张量约化成 V 上的一个函数 (当 $n = 2$ 时, 分量数 $\dfrac{n^2(n^2-1)}{12}$ 变为 1, 见 §1), 它可以表示为点 $v \in V$ 处的截面曲率 $K(v) = K(o = T_v(V))$. $\mathbb{R}^3$ 中曲面的著名 Gauss 公式给出了 K 的表达式.

绝妙定理 (Theorem Egregium). $\mathbb{R}^3$ 中曲面 V 的截面曲率 $K(V)$ 等于在 v 点处的 Gauss 映射 $V \to S^2$ 的雅可比行列式, 等价地说, 在 v 点的主曲率 (即 II 或形状算子 A 的特征值) 的乘积.

当然以现代无穷小微积分的标准看证明是平凡的. 然而, 这一定理的主要结果依然像它出现在 200 年前一样令人惊异: 若我们在 $\mathbb{R}^3$ 中弯曲 V, Gauss 映射的雅可比保持不变, 即如我们运用了 V 中保持曲线长度的变换. 例如, 当我们开始弯曲一张起初平坦的纸张, 它在 $\mathbb{R}^3$ 中不再平了, 但是它的内蕴几何没有改变, 所以 Gauss 映射的雅可比行列式仍然为零.

Gauss 定理的另一个推论为

凸 (或凹) 曲面有 $K \geqslant 0$, 而鞍面有 $K \leqslant 0$.

注意第一个断言可以对任意 n 推广到 $\mathbb{R}^{n+1}$ 中的凸超曲面 V^n: 由推广到高维的 Gauss 公式得 $K \geqslant 0$. 另一方面, 对任意 n, $\mathbb{R}^n$ 中的鞍形曲面有 $K \leqslant 0$, 其中 "鞍" 意义如下:

凸包性质. V 中任意点 v 包含在 v 在 V 中的每个充分小邻域 $U \subset V$ 的边界的欧氏凸包中. (比较 §$\frac{1}{2}$ 中的鞍面.)

$K \leqslant 0$ 这一断言的证明来自于 Gauss 公式的一个高余维版本. (这个公式运用于所有 $V^n \subset \mathbb{R}^{n+k}$, 但对 $n \geqslant 3$, 由此得不到 $K(V^n) \leqslant 0$ 的好几何解释.)

V **中曲面** Σ. V 的截面曲率 K 可由 V 中适当的曲面 Σ 的每个切平面 $\sigma \subset T_v(V)$ 计算. 换句话说, 取 Σ 使得 $T_v(\Sigma) = \sigma$, 且 Σ 在 v 点测地. 测地条件等价于在 v 点 Σ 变为 $\mathbb{R}^n$ (带有欧氏坐标 $u_1, \cdots, u_n$, 与 §1 比较) 中欧氏平面的测地坐标 $u_1, \cdots, u_n$ 的存在性. 然后, 再由 Gauss 公式的另一个推广得到 V 中 $K(\sigma)$ 等于 Σ 中关于由 V 诱导的 Σ 上的度量下的 $K(v)$.

超曲面的截面曲率. 考虑 V 中超曲面 W, 对 $w \in W$, 我们来阐明联系曲面 $\sigma \in T_w(W)$ 的曲率 $K_W(\sigma)$ 和 $K_V(\sigma)$ 的 Gauss 绝妙 (egregium) 定理. 为此我们需要把第二基本形式 Π^W 限制到 σ, 其中 σ 上带有由 $T_w(V)$ 上的 g 诱导的 (欧氏) 度量. $\mathbb{R}^2 = (\sigma, g|_\sigma)$ 上的任意二次型由其特征值 (即相应对称算子 A 的特征值) 刻画, 这里第二基本形式 Π^W 在 σ 上的特征值的乘积记为 $\mathrm{Dis}(\sigma)$. 由此 Gauss 公式表示为

$$K_W(\sigma) = K_V(\sigma) + \mathrm{Dis}(\sigma).$$

像之前的一样, 此处的证明是代数的, 但是推论非常漂亮. 例如, 若 W 是凸的 (参见下节关于 V 中凸性的讨论), 则 Π^W 是正定的, 于是我们有

$$K_W \geqslant K_V.$$

特别地, 若 V 有正截面曲率, 则 W 也有正截面曲率.

管公式. $\mathbb{R}^n$ 中超曲面的管公式 (见 §0 中 (∗∗)) 推广到任意黎曼流形 V 中超曲面 W 为

$$(**) \qquad \frac{d}{d\epsilon} A_\epsilon^* = -(A_\epsilon^*)^2 + B,$$

其中 B 是切丛 $T(W_\epsilon)$(的切空间 S) 上本节前面 (++) 定义的算子. 注意 (∗∗) 在 $\epsilon = 0$ 时对测地子流形 W (即 $\Pi^W = 0$) 约化为 (++). 像通常一样, 我们不给出证明, 因为我们不打算呈现黎曼几何中无穷小计算的套式. 然而这里我们想指出 (∗∗) 下面的重要性质. B 项衡量 V 的曲率, 不依赖于 W. 事实上, 在每个切超平面 $S \subset T(V)$, (∗∗) 中 B 由限制到超平面 $T_w(W_\epsilon) \subset T_w(V)$ 得到. 另一方面, 算子 A_ϵ 衡量 V 中 $W = W_0$ 和 $\epsilon \neq 0$ 时等距离超曲面 W_ϵ 的相应曲率.

利用 (∗∗) 我们能用等距离超曲面 W_ϵ 给出 $K \geqslant 0$ 和 $K \leqslant 0$ 的流形的几何刻画.

局部凸准则. 若 $K(V) \geqslant 0$, 则 V 中每个凸超曲面 W 的向内等距离变换 W_ϵ 保持凸性, 若 $K(V) \leqslant 0$, 则向外变换 W_ϵ 是凸的. 反之, 若对 V 中任意凸超曲面向内等距离变换保持凸性, 则 $K(V) \geqslant 0$, 若对向外变换成立, 则 $K(V) \leqslant 0$.

上述陈述中, 我们涉及定向超曲面和由 $\Pi^W \geqslant 0$ 定义的凸性. 上文提到的等距离变换只考虑小 ϵ, 因此法测地映射:$d_\epsilon : W \to V$ 为 W 到 W_ϵ 的微分同胚 (参见我们讲过的管公式). 于是我们断言

$$K(V) \geqslant 0 \Longrightarrow \text{保凸性的向内变换},$$

$$K(V) \leqslant 0 \Longrightarrow \text{保凹性的向内变换},$$

显然可变为

$$K \geqslant 0 \Longleftrightarrow B \leqslant 0,$$

$$K \leqslant 0 \Longleftrightarrow B \geqslant 0.$$

反之, 要由凸性保持推 $K(V)$ 的符号, 需要 V 中充分多凸超曲面 W, 只要曲率符号不对, 其等距离变换 W_ϵ 就不是凸的. 这样的 W 必须有非常小的第二基本形式 (因此, 有小 $\|A\|$) 在 $(**)$ 中对 B 项敏感. 这点容易通过在测地坐标系下相应于半径大的欧氏球面 (片) 的超曲面 W 做到. (我们建议读者实际造这样的 W, 由上述提示完成证明.)

以上凸准则对相当一般的度量空间也有意义 (如对 Finsler 流形), 对此可以定义凸性, 但是我们曲率的无穷小定义无法照搬. 另一方面, (以无穷小方式定义的) 条件 $K \geqslant 0$ 或 $K \leqslant 0$ 在黎曼框架下拥有做多种不同几何解释的价值, 对非黎曼流形绝不是同理可得. 例如, 我们不知道怎样把下面的结论

$$K(V) \geqslant 0 \Rightarrow K(W) \geqslant 0$$

推广到非黎曼空间 V 中的凸超曲面. 即使对 $\mathbb{R}^n$ 非光滑的凸超曲面关于 $K(W) \geqslant 0$ 唯一简单的证明也要用到 Gauss 绝妙定理以及光滑超曲面的逼近.

本节我们以截面曲率与 §1 中定义的曲率张量的联系结束.

截面曲率和曲率算子. 在每点 $v \in V$ 处的截面曲率是 $\mathbb{R}^n = (T_v(V), g_v)$ 中平面的 Grassmann 流形 $Gr_2\mathbb{R}^n$ 上的函数. 为了理解这

个函数的性质, 我们用 $Gr_2\mathbb{R}^n$ 到外幂 (exterior power)$\Lambda^2\mathbb{R}^n$ 中单位球面的标准 Plücker 嵌入, 把每个平面 $\sigma \in Gr_2\mathbb{R}^n$ 映为双向量 $\beta = x_1 \wedge x_2$, 其中 (x_1, x_2) 为 $\sigma \subset \mathbb{R}^n$ 的单位正交基.β 不依赖于 x_1, x_2 的选择 (这里我们需要 σ 定向, 由此选择定向基底) 范数 $||\beta||$ (用 $\mathbb{R}^n$ 上欧氏范数自然定义) 等于 1. 于是用简单的代数可以证明 $Gr_2\mathbb{R}^n \subset \Lambda^2\mathbb{R}^2$ 上的截面曲率函数 $\sigma \mapsto K(\sigma)$ 是二次的: $\Lambda^2\mathbb{R}^n$ 上存在 (且必然唯一) 二次型 Q 使得对任意 $\sigma \in Gr_2\mathbb{R}^n$ 有 $K(\sigma) = Q(\sigma, \sigma)$. 遵循惯例代替 Q 人们通常利用相应的对称算子 R, 其定义为 $\langle R\alpha, \beta \rangle = Q(\alpha, \beta)$, 其中 $\Lambda^2 T(V)$ 上的数量积由 $T(V)$ 上的 g 诱导而来. 称 $R: \Lambda^2 T_v(V) \to \Lambda^2 T_v(V)$ 为曲率算子.

注意到 $d = \dim \Lambda^2\mathbb{R}^n = \dfrac{n(n-1)}{2}$, $\Lambda^2\mathbb{R}^n$ 上的二次型 Q 构成空间的维数为

$$\frac{d(d+1)}{2} = \frac{n(n-1)(n+1)(n-2)}{8}.$$

这要远大于曲率张量独立指标的个数 ($\dfrac{n^2(n^2-1)}{12}$, 见 §1), 事实上, 二次型 Q 满足一些对称条件, 称为 Bianchi 恒等式, 可以把维数降到 $\dfrac{n^2(n^2-1)}{12}$. 于是二次型 Q (和曲率算子 R) 可以与 (V, g) 的曲率张量等同起来.

§2$\frac{1}{2}$ V 中小球上 $K(V)$ 的影响

这里我们想利用 V 中小球的大小给出 $K(V)$ 的符号的另一个几何判别准则. 换言之我们将证明 V 中小同心球当 $K(V) \geqslant 0$ 时比 $\mathbb{R}^n$ 中的球增长慢. 反之, 若 $K(V) \leqslant 0$, V 中的球半径的增长率比 $\mathbb{R}^n$ 中快. 下面是确切的陈述.

单调性准则. 若 $K(V) \geqslant 0$, 则对 V 中每一点 v 存在数 $\delta_0 > 0$ 使得每两个同心球 $B(v, \delta)$ 和 $B(v, \lambda\delta)$, $\delta \leqslant \lambda\delta \leqslant \delta_0$, 满足

$$(0) \qquad\qquad B(v, \lambda\delta) \leqslant \lambda B(v, \delta).$$

上式按照下面定义理解.

定义. 对两个度量空间不等式

$$B \leqslant \lambda B'$$

表示存在双射 (有时 "满射" 就足够了) $f : B' \to B$ 使得对任意 $a, b \in B'$
有

$$\mathrm{dist}_B(f(a), f(b)) \leqslant \lambda \mathrm{dist}_{B'}(a, b)$$

不等式 (0) 是 $K \geqslant 0$ 情形的特性. 若对围绕 v 点的所有小球 (0)
式都成立则在 v 点的截面曲率 $\geqslant 0$. 类似的, 负曲率 $K \leqslant 0$ 由反向的
球不等式

$$B(v, \lambda\delta) \geqslant \lambda B(v, \delta)$$

刻画, 其中 $0 < \delta \leqslant \lambda\delta \leqslant \delta_0(v)$.

证明思路. 我们知道 V 中每一个充分靠近 v 的点 $a \in V$, 可以被
唯一测地线段 $[v, a] \in V$ 与 v 相连. 于是对每个 $a \in B(v, \delta)$, 我们定义
$b = f(a) \in B(v, \lambda\delta)$ 作为测地线段 $[v, b]$ 的 b 端, 延拓了 $[v, a]$, 有

$$[v, b] \text{ 的长度} = \lambda[v, a] \text{ 的长度}.$$

由此得到的映射 $f : B(v, \delta) \to B(v, \lambda\delta)$ 保持从 v 出发的测地线, 并且
它把以 v 为球心半径为 α 的球面 $S(v, \alpha)$, 对任意 $\alpha \leqslant \lambda$, 变为 $S(v, \beta)$,
其中 $\beta = \lambda\alpha$. f 沿径向随 λ 扩张, 我们必须证明它对球面 $S(v, \epsilon)$ 的扩
张不超过 r. 现在球面 $S(v, \epsilon)$ 构成一个等距离族, 对此管公式 (**) 成
立. 可以证明对 $K \geqslant 0$, $S(v, \epsilon)$ 关于 ϵ 的增长比相应 $\mathbb{R}^n$ 中球面增长慢
(后者 $K = 0$, 且管公式中没有负的 B 项), 而最初, 对无穷小 ϵ, 球面
$S(v, \epsilon)$ 是 (渐近) 欧氏的. 换言之, 球面 $S(v, \epsilon)$ 上的形状算子 (的特征
值) 在 V 中比在 $\mathbb{R}^n$ 中小, 因此 V 中球面增长慢. 这就得到了 $K \geqslant 0$
时比较 $B(v, \delta)$ 和 $B(v, \lambda\delta)$ 的 λ 不等式. $K \leqslant 0$ 的情形可类似得到.

若 $\dim V = 2$, 则用球给出 $K(V)$ 符号的反向陈述可由我们上述
证明得到在曲率非零的每个点 v 附近 $K(v)$ 要么为正要么为负 (因为
在 v 点只存在一个 2 维平面 σ). 推广到 $n \geqslant 2$ 的情形, 观察与测地曲
面 Σ 交于 v 点的小球 $B(v, \beta)$, 它与平面 $\sigma \in T_v(V)$ 相切, 我们来看曲
率 $K(\sigma)$ 的符号. 此处不难补出细节, 我们留给读者.

注意对任意度量空间 V, 关于 V 中球的不等式 (0) 可视作 $K \geqslant 0$
的定义, 但相应理论还没有真正发展起来. 例如, 我们不知道这一定
义与由凸超曲面的定义何时一致.

另一个注解是, 上面的讨论除了给出 V 中同心球的比较, 还给出了 V 中小 δ 球 $B(v,\delta) \subset V$ 与 $\mathbb{R}^n$ 中欧氏球 $B'(\delta) \subset \mathbb{R}^n$ 的比较. 换言之,

$$K(V) \geqslant 0 \Longleftrightarrow B(v,\delta) \leqslant B'(\delta)$$

和

$$K(V) \leqslant 0 \Longleftrightarrow B(v,\delta) \geqslant B'(\delta).$$

同样这可以用作 $K \geqslant 0$ 和 $K \leqslant 0$ 的定义, 但是对非黎曼流形 V, 对 V 中的同心球用不等式 (0) 得到的定义与之前定义非常不同.

例. 设 V 为有限维 Banach 空间, 即带有范数 $\|\ \|$ 和相应 $\mathrm{dist}(v_1, v_2) = \|v_1 - v_2\|$ 的 n 维线性空间. 这个 V, 像 $\mathbb{R}^n$, 在每点 $v \in V$ 有一个相似变换

$$v' \to v + \lambda(v' - v),$$

其中, $v' \in V$, $\lambda \in \mathbb{R}_+$. 这就对所有球建立了一个度量不等式

$$B(v, \lambda\delta) = \lambda B(v, \delta),$$

这意味着曲率 $K(V)$ 的消失. 另一方面, 若在这样的 V 中, 球 $B = B(v,\delta)$ 与欧氏 δ 球 B' 可比较: $B \geqslant B'$ 或 $B \leqslant B'$, 则必有 $B = B'$, V 等距于 $\mathbb{R}^n$. (这是留给读者的简单习题.)

读者可能会问是什么深刻的原因导致曲率符号的各种几何定义对黎曼流形是一致的. 首先, 由曲率的各种定义, 黎曼流形是无穷小欧氏的, 所以它们的基本几何与 $\mathbb{R}^n$ 相似. 而且, 由于我们假设黎曼结构 g 光滑, 我们对 V 中每一点 v 做了极大限制. 例如, 所有二阶无穷小变换 (它们能反映在曲率中) 由在 V 中每点的有限多参数定义 (它们是 g_{ij} 的一阶二阶导数的值), 因此这些参数满足大量代数关系. 当被积分时, 由这些无穷小关系就可以得到几何意义, 如曲率 (符号) 的不同几何意义的等价性. 而另一方面, Finsler 流形在给定点的无穷小几何, 由于在每个切空间上指定一个一般的 (Banach) 范数的需要, 涉及无限多参数. 但是, 也存在一些非黎曼空间带有有限维无穷小几何. 其中最有名的是所谓次黎曼 (sub-Riemannian) 或 Carnot-Caratheodory 空间, 但它们的几何还没有像黎曼情形一样被深入研究 (比较 [32]).

§3　正截面曲率流形

我们已经知道曲率条件 $K(V) \geqslant 0$ 的特征是保持 V 中凸超曲面 W 的小内向等距离变换 $W_\epsilon \subset V$ 的凸性. 现在我们想对所有负 ϵ 建立 W_ϵ 的凸性 ("负" 在我们的记号中意味着向内, 见 §0), 首先我们需要对非光滑的超曲面适当定义凸性. 我们先引入下面的基本概念:

凸边界. 设 V' 为带边黎曼流形, 称边界为 W'. 我们说 W' 在内部 $\text{Int}V' = V' - W'$ 为 (测地) 凸的, 若 $\text{Int}V'$ 中任意两点可被最短曲线段连接, 假设在底空间 $V' \supset \text{Int}V'$ 中这样的曲线段对给定两点存在 (后一条件对所有完备, 特别是紧致流形 V' 成立). 换言之, W' 非凸体现在 $\text{Int}V'$ 中点 v_1 和 v_2 间的最小曲线段与 W' 交于 v_1 与 v_2 之间的某一点 w. 参见图 8.

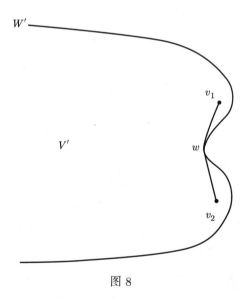

图 8

注意到 V' 中这样的最短曲线段 $[v_1, v_2]$ 在 w 点典型地 "弯" 向它与 W' 相交处. 例如, V' 为同维数大流形 $V \supset V'$ 的一部分, 则 $[v_1, v_2]$ 在 V 中 w 点也许 (典型地) 非测地. 考虑到这一点, 我们可以看到 W' 是凸的当且仅当其第二基本形式 $\Pi^{W'}$ 半正定, 其中为保证 $\Pi^{W'}$ 有定义, W' 为 C^2 光滑. 由此知凸性为 W' 的局部性质, (由上述原因) 局部性对非光滑的 W' 也成立. (注意上面的讨论揭示了 V' 中长度最小化

对 $\mathbb{R}^n$ 中连通局部凸子集的凸性的经典结果给出了一个很短的证明.
我们请读者就 $\mathbb{R}^3$ 中有限多面体 V' 的有局部凸到整体凸的经典结果
给出一个纯粹基本的证明.)

现在 V 中超曲面 W 称为凸的, 如果在 W 中每点 w 附近, 它可以
视为 V 中凸区域 V' 的 (部分) 边界, 后者的凸性指上面定义的 V' 的
边界凸性. 此外, 若 W 光滑, 这等价于 $\Pi^W \geqslant 0$. 但是如图 9 所示, 现
在由我们的局部定义得不到 W 有明显的整体凸性.

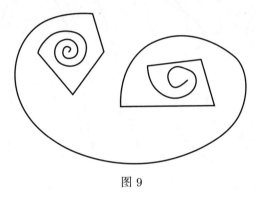

图 9

我们也对 V 中子集 V_0 讨论测地凸性如下. V_0 称为测地凸的, 若
对每两点 v_1, v_2, V_0 中总存在一条连接 v_1, v_2 两点的长度最短路径, 并
且此路径在底空间 V 中也是测地的. 注意, 凸超曲面 W 在这一意义
下不是凸的, 但是 W 所包围的区域可能是凸的. 另一方面, V 中每一
个连通全测地子流形 $V_0 \subset V$ 是测地凸的 (回忆 V_0 称为全测地的, 如
果 V 中每条与 V_0 切于一点的测地线一定包含于 V_0 中). 事实上, 对
$k \leqslant n = \dim V$, 可以把每个 k 维凸 V_0 视为 V 中 k 维全测地子流形中
的一个凸区域.

边界的内向变换. 设 V 为紧致带边流形, $\partial V = W$. 令

$$V_\epsilon^- = \{v \in V | \operatorname{dist}(v, W) \geqslant \epsilon\}.$$

若 V_ϵ^- 恰好为一个带边流形, 则

$$\partial V_\epsilon^- = W_{-\epsilon} = \{v \in V | \operatorname{dist}(v, W) = \epsilon\}$$

(其中 ϵ 前的负号由我们的定向约定决定, 见 §0). 若 W 光滑, 则对小
ϵ, $W_{-\epsilon}$ 也是光滑的, 但是随着 ϵ 增大, $W_{-\epsilon}$ 可能会出现奇点. 关于奇点

的出现有两个稍有区别的原因. 第一个, W 的两个不同的部分向内移动时可能在 V 内相遇, 见图 10 和图 11.

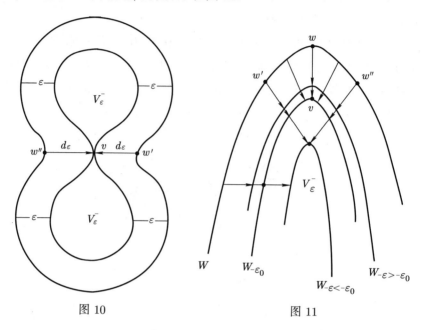

图 10　　　　　　　　　　　　　图 11

换句话说, 若 W 中有两个不同的点 w' 和 w'' 满足

$$\epsilon = \mathrm{dist}(v, w') = \mathrm{dist}(v, w'') = \mathrm{dist}(v, W),$$

V_ϵ^- 中的点 v 变为奇点. 注意, 这个 v 是法测地映射 d_ϵ 的二重点, $d_\epsilon(w') = d_\epsilon(w'') = v$.

　　奇点的第二个原因是 W 的两个 "无限近" 的点在 V 中相遇. 这意味着 v 对满足 $\mathrm{dist}(v, w) = \epsilon$ 的某一点 $w \in W$ 是焦点, 其中 "焦" 意味着法测地映射 $d_\epsilon : W \to V$ 在 w 点不是正则的, 即 d_ϵ 的切映射在 w 点不是单射. (回忆 d_ϵ 把每个 w 映到与 W 正交于 w 点的测地 ϵ 线段的 ϵ 端点.) 注意焦点出现的第一个时刻的特征是映射 $d_\epsilon : W \to V$ 的第二基本形式爆破,

$$||\Pi|| \to \infty, \text{当} \epsilon \to \epsilon_0.$$

例如, 这很容易对 $\mathbb{R}^n$ 中半径为 ϵ_0 的球面的内向变换看到这点.

　　现在读者也许能欣赏下面 Gromoll 和 Meyer 给出的基本定理的优美 (参见 [10]).

$K \geqslant 0$ **时凸收缩**. 设 V 为带有凸边界和非负截面曲率紧致连通流形. 则对任意 $\epsilon \geqslant 0$ 子集 $V_\epsilon^- \subset V$ 都是凸的. (为满足现在关于凸性的定义, 我们假设 V 是连通的.)

证明思路. 假设目前 $W = \partial V$ 为光滑的. 则由于在可能的范围内法测地映射 $d_\epsilon : W \to V$ 是光滑嵌入, 故 V_ϵ^- 保持光滑, 因此为凸的. 而且若 $d_\epsilon(W)$ 演变出自交, 没有焦点, 则 V_ϵ^- 局部可表示为光滑凸子集的交, 所以仍为凸的. 则容易相信焦点处的凸性, 以及它们只是 "无穷小" 二重点 (映射的切映射在切向量 $\tau \in T(W)$ 处为零导致相应于 τ 的 "两端点" 的 "无限近的两点" 重合).

为使上述想法严格化, 我们可以用凸超曲面 (和子集) 的分段光滑的逼近 (与 §0 比较), 如图 12 所示.

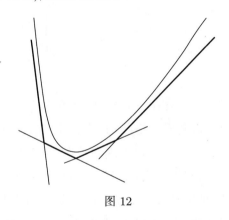

图 12

我们要求每一段是凸的, 且存在常数 c, 使第二基本形式 II 有界, 即 $\|\mathrm{II}\| \leqslant c$, 例如 $c = 1$. 于是这一分段光滑超曲面的小内向 ϵ 变换又为凸的且分段光滑, 演变出的超曲面片也许不幸有 $\|\mathrm{II}\|$ 稍大于 c. 这增快了 $\|\mathrm{II}\| \to \infty$ 的过程, 它相应于焦点的出现. 但是这种现象可以避免, 因为演化的超曲面可被另一个对所有曲面片都满足 $\|\mathrm{II}\| \leqslant c$ 的分段光滑超曲面无限逼近, 而后反复做逼近并随之小等距变换

$$W \underset{def}{\to} W_\epsilon \underset{appr}{\to} (W' \underset{def}{\to} W'_\epsilon)_\epsilon \to \ldots$$

我们设法对大内向变换保持在分段光滑凸超曲面的范畴中.

为了结束证明, 我们必须设法产生小凸片并由此构造近似的超曲面. 这可在每点 v 处利用测地坐标系关联 V 中严格凸 ("严格" 指

$\Pi^W > 0$) 超曲面 W (在 v 点附近的小片) 和 $\mathbb{R}^n$ 中相应超曲面得到 (其中欧氏坐标对应 V 中测地坐标, 见 §1). 于是严格凸 W 的近似 (局部然后整体地) 约化为相应欧氏问题, 其中的逼近问题非常简单, 但非严格凸的情形更微妙些.

注意 W 的严格凸概念可推广到 W 的非光滑点 w 上, 通过 "内部区域" 局部包含 W 的光滑严格凸 (即 $\Pi^{W'} > 0$) 超曲面 $W' \to w$ 的存在性做到. 如图 13 所示.

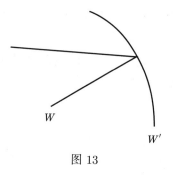

图 13

有人可能认为就非严格凸小题大做没有多少意义, 因为小扰动可以使每个凸超曲面 W 变成严格凸的. 事实上, 若 V 有严格正曲率 (对所有 $\sigma \subset T(V)$ 有 $K(\sigma) > 0$), 则小内向等距离变换导致严格凸. 类似地, 若 $K < 0$, 我们可由外向变换得到严格凸性. 此外, 在 $\mathbb{R}^n$ 中凸超曲面可以被严格凸超曲面逼近 (见 §$\frac{1}{2}$). 但是若我们考虑一个乘积空间, 如 $V = V_0 \times \mathbb{R}^k$, 其中 V_0 为 $\dim V_0 > 0$ 的闭流形, 取 $W = V_0 \times S^{k-1}$, 其中 S^{k-1} 为 $\mathbb{R}^k$ 中圆球面 (故强凸), 我们将看到这个 W 是凸的但不是强凸的, 也不能被任何严格凸超曲面逼近.

在上述乘积空间的例子中, 等距离超曲面的几何非常简单. 具体而言, $W_{-\epsilon} = V_0 \times S^{k-1}(\varrho - \epsilon)$, 其中 ϱ 是最初的球面 $S^{k-1} = S^{k-1}(\varrho) \subset \mathbb{R}^k$ 的半径. 进一步以 $W_{-\epsilon}$ 为边界的区域 $V_\epsilon^- \subset V$ 等于 $V_0 \times B^{k-1}(\varrho - \epsilon)$, 其中 $B^{k-1}(\varrho - \epsilon)$ 是 $\mathbb{R}^k$ 中以球面为边界的球体. 于是, V_ϵ^- 与 $W_{-\epsilon}$ 在时刻 $\epsilon = \varrho$ 消失, 最后 V_ϵ^- 与 $W_{-\epsilon}$ 在 $V = V_0 \times \mathbb{R}^k$ 中等于 $V_0 \times 0$.

所有满足 $K(V) \geqslant 0$ 的流形 V 都会出现类似情形. 当我们向内演变边界 $W = \partial V$ 时, 存在第一个时刻 ϱ,

$$\varrho = \operatorname{inrad} V := \sup_{v \in V} \operatorname{dist}(v, W),$$

使得 $\epsilon < \varrho$ 时 $\dim V_\epsilon^- = n = \dim V$ 且 $\dim V_\varrho^- < n$. 若 $K(V) > 0$ 或 $W = \partial V$ 严格凸, 则 V_0 的唯一可能性是为一个点, 因为 V 中没有正维数的全测地子流形 V_0 能够按照我们上面在奇点处给出的定义, 在非边界点 $v_0 \in V$ 处严格凸. 另一方面, 在非严格凸的情形中, 内向等距离变换可以终止于一个正维数的子集 $V_{\epsilon_1}^- \subset V$, 正如我们所知, 该子集是凸的. 这个 $V_{\epsilon_1}^-$ 自身是带边或无边的紧致流形. 若 $V_{\epsilon_1}^-$ 有边, 称之为 $W^1 = \partial V_{\epsilon_1}^-$, 我们可以进一步用向内的变换收缩 $V_{\epsilon_1}^-$, 在 $V_{\epsilon_1}^-$ 中由 W^1 得到 $W_{-\epsilon'}^1$. 如果进程结束于闭流形 (即紧致无边) 处则完成, 若否, 我们得到低维的流形

$$(V_{\epsilon_1}^-)_{\epsilon_2}^-, ((V_{\epsilon_1}^-)_{\epsilon_2}^-)_{\epsilon_3}^-, \cdots$$

除非我们达到 V 中一个闭的无边全测地子流形 V_0, 称之为 V 的灵魂. 不难证明 V 同胚于 V_0 上的一个球体的丛. 例如, 在严格的情形, 即 $K > 0$ 或 $W = \partial V$ 严格凸时, V 同胚于 n 维球体. (负号严格的情形由 Gromoll-Meyer 证得, 一般情形由 Cheeger-Gromoll 证明, 参见 [10].) 这意味着 $K \geqslant 0$ 的流形 V 倾向于有相当简单的拓扑, 只要 V 的拓扑趋向于与 $K \geqslant 0$ 相容的复杂性的临界状态, 则它的几何就会变得非常特殊. 例如, 如果上面的 V 满足 $K(V) \geqslant 0$, 有凸边界, 且有非平凡的 k 维同调, 则 V 包含一个闭的维数 $\geqslant k$ 的全测地子流形 (上面的灵魂). 值得注意的是, 对 $n = \dim V$, 维数为 k ($2 \leqslant k \leqslant n - 1$) 的全测地子流形的存在性是一个例外而非原则:$V$ 中对一般黎曼度量没有这样的子流形.

上述讨论也证明了 $K(V) \geqslant 0$ 且允许凸边界的流形 V 的同调分类约化到闭流形情形. (注意灵魂 $V_0 \subset V$ 由于是 V 中全测地的, 故有 $K(V_0) \geqslant 0$.) 这一结果推广到无边的非紧完备流形 V: 每个这样的 V 是在它的灵魂 V_0 上的纤维丛, V_0 为 V 中闭的全测地子流形, 纤维同胚于某个 $\mathbb{R}^k$. (通过构造 V 中由带有凸边界的紧致凸区域给出的遍历证明, 见 [10].)

于是有人可能会问 $K(V) \geqslant 0$ 的闭流形可能的同伦型是什么.

对正曲率, 我们知道每一个紧致齐性流形 $V = G/H$, 其中 G 为紧致李群, 允许一个 $K \geqslant 0$ 的度量. 事实上, 根据下面的公式 (参见 [10]), G 上每个双不变度量 g 有 $K(g) \geqslant 0$. 公式给出了由 G 在单位元处的

切空间 T_eG 中两个单位正交向量 x,y 张成平面 $\sigma = x \wedge y$ 的截面曲率

$$K(\sigma) = \frac{1}{4}||[x,y]||^2,$$

其中 $[,]$ 是李代数 $L(G) = T_\epsilon$ 的李括号. 于是 g 以如下方式下降为 V 上度量 $\bar{g}$: 投影 $G \to V$ 的切映射等距地把 $(T(G), g)$ 的水平子丛映到 $(T(V), \bar{g})$ (其中水平子丛由 g 正交于投影的纤维的向量组成, 它也是 H 在 G 中的轨道). 我们知道, $\bar{g}$ 的曲率满足 $K(\bar{x} \wedge \bar{y}) + \frac{3}{4}||[x,y]_{\mathrm{vert}}||^2$, 其中 x,y 为 T_e 中的单位正交水平向量, $\bar{x}, \bar{y}$ 是它们在 $T(V)$ 中的像 (参见 [10]), 因此 $K(\bar{g}) \geqslant 0$.

在 $K \geqslant 0$ 的齐性流形中最不寻常的是紧致对称空间 V, V 中每一点 v 处都有一个固定 v 点等距对合 $I : V \to V$, 其切映射为 $DI = -\mathrm{Id}|_{T_v(V)}$. 事实上, 我们可以认为对称的例子提供了关于 $K \geqslant 0$ 的研究的主要动机.

也有一些 $K \geqslant 0$ 的非齐性的流形, 但是它们对我们进一步直觉没有多少影响. 例如, 我们相信拓扑上 "最大" 的 $K \geqslant 0$ 的 n 维流形是 n 维环面 T^n (作为 $T^n = \mathbb{R}^n/\mathbb{Z}^n$, 它允许一个 $K = 0$ 的度量). 在这一方面我们确实知道若 $K(V) > 0$, 则基本群 $\pi_1(V)$ 不能比 $\mathbb{Z}^n$ 大很多, 因为它与 $\mathbb{Z}^n$ 可比较, (这对 Ricci $\geqslant 0$ 已为真, 见 §5), 我们也知道 Betti 数 $b_1(V)$ 以万有常数 $b_{i,n}$ 为界. 然而, 我们不能由 $b_i(T^n) = \binom{n}{i}$ 给出 $b_i(V)$ 的界 (对此参见 [9]).

若我们假设 $K(V)$ 是严格正的 (即对所有 $\sigma \in T(V)$ 有 $K(\sigma) > 0$), $\pi_1(V)$ 以上的界变得非常好. 即由下面的经典定理知此时 $\pi_1(V)$ 是有限的.

Bonnet 定理. 若 $K(V) \geqslant \kappa^2$, 则 V 的直径有界, 即

$$\mathrm{Diam}V \leqslant \pi/\kappa,$$

其中

$$\mathrm{Diam}V := \sup_{v_1, v_2 \in V} \mathrm{dist}(v_1, v_2).$$

证明思路. 取 V 中两点 v_0, v_1 间的最短曲线段, 称为 $[v_0, v_1]$, 考虑在点 $v \in [v_0, v_1]$ 附近的以 v_0 为球心 ϵ 为半径的球面 $S(\epsilon)$ (见图 14).

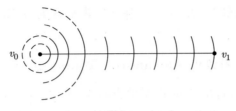

图 14

$[v_0, v_1]$ 的最短性意味着对所有 $\epsilon < \mathrm{dist}(v_0, v_1)$, 每个球面 $S(\epsilon)$ 在 $v \in [v_0, v_1]$ 且满足 $\mathrm{dist}(v_0, v) = \epsilon$ 的点光滑 (这是一个简单的一般性事实, 即使没有任何曲率条件). 另一方面, 对 §2 中的管公式 (∗∗) 做简单的分析可证明 A_ϵ^* 必在某个有限的负 ϵ 爆破. 换言之, 若我们由 A_0^* 开始, 则存在 $\epsilon \in [-\pi/\kappa, 0]$, A_ϵ^* 变为无限大. 于是 $[v_0, v_1]$ 的长度不能超过 $-\pi/\kappa$, 定理得证.

Bonnet 定理的临界情形揭示了 V 的值等于 $\mathbb{R}^{n+1}$ 中的圆球面 $S^n(\varrho)$, 它有常曲率 $\kappa^2 = \varrho^{-2}$. 直到 $\epsilon = \pi\varrho/2$, 球心为 $v_0 \in S^n$ 半径为 ϵ 的球 $B(v_0, \epsilon)$ 在 S^n 中是凸的, 对较大的 ϵ, 这个球的边界球面 $S^{n-1}_{(\epsilon)} = W_{-\epsilon}$ 变成凹的. 当 $\epsilon \to \pi\varrho$ 时, $W_{-\epsilon}$ 的曲率 (由 $A_{-\epsilon}^*$ 衡量) 爆破为无穷大, 而补区域 $S^n - B(v_0, \epsilon)$ 在 $\epsilon \to \pi\varrho$ 时变成 "无限凸", 当 $\epsilon > \pi\varrho$ 时 "消失" (blow out of existence). 管公式证明上述现象对 $K(V) \geqslant \kappa^2$ 发生得更快. 即球面 $S(\epsilon)$ 在 V 中较在 $S^n(\varrho)$ 中更凹, 在补集 $V - B(v_0, \epsilon)$ 中更凸. 特别是由 Bonnet 定理知, $\epsilon > \pi\varrho$ 时该补集变为空集.

对万有覆盖 $\tilde{V} \to V$ 用 Bonnet 定理, 得 V 直径有限, 从而 V 紧致, 于是 $\pi_1(V)$ 有限.

我们还值得考虑 K 非严格正且 π_1 无限的情形. 例如 π_1 同构于 $\mathbb{Z}^n$, 则 V (等距于!) 一个平坦环面, 即 $V = \mathbb{R}^n/L$, 其中 L 为 $\mathbb{R}^n$ 中的某个格, 与 $\mathbb{Z}^n$ 同构 (参见 [10]).

这一性质对 $b_i(V)(i \geqslant 2)$ 时没有可类比的结果.

注. Bonnet 定理的结论对下面关于 $\mathrm{Ricci}(V)$ 的 (弱一些的) 假设也成立:

$$\mathrm{Ricci} \geqslant (n-1)\kappa^2,$$

当 $\mathrm{Ricci} \geqslant 0$ 时, 对平环的刻画 $\pi_1 = \mathbb{Z}^n$ 仍然正确 (见 §5). 另一方面, Bonnet 定理关于 π_1 的推论被 Synge 定理变得更优 (见 §7$\frac{1}{2}$), 其结论为

若 $n = \dim V$ 为偶数, $K > 0$, 则基本群为平凡的或 $\mathbb{Z}_2$, 后者情形在 V 不可定向时发生.

§3$\frac{1}{2}$　距离函数和 Alexandrov-Toponogov 定理

　　若由有限组合的观点看度量空间 V, 则我们想知道 V 中每个包含 N 个元素的子集里点点间的距离的 $N \times N$ 矩阵的性质. 换言之, 可以尝试用等距嵌入到 V 中的含 N 个元素的度量空间的集合刻画 V. 另一种看法是考虑从笛卡儿乘积 $V^N = \underbrace{V \times V \times \cdots \times V}_{N}$ 到 $\mathbb{R}^{N'}$ $(N' = \dfrac{N(N-1)}{2})$ 的映射, 记为 $M_N : V^N \to \mathbb{R}^{N'}$, 把 V 中每个 N 元点组映为这些点的两两距离集合. 于是 V 的不变量是像 $M_N(V^N) \subset \mathbb{R}^{N'}$. (若 V 中像黎曼情形一样有一个自然的测度, 我们可以考虑这个测度的 M_N- 推前.) 对 $M_3(V^3) \subset \mathbb{R}^3$ 的一个显然的万有限制可由三角不等式给出. 于是我们也知道如何用 M_N 刻画欧氏空间和 (Hilbert) 空间 (用距离平方表示 $\mathbb{R}^n$ 中向量 $x_0 - x_i$ $(i = 1, \cdots, N-1)$ 之间的数量积 a_{ij}, 并观察到 a_{ij} 是半正定的).

　　现在我们来陈述 Alexandrov-Toponogov 定理, 它用像 $M_4(V^4) \subset \mathbb{R}^6$ 来刻画 $K(V) \geqslant 0$ 的流形 V. 为缩短公式, 我们用 $|v_1 - v_2|$ 代替 $\mathrm{dist}(v_1 - v_2)$. 考虑 V 中的 3 个点 v_0, v_1, v_2, 且 v_3 在 v_1 和 v_2 之间. 这意味着

$$|v_1 - v_3| + |v_2 - v_3| = |v_1 - v_2|.$$

于是我们观察到 $\mathbb{R}^2$ 中存在 4 个点 $v_0', v_1', v_2', v_3', v_3'$ 在 v_1' 和 v_2' 之间, 使得

$$|v_i' - v_j'|_{\mathbb{R}^2} = |v_i - v_j|_V, \quad i, j = 0, 1, 2$$

且

$$|v_1 - v_3|_V = |v_1' - v_3'|_{\mathbb{R}^2}.$$

　　于是自动有

$$|v_2' - v_3'|_{\mathbb{R}^2} = |v_2 - v_3|_V,$$

欧氏距离 $|v_0' - v_3'|_{\mathbb{R}^2}$ 可以由一个 (著名的) 公式用 $|v_0 - v_1|$, $|v_0 - v_2|$, $|v_1 - v_2|$ 和 $|v_1 - v_3|$ 这四个数表示. 图 15 可以帮助理清关系.

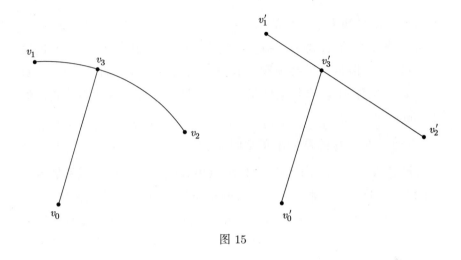

图 15

定理. 若 V 完备, $K(V) \geqslant 0$, 则

$$|v_0 - v_3|_V \geqslant |v'_0 - v'_3|_{\mathbb{R}^2}.$$

上述不等式在 $n = 2$ 时由 Alexandrov 发现, Toponogov 将之推广到 $n \geqslant 3$ 的情形. 我们称之为 AT-不等式.

证明思路. 我们可以视 AT-不等式为 V 上函数 $d_0(v) = \mathrm{dist}_V(v_0, v)$ 限制到线段 $[v_1, v_2]$ 上的一类凹性关系, 因为它给出了 $d_0(v_3)$ 由 $d_0(v_1)$ 和 $d_0(v_2)$ 表示的下界. 更准确地说, 定理说 d_0 在 V 的每个线段上的凹性比 $\mathbb{R}^2$ 中相应线段上的欧氏距离函数强. 但是函数 $\mathrm{dist}_V(v_0, \cdot)$ 不光滑, 测地线段上的凹性不等式由相应的局部凹性得到, 在光滑情形下, 可以用 $d_0 = \mathrm{dist}(v_0, \cdot)$ 的 Hessian 表示. 现在我们调用 §2 中的管公式 (**), 运用到 V 中所有半径 $\epsilon > 0$ 的同心球面 $S(v_0, \epsilon) \subset V$. 我们可以看到用这一公式 (在球面上非光滑的点做小调整), 这些球面较 $\mathbb{R}^n$ 中的 ϵ-球面不凸 (或者说更凹). (例如单位球面 $V = S^n(1) \subset \mathbb{R}^{n+1}$ 中的球面当 $\epsilon > \frac{\pi}{2}$ 变成凹的.) 球面的 "凹性" 和明显的关系 $\|\mathrm{grad}\, d_0(v)\| = 1$ 可翻译成函数 d_0 的某种凹性, 通过验证这种翻译, 可以看到它在 V 中的每条测地线段上给出了想要的 AT-不等式的局部版本. □

注. 容易看到把 AT-不等式运用到点 v_1, v_2 和无限接近 v_0 的点 v_3, 就能得到在 v_0 点 $K \geqslant 0$. 于是 AT-不等式等价于 $K \geqslant 0$.

也许有人想知道是否有进一步的与曲率相关的万有度量不等式,

但迄今为止只知道 AT-不等式.

另外, AT 的逆, 即 $|v_0 - v_3|_V \leqslant |v_0' - v_3'|_{\mathbb{R}^2}$ 对满足 $K(V) \leqslant 0$ 的完备流形成立, 但是这里必须额外假设 V 是单连通的. 而且, 带有非负 Ricci 曲率的流形 V 满足某度量不等式 (见 §5), 但是这些不等式依赖于 $\dim V$.

§$3\frac{2}{3}$ $K \geqslant 0$ 的奇异度量空间

沿着 Alexandrov 的思路, 我们可以用 AT 作为公理, 尝试发展 $K \geqslant 0$ 的度量长度空间. 那么这个广义的正曲率空间 V 可能是奇异的, 事实上, 它甚至可能是拓扑奇异的. 例如, 若由 $K(V) \geqslant 0$ 的光滑流形 V 开始, 被一个有限的等距群 Γ 作用, 则 V 的 AT-不等式意味着 (由基本的 "人为的" 论证), 若 Γ 的作用是非自由的, 则 V/Γ 是奇异空间. V 中可能的奇点的几何也可由 $\mathbb{R}^n$ 中凸子集 V 得到, 这一子集可被视为在边界点 (适度) 奇异 (即使边界 ∂V 光滑) 且在 $\mathbb{R}^{n+1}$ 中带诱导长度结构的非光滑凸超曲面 V 的奇点上奇异 (我们可以把 $\mathbb{R}^{n+1}$ 换成 $K \geqslant 0$ 的任意 $n+1$ 维光滑流形). 一个构造性的例子是 $\mathbb{R}^{n+1}$ 中一般曲线的凸包的边界.

另一类 $K \geqslant 0$ 的奇异空间是曲率 $K(S) \geqslant 1$ 的流形 S 上的单位欧氏锥. 一般这个锥在顶点处奇异, 除非 S 为常曲率 1 的圆球面, 此时的锥恰好是球面包围的欧氏球. 注意到在上述 $K \geqslant 1$ 的 S 中我们允许有奇点, 代替锥我们可以取同纬映像 (suspension), 它是 S 上的两个锥沿 S 的并.

最后, 我们观察到 $K \geqslant 0$ 的两个空间的笛卡儿乘积有 $K \geqslant 0$, 且若对 V 的紧致等距群 G, 则商空间 V/G 的曲率保持 (我们上面已经提到有限群的情形).

这些例子造出值得研究的奇异空间. 我们可以把关于光滑流形的一些结论延拓到一般流形. 但是, 我们还没有发展这样的空间中的凸超曲面理论. 例如, 我们不知道 W 的诱导 (内蕴) 度量是否有 $K \geqslant 0$. 另一个问题是是否内向等距离变换 W_ϵ 是凸的①.

接下来, 我们希望了解 V 的奇点的结构. 由已知的例子看出 V 应该拓扑上是锥状的, 在每点大致上有锥几何性状. 最近 G. Perelman 证

---

① Perelman 给出了肯定回答.

明了 V 的拓扑锥性质, 这意味着, 特别地, V 是局部可缩的, (见 [4]) 但是关于锥几何的猜测仍是未知的①. (注意这些问题与在前面提到的 $b_i(V)$ 的界隐藏的几何密切相关.)

最后一些问题关注非负曲率 $K \geqslant 0$ 空间的奇异轨迹的结构. 已知奇异点必须形成一个相当疏落的集合. 换言之, 每个 n 维空间 V 包含一个局部双 Libschitz 同胚于 $\mathbb{R}^n$ 的开稠密子集. 而且, 对每个 $\epsilon > 0$, 存在开稠密子集 V_ϵ, 它在如下意义下为局部 ϵ 欧氏的. 对 V_ϵ 中每个点 v, 在 v 的某个邻域 $U \subset V_\epsilon$ 上存在平坦度量 dist_E, 它与由 V 诱导的度量 ϵ- 双 Lipschitz, 即在 U 上 (见 [4])

$$1 - \epsilon \leqslant \text{dist}_V / \text{dist}_E \leqslant 1 + \epsilon.$$

这与我们所期待的 $\mathbb{R}^{n+1}$ 中的凸超曲面几乎处处 C^2 光滑还相差很远. 上述论述 (对凸超曲面的情形) 关系到 C^1 结构. 看起来一旦奇点的 C^1 结构被完全理解, 通过单纯的分析② 就可以做到 C^2 改进. 另一方面, 为了证明奇异集合的 n 维 Haussdorf 测度为零, 我们需要一个新的几何想法③. 直觉上, 每个奇点带着无限正曲率 (而曲率的积分恰当定义) 必须一致有界, 我们相信如此但是即使在 $n \geqslant 3$ 的光滑情形也不能证明. ($n = 2$ 时, 这样的界由 Gauss-Bonnet 定理得到, 它阐述了曲面 V 的全曲率等于 $2\pi\chi(V)$.) 这个定理能推广到高维流形, 但是只有在 $n = 2$ 和 $n = 4$ 的情形给出全曲率的非平凡信息, $n = 4$ 时我们可以由 $K(V) \geqslant 0$ 时 Betti 数的界给出 $|\chi(V)|$ 的一致界. 可与下节球定理后的讨论比较).

§$3\frac{3}{4}$ 球定理和浸入超曲面的等距离变换

根据 M. Berger (参见 [1], [2]), 整体黎曼几何的现代阶段起源于 20 世纪前 50 年 Rauch 的工作. 他证明了若闭单连通黎曼流形 V 的截面曲率充分接近于圆球面的截面曲率, 则 V 同胚于球面 (需要单连通的假设, 从而排除如实射影空间 $\mathbb{P}^n = S^n / \mathbb{Z}_2$ 及透镜空间 $S^{2m-1}/\mathbb{Z}_k$ 等空间, 它们有常正曲率但是不同胚于球面).

---

① 猜想已由 Perelman 证明了.
② 这类分析由 Otsu 和 Shioya 最先给出, 非常微妙.
③ 这由 Otsu 和 Shioya 证明, 也出现在 [4] 的最后版本中.

曲率 $K = K(V) : Gr_2(V) \to \mathbb{R}$ 与球面的 (常) 曲率接近通常表示为不等式

$$ca < K < a,$$

其中 $a > 0, 0 < c < 1$. 这里我们视常数 a 为半径为 $a^{-\frac{1}{2}}$ 的圆球面的曲率, c 称为拼挤常数 (pinching constant), 衡量 $K(V)$ 非常值的允许度. 注意, 通过缩放, 我们能把一般情形约化到 $a = 1$ 的情形, 则不等式

$$c < k < 1$$

表示 V 的截面曲率被严格拼挤到单位球面和半径为 $c^{-\frac{1}{2}}$ 的球面的截面曲率之间.

Rauch 猜想他的定理中的最佳拼挤常数是 1/4. 这个值是基于圆的程度仅次于球面 S^n 的复射影空间 $\mathbb{C}P^n$ 关于其 $U(n+1)$ 不变的 (Fubini-Study) 度量的截面曲率属于闭区间 $[1/4, 1]$ 这一事实. 注意四元数射影空间和 Cayley 射影平面也具有自然的齐性 (甚至对称的) 度量使得 $1/4 \leqslant K \leqslant 1$.

Rauch 问题 (60 年代中由 Berge 和 Klingenberg 解决) 的解现在表述为

球定理. 若闭单连通流形 V 满足

$$\frac{1}{4} < K(V) < 1,$$

则 V 同胚于 S^n.

注. (a) 仍然不知道上述 V 是否微分同胚于 S^n(但是这属于更窄的拼挤).

(b) 若 V 不是单连通的, 定理可用于 V 的万有覆盖.

(c) 对不严格的拼挤,

$$\frac{1}{4} \leqslant K(V) \leqslant 1,$$

球定理可由 Berger 的刚性定理补足, 它说若闭单连通流形 V 满足 $\frac{1}{4} \leqslant K(V) \leqslant 1$ 且不同胚于 S^n, 则 V 必等距于复数、四元数、Cayley 数上的具有标准齐性度量的射影空间.

证明思路. 若 $n = \dim V = 2$, 则由 Gauss-Bonnet 定理知

$$\int_V K(v)dv = 2\pi\chi(V),$$

其中 $\chi(V)$ 是 V 的 Euler 示性数. 于是由曲率 K 的正性 (没有拼挤) 可得 $\chi(V) > 0$, 由于我们假设 V 单连通, 所以我们把 V 等同于 S^2.

注. Gauss-Bonnet 定理推广到任意维数为

$$\int_V \Omega dv = \chi(V),$$

其中 $\Omega = \Omega(v)$ 在每个 v 表示为曲率张量的分量的某个多项式. 我们知道 $\dim V = 4$ 时, 符号条件 $K > 0$ 和 $K < 0$ 都蕴含着 $\Omega(v) > 0$. 因此若 V 的曲率不变号则 $\chi(V) > 0$.

$K > 0$ 的情形不是很有趣, 此时 V 的万有覆盖 $\tilde{V}$ 紧致, $\pi_1(\tilde{V}) = 0 \Rightarrow b_1 = b_3 = 0$. 所以对 $\chi(\tilde{V}) = \chi(V)$ 有贡献的偶维数的 Betti 数:b_0, b_2, b_4. 另一方面, 由拓扑结论知, 具有严格负曲率的闭 4 维流形若 $\chi(V) > 0$, 当下尚不能由任何别的方法得到.

若 $\dim V \geqslant 6$, Ω 的符号不再能由 K 的符号控制. 然而 Chern 猜想说, 当 $n = 4k$ 时, $K > 0$ 和 $K < 0$ 意味着 $\chi > 0$; 当 $n = 4k + 2$ 时, 若 K 在 V 上处处严格正或严格负, 则 χ 的符号与 K 的符号一致.

现在, 我们回到 $n \geqslant 3$ 情形的球定理. 回忆拼挤条件 $1/4 < K < 1$ 意味着 V 的截面曲率严格小于单位球面 S^n 的截面曲率 (= 1), 大于半径为 2 的球面 $2S^n$ 的截面曲率. 于是我们取点 $v \in V$, 考虑同心球 $B(v, r) \subset V$. 对小半径 $r > 0$, 每一个这样的球有光滑的凸边界. 球增长时会有三件坏事情发生.

(1) 边界 (球面) 可能损失凸性, 甚至会变成处处凹. 例如会发生在 $r > \pi/2$ 的 $B(v, r) \subset S^n$ 和 $r > n$ 的 $2S^n$. 由管公式, 条件 $K(V) > \frac{1}{4}$ 意味着对 $r \leqslant \pi$ 时 $B(v, r)$ 必为凹的.

我们下面见到, 边界球面的凹性毕竟不是一件坏事. 相反的, 非常有用的是当我们从外面看球面时它呈现出凸性.

(2) 边界球面可能发展成二重点. 为了了解这如何发生, 我们看例子 (平坦) 柱面 $V = S^1 \times \mathbb{R}$. 柱面的万有覆盖是欧氏平面 $\mathbb{R}^2$, V 中的球 $B(v, r)$ 是 $\mathbb{R}^2$ 中的欧氏 2 球 (圆盘) B 的像. 随着 r 变得比 S^1 的长

度一半大时, 从 B 到 $S^1 \times \mathbb{R}$ 的映射变得非一对一的, 我们看到 r 增长时, B 绕圆柱面缠绕.

在任意 V 中可以观察到类似的现象. 所谓的指数映射 $e: T_v(V) \to V$ 把每个向量 $v \in T_v(V)$ 映到 V 中沿 τ 方向长度为 $\|\tau\|$ 的测地线段的另一端点. V 中球 $B(v, r)$ 等于欧氏 r-球 $B \subset T_v(V)$ 的指数映射像, $B(v, r)$ 的边界球面的二重点是 $S = \partial B$ 上使映射 $e|_S$ 非一对一的点的像. 例如, 若 $V = S^n$, 则指数映射在半径为 $r < \pi$ 的球 $B \subset T_v(V)$ 上是一对一的, 但是 e 把半径为 π 的球面 $S \subset T_v(V)$ 统统映为 $V = S^n$ 中的一个点, 即 v 的对顶点.

毫无疑问, 二重点导致问题极度复杂. 但是这种情况在上述凹的情形可以处理.

(3) 球 $B \subset T_v(V)$ 在指数映射 $e: T_v(V) \to V$ 下的像绕 V 缠绕的情况起码是充分的, 因为映射 e 是浸入, 即在 B 上局部一一的 (因此是局部同胚的). 一个充分条件是 $e|_B$ 的正则性, 即 $\mathrm{rank}(De) = n$, 其中 De 指 e 的微分, $n = \dim V$. 若 $K(V) < 1$, 则由管公式知映射 e 在半径为 π 的球 $B \subset T_v(V)$ 上是正则的. 这里通过考虑绕 $B \subset T_v(V)$ 中连接原点 (B 的中心) 和点 $s \in S = \partial B$ 的给定直线段的窄带 $A \subset B$ 上的指数映射 e, 我们可以忽略边界球面 $S(v, r) = \partial B(v, r)$ 可能的自相交. 则 $T_v(V)$ 中的同心球面与 A 的交在映射 e 下被映为 V 中一族光滑的两两等距离的超曲面, 见图 16.

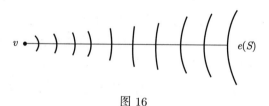

$$v \bullet$$

$$e(S)$$

图 16

于是, 若 $\frac{1}{4} < K(V) < 1$, 我们有 $B \subset T_v(V)$ 到 V 中的浸入, 使得浸入球的边界在 V 中是凹的. 现在我们像构造 V 中某一个球 B' 的另一个浸入, 从凸的一侧以 $e(S) = e(\partial B) \subset V$ 为边界. 于是我们能够得到球面 $S^n = B \cup B'$ 到 V 中的一个浸入, 其中两个球 B 和 B' 在其公共边界 S 上被粘接起来. 注意到这样的浸入是一个覆盖映射 (因为 S^n 是一个闭流形, $n = \dim V$), 因此球定理由 V 中从凸的一侧填充

$e(S) \in V$ 的浸入的 B' 得到. $n \geqslant 3$ 时这样的 B' 的存在性由下面的填充引理保证.

填充引理 (与 §$\frac{1}{2}$ 比较). 设 V 是维数为 $n \geqslant 3$ 的完备黎曼流形, 且 $K(V) > 0$, 设 $e : S \to V$ 为一个闭连通 $(n-1)$ 维流形 S 到 V 的 (拓扑) 浸入; 若浸入超曲面在 V 中是局部凸的, 则它微分同胚于 S^{n-1}. 而且, 存在球 B' 以这个 $S^{n-1} = S$ 为边界, 浸入 $B' \to V$ 延拓 $e : S \to V$, 使得浸入球 B' 从凸的一侧填充 $e(S)$.

注记. 注意到像 $e(S) \subset V$ 在任何意义下不必凸. 局部凸性意味着每个点 $s \in S$ 有一个邻域 $W \subset S$, 映射 e 在 W 上是一一的, 且 W 的像在 V 中是 (局部) 凸的. 图 17 中平面上局部凸浸入曲线给出了典型的例子. (与 §$\frac{1}{2}$ 图 5 和 §3 图 9 比较).

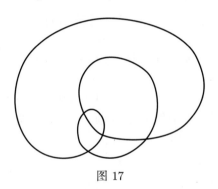

图 17

还可以注意到 $\mathbb{R}^2$ 中闭浸入曲线 S 若不是嵌入 (即没有二重点), 则不是任何浸入圆盘的边界. 这与填充定理不矛盾, 定理中我们有假设 $n \geqslant 3$.

证明思路. 给定 V 中浸入局部凸超曲面, 我们可以对 $e(W) \subset V$ 中的所有小嵌入邻域运用内向局部等距离变换, 见图 18.

图 18 中画出的等距离变换在一定的时刻 ϵ_0 演化出一个 (锥状) 奇点, ϵ_0 时刻后不能继续演化. 但是, 正如 §$\frac{1}{2}$ 中的初等讨论所示, $n \geqslant 3$ 时 $\mathbb{R}^n$ 中的局部凸超曲面 (片) 不会出现这样的奇点. 这个结论推广到在可能是奇点的点 $x \in e(S)$ 带有局部测地坐标系的所有黎曼流形 V. 于是只要局部凸性保持, 我们可以继续做等距离变换. (事实上我们这里需要严格凸性, 因为转换到测地坐标下的欧氏情况时, 它在小扰动下保持.) 现在, 由于 $K(V) > 0$, 凸性仅在内向变换的过程中增强, 所

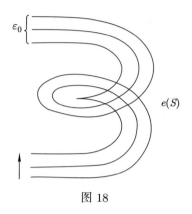

图 18

以 S 最终收缩为 V 中的一个点 v'. 全体变换曲面构成 V 中的一个填充 $e(S)$ 的多重区域, 它是 V 中的浸入带边流形 B', 边界为 $\partial B' = S$. 由浸入 $B' \to V$ 诱导出 B' 的黎曼度量得到的局部等距离超曲面

$$S_\epsilon = \{b \in B' | \mathrm{dist}(b, \partial B') = \epsilon\}.$$

对这种情形, 由 Gromoll-Meyer 定理 (见 §3) 知 B' 同胚于球 B^n (这个同胚容易由收缩成 B' 中的一个点的一族凸 S_ϵ 构造出), 由此完成了填充引理的证明 (详细证明参见 [14]).

　　注记. 回到定理, 我们观察到 V 的单连通性意味着 (覆盖) 映射 $S^n = B \cup B' \to V$ 是单射. 因此最后指数映射 $e : B \to V$ 是单射!

§4　负截面曲率

　　这里 $V = (V, g)$ 是 $K(V) \leqslant 0$ 的完备黎曼流形. 可由管公式 (见 §2 中 (**)) 容易得到条件 $K \leqslant 0$ 等价于 V 中凸超曲面 W 在外向等距离变换下 $W_{\epsilon \geqslant 0}$ 对小 ϵ 而言保持凸性, 见图 19.

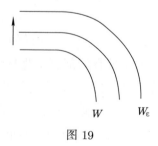

图 19

这与 $K \geqslant 0$ 的情形相当类似. 但是这里对大的 $\epsilon > 0$ 情况就不同了, 换言之, 管公式显示对所有 $\epsilon > 0$ 法测地映射 $d : W \to V_\epsilon$ 是正则的 (即为浸入), $d_\epsilon(W) \hookrightarrow W$ 是一个局部凸浸入超曲面. 唯一的问题来源于这个超曲面可能有自交. 最简单的情形是 W_ϵ 是围绕点 $v_0 \in V$ 的同心 ϵ 球面 W_ϵ. 换句话说, 考虑指数映射 $w : H_{v_0}(V) \to V$ 把切空间 T_{v_0} 中的每条直射线 τ 局部等距地映为 V 中从 v_0 出发且在 v_0 切于 τ 的测地射线. 映射 e (显然) 把每个欧氏 r-球 $B(0, r) \subset T_{v_0}(V)$ 映为 r-球 $B(v_0, r) \subset V$ (对曲率没有条件约束的任意完备流形 V 都成立), 当 $K \leqslant 0$ 时, 管公式 (用于球面) 证明 e 是一个浸入. 而且, 由管公式知映射 e 是距离无穷小递减的, 即 $T_{v_0}(V)$ 上的由 V 上的 g 由 e 诱导的距离 $\tilde{g}$ (非严格) 大于 $T_{v_0}(V)$ 上的欧氏度量 g_0. 由于 g_0 完备, 所以 (较大的) 度量 $\tilde{g}$ 也是完备的, 通过简单的论证, 这意味着 e 是一个覆盖映射, 又由于 $T_v(V) = \mathbb{R}^n$ 单连通, 故 e 是万有覆盖. 由此立即可以得到经典的

Cartan-Hadamard 定理. $K \leqslant 0$ 的 n 维完备流形 V 的万有覆盖微分同胚于 $\mathbb{R}^n$. 特别地, 若 V 紧致无边, 则其基本群 $\pi_1(V)$ 是无限的.

上述定理的证明显示, 若 V 是单连通的, 则对每个点 $v \in V$, 指数映射 $T_v(V) \to V$ 是一一的微分同胚. 由此 V 中任何两点 v, v' 可由 V 中唯一的测地线段连接起来, 而且 (由唯一性知) 该测地线必是 V 中两点间的最短线, 当 $v_1 \neq v_2$ 时距离函数 $\mathrm{dist}(v_1, v_2)$ 是光滑的. 于是通过对对角线 $\Delta = V \subset V \times V$ 的 ϵ-邻域用管公式, 可以容易证明 dist 是 $V \times V$ 上的凸函数. 这意味着 dist 对 $V \times V$ 中的每个平面, 这是 V 中两个测地子流形的笛卡儿乘积, 是凸的. 特别地, V 中每个球 $B(v, \varrho) \subset V$ 是凸的.

上述讨论体现了 $K \geqslant 0$ 的流形和 $K \leqslant 0$ 的单连通流形之间的某种对偶关系. 这种对偶性更好地体现在球的单调性, 即对任意 $v \in V$, $\varrho \geqslant 0$, $\lambda \geqslant 1$ (与 $\S2\frac{1}{2}$ 对比),

$$B(v, \lambda\varrho) \leqslant \lambda B(v, \varrho)$$

和 Alexandrov-Toponogov 不等式

$$|v_0 - v_3|_V \leqslant |v_0' - v_3'|_{\mathbb{R}^2}$$

(见 §$3\frac{1}{2}$ 中图 15), 后者是 V 中函数 $\mathrm{dist}(v_0, \cdot)$ 的凸性的加强版本. 注意这两个不等式都需要 $\pi_1 = 0$ 和 $K \leqslant 0$.

但是这种对偶性看起来不能进一步推广. 事实上, 满足 $K(V) \leqslant 0$ 和 $\pi_1(V) = 0$ 的流形 V 实质性的性质是当我们接近 V 的无穷远点渐近地看的, 这点对 $K \geqslant 0$ 的流形不成立.

若我们考虑 $K \leqslant 0$ 的闭流形 V, 则它们是万有覆盖 $\tilde{V}$ 在 Galois 群 $\Gamma = \pi_1(V)$ 的等距作用下的商空间. 甚至若我们固定 $\tilde{V}$ 为另外的 $\Gamma \subset \mathrm{Iso}\tilde{V}$ 的簇, 相应的 $V = \tilde{V}/\Gamma$ 可能令人震惊. 例子的最丰富的源泉是 3 维常负曲率空间 $\tilde{V} = H^3$, 它也可定义为带有不变黎曼度量的 $PSL_2\mathbb{C}/SO(3)$. $PSL_2\mathbb{C}$ 的离散子群 Γ 共形地作用在黎曼球面 S^2 上, 相关的研究隶属于所谓的 Klein 群, 在复分析中已经被研究多年. 一个关于 $K = -1$ 的新进展是 12 年前由创造 (或发现) 了壮观的 3 维几何世界的 Thurston 开启的. $K \geqslant 0$ 的情形没有任何结果可与此匹配.

注意到负曲率伴随着每个非紧半单群 G. 换言之, 若我们用 G 的极大紧子群 H 模 G, 则由 H 的紧性, 空间 $\tilde{V} = G/H$ 承认一个 G-不变度量 g. 这样的度量是完备的 (这是基本的), 由 E. Cartan 的一个著名定理知 $K(g) \leqslant 0$. 这里曲率是严格负的当且仅当 $\mathrm{rank}_{\mathbb{R}} G = 1$, $K(g)$ 为常数当且仅当 G 局部等距于 $O(n, 1)$. $\tilde{V}$ 覆盖的紧流形 V 关联着通常由算术构造产生的离散子群 $\Gamma \subset G$.

上面涉及的例子决不能穷举所有 $K \leqslant 0$ 的紧致流形. 事实上, 没有哪怕是微小的机会给出这类流形的任何有意义的分类 (但是也许有 $K \leqslant 0$ 的紧致流形模去 $K < 0$ 的流形的分类). 另一方面, 对所有 $K \geqslant 0$ 的紧致流形的粗略描述看起来是相当可行的. (例如, $\mathbb{R}^n$ 中的每个凸子集粗略地等于立体 $[0, l_1] \times [0, l_2] \times \cdots \times [0, l_n]$, 而每个平坦环面粗略地等于长度为 l_i 的圆 S_i 的黎曼笛卡儿乘积.) 这里的情形大致上类似于代数簇的分类 (例如曲面). 一般类型的簇看起来是双曲型的 (对应于 $K \leqslant 0$), 不能分类. 相反地, 特殊的簇 (如 Fano 簇) 有时对每个给定的维数都可以分类. 这对应于 $K \geqslant 0$ 的流形.

为了对 $K \geqslant 0$ 的一般流形可能的分类有更好的想法, 可以考虑问题大体上得到解决的两类例子. 第一类例子是常曲率 1 的流形, 即 $V = S^n/\Gamma$, 其中 Γ 是自由作用在单位球面 $S^n \subset \mathbb{R}^{n+1}$ 上的有限等距群. 第二类例子是平坦黎曼流形 ($K = 0$), 即 $\mathbb{R}^n/\Gamma$, 其中 Γ 是等距作用在 $\mathbb{R}^n$ 上的所谓结晶体群 (crystallographic groups). 这两种情形中我们有一个群 Γ 的好的总体了解以及对每个给定的维数 n 的可能分类 (但是这样的分类随着 n 变大, 迅速变得混乱, 结果就不吸引人了).

双曲群. 对 $K \leqslant 0$ 的空间主要的拓扑问题是群 Γ 的刻画, 它可以充当这类空间的基本群. 如果我们只假设 $K \leqslant 0$ 的空间 V 是完备的, 则不清楚对 $\Gamma = \pi_1(V)$ 是否有不明显的约束. (由于 $\tilde{V}$ 微分同胚于 $\mathbb{R}^n$, "明显的" 条件是欧氏空间上自由离散作用的存在性.) 另一方面, 若 V 紧致, 则 $\Gamma = \pi_1(V)$ 有很多特殊的性质. 例如, 如果 V 不是平坦流形, 则 Γ 包含具有两个生成元的自由群. (若 V 是平坦流形, 则 Γ 含具有有限指数的子群 $\Gamma' = \mathbb{Z}^n$.) 自由定理的想法追溯到 Fleix Klein, 他证明了作用在 $K = -1$ 的双曲空间 H^3 的群的情形. 推广到作用在 $K \leqslant 0$ 的流形 $SL_n/SO(n)$ 的子群 $\Gamma \subset SL_n$ 是 J. Tits 的一个著名结果. 到各类严格负曲率情形的推广属于 P. Eberlein, 而一般情形的自由定理最近由 W. Ballmann 基于对 $K \geqslant 0$ 的 "非严格性" 属性的深度分析得以证明.

为看清严格和非严格负曲率的区别, 我们首先回顾 Preissmann 的一个老结果: 假设 V 是 $K < 0$ 的闭流形, 则 $\Gamma = \pi_1(V)$ 的每个 Abel 子群 A 是自由循环的. 此外, 若我们只假设 $K \leqslant 0$, 且存在 $\pi_1(V)$ 中秩 $k \geqslant 2$ 的自由 Abel 子群 A, 则 V 包含等距测地浸入平坦环面 $T^k \hookrightarrow V$, 于是在所有切于 T^k 的平面上 $K(o) = 0$.

这个例子说明 "临界" 拓扑如何影响 $K \leqslant 0$ 的几何. 这种现象 (有点像 $K \geqslant 0$ 时的情况) 在下面这个属于 Gromoll-Wolf 和 Lawson-Yau 的引人注目的结果中看得更加明显.

分裂定理. 若 $K \geqslant 0$ 的闭流形 V 的基本群 Γ 分裂为直积 $\Gamma = \Gamma_1 \times \Gamma_2$, 其中 Γ_1, Γ_2 有平凡中心, 则 V 等距地分裂, 即 $(V, g) = (V_1 \times V_2, g_1 \oplus g_2)$, 其中 $\pi_1(V_i) = \Gamma_i, i = 1, 2$.

注意由非分裂平坦环面的例子可以看到, 定理条件中的中心 $\Gamma_i = 0$ 是本质的. (这些环面也启发了对中心非零的情形的正确推广.)

观察到若 $\dim V_i > 0$, $i = 1, 2$, 则 $K(V = V_1 \times V_2)$ 在许多 2-平面 $\sigma \in T(V)$ 上消失. 换言之, K 在测地线 $\gamma_i \subset V_i$ 的笛卡儿乘积 $\gamma_1 \times \gamma_2 \subset V$

上消失, 因为这样的乘积与 $\mathbb{R}^2$ 等距, 测地地浸入到 V 中. (无论曲率怎样, 这对黎曼乘积总成立.)

最近对 $K \leqslant 0$ 的流形有一些类似于分裂定理的结果, 需要的条件是有 "充分多" 平面 σ 使得 $K(\sigma) = 0$ (见 [5]). 这启示也许有希望把 $K \leqslant 0$ 的一般情形约化到 $K < 0$ 的情形. 另一方面, 可以公理化 $K(V) < 0$ 情形下的基本群 $\pi_1(V)$ 的基本性质, 独立于微分几何研究它们. 这催生了一类新的群, 被称为双曲群, 它包含上述 $\pi_1(V)$ 和所谓的小消去群 (small cancellation groups). 当下, 双曲群的研究是 (严格) 负曲率研究的主线. (更多内容参见 [17].)

§5　Ricci 曲率

回忆基本的管公式 (见 §2 公式 (∗∗)), 它把 V 中等距离超曲面 W_ϵ 的 (诱导) 度量 g_s 的二阶导数与表示为 $T(W)$ 上对称算子 B 的截面曲率 $K(V)$ 关联起来. 这个公式表达为

$$\frac{d}{d\epsilon}A_\epsilon^* = -(A_\epsilon)^2 + B,$$

其中 A_ϵ^* 是 W_ϵ 的形状算子, 它不过是第二基本形式的另一种表达, 即

$$\Pi^{W_\epsilon} := \frac{1}{2}\frac{d}{d\epsilon}g_\epsilon.$$

如果在管公式中取算子 A_ϵ^* 和 B 的迹, 让我们看看公式的变化. 首先, A_ϵ^* 的迹与 Π^{W_ϵ} 关于 g_ϵ 的迹相同, 称之为 W_ϵ 的平均曲率 $M(W_\epsilon)$, 它等于 W_ϵ 的主曲率的和 (如下所有这些曲率定义见 §0). 于是由 Π^{W_ϵ} 的上述公式, 清楚看到 $M(W) = \mathrm{Trace}_{g_\epsilon}\Pi^{W_\delta}$ 衡量 g_ϵ 的黎曼体积的 ϵ-变分, 即

$$(*)\qquad\qquad \frac{d\mathrm{Vol}_\epsilon^*}{d\epsilon} = M(W_\epsilon)\mathrm{Vol}_\epsilon^*,$$

其中 Vol_ϵ 表示 W_ϵ 的黎曼体积密度 (回顾 W_ϵ 的密度不是一个函数, 而是在相差 ± 意义下是一个 $(n-1)$-形式). 于是 Vol_ϵ^* 表示 Vol_ϵ 在法测地映射 $d_\epsilon : W \to W_\epsilon$ 下到 $W = W_0$ 的拉回. 现在 (∗) 式中等号左边是 W 的一个密度, 而右边是一个密度与函数的乘积.

我们可以用 $W = W_0$ 的度量 g_0 把 $(*)$ 等价地表示如下. 设 $J(w, \epsilon)$ 表示 d_ϵ 在 $w \in W$ 的 Jacobian, 则由于

$$\frac{dJ}{d\epsilon}/J = \frac{d\text{Vol}_\epsilon}{d\epsilon}/\text{Vol}_\epsilon,$$

$(*)$ 式化为

$$\frac{d(J(w, \epsilon))}{d\epsilon} = J(v, \epsilon)\text{Trace}A_\epsilon^*.$$

另一种表示 $(*)$ 的方式是

$$\frac{d}{d\epsilon}\log J(w, \epsilon) = \text{Trace}A_\epsilon^*.$$

或者, 若在 W_ϵ 上积分, 得到

$$\frac{d}{d\epsilon}\text{Vol}(W_\epsilon) = \int_W J(w, \epsilon)\text{Trace}A_\epsilon^* dw.$$

此处值得注意的是, 上述公式中等距离超曲面 W_ϵ 的 $(n-1)$ 维体积恰等于 W_0 和 W_ϵ 之间的 "带子" 的 n 维体积关于 ϵ 的导数, 而这片 "带子" 即映射

$$W_0 \times [0, \epsilon] \to V, \qquad (\omega, \epsilon) \mapsto d_\epsilon(w)$$

的像. 更一般地, 可以取 V 中一个固定子集 V_0 的 ϵ- 邻域 $V_\epsilon^+ \subset V$. 则其边界 $W_\epsilon = \partial V_\epsilon^+$ 的 $(n-1)$ 维体积满足

$$\text{Vol}W_\epsilon = \frac{d}{d\epsilon}\text{Vol}V_\epsilon^+$$

(其中 $V_\epsilon^+ \underset{def}{=} \{v \in V | \text{dist}(v, V_0) \leqslant \epsilon\}$). 注意到上述公式即使对超曲面 W_ϵ 不光滑的情形也是对的. (先证明 $\mathbb{R}^n$ 中的情形, 然后证明了在 $v \in V$ 用欧氏度量无穷逼近 g 的情形, 比较 §1.)

现在让我们回到 $\text{Trace}B$. 回顾在每个切空间 $T_v(V)$ 的每个双向定向的超平面 $S \subset T_v(V)$ 上配备算子 $B = B_S$. 每个这样的 S 由单位法向量 $\nu = S^\perp$ 定义 (由双向定向知 S 唯一), 则 $\text{Trace}B$ 变成 V 的单位切丛上的一个函数. 通过从 (无穷小) 代数角度简单思考, 可以知道这个函数在每条纤维上是二次的. 因此 V 上存在 (必定唯一的) 二次型, 称为 Ricci 张量, 使得对 $\nu = S^T$ 有

$$\text{Trace}B_S = -\text{Ricci}(\nu, \nu).$$

利用这个 Ricci 张量, 我们有下面的

迹管公式.

$$(**)\qquad \frac{d}{d\epsilon}M(W_\epsilon) = -\mathrm{Trace}A_\epsilon^2 - \mathrm{Ricci}(\nu_\epsilon, \nu_\epsilon),$$

其中 ν_ϵ 是 W_ϵ 向内 (或向外, 并无区别) 的单位法向量场. 如果我们结合关于 Vol_ϵ 和 d_ϵ 的 Jacobian 的讨论, 我们有

$$(+)\qquad \frac{d^2}{d\epsilon^2}\log J(w,\epsilon) = -\mathrm{Trace}A_\epsilon^2(w) - \mathrm{Ricci}(\nu_\epsilon(w), \nu_\epsilon(w)).$$

注意 $\mathrm{Trace}A_\epsilon^2$ 等于范数平方 $\|\Pi^{W_\epsilon}\|_g^2$, 用主曲率的和衡量 W_ϵ 在 V 中的总体弯曲程度.

现在, 我们回忆截面曲率 K 的定义 (见 §2), 观察下面由 K 表示 Ricci 张量的公式. 令 $\nu = \nu_1, \nu_2, \cdots, \nu_n$ 是 $T_v(V)$ 中的单位正交标架, 令 $\sigma_2, \cdots, \sigma_n$ 表示向量对 (ν_1, ν_2), (ν_1, ν_3), $\cdots, (\nu_1, \nu_n)$ 张成的平面. 则由简单的计算得

$$\mathrm{Ricci}(\nu, \nu) = \sum_{i=2}^{n} K(\sigma_i).$$

于是 n 维单位球面 S^n 对球面度量 g 有 $\mathrm{Ricci} = (n-1)g$ (毫无意外地, 当 $n \to \infty$ 时, $\mathrm{Ricci}(S^n) \to \infty$, 但由 S^n 的这个重要性质有若干推论, 见 [30]).

$\mathrm{Ricci}V \geqslant 0$ **的流形.** 若 $\mathrm{Ricci} \geqslant 0$ (即半正定), 则由迹管公式知 $\log \mathrm{Vol}$ 的二阶导数 (第二变分) 是负的, 或等价地说,

$$\frac{d^2}{d\epsilon^2}\log J(\nu, \epsilon) \leqslant 0.$$

反之, 可以容易看到, 这个不等式等价于 $\mathrm{Ricci} \geqslant 0$.

对 $n - 1 = \dim W = \dim V - 1$, 观察到

$$-\mathrm{Trace}A^2 \leqslant (n-1)^{-1}(\mathrm{Trace}A)^2,$$

由迹管公式 (+) 可得一个严格的不等式. 然后由 (+) 和前面 $\frac{d}{d\epsilon}J$ 的公式得

$$(++)\qquad \frac{d^2\log J}{d\epsilon^2} \leqslant -(n-1)\left(\frac{d\log J}{d\epsilon}\right)^2 - \mathrm{Ricci},$$

则对 Ricci $\geqslant 0$,

$$(+*) \qquad \frac{d^2 \log J}{d\epsilon^2} \leqslant -(n-1)\left(\frac{d \log J}{d\epsilon}\right)^2.$$

利用 W_ϵ 的平均曲率 M, 可得等价的不等式为

$$(+*)' \qquad \frac{d^2 \log \mathrm{Vol}_\epsilon}{d\epsilon^2} = \frac{dM}{d\epsilon} \leqslant -(n-1)^{-1}M^2 - \mathrm{Ricci},$$

当 Ricci $\geqslant 0$ 时有

$$(+*)'' \qquad \frac{d^2 \log \mathrm{Vol}_\epsilon}{d\epsilon^2} = \frac{dM}{d\epsilon} \leqslant -(n-1)M^2,$$

其中由 $(*)$ 得 $\dfrac{d \log \mathrm{Vol}_\epsilon}{d\epsilon} = M$.

为了强调以上不等式与 §2, §3 中 $K \geqslant 0$ 情形的相似性, 我们介绍以下术语.

V 中的定向超曲面 $W \subset V$ 若满足 $M(W) \geqslant 0$, 则称之为平均凸的. V 中带有光滑边界的区域 V_0 若其边界是平均凸的, 则称区域 V_0 为平均凸的. 显然, 凸性意味着平均凸性, 因为凸性不止要求平均曲率的正性, 而且要求所有主曲率的正性. 而且注意, 用我们的术语, $\mathbb{R}^n$ 中的圆球面作为 $\mathbb{R}^n$ 中球 B 的边界是凸的, 而同一个球面作为补集 $\mathbb{R}^n - B$ 的边界则被视为是凹的.

观察到 $\mathbb{R}^n$ 中的圆 ϵ-球 S_ϵ 的平均曲率为 $(n-1)\epsilon^{-1}$, 则上面的 $(+*)'$ 变成等式. 于是由 $(+*)'$ 知若 Ricci $\geqslant 0$, 则内向变换 (即 $\epsilon \leqslant 0$)导致 $W = W_0$ 在每一点 $w \in W$ 比 $\mathbb{R}^n$ 中与 w 点具有相同平均曲率的圆球面平均凸得快. 特别是, 若 W 平均凸, 则对 $\epsilon \leqslant 0, W_\epsilon$ 也是.

非光滑平均凸. 上述讨论基于默认 W_ϵ 光滑以及 $d_\epsilon : W \to V$ 把 W 微分同胚地映到 W_ϵ. 如我们所知, 这一假设当 W 光滑且 $|\epsilon|$ 小的条件下满足, 一般 $|\epsilon|$ 大时不满足. 但是, 对 Ricci $\geqslant 0$ 时, 若对非光滑超曲面适当推广平均曲率和平均凸性, 上述平均凸的性质对所有 ϵ 保持 (注意此刻几何真正开始发挥作用. 若上述公式对整个 W 不能整体成立, 它们对小 ϵ 将只是无用的无穷小练习). 这种推广的想法来源于 V 中的两个平均凸区域 V_1 和 V_2 的交集应该是平均凸的, 尽管 $V_1 \cap V_2$ 可能 (通常) 是不光滑的. 于是我们可以通过 (耐心地) 选取有限和无限的交集来扩大具有光滑边界的平均凸区域的类. 然后我们可以把

局部上这类区域的边界定义为平均凸非光滑超曲面. 另外, 如 §3 中图 13 定义凸性一样, 我们可以利用光滑的平均凸 W' 从外部在 w 点接触 W 来定义 W 在给定点 w 的平均凸性.

从此刻起, 假设我们知道对非光滑 W 如何定义 $M(W) \geqslant 0$, 并类似地假定我们知道对任意实数 δ, $M(W) \geqslant \delta$ 的含义. 如 §3 对凸性的讨论, 我们还引入严格平均凸的定义, 记为 $M(W) > 0$.

现在, 对测地线情形使用上述平均凸速率快的原则.

向里推的平均凸边界. 设 V 为完备且具有紧致平均凸边界 $W = \partial V$ (V 自身也许非紧, 但类似 $W \times [0, \infty)$). 于是我们如前定义

$$V_\epsilon^- = \{ v \in V | \mathrm{dist}(v, W) \geqslant \epsilon \},$$

观察到对 Ricci $\geqslant 0$ 上述讨论意味着 $V_\epsilon^- \subset V$ 对所有 $\epsilon > 0$ 是平均凸的. 由于 $\mathrm{Vol} W_{-\epsilon}$ 的导数等于 $-M(W_\epsilon)$ 在 W_ϵ 上带一个正权的积分, 因此可以估计 $W_{-\epsilon} = \partial V_\epsilon^-$ 的 $(n-1)$ 维体积. 于是我们看到 $\mathrm{Vol} W_{-\epsilon}$ 关于 ϵ 单减. 最后, 回忆 $\mathrm{Vol} W_{-\epsilon}$ 关于 ϵ 积分给出 "带子" $V - V_\epsilon^-$ 的 n 维体积, 现在我们可以用 $\epsilon \mathrm{Vol} W$ 为它的界.

进一步假设 $W = \partial V$ 严格平均凸 (即 $M(W) > 0$) 或 Ricci > 0. 这种情形下, 不等式 $(+*)''$ 在 W_ϵ 上积分得在某个有限时刻 ϵ, $\mathrm{Vol} W_\epsilon$ 变为零. 易知这种情形下 V 紧致. 特别地, 它不同胚于 $W \times [0, \infty)$. 这方面我们能了解更多. 例如, Cheeger-Gromoll 的分裂定理 (他们推广了 Toponogov 的 $K \geqslant 0$ 的分裂定理) 意味着若 Ricci $\geqslant 0$ 的完备流形 V 无边且有多于一个的端 (即对 V 中充分大的紧子集 V_0, $V - V_0$ 不连通), 则 V 分裂为等距乘积 $V = W \times \mathbb{R}$, 其中 W 为某个闭流形.

平均曲率和 Laplace 算子. 回忆光滑函数 $f: V \to \mathbb{R}$ 的 Laplace 算子 Δf 定义为

$$\Delta f := \mathrm{div}\, \mathrm{grad} f,$$

其中梯度向量场 $\mathrm{grad} f$ 定义为微分 df 在黎曼度量 g 下的对偶, 即对任意 $\tau \in T(V)$,

$$\langle \mathrm{grad} f, \tau \rangle = df(\tau),$$

且散度定义为黎曼体积 (密度) 关于梯度的李导数.

现在令 $f(v) = -\text{dist}(v, W)$. 这个函数显然满足 $\|\text{grad}\| = 1$, 由于 V 中 W_{ϵ_1} 和 W_{ϵ_2} 之间的区域的体积等于 $\text{Vol}W_\epsilon$ 在 $[\epsilon_1, \epsilon_2]$ 上的积分, 所以梯度的散度等于 W_ϵ 的体积密度 Vol_ϵ 的变分 (即关于 ϵ 的导数), 这对 W_ϵ 的所有子区域 U_ϵ 同样成立. 于是我们得到 Δf 在 v 点和过 v 的 W_ϵ 的平均曲率的关系. 等式

$$\Delta f(v) = M(W_\epsilon, v)$$

只对 W_ϵ 和 f 光滑时有意义, 但是结合我们之前的讨论, 我们可以推广到 V 上所有点 $v \in V$. 特别地, 若 $\text{Ricci} V \geqslant 0$, $W = \partial V$ 是平均凸的, 则

$$-\Delta \text{dist}(v, w) \geqslant 0,$$

即到 W 的距离的相反数是 W 上的下调和函数, 用我们的语言可以称为平均凸的. 注意这个函数对 $K \geqslant 0$ 的情形是凸的 (比较 §0 和 §$\frac{1}{2}$ 对 $V = \mathbb{R}^n$ 的讨论).

球的体积单调性. 考虑 V 中围绕固定点 $v_0 \in V$ 的同心球 $B(\epsilon)$, 利用我们 $\text{Ricci} \geqslant 0$ 情形的管不等式, 观察到这些球比 $\mathbb{R}^n$ 中相应的球 "弱平均凸", 即对 $\mathbb{R}^n$ 中的欧氏 ϵ-球有

$$M(\partial B(\epsilon)) \leqslant (n-1)\epsilon^{-1} = M(S_\epsilon^{n-1}).$$

(用我们凸 – 凹的惯例, 若从补集 $V_\epsilon^- = V - B(\epsilon)$ 的视点看, 边界球面 $\partial B(\epsilon) = \partial V_\epsilon^-$ 显得比 $\mathbb{R}^n$ 中相应球面更平均凸.) 而且注意到就函数 $d_0(v) = \text{dist}(v, v_0)$ 而言, 上述平均曲率关系变成 $\Delta d_0 \leqslant (n-1)\epsilon^{-1}$. 由此得 $\partial B(\epsilon)$ 和 $B(\epsilon)$ 的体积比 $\mathbb{R}^n$ 中相应体积增长慢. 换言之,

$$\text{Vol}\partial B(\epsilon) \leqslant \text{Vol}S_\epsilon^{n-1},$$

且 n 维体积 $\text{Vol}B(\epsilon)$ 不能达到 $\mathbb{R}^n$ 中欧氏 ϵ-球的体积.

事实上, 管不等式 $(+*)''$ 告诉我们更多信息. 换言之, 若把它关于 ϵ 积分, 我们可以得到 V 中边界球面 $\partial B(\epsilon)$ 的 $(n-1)$ 维体积增长的界:

$$\text{Vol}\partial B(\lambda\epsilon) \leqslant \lambda^{n-1}\text{Vol}\partial B(\epsilon),$$

其中 λ 是任意 $\geqslant 1$ 的数. 则关于 ϵ 再次积分可以得到下面非常有用的

Bishop 不等式. 若完备无边 n 维黎曼流形 V 满足 Ricci $\geqslant 0$, 则对 V 中每两个半径为 $\epsilon \geqslant 0$ 的同心球和 $\lambda\epsilon \geqslant \epsilon$ 有

$$(++) \qquad\qquad \mathrm{Vol}B(\lambda\epsilon) \leqslant \lambda^n \mathrm{Vol}B(\epsilon).$$

这可视为是黎曼测度被函数

$$\mathrm{dist}(v_0, \cdot) : V \to \mathbb{R}$$

推前得到的关系式. 例如, 这个不等式给出了半径为 ϱ 的大球中不相交 ϵ-球的个数的上界, 由此可以得到 V 中点的有限配置对距离的非平凡限制 (参见 $\S 3\frac{1}{2}$ 中围绕 Alexandrov-Toponogov 定理的讨论).

当 Ricci > 0 时, 由于 Ricci $\geqslant (n-1)\varrho^{-2}$, V 中球面和球的增长率由 $\mathbb{R}^n$ 中的圆球 $S^n(\varrho)$ 控制, 从而 Bishop 不等式变成严格的. 由此对 $\epsilon \geqslant \pi\varrho$ 体积 $\mathrm{Vol}B(\epsilon)$ 根本不会增加, 故 V 的直径有上界 $\pi\varrho$, 这推广了 Bonnet 定理 (见 $\S 3$). 特别地, 恰如我们在 $\S 3$ 中对 $K > 0$ 的情形一样, 每个具有严格正 Ricci 曲率的闭流形 V 的万有覆盖是紧致的, $\pi_1(V)$ 有限. 而且, 甚至在非严格的情形, Ricci $\geqslant 0$ 时基本群 $\pi_1(V)$ 的结构与 $K \geqslant 0$ 时的结果类似. 换句话说, π_1 包含一个秩 $\leqslant \dim V$ 且有限指标属于 π_1 的自由 Abel 子群. 这是对 V 的万有覆盖应用 Cheeger-Gromoll 分裂定理得到的. (这个定理的一般形式说, 每个无边的完备黎曼流形 X 满足 $\mathrm{Ricci}X \geqslant 0$, 假设 X 包含直线 l 使得它是 l 上每对点之间的最短测地线, 则它有一个等距分裂, $X = Y \times \mathbb{R}$.)

另一方面, Ricci $\geqslant 0$ 对单连通似乎没有限制 ($\S 6$ 将在正数量曲率框架下讨论一个例外). 例如, Sha 和 Yang 最近构造 (Anderson 做了改进) 出了维数 $n \geqslant 4$, Ricci > 0 且具有任意大 Betti 数的流形 (根据 $\S 3$ 的讨论, 这些流形不能具有 $K \geqslant 0$ 的度量).$K \geqslant 0$ 与凸性平行, 此时为获得想法, 我们可以比较 Ricci $\geqslant 0$ 的流形和下调和函数. 这种类比启示 Ricci 平坦流形 (即 Ricci $= 0$) 作为调和函数 (到目前为止更多线性函数对应 $K = 0$) 的对等物, 可以期待大量单连通流形允许 Ricci 平坦度量. 但是即使一个这类例子都难以简单构造出来. 虽然 Yau 证明了所有 $n = \dim V$ 为偶数时的存在性, 因为他在 CP^m 中每个 $m+1$ 次光滑复射影超曲面上构造出了 Ricci$=0$ 的黎曼 (甚至是凯勒) 度量. (注意对给定 m, 所有这样的 V 两两微分同胚, $m \geqslant 3$ 时它们是单连通

的.) Yau 已经证明了次数 $\leqslant m$ 的超曲面有 Ricci > 0 的度量, 而次数 $\geqslant m+2$ 的超曲面上有 Ricci < 0 的度量. 而且, 对后一情形, Yau 证明了 V 上满足方程 $\text{Ricci}_g = -g$ 的 Einstein 度量的存在性.

在更多 Ricci $\geqslant 0$ 的基本例子中, 我们再来提及齐性空间 G/H, 其中 G 紧, 其齐性度量通常满足 Ricci > 0, 而 K 一般只是非严格正的. 最简单的例子有球面的笛卡儿乘积 $S^k \times S^l$, $k, l \geqslant 2$, 具有双不变度量的紧致半单李群 G (只有 $SU(2)$, $SO(3)$ 有 $K > 0$). 注意相关的管不等式提供了 G 的几何的非平凡信息, 这可由 S^n 的经典等周不等式的推广 Paul Levy 等周不等式表达. 这一不等式当伴随 $\dim G \to \infty$, $\text{Ricci}G \to \infty$ 时变得尤为有趣, 因为对函数 $f_i : G_i \to \mathbb{R}$, $\|\text{grad} f_i\|_{g_i} \leqslant \text{const}$, 它蕴含着对函数值令人惊讶的集中:

对 $\dim G_i \to \infty$, 假设双不变度量可正则化为 $\text{Diam}(G_i, g_i) = 1$, f_i 被规范化为 $\int_{G_i} f_i = 0$, 则 G_i 的 Haar 测度的推前弱收敛到 $\mathbb{R}$ 的 Dirac δ-测度 (见 [30]).

Ricci $\geqslant 0$ 的奇异空间. 这类空间的理论还不存在. 类似于 $K \geqslant 0$ 时的 Alexandrov-Toponogov, 如果能用万有距离不等式充分表示不等式 Ricci $\geqslant 0$ 看起来也是困难的. 虽然条件 Ricci $\geqslant 0$ 不蕴含距离关系, 如, 大球中球的相关关系 (见上) 不够充分强足以刻画 Ricci $\geqslant 0$. 我们来陈述这类更精细的一个不等式, 它非常类似于 A-T, 但是仍不能提供 Ricci $\geqslant 0$ 的刻画. 如 $K \geqslant 0$ 的情形一样, 我们考虑四个点 $v_i \in V$, $i = 0, 1, 2, 3$, 其中 v_3 位于最短线段 $[v_1, v_2]$ (见 §$3\frac{1}{2}$ 中图 15), 我们想给出 v_0 和 v_3 之间的距离 $|v_0 - v_3|$ 的下界. 记 E 为关于 (v_0, v_1, v_2) 的三角不等式的超额, 即

$$E = |v_0 - v_1| + |v_0 - v_2| - |v_1 - v_2|.$$

令

$$s = \min(|v_0 - v_1|, |v_0 - v_2|).$$

则, 若 Ricci $\geqslant 0$, 距离 $|v_0 - v_3|$ 满足下列

Abresch-Gromoll 不等式

$$|v_0 - v_3| \geqslant (s(E/4)^{n-1})^{\frac{1}{n}}.$$

(证明参见 [9].)

回忆距离不等式, 一般地, 刻画 V^N 中距离函数的像, 记为 $M(V^N) \subset \mathbb{R}^N$, $N' = \dfrac{N(N-1)}{2}$ (见之前 §$3\frac{1}{2}$ 中关于 Alexandrov-Toponogov 的讨论). 现在, Ricci 曲率通过距离函数的体积行为的管不等式显现出来. 于是, 就黎曼测度到 $\mathbb{R}^n$ 的推前而言, 我们可以期待 Ricci $\geqslant 0$ 的抽象刻画. (例如, Bishop 不等式 (++) 就是这一类型.) 注意一般度量空间没有特别的测度, 所以 Ricci $\geqslant 0$ 的 (假定) 理论必须包含一个测度, 作为伴随度量的给定结构.

$K \geqslant 0$ 的空间理论的一个由 A-T 定义的重要性质是在空间序列的 Hausdorff 极限下有好特性, 其中 Hausdorff 收敛 $V_i \to V$ 粗略对应于对每个 $N = 2, 3, \cdots$, 子集 $M_N(V_i^N) \subset \mathbb{R}^{N'}$ 关于 Hausdorff 度量收敛到 $M_N(V^N)$ (详见 [23]). 现在, 对 Ricci 曲率的情形, 我们也许应该允许相应于 $\mathbb{R}^n$ 中的 M_N-推前测度的弱 Hausdorff 极限.

关于 Ricci $\geqslant 0$ 的抽象理论有一个另外的选择, 取代度量, 强调 V 上的热流 (扩散), 但是眼下不清楚这两种方法是否等价, 若不等价, 不确定哪一个更有利于应用.

让我们指出一个上述讨论中更本质和明确的问题. 我们回忆 Ricci $\geqslant \varrho > 0$ 的光滑流形满足 Paul Levy 不等式, 这依次蕴含着 Laplace 算子的谱的界和 V 上热核的界 (见 [30], [16]). 现在我们问对 $K \geqslant 0$ 并以适当方式附加条件 Ricci $\geqslant \varrho$ 的奇异空间类似的界是否正确. 例如, 可以加强 §$3\frac{1}{3}$ 中的 A-T 不等式使之等价于 $K \geqslant \dfrac{\varrho}{n} - 1$, 它将蕴含着 Ricci 的上述界. (关于抽象度量空间 Δ 的谱的含义等我们参考 [19].)

关于 Ricci $\leqslant 0$. 若 Ricci $\leqslant 0$, 迹管公式没有提供多少信息 (不像 $K \leqslant 0$ 的情形), 事实上对此条件下的几何意义一无所知. 看起来唯一已知的结果是, Bochner 的老理论说一个 Ricci < 0 的闭流形必须有有限等距群. 而且看起来负 Ricci 曲率对 V 没有拓扑限制. 当今我们相信每个 $n \geqslant 3$ 的流形允许一个 Ricci < 0 的完备度量. ($n = 3$ 时这是 Cao 和 Yau 的一个定理.)[①]

例. 若对某个 m, V 作为一个极小簇, 浸入到 $\mathbb{R}^m$ 中, 则 (通过简单

[①] 这个猜想的一个加强版本, 即 Ricci < 0 的 h-原理, 由 Lohkamp 对所有 $n \geqslant 3$ 证明.

计算) 诱导度量有 Ricci $\leqslant 0$, 我们可以期待每个开流形 V 允许一个到欧氏空间的完备极小浸入.

关于伪凸性和正双截面曲率的注记. 区域伪凸性的概念和 $\mathbb{C}^m$ 中超曲面 (见 $\S 1\frac{1}{2}$) 夹在凸性和平均凸性之间. 有人也许问, 对配备复结构和黎曼度量且内向等距离变换保持伪凸性的流形是什么. 注意, 先验的也许根本没有这样的流形, 但是, 事实上, 它们确实存在. 它们是对曲率张量满足某不等式, 称为满足双截面曲率的正性的凯勒流形 (例如每个 $K \geqslant 0$ 的凯勒流形有双截面曲率 $\geqslant 0$). Siu-Yau 的一个定理断言每个具有严格正双截面曲率的闭流形微分同胚 (甚至双全纯) 于 $\mathbb{C}P^m$. 然而这个结果没有利用伪凸变换的直接证明. (Siu 和 Yau 用 S^2 到 V 的调和映射, 见 $\S 7\frac{1}{2}$. 另有一个方法属于 S. Mori, 他利用了有限 (!) 域上的代数几何.) 另一方面, 关于伪凸性的考虑在 V 中对具有正双截面曲率的复子簇的研究中非常有用. 例如, 对 $\mathbb{C}P^m$ 中任意复超曲面 H, 区域

$$V_\epsilon^- = \{v \in \mathbb{C}P^m | \mathrm{dist}(v, H) \geqslant \epsilon\}$$

是伪凸的, 因此由简单的 Morse 理论知 $CP^m - H$ 具有一个 m 维多面体的同伦型. 这是著名的 Lefschitz 定理 (的特例).

最后我们注意到对专家而言, 类似正条件可以引入到有限制和乐群的其他流形, 但是其用途仅限于这类流形已知的例子.

§6 正数量曲率

数量曲率 $Sc(V)$ 的正式定义是简单的,

$$Sc(V) = \mathrm{Trace}_g \mathrm{Ricci} V.$$

于是, 若我们回顾 Ricci 由截面曲率的定义, 我们可以在给定点 $v \in V$ 这样计算 Sc: 通过利用 $T_v(V)$ 中的一个正交标架 $\nu_1, \cdots, \nu_n$, 对所有 $1 \leqslant i, j \leqslant n = \dim V$, 对由 ν_i 和 ν_j 张成的平面 σ_{ij} 的截面曲率求和, $Sc = \sum_{i,j} K(\sigma_{ij})$. 于是 $\mathbb{R}^{n+1}$ 中单位球面 S^n 有 $Sc = n(n-1)$ (截面曲率为 1 的 2 维球面的数量曲率是 2). 取代求迹 (或求和 $\sum_{i,j} K(\sigma_{ij})$), 利用 Ricci$(s, s)$ 在单位球面 $S^{n-1} \subset T_v(V)$ 上的积分, 我们可以更几何地看.

于是, 由管公式, $Sc_v(V)$ 衡量 V 中围绕 v 的 ϵ-球面 $S(V, \epsilon)$ 的全平均曲率与欧氏 ϵ- 球面的全平均曲率在 $\epsilon \to 0$ 时的差. 为看清这点, 我们观察到调整大小的球面 $\epsilon^{-1}S(V, \epsilon)$ 对 $\epsilon \geqslant 0$ 构成一个光滑族, 其中对 V 中的 ϵ-球面 $S(V, \epsilon)$ 上的诱导黎曼度量 g_ϵ, $\epsilon^{-1}S$ 指 $(S, \epsilon^{-2}g_\epsilon)$, 当 $\epsilon = 0$ 时 $\epsilon^{-1}S(V, \epsilon)$ 指 $T_v(V)$ 中的单位欧氏球面 S^{n-1}. 通过关联 S^{n-1} 的切向量 τ 与由 v 出发切于 τ 的测地 ϵ-线段的 ϵ-端点, 可以等同 S^{n-1} 与 $S(V, \epsilon)$ ($\epsilon^{-2}g_\epsilon$ 族在 $\epsilon = 0$ 的光滑性由 g 在 $v \in V$ 的光滑性得到). 现在我们对 g_ϵ 形式上展开成关于 ϵ 的幂级数,

$$g_\epsilon = \epsilon^2 g_0 + \epsilon^3 g_1 + \epsilon^4 g_2 + \cdots,$$

其中 g_i, $i = 0, 1, \cdots$, 是具有球面度量 g_0 的 S^{n-1} 上的某二次微分形式. 于是 $S(V, \epsilon)$ 的形状算子 A_ϵ (定义为 $\langle A_\epsilon \tau, \tau' \rangle_{g_\epsilon} = \Pi_\epsilon(\tau, \tau')$, 见 §0, §1, §2) 也展开为

$$A_\epsilon = \epsilon^{-1}Id, + A_0 + \epsilon A_1 + \epsilon^2 A_2 + \cdots$$

其中 A_ϵ 和 A_i, $i = 0, 1, \cdots$, 是等同 S^{n-1} 与 $S(V, \epsilon)$ 的切丛 $T(S^{n-1})$ 上的算子. 然后用基本管公式

$$\frac{dA_\epsilon}{d\epsilon} = -A_\epsilon^2 + B$$

(见 §2 中 (∗∗)), 代入上述 A_ϵ 的级数展开, 于是我们得到

$$-\epsilon^{-2}Id + A_1 + 2\epsilon A_2 + \cdots =$$
$$-(\epsilon^{-2}Id + \epsilon^{-1}2A_0 + A_\epsilon + 2A_1 + \epsilon(A_0 A_1 + \cdots) + \cdots) + B,$$

这意味着

(∗) $$A = \epsilon^{-1}Id + \frac{\epsilon}{3}B + \cdots,$$

其中省略的项为 $O(\epsilon^2)$. 在 (∗) 中取迹 (它们是 $T_s(S^{n-1}) \to T_s(S^{n-1})$, $s \in S^{n-1}$), 于是得到 S^{n-1} 上的下列关系 (或函数),

$$M_\epsilon = (n-1)\epsilon^{-1} - \frac{\epsilon}{3}\text{Ricci} + \cdots,$$

其中 M_ϵ 是 $S(V, \epsilon)$ 的平均曲率, Ricci 代表 Ricci(s, s), $s \in S^{n-1} \subset T_v(V)$. 现在我们想在 $S(V, \epsilon)$ 上计算 M_ϵ 的积分, 为此我们要得到 $S(V, \epsilon)$ 的体

积密度的控制. 记 S^{n-1} 上的球面密度 ds 为 $J_\epsilon ds$, 其中 J_ϵ 是 S^{n-1} 上的一个 (密度) 函数, 它与 M_ϵ 的关系由方程

$$\frac{dJ_\epsilon}{d\epsilon} = J_\epsilon M_\epsilon$$

给出 (见 §5). 我们寻找下面形式的解,

$$J_\epsilon = \epsilon^{n-1} + b_n\epsilon^n + b_{n+1}\epsilon^{n+1} + \cdots$$

(这可像之前一样由 g 的光滑性得到), 发现

$$(n-1)\epsilon^{n-2} + nb_n\epsilon^{n-1} + (n+1)b_{n+1}\epsilon^n + \cdots =$$
$$(\epsilon^{n-1} + b_n\epsilon^n + b_{n+1}\epsilon^{n+1} + \cdots)\left((n-1)\epsilon^{-1} - \frac{\epsilon}{3}\mathrm{Ricci} + \cdots\right).$$

由此得到 $b_n = 0$ 和

$$(n+1)b_{n+1} = -\frac{1}{3}\mathrm{Ricci} + (n-1)b_{n+1}.$$

因此,

$$(**) \qquad J_\epsilon = \epsilon^{n-1} - \frac{\epsilon^{n+1}}{6}\mathrm{Ricci} + \cdots,$$

故 $S(V, \epsilon) \subset V$ 的 $(n-1)$ 维体积是

$$\mathrm{Vol}S(V, \epsilon) = \epsilon^{n-1}(1 - \epsilon^2\alpha_n Sc_v + \cdots)\mathrm{Vol}S^{n-1},$$

其中 $\alpha_n = (6n)^{-1}$ (因为 $\mathrm{Ricci}(s, s)$ 在 S^{n-1} 上的平均等于 $\mathrm{TraceRicci}/n$). 我们也可以写下 $S(V, \epsilon)$ 的平均曲率的积分

$$\bar{M}_\epsilon = \int_{S^{n-1}} M_\epsilon J_\epsilon ds,$$

这给出

$$\bar{M}_\epsilon = \epsilon^{-(n-2)}(n - 1 - \epsilon^2\beta_n Sc + \cdots)\mathrm{Vol}S^{n-1},$$

其中 $\beta_n = n^{-1}\left(\frac{1}{3} + \frac{n-1}{6}\right)$. 所以, 我们之前断言, 数量曲率衡量在 $S(V, \epsilon)$ 上平均曲率的积分与在欧氏球面 $S(\mathbb{R}^n, \epsilon)$ 上积分的差. 事实上, 上述对 $\mathrm{Vol}S(V, \epsilon)$ 的公式把 Sc 类似解释为 $S(V, \epsilon)$ 的体积与关于 ϵ 积分得到的另一个这样的关系的差, 这时是考虑绕 v 的球 $B(V, v) \subset V$,

$$\mathrm{Vol}B(V, \epsilon) = \epsilon^n(1 - \epsilon^2\alpha_n Sc_v + \cdots)\mathrm{Vol}B^n,$$

其中, B^n 表示 $\mathbb{R}^n$ 中的单位球. 例如, 若 $Sc > 0$, 则每个充分小的球 $B(V, \epsilon)$ 满足

$$\mathrm{Vol}B(V, \epsilon) < \epsilon^n \mathrm{Vol}B^n = \mathrm{Vol}B(\mathbb{R}^n, \epsilon).$$

反之, 若对所有充分小 ϵ,

$$\mathrm{Vol}B(V, \epsilon) \leqslant \epsilon^n \mathrm{Vol}B^n,$$

则 $Sc_v(V) \geqslant 0$. (注意, 我们此处及之前的讨论都只对 $n \geqslant 2$ 成立. 若 $n = 1$, 所有黎曼流形局部等距于 $\mathbb{R}^n$, 没有曲率可讨论.)

此刻也许看起来我们对 V 的数量曲率已经获得了相当的理解. 然而, Sc 的上述无穷小关系不像截面曲率和 Ricci 曲率那样整合. 事实上, 我们仍然对 $Sc \geqslant 0$ (或 $Sc \leqslant 0$) 的流形的几何和拓扑毫无结果. 为从另一个角度看问题, 我们考虑 $Sc \geqslant 0$ 的流形的例子. 首先我们观察到流形的笛卡儿积的数量曲率是可加的. 于是, 若流形 V 有 $\inf Sc > -\infty$ (例, V 是紧致的), 则 V 与 $\mathbb{R}^3$ 中的小圆球 $S^2(\delta)$ $(Sc(S^2(\delta)) = 2\delta^{-2})$ 的乘积空间有正数量曲率. 另一方面这个乘积空间 $V \times S^2(\delta)$ 与流形 V 在几何上和拓扑上一样复杂, 也许毫无希望找到任何 $Sc > 0$ 的整体典范例子.

关于 $Sc > 0$ 的第一个整体结果由 Lichnerowicz 于 1963 年给出:

Lichnerowicz 定理. 若 $4k$ 维闭 Spin 流形 V 允许一个 $Sc > 0$ 的度量, 则 V 的某个示性数, 即 $\hat{A}$-亏格, 消失.

"Spin" 和 "$\hat{A}$-亏格" 的意义将在下面证明中一并给出 (本质上是把 Atiyah-Singer 指标定理用于 Dirac 算子). 这里我们只给出定理适用的 V 的一个特殊例子.

例. 设 V 是 $\mathbb{C}P^{m+1}$ 中 d 次光滑复超曲面. 若 m 是偶数, 则 V 的 (实) 维数可被 4 整除. 而且, 若 d 是偶数, 则 V 是 Spin. 最后, 若 $d \geqslant m + 2$, 则 $\hat{A}(V) \neq 0$, 所以这样的 V 不能有一个黎曼度量使得 $Sc > 0$. 最简单的这类例子是 CP^3 中四次的 $(d = 4)$, 由 Lichnerowicz 定理知它是一个不存在 $Sc > 0$ 度量的 4 维单连通流形 V^4. (由 §5 中提到的 Yau 的定理知 V^4 允许 $\mathrm{Ricci} = 0$ 的度量, 因此 $Sc = 0$. 另一方面, 即使我们满意于证明 "不存在 $\mathrm{Ricci} > 0$ 的度量" 或更少一些 "不存在 $K > 0$ 的度量", 如果没有 Lichnerowicz 定理证明中潜在的深入分

析, 我们仍然不能几何地完成.)

Lichnerowicz 的方法被 N. Hitchin 发扬光大. 除其他结果外, 他证明了存在一个不存在 $Sc > 0$ 的度量的 9 维怪球 V (即同胚但不微分同胚于 S^9). (事实上, Hitchin 的定理表明, 维数为 1 或 2 (mod 8) 的一半怪球不存在这样的度量.) 这里又一次, 即使将 $Sc > 0$ 换成 $K > 0$, 也没有其他几何方法.

数量曲率和极小超曲面. 第一个几何上关于 $Sc \geqslant 0$ 的深刻洞察由 Schoen 和 Yau 于 1979 年在关于 3 维流形 V 中的曲面 W 的迹管公式 (见 §5 中 (**)) 无害的改造中获得. 在 W 的每一点 $w \in W$, 我们考虑切平面 $\sigma_v = T_v(W)$ 和 W 的单位法向量 ν_v (我们假设 W 是双边定向的, ν 朝内指). 首先我们观察到用 K 表示 Ricci 和 Sc 的公式意味着

$$Sc_v = 2K(\sigma_v) + 2\mathrm{Ricci}(\nu_v, \nu_v).$$

(一般地, 对 $n \geqslant 3$ 的 V^n 中的超曲面 W, $2K(\sigma_v)$ 必须被关于 $T_v(W)$ 的某单位正交基 $\nu_1, \cdots, \nu_{n-1}$ 的 $K(\sigma_{ij})$ 的和替代). 然后我们引入 W 在 v 点处的主曲率 λ_1, λ_2, 回忆由 Gauss 公式 (§2 中绝妙定理) 知 W 关于诱导度量的截面曲率可表示为

$$K(W, \sigma_v) = K(V, \sigma_v) + \lambda_1 \lambda_2,$$

这等价于

$$K(W, \sigma_v) = K(V, \sigma_v) + \frac{1}{2}(M^2 - \mathrm{Trace}A^2),$$

其中 A 是 W 的形状算子 (其特征值恰是 λ_1, λ_2), $M = \mathrm{Trace}A = \lambda_1 + \lambda_2$ 是 W 的平均曲率.

管公式 (见 §5 中 (**)) 把在 $W = W_0$ 的法向等距离变换 W_ϵ 下平均曲率在 $\epsilon = 0$ 时的导数表达为

$$\frac{dM}{d\epsilon} = -\mathrm{Trace}A^2 - \mathrm{Ricci}(\nu, \nu).$$

我们回顾 M 等于 W_ϵ 的体积密度在 $\epsilon = 0$ 的 (log) 导数 (见 §5). 通过在 W 上积分得到 $\mathrm{Area}W_\epsilon$ 在 $\epsilon = 0$ 的导数等于 W 的全平均曲率

$$\bar{M} = \int_W M \, dw.$$

(由于 $\dim W = 2$, 我们用 "面积" 取代 "体积".)

　　然后我们观察到

$$\frac{d\bar{M}}{d\epsilon} = \int_W \frac{dM}{d\epsilon} dw + \int_W M^2 dw,$$

其中第二个求和项来源于体积 (面积) 元 $dw = \mathrm{Vol}_{\epsilon=0}$ 的变分用平均曲率表示. 于是我们把上面 $\frac{dM}{d\epsilon}$ 的管公式中 Ricci 用

$$-\frac{1}{2}Sc(V) + K(V|T(W))$$

代入, 然后用 Gauss 公式

$$K(V|T(W)) = K(W) + \frac{1}{2}(\mathrm{Trace}A^2 - M^2).$$

于是我们得到下面关于 $W = W_\epsilon$ 的面积在 $\epsilon = 0$ 的第二变分公式

$$(+) \quad \begin{aligned} \frac{d^2\mathrm{Area}W}{d\epsilon^2} &= \frac{d\bar{M}}{d\epsilon} = \frac{2}{1}\int_W (-Sc(V) + 2K(W) - \mathrm{Trace}A^2 + M^2)dw \\ &= \int_W \left(-\frac{1}{2}Sc(V) + K(W) + \lambda_1\lambda_2\right)dw. \end{aligned}$$

现在回忆 Gauss-Bonnet 定理

$$\int_W K(W) = 2\pi\chi(W),$$

其中 χ 表示 Euler 示性类, W 假设是紧致无边曲面. 于是, 若 $Sc(V) \leqslant 0$, W 有下列不等式

$$\frac{d^2\mathrm{Area}W}{d\epsilon^2} \leqslant 2\pi\chi(W) + \int_W \lambda_1\lambda_2 dw.$$

特别地, 若 $\chi(W) < 0$ 且 W 是一个马鞍面, 即 $\lambda_1\lambda_2 \leqslant 0$, 则

$$(++) \quad \frac{d^2\mathrm{Area}W}{d\epsilon^2} < 0.$$

　　注意, 如之前情况一样, 这一结论只对不破坏 W 的光滑性的小等距变换成立. 现在, 代替之前对 $K \geqslant 0$ 和 Ricci $\geqslant 0$ 向非光滑的 W_ϵ 推广上述计算, 我们遵循 Schoen 和 Yau 的想法, 对 V 中的光滑极小曲面 W 应用 (++) (由于马鞍面条件, 上述的非光滑情形的推广大有问

题). 这类曲面的存在性由几何测度论中下列久以闻名的定理保证 (例如参见 [25]).

3 维闭黎曼流形 V 中每个 2 维同调类能被光滑绝对极小嵌入定向曲面 $W \subset V$ 表示.

回忆 "绝对极小" 表示每个同调于 W 的曲面 $W' \subset V$ 有

$$\text{Area}W' \geqslant \text{Area}W.$$

注. $n \geqslant 3$ 时类似结果对 V^n 中的极小超曲面 W 也成立, 但是此时这样的 W 可能有奇点. 我们知道, 奇点当 $n \leqslant 7$ 时不出现, 一般地, 它在 W 中余维数 $\geqslant 7$.

现在, 因为极小曲面 W 提供了在 V 中曲面构成的空间上的函数 $W \mapsto \text{Area}W$ 的极小值, Area 的第一变分显然为零, 第二变分为非负的. 特别地,

$$\frac{d^2\text{Area}W}{d\epsilon^2} \geqslant 0.$$

而且, W 的每个连通分支, 称为 W_c, 也有

$$\frac{d^2\text{Area}W_c}{d\epsilon^2} \geqslant 0.$$

而且, 极小曲面有 $M = \lambda_1 + \lambda_2 = 0$, 故是马鞍面. 因此, 除非 $\chi(V) \geqslant 0$, 否则上述不等式与 $Sc(V) \geqslant 0$ 及其导致的不等式 (++) 不匹配. 于是我们有下面的结论.

Schoen-Yau 定理. 设 V 是一个 $Sc \geqslant 0$ 的 3 维闭黎曼流形. 则 $H_2(V)$ 中任意同调类能被在每个连通分支上有 $\chi \geqslant 0$ 的嵌入定向曲面 W 实现.

例. 设 $V = V_0 \times S^1$, 其中 V_0 是亏格 $\geqslant 2$ (即 $\chi(V_0) < 0$) 的可定向曲面. 则基础拓扑学告诉我们 $V = V_0 \times s_0 \subset V$ 不同调于所有连通分支的亏格 $\leqslant 1$ 的曲面. 因此这个 V 不允许 $Sc \geqslant 0$ 的度量. (通过对上述讨论的一个显然调整, 我们可以对亏格 $(V_0) = 1$ 排除 $Sc > 0$.)

Schoen 和 Yau 已经把他们的方法推广到 $n \leqslant 7$ 的流形 V^n, 他们证明了若 $Sc(V^n) \geqslant 0$, 则 $H^{n-1}(V^n)$ 中的每个同调类可以被允许 $Sc \geqslant 0$ 度量的超曲面 W 实现. 事实上, 他们取体积最小超曲面 $W \subset V^n$, 然

后用一个共形因子修改 W 中的诱导度量使之满足 $Sc \geqslant 0$. 这对 $n \geqslant 7$ 不成立, 原因是极小 W 可能会有奇点. 但是后来 Schoen 和 Yau 指出了这个问题的一个方法 (见 [31] 总关于这些结果的一个简单描述).

Schoen 和 Yau 的上述定理 (通过对 n 的简单归纳) 证明了 V^n 中对 $Sc(V^n) \geqslant 0$ 存在非平凡拓扑障碍. 例如, 亏格 $\geqslant 2$ 的曲面的笛卡儿乘积不允许这样的度量. 进一步, 为了也提供 V 的非平凡几何限制, 他们的方法可以被精炼. 例如, 设 V^n 是一个完备非紧定向无边黎曼流形, 具有一致界的正数量曲率, 即 $Sc(V^n) \geqslant c > 0$. 故 V^n 不允许有到 $\mathbb{R}^n$ 的具有非零映射度的常态距离递减映射. 换句话说, V^n 不比 $\mathbb{R}^n$ 大.

例. $V^n = S^2 \times \mathbb{R}^{n-2}$ 带有乘积度量. 显然, 这个 V^n (满足 $Sc \geqslant c > 0$) 不允许到 $\mathbb{R}^n$ 的上述映射. 但是, 若我们如下修改 $V^n = S^2 \times \mathbb{R}^{n-2}$ 的乘积度量 $g_S + g_E$, 引入所谓 warping 因子, 即正函数 $\phi : \mathbb{R}^{n-2} \to \mathbb{R}^+$, 令 $g = \phi g_S + g_E$, 则对 (V, g) 我们可以简单造出一个到 $\mathbb{R}^n$ 的映射度为 1 的收缩的常态映射, 假设函数 $\phi(x)$ 满足渐近关系

$$\phi(x) \to \infty, \quad \text{当} \; x \to \infty.$$

由此, 这样的 warping ϕ 必须满足

$$\inf Scg \leqslant 0,$$

虽然不难得到 V 中非一致地成立 $Scg > 0$.

§$6\frac{1}{2}$　旋量和 Dirac 算子

现在我们回到 Lichnerowicz 的方法. 首先我们回忆特殊正交群的基本群:

$$\pi_1(SO(n)) = \begin{cases} \mathbb{Z}, & n = 2, \\ \mathbb{Z}_2, & n \geqslant 3. \end{cases}$$

于是所有 $n \geqslant 2$ 的 $SO(n)$ 允许唯一的一个二重覆盖, 记为

$$\mathrm{Spin}(n) \to SO(n),$$

其中 $Spin(n)$ 携带一个自然的李群结构, 使得上述覆盖映射是同胚映射 (这对 $SO(2) = S^1$ 相当显然, 而对 $n \geqslant 3$ 的证明虽然容易但不明显).

接下来, 对一个黎曼流形 V, 我们考虑其正交标架丛 $SO(V)$, 即从属于 $T(V)$ 的纤维为 $SO(n)$ 的主丛, $n = \dim V$, 一个问题是, 是否存在二重覆盖

$$\mathrm{Spin}(V) \to SO(V),$$

在每一点 $v \in V$ 有约化 $\mathrm{Spin}(n) \to SO(n)$? 当切丛平凡 $T(V) = V \times \mathbb{R}^n$ (故 $SO(V)$ 也平凡) 时, 答案是肯定的, 因为我们可以取 $\mathrm{Spin}(V)$ 为 $V \times \mathrm{Spin}(n)$. 一般地, $\mathrm{Spin}(V)$ 的存在性有一个拓扑障碍, 它可以容易地等同于第二 Stiefel-Whitney 类 $w_2(V)$. 这是 $H^2(V, \mathbb{Z}_2)$ 中某上同调类, 衡量 $T(V)$ 的非平凡性, 它也以 V 的一个同伦不变量而为人熟知. 无论如何, 若 $H^2(V, \mathbb{Z}_2) = 0$, 则 $w_2 = 0$, 从而 $\mathrm{Spin}(V) \to SO(V)$ 存在.

空间 $\mathrm{Spin}(V)$ 只要存在, 它就具有 V 上一个自然的 $\mathrm{Spin}(n)$ 主丛结构, 于是我们可以找相应的向量丛. 这些伴随 $\mathrm{Spin}(n)$ 群的线性表示出现. 对 $n = 2r$, $\mathrm{Spin}(n)$ 有两个不同的 (最低可能) 维数是 2^{r-1} 的真实 (spin) 表示, 相应的向量丛记为 $S_+ \to V$ 和 $S_- \to V$, 称为正 spin 丛和负 spin 丛, 其截面称为 V 的 (正或负) 旋量. Atiyah 和 Singer 发现作用在旋量间的令人惊叹的椭圆微分算子, 即

$$D_+ : C^\infty(S_+) \to C^\infty(S_-),$$

他们称之为 Dirac 算子. 这个算子由 V 的 Levi-Civita 联络诱导的 S_+ 上的联络 ∇_+ 构造, 其中 S_+ 上的联络 ∇_+ 被认为是 V 上从旋量到旋量值 1-形式的算子, 即

$$\nabla_+ : C^\infty(S_+) \to \Omega^1(S_+).$$

则 D_+ 由 ∇_+ 和来自于 spin 表示的代数操作的某典范向量丛同态 $\Omega^1(S_+) \to S_-$ 的复合. (我们对旋量形式的丛和该丛截面有点滥用记号 $\Omega^1(L)$.) 注意 D_+ 是局部定义的, 不需要 "spin 条件" $w_2 = 0$, 但是若 $w_2 \neq 0$, 则旋量在差 $\pm$ 号基础上整体定义. 感兴趣的读者可以在参考文献 [26] 中看到旋量和 Dirac 算子的实际构造. 这里我们只是假设丛 S_+ 和 S_- 的存在性和算子 D_+ 有如下性质.

除了算子 D_+, 我们需要它的孪生兄弟, 称为

$$D_- : C^\infty(S_-) \to C^\infty(S_+),$$

它与 D_+ 一样被构造, 可以被定义为 D_+ 关于 spin 丛上自然的欧氏结构的伴随算子. 我们看 D_+ 的指标, 即

$$\text{Ind} D_+ = \dim \ker D_+ - \dim \ker D_-,$$

其中如果 V 是一个闭流形, 则由于算子 D_+ 和 D_- 是椭圆的, 故 D_+ 和 D_- 的核的维数是有限的. 指标的令人惊叹 (但容易证明) 的性质是在旋量间的椭圆算子类中在 D_+ 的变换下指标不变. 特别是指标不依赖于 D_+ 定义中所用的黎曼度量, 因此它代表 V 的一个拓扑不变量. Atiyah 和 Singer 著名的定理把 $\text{Ind} D_+$ 等同于称为 V 的 $\hat{A}$-亏格的一类示性数, 但是就我们目前的目的, 我们可以把 $\hat{A}$-亏格定义为 $\text{Ind}(D_+)$. 我们此刻所需的 D_+ 唯一严肃的性质是对某类流形 V, 其 $\hat{A}(V)$ 非零. (否则, 以下所述无意义.)

现在我们需要与 ∇_+ 相关的另一个算子, 称为 Bochner 拉普拉斯,

$$\Delta_+ = \nabla_+^* \nabla_+ : C^\infty(S_+) \to C^\infty(S_+),$$

其中,

$$\nabla_+^* : \Omega^1(S_+) \to C^\infty(S_+)$$

是 ∇_+ 的伴随算子. 这个拉普拉斯算子 Δ_+ 对 V 上任意带有欧氏联络的向量丛有意义, 它的一个重要性质是其正定性, 即对任意旋量 $s : V \to S_+$,

$$\int_W \langle \Delta_+ s, s \rangle \geqslant 0.$$

(平凡 1-维丛的 Bochner 拉普拉斯约化为作用在函数上的经典 Laplace Beltrami 算子 $\Delta = d^* d$, 其正定性来自于分部积分 $\int f \Delta f = \int \langle df, df \rangle$, 类似的想法证明作用在旋量上的 Δ_+ 的正定性.)

现在数量曲率通过下面的 Lichnerowicz 公式融入进来. 作用在 $S_+ \oplus S_-$ 的算子 $D_- D_+ + D_+ D_-$ 与 $\Delta_+ + \Delta_-$ 的关系是

$$D_- D_+ + D_+ D_- = \Delta_+ + \Delta_- + \frac{1}{4} Sc \, Id.$$

回忆 $Sc = Sc(V)$ 表示数量曲率, 它是 V 上的一个函数, Id 是 $C^\infty(S_+ \oplus S_-)$ 上的恒同算子.

Lichnerowicz 公式的证明包含直接 (无穷小) 代数计算, 由 D_+ 和 D_- 的 (我们尚未给出的) 定义非常简单. 然而公式的几何意义仍然模糊.

推论. 若闭黎曼 spin (即 $w_2 = 0$) 流形 V 有 $Sc(V) > 0$, 则 V 上每个调和旋量消失且

$$\hat{A}(V) = \mathrm{Ind}D_+ = 0.$$

这里, "调和旋量" 指旋量 $s = (s_+, s_-) \in C^\infty(S_+ \oplus S_-)$ 使得

$$Ds := D_+ s_+ + D_- s_- = 0.$$

推论的证明是显然的.

$$\int_V \langle Ds, s \rangle = \int_V \langle \Delta s, s \rangle + Sc \langle s, s \rangle,$$

由于 Δ 的正定性, 这意味着

$$\int_V \langle Ds, s \rangle \geqslant \int_V Sc \langle s, s \rangle,$$

对 Ds=0 我们得到

$$\int_V Sc \langle s, s \rangle \leqslant 0,$$

由于 $Sc > 0$, 这意味着仅当 $s = 0$ 时上式成立.

还注意到, 由于存在 $\hat{A} \neq 0$ 的 spin 流形, 例如, §6 中提到的 $\mathbb{C}P^{m+1}$ 中的复超曲面, 故这个推论不是空洞的. 要证明流形 V 上不存在 $Sc > 0$ 的度量, 所需要的仅是关于旋量的 $\mathrm{Ind}D$ 非零的性质和关于 Dirac 算子的 Lichnerowicz 公式.

虽然我们不太理解 Lichnerowicz 公式背后的几何, 但我们能用这个公式揭示 $ScV \geqslant c > 0$ 的流形 V 的一些几何性质. 换言之, 我们想证明这样的 V 不能 "太大". 例如, 它不能比单位球面 S^n 大太多. 事实上, 想象 V 在下述意义上比 S^n 大很多, 即存在一个映射度 $d \neq 0$ 的光滑映射 $f : V \to S^n$, 使得 f 的微分处处小, 即

$$\|Df\|_v \leqslant \epsilon, \quad v \in V.$$

于是, 我们把 S^n 上带有欧氏联络的某固定向量丛 E_0 拉回到 V 上. V 上的拉回丛, 记为 E, 是 "ϵ-平坦的", 即局部上与平凡丛 ϵ 近. 特别地,

扭曲的 Dirac 算子, 记为 $D_+ \otimes E : C^\infty(S_+ \otimes E) \to E^\infty(S_- \otimes E)$, 它与 D_+ 的 $k = \mathrm{rank}E$ 重直和局部上 ϵ-近. (若 $E = \mathbb{R}^k \times V \to V$ 带有平凡联络, 则

$$S_+ \otimes E = \underbrace{S_+ + S_+ + \cdots + S_+}_{k},$$

并且扭曲的 Dirac 算子是 $D_+ + D_+ + \cdots + D_+$. 关于一个非平凡联络的扭曲是 E 的使得扭曲的 Dirac 算子与 $D_+ + D_+ + \cdots + D_+\epsilon$-近的 ϵ-平坦性). 由此 ϵ 小得可以与 $c = \inf_V ScV > 0$ 相比, 于是通过一个 ϵ 扰动版本的 Lichnerowicz 公式, 得到扭曲的 Dirac 算子 $D_+ \otimes E$ 有

$$\mathrm{Ind}D_+ \otimes E = 0.$$

现在, 我们能发现在某些情形下丛 E_0 使得 $\mathrm{Ind}D \times E_0 \neq 0$. 事实上, 对 $D_+ \times E$ 用 Atiyah-Singer 指标定理, 我们总是可以造出偶数维球面上这样的 (复向量丛)E_0. 因此, 对 $\epsilon \ll c$, 不存在 $Sc(V) \geqslant c > 0$ 的 spin 流形 V 能比 S^n 大 ϵ^{-1} 倍 (其中奇数维情形可以通过对 V 乘一个长圆 S^1 约化为偶数维情形).

读者此刻有充分理由对上述不完备且相当形式化的讨论不满意. 一个详细的阐述可以在书 [26] 中发现, 但是堆积细节似乎不能揭示更多的几何.

结束语. 关于 $Sc > 0$ 的两个如此不同方法的出现以当下的技术水平没有理性的揭示. 泛泛地说, Schoen 和 Yau 的方法揭示了 V 中子流形空间的 (非线性) 分析, 而 Dirac 算子方法利用了 V 上 (旋量) 的线性分析. 我们也许期待一个统一的一般性理论, 像代数几何中的途径类似, 可以同时处理 V 中的非线性对象和 V 上的线性对象. 也许, 这样的统一只能对无限维框架下可能成立.

非正数量曲率. Kazdan 和 Warner 有一个定理给出在每个维数 $n \geqslant 3$ 的流形上存在 $Sc < 0$ 的度量, 由此, 这个条件对 V 没有拓扑影响. 也许, V 的整体几何对 $Sc < 0$ 不敏感 (虽然对 $c < 0$ 条件 $Sc \geqslant 0$ 没有非平凡推论).[1]

---

[1] $Sc < 0$ 的灵活性和 h-原理 (见 [2]) 被 Lohkamp 证明.

§7　曲率算子和相关不变量

在 §2 末尾我们提到在 V 的 2 维平面空间上的截面曲率函数, 即 $K : Gr_2 V \to \mathbb{R}$ 唯一地延拓为 $\Lambda^2 T(V)$ 丛上的一个二次型 (函数)Q, 对应于 Q 的对称算子 $R : \Lambda^2 T(V) \to \Lambda^2 T(V)$ 被称为曲率算子. 条件 $K \geqslant 0$ 可以利用 Q 被表示为对所有 $\tau, \nu \in T_v(V)$, $v \in V$,

$$Q(\tau \wedge \nu, \tau \wedge \nu) \geqslant 0,$$

而严格正 $K > 0$ 条件对应于对所有线性无关的对 (τ, ν), 有 $Q(\tau \wedge \nu, \tau \wedge \nu) > 0$.

从 Q 的观点来看, 一个更自然的条件是 $Q \geqslant 0$, 指对任意 $\alpha \in \Lambda^2 T(V)$ (它可以是和 $\alpha = \sum_{i=1}^{k} \tau_i \wedge \nu_i$, 其中 $k > 1$), $Q(\alpha, \alpha) \geqslant 0$, 这被称为曲率算子 R 的正性. R 的严格正性指的是 Q 的正定性. 类似地, 我们也可以引入 Q 和 R 的 (严格的和非严格的) 负性.

以上 Q 和 R 的正性是比 $K \geqslant 0$ 强得多的限制条件. 然而, $K \geqslant 0$ 的流形的基本例子也满足 $Q \geqslant 0$. 也就是, $\mathbb{R}^{n-1}$ 中的凸超曲面和紧致对称空间具有 $Q \geqslant 0$. 具有 $Q \geqslant 0$ 的流形的笛卡儿积也具有 $Q \geqslant 0$.

为了观察 $K \geqslant 0$ 与 $Q \geqslant 0$ 不同的地方, 我们看具有在酉群 $U(n+1)$ 自然作用下不变的黎曼度量 g 的复射影空间 $\mathbb{C}P^n$. 不难看到这样的 g (其存在是由于 $U(n+1)$ 紧致) 在相差数乘的意义下唯一, 并且 $(\mathbb{C}P^n, g)$ 是秩为 1 的对称空间, 这一条件对对称空间而言等价于 $K > 0$. 事实上, 我们已经知道 (见 $\S 3\frac{3}{4}$)g 的截面曲率为 $\frac{1}{4}a$ 到 a 之间拼挤, 其中常数 $a > 0$ 依赖于 g (的正规化). (有兴趣的读者将乐于了解 $a = \pi^{-1}(\text{Diam}(\mathbb{C}P^n, g))^{-2}$.)

另一方面, 曲率算子 R 仅是非严格正的, 即二次型 Q 仅是半正定的. 这样 g 的一个小的扰动可以容易地破坏 $R \geqslant 0$ 但不破坏 $K \geqslant 0$.

以上 $\mathbb{C}P^n$ 的例子从以下众所周知的猜想角度来看特别引人兴趣.

猜想. 若一个闭的 n 维黎曼流形满足 $R > 0$, 则其万有覆盖微分同胚于球面 S^n.

对 $n = 2$, 肯定的答案是经典的, 这里 R 与 K 相同, 并且由 Gauss-

Bonnet 定理由 $\int_V K > 0$ 可推出 $\chi(V) > 0$.

$n = 3, 4$ 的情形归功于 R. Hamilton, 其证明用到对度量空间上一个热流的艰深分析. 换句话说, Hamilton 考虑 V 上度量的一个单参数族 g_t 的如下微分方程,

$$\frac{dg_t}{dt} = \alpha_n g_t - 2\mathrm{Ricci}(g_t),$$

这里 $\alpha_n = 2n^{-1} \int_V Sc(g_t)/\mathrm{Vol}(V, g_t)$. 他证明了此问题对给定初值度量 $g = g_0$ 的可解性. 随后, 他证明得到的热流保持具有 $R(g) > 0$ 的度量 g 构成的子空间. (其被称为 "热流" 是因为对应 $g \mapsto \mathrm{Ricci}(g)$ 是 V 的二次微分形式上的一个微分算子, 其在很多方面类似于函数的 Laplace 算子. 注意到 Ricci 是一个非线性算子, 但其具有引人注目 (虽然显然) 的性质, 即与 V 的度量空间上的微分同胚群作用可交换.)

最终, 对 $n = 3$ 和 $n = 4$, Hamilton 证明了对其方程满足 $R(g_0) > 0$ 的解 g_t 随时间 $t \to \infty$ 收敛到具有常正曲率的度量 g^∞, 这导致其万有覆盖 $(\tilde{V}, \tilde{g}_\infty)$ 显然等距于 S^n. 注意到 Hamilton 的证明给出了猜想加强版本的解, 即 $R \geqslant 0$ 的度量空间到 $K = 1$ 的子空间的 $(\mathrm{Diff}V)$-不变的收缩的存在性.

我们也注意到, 对 $n = 3$, Hamilton 只需要 $\mathrm{Ricci}V > 0$ 来使他的方法有效.

Hamilton 的方法的基本点是研究热流下曲率张量的演化, 这里条件 $R > 0$ 变得很重要, 因为其在流下不变. (我们注意到 Hamilton 的方程中 $\alpha_n g_t$ 项是为了正规化而引入的, 而曲率的讨论适用于方程 $\frac{dg_t}{dt} = -2\mathrm{Ricci}(g_t)$.)

有一些别的更严格的曲率条件也在热流下不变, 并且对一些情形也能够证明最终收缩到常曲率. 例如, 对具有逐点拼挤截面曲率的度量, 我们有如下推论.

推论 (Ruh-Huisken-Margarin-Nishikava). 令 n 维闭黎曼流形的截面曲率 $K : Gr_2(V) \to \mathbb{R}$ 在每一点 $v \in V$ 有如下拼挤 (限制)

$$c_n a(v) \leqslant K(\sigma) \leqslant a(v),$$

这里 a 是 V 上的正函数, $c_n = 1 - 3(2n)^{-\frac{3}{2}}$, σ 表示 $T_v(V)$ 中任一 2-平面. 则 V 微分同胚于 $\mathbb{S}^n$.

注意到上述定理对于任何 $c_n < 1$ 相当不平凡. 例如, 这样的条件对于 $n = 2$ 时 (这里对每个点 v 只有一个 σ) 每个 $K > 0$ 的度量都满足, 因此相应的热流并不等于初始度量的一个小扰动. (见 [6] 对热流方法的阐述.)

Bochner Formulas. 很多自然 (但通常复杂的) 曲率表达式由 V 上自然的微分算子而来. 例如, 我们可以利用 Dirac 算子 $D = D_+ \oplus D_-$ 定义 V 的数量曲率如下:

$$ScId = 4(D^2 - \nabla^*\nabla),$$

这里 Id 是 spin 丛 $S = S_+ \oplus S_-$ 上的恒同算子 (比较 §$6\frac{1}{2}$ 中的 Lichnerowick 公式).

现在我们想要对作用在 V 上 k-形式的 Hodge-de Rham Laplacian Δ 与 rough (Bochner) Laplacian $\nabla^*\nabla$ 做一个类似的比较, 这里 ∇ 表示 V 上的 Levi-Civita 联络对 V 上 k-形式丛 $\Lambda^k T^*(V)$ 上的推广.

不难看到, 若 V 是平坦的 (即局部欧氏), 则两个算子是一致的. 我们回顾在每点处每个度量都能被平坦度量一阶无穷小密切近似 (见 §2). 于是并无意外有如下结论.

微分算子 $\Delta - \nabla^*\nabla$ 是零阶的, 并由丛 $\Lambda^k T^*(V)$ 上的对称自同构 R_k 给出, 这里 R_k 可由 V 上的曲率张量代数地 (甚至是线性地) 表示. (这里 "对称" 意味着 R_k 在丛的每个纤维上是对称算子.)

另外一种表达的方式

$$\Delta = \nabla^*\nabla + R_k,$$

被称作 Δ 的 Bochner (或者 Bochner-Weitzenbock) 公式. 当 $k \geqslant 2$ 时 R_k 用曲率算子 R 的表达式相当复杂 (见例如 [3]), 但对 $k = 1$ 简单得多. 也就是

$$R_1 = \text{Ricci}^*,$$

即与 $T(V)$ 上的二次型 Ricci 通过度量 g 以自然的方式相关联的余切丛 $T^*(V)$ 上的对称算子. 值得注意的是将这一 Bochner 公式

$$\Delta\omega = \nabla^*\nabla\omega + \text{Ricci}^*(\omega)$$

应用于恰当形式 $\omega = df$, 其中 f 有单位梯度, 即

$$\|\omega\| = \|df\| = \|\mathrm{grad}\,f\| = 1,$$

本质上将与 §5 中迹管公式应用到水平集 $W_\epsilon = \{f(x) = \epsilon\}$ 是同一件事.

由带 Ricci* 的 Bochner 公式直接可得, 若 Ricci > 0, 则 V 上每个调和 1-形式消失 (比较 §6$\frac{1}{2}$ 中 Lichnerowicz 定理的证明), 于是

$$H^1(H, \mathbb{R}) = 0.$$

(在 §5 我们利用更加强大的 Cheeger-Gromoll 分裂定理指出了另一个证明, 但以上 Bochner 的分析证明要早四分之一个世纪.)

算子 R_k 当 $k \geqslant 2$ 时比 Ricci* 复杂得多. 但仍有以下 Bochner-Yano-Berger-Meyer 的结果 (见 [26]).

若 $R > 0$, 则 $R_k > 0$ (即对全部 $k \neq 0, n = \dim V$ 的正定性). 于是对 $1 \leqslant k \leqslant n-1$, 每个具有正曲率算子的闭黎曼流形有 $H^k(V, \mathbb{R}) = 0$.

此结果说明 $R > 0$ 意味着 V 是有理同调球. 这比上述猜想所要求的微分同胚于球面要弱得多. 现在, Micallef 和 Moore 近期的一个定理声称, V 的万有覆盖, 事实上是一个同伦球, 因此由庞加莱猜想可知其同胚于球面 ($n \geqslant 5$ 由 S. Smale 解决, $n = 4$ 由 M. Freedman 解决. 剩下 $n = 3$ 对 Ricci > 0 的情况由前面提到的 Hamilton 的定理给出). Micallef-Moore 的方法类似于 Siu 和 Yau 研究具有正双截面曲率的凯勒 (Kähler) 流形的方法 (见 §5 最后). 两种方法都本质上利用球面 $\mathbb{S}^2$ 到 V 的调和映照, 并且曲率出现在调和映照的能量第二变分公式中. 接下来我们将解释这点.

§7$\frac{1}{2}$ 曲面的调和映射和复化的曲率 $K_{\mathbb{C}}$

黎曼流形间光滑映射

$$f : W \to V$$

的能量定义为

$$E(f) = \frac{1}{2} \int_W \|Df(w)\|^2 dw,$$

这里微分

$$D = Df(w) : T_w(W) \to T_v(V), v = f(w)$$

的范数平方在每点 $w \in W$ 为

$$\|Df\|^2 = \mathrm{Trace} D^* D,$$

其中 $D^* : T_v(V) \to T_w(W)$ 是伴随算子.

　　一个映射 f 被称为调和, 如果它是 $W \to V$ 的映射空间的能量泛函的稳定点 (或临界点). E 在 f 的稳定点条件, 即 $dE(f) = 0$, 用简单的话说即, $f = f_0$ 的每个单参数形变 f_t 的导数 $\dfrac{dE(f_t)}{dt}$ 在 $t = 0$ 点消失. 注意到 E 在 $t = 0$ 点的导数只依赖形变 f_t 在 $t = 0$ 的方向, 即 V 中沿 $f(W)$ 的向量场 $\delta = \dfrac{\partial f}{\partial t}$. 更确切地说, δ 是诱导丛 $T^* = f^*(T(V)) \to W$ 的截面.

　　调和映照也可以用一特定的非线性偏微分方程组的解来定义, 也就是 E 相应的 Euler-Lagrange 方程. 这个方程组可以写为 $\Delta f = 0$, 这里算子 Δ 是经典的 Laplace 算子的推广. 事实上, 若在点 $w \in W$ 和 $v = f(w)$ 分别取测地坐标 $x_1, ..., x_m$ 和 $y_1, ..., y_n$, 用 n 个函数 $y_i = y_i(f(x_1, ..., x_m))$, 则以上 $\Delta f(w)$ 在零点等于向量值函数 $y_1, ..., y_n$ 通常的 Laplacian, 即

$$\left(\sum_j \frac{\partial^2 y_1(0)}{\partial x_j^2}, ..., \sum_j \frac{\partial^2 y_n(0)}{\partial x_j^2} \right).$$

　　例. (a) 若 V 为圆 S^1, 则任意映射 $f : W \to S^1$, 可用函数 $\varphi : W \to \mathbb{R}$ 局部定义, 至多相差与一个常数相加, 且

$$E(f) = \frac{1}{2} \int_W \|\mathrm{grad}\, \varphi\|^2.$$

那么, 方程 $\Delta f = 0$ 与 W 上通常的 Laplace-Beltrami 算子的 $\Delta \varphi = 0$ 相同.

　　(b) 现在, 令 $W = \mathbb{S}^1$ 而 V 任意. 那么

$$\Delta f = \nabla_\tau \tau,$$

这里对 S^1 的标准 (圆) 参数 s,

$$\tau \underset{def}{=} \frac{df}{ds} \underset{def}{=} D(f)\left(\frac{\partial}{\partial s}\right),$$

$\frac{\partial}{\partial s}$ 是 S^1 上对应的 (参数) 向量场, ∇ 是 V 上的协变导数. 调和映照 $f : S^1 \to V$ 满足 $\nabla_\tau \tau = 0$. 其就是测地映照: f 的像为 V 中的测地线, 且参数是弧长的倍数.

若我们考察在 $t = 0$ 的第二变分

$$\delta^2 E(f) \underset{def}{=} \frac{d^2 E(f_t)}{dt^2},$$

外围空间 V 的曲率就会出现. 一般来说, 沿 $f_0(W) \subset V$ 对 t 的二阶导数, 在 $t = 0$ (即 $\frac{d^2 E(f_t)}{dt^2}$ 在 $t = 0$) 不仅依赖在 $t = 0$ 的场 $\delta = \frac{\partial f}{\partial t}$, 还依赖导数 $\Delta_\delta \frac{\partial f}{\partial t}$. 然而, 如果 $f = f_0$ 是调和的, 那么此导数仅依赖 δ, 说明这种情况时记号 $\delta^2 E$ 是合理的. 事实上, 如果函数 E 在 f 点 (一阶) 导数为零, 有一个良定的 E 的二阶微分 (或 Hessian) 的 H 于 f, 其为向量场 δ 在 f 的二次型, 使得

$$\delta(\delta E(f)) = H(\delta, \delta).$$

调和映照的第二变分公式. 若 f 为一光滑调和映照, 则

$$(*) \qquad \delta^2 E(f) = \int_W (\|\nabla\delta\|^2 + \tilde{K}(\delta^2)) dw,$$

这里 ∇ 为 V 中沿 W 的 δ 的协变导数 ∇, 且 $\tilde{K}(\delta^2)$ 为涉及 V 的曲率关于 δ 的代数二次表达式. (注意到在我们之前的面积和体积的第二变分公式中, 场 δ 是超曲面上的单位法向量场, 且 $\nabla\delta$-项为零). 让我们将以上表述得更精确. 首先, 我们回顾 δ 事实上是诱导丛 $T^* \to W$ 的截面. 记 ∇ 为 $T(V)$ 上的 Levi-Civita 联络所诱导的 T^* 上的联络. 由于可视 ∇ 为取值于丛 $\Omega^1 T^* \underset{def}{=} \mathrm{Hom}(T(W), T^*)$ 的微分算子, 该丛有来自于 T^* 和 $T(W)$ 的自然的欧氏结构, 因此 $\|\nabla\delta\|^2$ 是有意义.

现在, 我们考虑曲率项. 首先我们用双线性来延拓截面曲率 K 到 V 中所有向量对 (τ, ν). 利用 $\Lambda^2 T(V)$ 上的形式 Q, 则有

$$K(\tau \wedge \nu) = Q(\tau \wedge \nu, \tau \wedge \nu).$$

那么对 $D = Df$, 曲率 $\tilde{K}(\delta^2)$ 在每一点 $w \in W$ 可用单位正交标架 $\tau_1, \cdots, \tau_m \in T_w(W)$ $(m = \dim W)$ 表示为

$$\tilde{K}(\delta^2) = -\sum_{i=1}^{m} K((D\tau_i) \wedge \delta),$$

此结果与标架选取无关. (更多扩展内容见 [12] 和 [13].) 现在, 我们看到由 $K(V) \leqslant 0$ 可得 $\delta^2 E(f) \geqslant 0$, 并且由此可以期望得到每个调和映照给出了能量的局部极小值. 事实上, 每个由紧致流形 W 到具有 $K \leqslant 0$ 完备流形 V 的调和映照给出了能量泛函的绝对极小值 (见 [12]).

若 $K(V) \geqslant 0$, 可以期待对沿 W 的 (协变) 导数小的场 δ, $\delta^2 E$ 是负的. 例如, 若 δ 沿 W 是 ∇-平行的, 即 $\nabla\delta = 0$, 则 $\delta^2 E \leqslant 0$.

例. 令 $W = S^1$, 则 $f(S^1)$ 是 V 中的一条测地线, 且每个向量 $x \in T_v(V)$, $v = f(w)$ 可以延拓成沿此测地线的 ∇-平行的场. 当我们绕着此圈, 向量 x 通常并不会回到自己, 而是成为另一个向量, 记作 $x' \in T_v(V)$. 对 $L(x) = x'$, 称此映射 $L : T_v(V) \to T_v V$ 为沿闭路 $f(S^1)$ 的和乐变换(或平行移动), 且知 (由 Levi-Civita 联络的性质) 其为正交线性映射. 因为曲线 $f(S^1)$ 是测地线 (且我们已看到 $\nabla_\tau \tau = 0$), 切向量 $\tau_v = \dfrac{df}{ds} = (Df)\dfrac{\partial}{\partial s} \in T_v(V)$ 在 L 下不变, 那么我们考虑 τ_v 的正交补 $N_v \subset T_v(V)$, 观察到算子 $L|N_v : N_v \to N_v$ 在如下两种情况中对单位向量 ν_v 不变, 即 $L(\nu_v) = \nu_v$:

(i) $n = \dim V = \dim N_v + 1$ 是偶数, 且 L 是一保持定向的映射, 即 $\det L = +1$;

(ii) n 是奇数且 L 是反定向的, 即 $\det L = -1$.

注意到, 如果 V 是可定向的, 则 L 对 V 的所有闭路是定向保持的. 但如果 V 是不可定向的, 那么存在 V 中闭路的同伦类, 使得 L 对于此同伦类中所有闭路都是反定向的.

若 $L(\nu_v) = \nu_v$, 则向量 ν_v 延拓为 V 中沿 W 的整体 (周期) 平行向量场 ν, 关于它 E 的第二变分为

$$\nu^2 E(f) = -\int_{S^1} K(\tau \wedge \nu)ds.$$

如果 $K(V) > 0$, 此变分是严格负的, 且 f 不是能量的局部极小值点. 另一方面, 不难看到, 如果 V 是闭流形, 那么每一个映射 $S^1 \to V$

的同伦类包含一个光滑的调和映照 (即测地线)f, 其给出能量在此同伦类中的绝对极小值. 这样, 我们得到经典的

Synge 定理 (见 [27]). 设 V 为一个 $K(V) > 0$ 的闭黎曼流形. 如果 $n = \dim V$ 是奇数, 那么 V 是可定向的. 如果 n 是偶数, 那么 V 的典则定向二重覆盖是单连通的 (即, 如果 V 可定向, 那么其是单连通的).

注意到此定理的证明用到沿 V 中某 (非指定的) 闭测地线的 K 的正性, 且不需要 (也不揭示) 远离此测地线的几何信息. 这与我们利用管公式对 $K \geqslant 0$ 的研究形成鲜明对比 (尽管关于 ν 的第二变分公式来自对问题中正交于测地线的超曲面 (的芽) 应用管公式).

$\dim W = 2$ **的能量第二变分**. 如果 $\dim W \geqslant 2$, 那么, 由于系统 $\nabla \delta = 0$ 在 W 上是过定的, 故一般来说, 没有沿 W 的 ∇-平行的场 δ. 事实上, 算子 ∇ 应用于诱导丛 $T^* = f^*(T(V)) \to W$ (这里 $f : W \to V$ 是我们的调和映照) 的截面 δ, 其局部上由 W 上 $n = \mathrm{rank} T^*$ 个函数给出, 然而当 $\dim W > 1$ 时, 目标丛 $\Omega^1 T^* = \mathrm{Hom}(T(W), T^*)$ 的秩 $= n \dim W > n$. 现在令 W 是一个可定向曲面, 且 $S \to W$ 为一复向量丛, 具有复线性联络 ∇. W 的黎曼度量与其定向定义了丛 $T(W)$ 上的复结构. 也就是说, 与 $i = \sqrt{-1}$ 的乘法给出切向量逆时针方向 90° 旋转. 从 $\Omega^1 S$ 上每一纤维 $\Omega^1 S_w$ 由 $\mathbb{R}$-线性的映射 $T_w(W) \to S_w$ 组成, 分裂成 $\Omega^1 S_w$ 中的两个子空间 Ω' 与 Ω'' 的和, 这里 Ω' 由 $\mathbb{C}$-线性映射 $\ell' : T_w(W) \to S_w$, 即与对 $\sqrt{-1}$ 的乘法交换, 意味着 $\ell'(\sqrt{-1} x) = \sqrt{-1} \ell'(x)$, 而映射 $\ell'' \in \Omega''$ 与对 $\sqrt{-1}$ 的乘法反交换, 即 $\ell''(\sqrt{-1} x) = -\sqrt{-1} \ell''(x)$. 这使我们可以把 ∇ 分裂成两个算子的和, $\nabla = \nabla' + \nabla''$, 其中 $\nabla' : C^\infty(S) \to C^\infty(\Omega')$, $\nabla'' : C^\infty(S) \to C^\infty(\Omega'')$. 注意到丛 Ω' 和 Ω'' 具有与丛 S 相同的 $\mathbb{R}$-秩, 故系统 $\nabla' \varphi = 0$ 与 $\nabla'' \varphi = 0$ 被决定. 现在有一个让它们可解的好机会. 事实上, 知道有一个重要的情形解是存在的, 即令 S 为 W 上具有欧氏联络的实向量丛 T 的复化. 那么, 我们有以下

命题 (见 [29]). 若 W 同胚于球面 $\mathbb{S}^2$, 则方程 $\nabla'' \varphi = 0$ (至少) 有 n 个 $\mathbb{C}$-线性无关的解 $\varphi_1, \cdots, \varphi_n : W \to S = T \bigoplus \sqrt{-1} T$, 这里 $n = \mathrm{rank} T$, 而且, 在每一纤维 S_w 上它们张成维数 $\geqslant \frac{n}{2}$ 的 (复) 子空间.

证明思路. 在 S 的全空间上有一个自然的复解析结构, 其全纯截

面恰为满足 $\nabla''\varphi = 0$ 的解. 更进一步, T 上的欧氏结构 (其是 T 上的二次型) 可由 $\mathbb{C}$-线性扩充到 S 上一个平行的非奇异二次型, 故在 S 上全纯, 从而向量丛 $S \to W$ 作为复解析丛是自对偶的. 于是由 Riemann-Roch 定理和 S^2 上全纯向量丛分裂为线丛的 Birkhoff-Grothendieck 定理可得所求的 n 个全纯截面的存在性.

下面我们说明关于 ∇'' 的 Laplace 算子, 即

$$\Delta'' = (\nabla'')^*\nabla'',$$

与 $\Delta = \nabla^*\nabla$ 的关系由如下 Bochner-Weinzenbock 公式

$$\Delta = 4\Delta'' = -\sqrt{-1}K''$$

给出, 这里 K'' 是 S 上的关联 ∇ 的曲率及 W 上由其度量给出的单位双向量场 (余密度, codensity) 的 (反埃尔米特) 自同态. (我们回顾 ∇ 的曲率是 W 上取值在 $\text{End}S$ 上的 2-形式, 且在 W 中每一点 K'' 等于此形式在由单位正交切向量所得的 $\tau_1 \wedge \tau_2$ 的值.) 特别地, 积分

$$\int_W \|\nabla\varphi\|^2 dw = -\int_W \langle\Delta\varphi,\varphi\rangle dw$$

与

$$\int_W \|\nabla''\varphi\|^2 dw = -\int_W \langle\Delta''\varphi,\varphi\rangle dw$$

由

$$\int_W \|\nabla\varphi\|^2 dw = 4\int_W \|\Delta''\varphi\|^2 dw + \sqrt{-1}\int_W \langle K''\varphi,\varphi\rangle dw$$

联系起来. (上述关于 $-\langle\Delta\varphi,\varphi\rangle$ 和 $-\langle\Delta''\varphi,\varphi\rangle$ 的积分公式由分部积分得到. 事实上, 我们可以和定义伴随算子 ∇^* 和 $(\nabla'')^*$ 相同, 通过假定这些积分公式对所有光滑截面 φ 成立来定义 $\Delta = \nabla^*\nabla$ 和 $\Delta'' = (\nabla'')^*\nabla''$. 也注意到 $\langle,\rangle$ 表示与 T 上欧氏结构相关的 $S = T \oplus \sqrt{-1}T$ 上的埃尔米特内积).

我们现在用 $\|\nabla''\varphi\|^2$ 代替 $\|\nabla\varphi\|^2$, (对调和映照 f) 重写 $H(\delta,\delta) = \delta^2 E(f)$ 的第二变分公式 (*). 首先, 我们推广公式到复化的丛 $S^* = T^* \oplus \sqrt{-1}T^*$, 其表示 E 的 Hessian 在 f 处的埃尔米特扩展. 每个复的场 φ 是两个实的场的形式组合, $\varphi = \delta_1 + \sqrt{-1}\delta_2$, 它的 Hessian 是

$$H(\varphi,\tilde{\varphi}) \underset{def}{=} H(\delta_1,\delta_1) + H(\delta_2,\delta_2) = \delta_1^2 E(f) + \delta_2^2 E(f).$$

那么由第二变分公式,

$$H(\varphi, \tilde{\varphi}) = \int_W (\|\nabla\varphi\|^2 + \tilde{K}(\varphi^2))dw,$$

这里

$$\|\nabla\varphi\|^2 = \|\nabla\delta_1\|^2 + \|\nabla\delta_2\|^2$$

且 $\tilde{K}(\varphi^2) = \tilde{K}(\delta_1^2) + \tilde{K}(\delta_2^2)$, 如我们之前看到的, 其可被 V 的截面曲率 K 和在每点 $w \in W$ 的单位正交向量 τ_1, τ_2, 通过 $\tilde{K}(\varphi) = -\sum_{1 \leqslant i,j \leqslant 2} K(D\tau_i \wedge \delta_j)$ 来表达, 其中 $D = Df(w)$. (这里我们总是把 T^* 中 δ_1 和 δ_2 与它们在 $T(V)$ 中的像通过 tautological 映射 $T^* = f^*(T(V)) \to T(V)$ 等同起来.) 现在我们根据之前的公式, 在 $H(\varphi, \bar{\varphi})$ 中用

$$4\int_W \|\nabla''\varphi\|^2 + \sqrt{-1}\int_W \langle K''\varphi, \varphi\rangle$$

替代 $\int \|\nabla\varphi\|^2$. 由于 $\tilde{K}''(\varphi^2) = \tilde{K}(\varphi^2) + \sqrt{-1}\langle K''\varphi, \varphi\rangle$ (注意到因 $\langle K''\varphi, \varphi\rangle$ 是纯虚的, 故 $\tilde{K}''(\varphi^2)$ 是实的), 对 H 得到下面的表达式

$$H(\varphi, \bar{\varphi}) = 4\int_W \|\nabla''\varphi\|dw + \int_W K''(\varphi^2)dw.$$

我们将对满足 $\nabla''\varphi = 0$ 的场 φ 应用此公式, 得到

$$H(\varphi, \bar{\varphi}) = \int_W \tilde{K}''(\varphi^2)dw,$$

并且我们想要知道何时 $\tilde{K}''(\varphi^2)$ 是负的 (对比 Synge 定理). 答案由如下 V 的复化的截面曲率 $K_\mathbb{C}$ 可以得到.

利用复多线性延拓形式 Q 到复切丛 $\mathbb{C}T(V) = T(V) \oplus \sqrt{-1}T(V)$, 且对 $\mathbb{C}T(V)$ 中的 α 和 β (及复化丛上显然的共轭 $z \mapsto \bar{z}$), 令

$$K_\mathbb{C}(\alpha \wedge \beta) = Q(\alpha \wedge \beta, \overline{\alpha \wedge \beta}).$$

如果对 $t_i \in T(V)$, 我们记 $\alpha = t_1 + \sqrt{-1}t_2$ 且 $\beta = t_3 + \sqrt{-1}t_4$, 那么一个平凡的计算把 $K_\mathbb{C}$ 表示为如下实的项:

$$\begin{aligned} K_\mathbb{C}(\alpha \wedge \beta) = & Q(t_1 \wedge t_3 - t_2 \wedge t_4, t_1 \wedge t_3 - t_2 \wedge t_4) \\ & + Q(t_1 \wedge t_4 - t_2 \wedge t_3, t_1 \wedge t_4 - t_2 \wedge t_3). \end{aligned}$$

由此我们看到条件 $K_{\mathbb{C}} \geqslant 0$ 介于 $K \geqslant 0$ 和 $Q \geqslant 0$ 之间 (即曲率算子的正性). 也注意到, 不等式 $K_{\mathbb{C}} > 0$, 由定义知, 指的是对 $\mathbb{C}T(V)$ 中所有 $\mathbb{C}$-线性无关的向量对 α 和 β 有 $K_{\mathbb{C}}(\alpha \wedge \beta) > 0$.

$K_{\mathbb{C}}$ 的正性的一个有用的充分条件是 K 的 $\frac{1}{4}$-拼挤, 即对某 $a = a(v) > 0$ 及所有 2-平面 $\sigma \in T_v(V)$, 在满足截面曲率 $\frac{1}{4}a < K(\sigma) < a$ 成立的每一点 v 上有 $K_{\mathbb{C}} > 0$. 类似地, $K(\sigma)$ 的负的 $\frac{1}{4}$-拼挤 (介于 $-a$ 与 $-\frac{1}{4}a$ 之间) 保证 $K_{\mathbb{C}} < 0$. (此结果归功于 Hernandez. 更早的时候, Micallef 和 Moore 证明了稍弱的结果, 其被当下的应用需要. 我们也注意到拼挤指标是最优的: 复射影空间有 $\frac{1}{4} \leqslant K \leqslant 1$ 但 $K_{\mathbb{C}}$ 是非严格正的.)

现在回到我们的映射 $f : W \to V$, 在某点 $w \in W$ 处取两个单位正交向量 τ_1 和 τ_2, 并令

$$D'\tau = \frac{1}{2}(D\tau_1 - \sqrt{-1}D\tau_2) \in \mathbb{C}T(W),$$

这里 $D = Df : T(W) \to T(V)$.

引理. 以上曲率项 $\tilde{K}''$ 在每一点 $f(w) \in V$ 满足

$$K''(\varphi^2) = -4\tilde{K}_{\mathbb{C}}(D'\tau \wedge \varphi).$$

此由问题中曲率的定义进行直接计算给出证明 (见 [29]).

推论. 如果 $K_{\mathbb{C}} \geqslant 0$, 那么能量的 (复化的) 第二变分在方程 $\nabla''\varphi = 0$ 的解 φ 上是非正的. 更进一步, 如果 $K_{\mathbb{C}} > 0$ 且 φ 在某 $f(w_0) \in V$ 对 $D'\tau \in \mathbb{C}T(V)$ 是非切向的, 那么 $H(\varphi, \bar{\varphi}) > 0$. 进而可得, f 不是能量泛函 $f \mapsto E(f)$ 的局部极小值点.

证明. 唯一一点需要解释的是复Hessian 和能量的实变分的 (符号的) 关系. 但对 $\varphi = \delta_1 + \sqrt{-1}\delta_2$, 复 Hessian 是两个实的之和

$$H(\varphi, \bar{\varphi}) = H(\delta_1, \delta_1) + H(\delta_2, \delta_2) = \delta_1^2 E(f) + \delta_2^2 E(f),$$

且 $H(\varphi, \bar{\varphi})$ 的负性蕴含着 $\delta_1^2 E(f)$ 和 $\delta_2^2 E(f)$ 的实变分.

现在我们假设 W 同胚于 $\mathbb{S}^2$, 且映射 $f : \mathbb{S}^2 \to V$ 非常值. 那么由我们之前的命题, 方程 $\nabla''\varphi = 0$ 的 $n = \dim V$ 个线性无关的解 $\varphi_1, \cdots, \varphi_n$,

在某满足 $D''\tau \neq 0$ 的点 $f(w_0) \in V$ 张成维数 $\geqslant \dfrac{n}{2}$ 的子空间. 那么, 对 $n \geqslant 4$, 我们至少得到一个场 φ, 其 $H(\varphi, \bar{\varphi}) < 0$. 且一般地, 对 $n \geqslant 4$, 我们至少有 $\dfrac{n}{2} - 1$ 个场, 使得 H 在它们张成的空间是负定的.

回顾, 对所有这些需要 $K_{\mathbb{C}} > 0$. 事实上, Micallef 和 Moore 证明上述结论在如下 (较弱) 条件下成立, 即 $K_{\mathbb{C}}$ 的正性 (仅) 在 $\mathbb{C}T(V)$ 中的关于复化黎曼度量 (即 $\mathbb{C}T(V)$ 上的 $\mathbb{C}$-二次型) 消失的复 2-平面上满足.

以上推论说明, 特别地, 当 $n \geqslant 4$ 时, 没有光滑非常值的调和映照 $f : \mathbb{S}^2 \to V$ 在其同伦类中是能量极小的. 另一方面, Sacks 和 Uhlenbeck 的一个基本定理声称只要第二同伦群不消失 (否则 V 是任意闭的黎曼流形), 这样的 f 是存在的. 于是当 $\dim V \geqslant 4$ 时, $K_{\mathbb{C}}(V) > 0$ 蕴含着 $\pi_2(V) = 0$, 且当 $n = 4$ 时, (由基础拓扑) 这足够保证 V 的万有覆盖 (由于 $K(V) > 0$ 故紧致) 是一个同伦球.

注. Sacks-Uhlenbeck 定理的微妙归功于事实: 具有 $E(f) \leqslant \mathrm{const}$ 的映射 $f : S^2 \to V$ 的空间是非紧的. 而且, 一个简单的计算 (利用 $\dim S^2 = 2$ 这一事实) 揭示了能量在 S^2 的 (非紧的!)共形变换群下是不变的, 所以甚至能量有界的调和映照的空间也是非紧的. 于是在一个给定的映射同伦类中为得到极小能量的调和映照, 对任何种类的极小化过程几乎都不能期待有收敛性. 事实上, 确实有一个映射 $\mathbb{S}^2 \to V$ "鼓泡" 成为几块的发散情况, 见如下图 20.

图 20

这样的鼓泡行为将单个映射 $S^2 \to V$ 形变成有限个映射 $f_i : S^2 \to V, i = 1, \cdots, k$ 的集合, 使得 $\displaystyle\sum_{i=1}^{k} E(f_i) \leqslant E(f)$, 且映射 f_i 的同伦类相加成为 f 的. 这解释了为什么无法在每个同伦类中得到能量最小的映射. 这也与 Sacks-Uhlenbeck 定理一致, 声称某种非平凡的同伦类的能量最小的映射的存在性, 即便这种类预先还不知道.

Miscallef 和 Moore 通过对映射 $S^2 \to V$ 空间上的能量泛函发展一种有限制的 Morse 理论, 推广了 Sacks-Uhlenbeck 定理, 证明当 $n \geqslant 4$ 时, n 维闭单连通黎曼流形 V 要么是一个同伦球, 要么存在一个非常值的调和映照 $f: S^2 \to V$, 其允许至多 $k \leqslant \dfrac{n}{2} - 2$ 个场 φ_i, 使得在它们张成的空间上 Hessian $H(\varphi, \bar{\varphi})$ 是负的. 因此, 条件 $K_{\mathbb{C}}(V) > 0$ (通过以上讨论的具有负 H 的 φ_i 的存在性) 蕴含着 V 是同伦球.

我们在前面已经提到截面曲率 K 的严格 $\dfrac{1}{4}$-拼挤条件蕴含着 $K_{\mathbb{C}}$ 的严格正性. 于是上述 Miscallef-Moore 定理蕴含着球定理 (见 $\S 3\frac{3}{4}$).

注意到, Miscallef 和 Moore 仅需要局部拼挤, 即对某个正函数 $a(v)$ 有 $\dfrac{1}{4}a(v) \leqslant K_v(V) \leqslant a(v)$, 然而球定理要求 a 是一个正常数. 但 Moore 和 Micallef (对局部拼挤流形 V) 并不像球定理的证明中 (见 $\S 3\frac{3}{4}$) 直接产生显式的 V 与 S^n 的几何同胚, 而是揭示了 $n \geqslant 4$ 的庞加莱猜想的拓扑解. 事实上, 不论 Miscallef-Moore 的方法在拓扑上有多成功, 我们还根本没有对局部拼挤流形的几何图像 (即使常数 c_n 接近 1 而不是 $\dfrac{1}{4}$). 此情形与本节之前讨论的 Synge 定理的情形是平行的.

$\S 7\frac{2}{3}$　到 $K_{\mathbb{C}} \leqslant 0$ 的流形的调和映射

首先我们只假设 $K \leqslant 0$, 回顾下面调和映照的基本存在性定理 (见 [12]).

(Eells-Sampson) 设 V 和 W 是闭的黎曼流形, 其中 $K(V) \leqslant 0$. 则任何一个连续映射 $W \to V$ 都同伦于一个光滑的调和映照 (在其同伦类里达到能量极小值).

注意到, 对 $K(V) \leqslant 0$ 图 20 中的鼓泡现象是不可能的, 并且用直接的极小化过程 (就像 Eells 和 Sampson 证明的) 能得到调和映照. 对映射 $f: V \to W$, 条件 $K(V) \leqslant 0$ 通过一个推广了作用在 1-形式上的 $\triangle = \bigtriangledown^* \bigtriangledown - \mathrm{Ricci}^*$ (见 $\S 7$) 的 Bochner 类型的公式加入, 对 f 调和的特殊情形可表述如下.

EELLS-SAMPSON 公式 (见 [12]). 任何一个调和映照 $f: W \to V$ 满足

$$\triangle \|Df\|^2 = \|\mathrm{Hess}_f\|^2 + \mathrm{Curv},$$

其中 Hess 是 f 的全体二阶协变导数, Curv 是下面描述的曲率项.

首先我们如下描述 Hess: 把 f 的微分 Df 解释成从 $\Omega^1 = \text{Hom}(T(W), T^*)$ 的截面, 其中 $T^* = f^*(T(V))$, 令 $\text{Hess}_f = \bigtriangledown Df$, 其中 Ω^1 上的联络 $\bigtriangledown$ 由 $T(W)$ 和 T^* 上的联络诱导而来. 然后我们发现 W 上的 Ricci 形式和 T^* 上的度量定义了 Ω^1 上的一个二次形式 Ricci^W, 并且微分 $D: T(W) \to T(V)$ 把 $\Lambda^2 T(V)$ 上的二次形式 Q 变成 $\Lambda^2 T(V)$ 上的二次形式. 记这个变换在 $T(W)$ 的度量下的迹为 $K^V((Df)^4)$. 注意到如果 $K(V) \leqslant 0$ 则 $K^V((Df)^4) \leqslant 0$. 而且若 $K < 0$, rank $Df \geqslant 0$, 则 $K^V((Df)^4) < 0$. 用上面的记号我们能写出 Eells-Sampson 公式中曲率项的具体形式

$$\text{Curv} = \text{Ricci}^W(Df, Df) - K^V((Df)^4).$$

特别地, 如果 $K^V((Df)^4) \leqslant 0$ 并且 $\text{Ricci}(W) = 0$ (即 W 平坦), 那么 $\text{Curv} = K^V((Df)^4) \geqslant 0$.

通过积分 Eells-Sampson 公式, 对闭流形 W 我们得到下面的关系

$$\int_W \triangle \|Df\|^2 dw = 0 = \int_W (\|\text{Hess}_f\|^2 + \text{Curv}) dw,$$

若 curv $\geqslant 0$, 可推出 $\text{Hess}_f = 0$, 则显然 f 是测地的. 特别地, 如果 $K(V) < 0$ 且 $\text{Ricci}W = 0$, 那么 $\text{rank}Df \leqslant 1$, 所以 f 的像要么是个点 (我们假设 V 是连通的), 要么是在 V 中的一条闭测地线 (注意到把 $\text{Ricci}W = 0$ 换成 $\text{Ricci}W \geqslant 0$, 所有这些也是成立的).

对于凯勒流形 W, 故事变得比平坦流形更有趣. 由 Siu 得到 Sampson 进一步加强的相应 Bochner 型公式推广了凯勒流形上作用在函数的拉普拉斯算子

$$\triangle \underset{def}{=} d^* d = 2\triangle'' \underset{def}{=} 2\bar{\partial}^* \bar{\partial}$$

的 Hodge 公式.

Siu-Sampson 公式是个 (无穷小) 恒等式, 涉及 $K_{\mathbb{C}}(V)$ 和下面定义的复 Hessian$H_f^{\mathbb{C}}$. 首先我们引入从 V 上 T^* 值的 1-形式 (即 $W \to \Omega^1 = \text{Hom}(T(W), T^*)$ 的截面) 到 W 上 T^* 值的 2-形式的算子 $d^{\bigtriangledown}$, 这是通过对 W 上 1-形式的外微分 d 和 T^* 上的联络做惯常的 "扭曲" 得到的. 然后我们令

$$H_f^{\mathbb{C}} = d^{\bigtriangledown} JDf,$$

其中 $J : \Omega^1 \to \Omega^1$ 是 $T(V)$ 上乘 $\sqrt{-1}$ 诱导的算子. 观察到 $H^{\mathbb{C}}$ 的定义用到了 W 上的复结构和 V 上的 Levi-civita 联络, 但是并没有用 W 上的度量 (或联络). 也注意到 $H_f^{\mathbb{C}} = 0$ 当且仅当 f 限制在 W 的每条全纯曲线上是调和的. 这样的映射叫做多重调和的 (pluriharmonic) (它们和平坦流形 W 到 V 的测地映射类似. 也注意到对 $\dim_{\mathbb{R}} W = 2$ 这个讨论表明对映射 $f : W \to V$, 方程 $\triangle f = 0$ 的共形不变性).

接下来我们复化 f 的微分, 得到一个 $\mathbb{C}$-线性的同态 $D^{\mathbb{C}} : T(W) \to \mathbb{C}T(V)$. 这个 $D^{\mathbb{C}}$ 把 $\mathbb{C}\Lambda^2 T(V) = \Lambda^2 \mathbb{C}T(V)$ 上的形式 Q 拉回成 $\Lambda^2 T(W)$ 上的一个形式 (这里外积次数 Λ^2 指在 $\mathbb{C}$ 意义下). 实际上我们需要与二次型 Q 关联的埃尔米特形式, 即对 $\alpha, \beta \in \mathbb{C}\Lambda^2 T(V)$, $Q \cdot (\alpha, \beta) = Q(\alpha, \bar{\beta})$. (回忆 Q 原本定义在 $\Lambda^2 T(V)$ 上, 然后复线性扩充到 $\mathbb{C}\Lambda^2 T(V)$ 上; 比较之前在 §$7\frac{1}{2}$ 围绕 Micallef-Moore 定理的讨论.) 然后我们把 $Q \cdot$ 拉回到 $\Lambda^2 T(W)$ 上, 记这个拉回关于 $\Lambda^2 T(W)$ 上由 W 的凯勒度量诱导的埃尔米特形式的迹为 $K_{\mathbb{C}}^V((Df)^4)$. 注意到若 $K_{\mathbb{C}}(V) \leqslant 0$ 则 $K_{\mathbb{C}}^V((Df)^4) \leqslant 0$. 并且如果 $K_{\mathbb{C}}(V) < 0$ 且 $\operatorname{rank} Df \geqslant 3$, 则 $K_{\mathbb{C}}^V((Df)^4) < 0$.

现在我们 (不加证明) 写出下面的

积分版本的 Siu-Sampson 公式. 设 W 是闭凯勒流形, V 是黎曼流形, 则任意光滑调和映照 $f : W \to V$ 满足

$$(+) \qquad \int_W \|\operatorname{Hess}_f^{\mathbb{C}}\|^2 dw - \int_W K_{\mathbb{C}}^V((Df)^4) dw = 0.$$

推论. 如果 $K_{\mathbb{C}}(V) \leqslant 0$, 那么所有的调和映照 $f : W \to V$ 有 $\operatorname{Hess}_f^{\mathbb{C}} = 0$, 故是多重调和的. 并且若 $K_{\mathbb{C}}(V) < 0$, 则在每一点 $w \in W$ 上, $\operatorname{rank} Df \leqslant 2$.

最后我们结合这个推论和 Eells-Sampson 的调和映射存在定理, 得到下面的

定理 (Siu, Sampson, Jost-Yau, Carlson-Toledo). 设 V 是一个 $K_{\mathbb{C}}(V) < 0$ 的闭流形. 则从任何凯勒流形 W 到 V 的连续映射能够同伦于一个把 W 映射到 V 的一个三角剖分的 2 维骨架的映射.

由于这个定理可以应用到很多凯勒流形上, 这导致对 V 的一个很强 (虽然奇怪) 的拓扑限制. 有界对称域 (如球 $B^{2n} \subset \mathbb{C}^n$) 在离散的

(全纯) 自同构群作用下的紧商空间是 W 的重要例子.

在适用上述定理的流形 V 中, 最重要的是常负曲率的空间. 也包含带有严格 $\frac{1}{4}$-拼挤曲率且不同伦于常曲率流形的例子.

$K_{\mathbb{C}}(V) \leqslant 0$ 的非严格情形尤其重要, 因为非紧型的局部对称空间满足这个条件, 并且上述推论中多重调和结论在基本群 $\pi_1(W)$ 在对称空间的等距群上的表示理论里扮演重要角色 (见 [11], [22]).

最后, 我们注意到调和映照理论可扩展到目标流形是在 Alexandrov-Toponogov 意义下奇异的 $K \leqslant 0$ 的情形 (比较 $\S 3\frac{2}{3}$). 那么试图理解在 (更强) 条件 $K_{\mathbb{C}} \leqslant 0$ 下的奇异空间 (如 p-adic 李群作用的 Bruhat-Tits buildings), 调和映照就显得很有用处.[1]

$\S 7\frac{3}{4}$　无穷小凸锥定义的度量类

$\Lambda^2 \mathbb{R}^n$ 上每个在 $\mathbb{R}^n$ 的正交变换下不变的二次形式空间的子集 C 对任意 n 维流形都定义了一个度量类 $\mathcal{C}$: 要求在每一点 $v \in V$, $T_v(V) = \mathbb{R}^n$ 上的由这一度量的曲率建立的二次形式包含在 C 中 (注意等同 $T_v(V) = \mathbb{R}^n$ 在 $\mathbb{R}^n$ 的正交变换下由 C 的 $O(n)$-不变性唯一确定). 我们到目前遇到的由 $K \geqslant 0$, $K \leqslant 0$, Ricci $\geqslant 0$ 等定义的所有度量类, 都能通过这样的 C 得到, 这样的 C 由讨论中的度量类唯一确定. 而且, 在我们所有情形中子集 C 是 $\Lambda^2 \mathbb{R}^n$ 上二次形式的线性空间中的一个凸锥. 完全不清楚为什么重要的类 $\mathcal{C}$ 几何上必由凸锥生成, 但是分析上这对应于定义 $\mathcal{C}$ 的微分条件的拟线性性 (对比 [2] 的 p.24).

我们遇到的最大的锥由 $Sc \geqslant 0$ 给出. 事实上这个条件定义了 Q 的空间的半空间. 最小的锥相应于曲率算子的严格正性 $\{Q > 0\}$. 这个锥的闭包 (由 $Q \geqslant 0$ 给出) 可以定义成最小的 $O(n)$ 不变的闭凸锥, 它包含 $S^2 \times \mathbb{R}^{n-2}$ 的乘积度量的曲率 Q. 这启发利用自然的锥 C 定义其他有趣的 (?) 度量类. (对比 [20] 中为给出 V 的大小的界而定义曲率正条件.) 可以在 C 如何与 V 上自然的微分算子作用的指导下寻找有趣的锥. (对比 $\{Q > 0\}$ 在度量空间上 R. Hamilton 的热流下的不变性及 $\S 7$ 中我们已经看到的各种 Bochner 公式.) 更几何的, 我们可以把 $\mathcal{C}$ 看作给定流形 V 上黎曼度量 g 的空间 $\mathcal{G}_+$ 的子集, 黎曼度量可以看成是对称平方丛 $S^2 T * (V)$ 的截面. 那么上面提到的附属 C 的整体分析

---

[1] 见 Gromov 和 Schoen 在 Pulications Mathematiques IHES (1993) 的文章.

性质经常可由 C 的无穷小几何解释. 值得注意的是在这一点上对每个 $C, C \subset \mathcal{G}_+$ 是一个锥, 并且 C 关于 Diff V 在 $\mathfrak{G}_+$ 上的自然作用下不变. 但是 C 不是凸锥, 除非 C 是空集或者等于全部形式 Q 的空间. 实际上若底流形 V 是紧连通不带边的, $\mathcal{G}_+$ (它本身是截面 $V \to S^2 T^*(V)$ 的线性空间中的 Diff 不变的凸锥) 不包含非平凡的 Diff 不变的凸子锥 (见 [2] 中 p.231 和该书中 p.24 和 p.111).

　　总结. 这是 1990 年 6 月我在米兰所作的 "Lezione Leonardescq" 讲座的扩展版本, 试图引领入门者由相对少的概念出发, 沿着从基础到前沿的途径, 揭示黎曼几何的内在工作.

　　除正文中给出的参考文献外, 我们列出如下相关的参考书目和综述文章.

参考文献

[1]　BERGER M., RAUCH H. E., Gédomètre différentiel, in Differential Geometry and Complex Analysis, p.p. 1-14, Springer Verlag, 1985.

[2]　BERGER M., La géomètrie métrique des variétés Riemanniennes, in Astérisque, hors serie, p.p. 9-66, Soc. Math. de France, 1985.

[3]　BESSE A., Einstein manifolds, Springer Verlag, 1987.

[4]　BURAGO Yu., GROMOV M., PERELMAN G., A. D. Alezandrov's spaces with curvatures bounded from below I. Preprint.

[5]　BALLMANN W., GROMOV M., SCHROEDER V., Manifolds of non-positive curvature, Progress in Math. Vol. 61, Birkhäuser, Boston. 1985.

[6]　BOURGUIGNON J.-P., L'équation de la chaleur associée à la courbure de Ricci (d'après R. S. Hamilton) in Astérisque 145-146, p.p. 45-63, Soc. Math. de France, 1987.

[7]　BUSER P., KARCHER H., Gromov's almost flat manifolds, Astérisque 81, Soc. Math. France, 1981.

[8]　BURAGO YU., ZALGALLER V., Geometric inequalities, Springer Verlag, 1988.

[9]　CHEEGER J., Critical points of distance functions and applications to geometry, C.I.M.E., June 1990 session at Montecatini, to appear in Lecture Notes in Math., Springer.

[10]　CHEEGER J., EBEN D., Comparison theorems in Riemannian geometry, North Holland, 1975.

[11]　CORLETTE K., Flat G-bundles with canonical metrics, J. Diff. Geom.

28 (1988), p.p. 361-382.

[12] EELLS J., LEMAIRE L., A report on harmonic maps, Bull Lond. Math. Soc. 10 (1978), p.p. 1-68.

[13] EELLS J., LEMAIRE L., Another report on harmonic maps, Bull. Lond. Math. Soc. 20 (1988), p.p. 385-524.

[14] ESCHENBURG J., Local convexity and non-negative curvature-Gromov's proof of the sphere theorem, Inv. Math. 84 (1986), n. 3, p.p. 507-522.

[15] FERUS D., KARCHER H., MÜNZNER H., Cliffordalgebren und neus isoparametrische Hyperflächen, Math. Z. 177 (1981) p.p. 479-502.

[16] GALLOT S., Isoperimetric inequalities based on integral norms of Ricci curvature in Astérisque 157-158, p.p. 191-217, Soc. Math. de France, 1988.

[17] GHYS E., DE LA HARE, eds., Sur les Groupes Hyperboliques d'après Mikhael Gromov, Birkhäuser, 1990.

[18] GROMOV M., Partial differential relations, Springer Verlag, 1986.

[19] GROMOV M., Dimension, non-linear spectra and width, Geometric aspects of Functional Analysis, J. Lindenstrauss and V. Milman eds., in Lecture Notes in Math. 1317, p.p. 132-185, Springer Verlag, 1988.

[20] GROMOV M., Large Riemannian manifolds, in Curvature and Topology, Shiohama et al eds., Lect. Notes in Math. 1201 (1986), p.p. 108-122, Springer Verlag.

[21] GROMOV M., Synthetic geometry of Riemannian manifolds, Proc. ICM-1978 in Helsinki, Vol. 1, p.p. 415-419.

[22] GROMOV M., PANSU P., Rigidity of discrete groups, an introduction, C.I.M.E. session in June 1990 at Montecatini, to appear in Lecture notes in Math., Springer-Verlag.

[23] GROMOV M., LAFONTAINE J., PANSU P., Structures métriques pour les variétés Riemanniennes, Texte Math. n. 1, CEDIC-Nathan, Paris, 1981.

[24] KAZDAN J., Gaussian and scalar curvature, an update in Seminar on Differential Geometry, Yau ed., p.p. 185-193, Ann. of Math. Studies 102, Princeton, 1982.

[25] LAWSON B., Lectures on minimal submanifolds, Publish or Perish Inc., 1980.

[26] LAWSON B., MICHELSOHN M.-L., Spin Geometry, Princeton University Press, 1989.

[27] MILNOR J., Morse theory, Ann. Math. St. 51, Princeton, 1963.

[28] MILNOR T., Efimov's theorem about complete immersed surfaces of negative curvature, Adv. Math. 8 (1972), p.p. 474,543.

[29]　MICALLEF M., MOORE J., Minimal two-spheres wad the topology of manifolds with positive curvature on totally isotropic two-planes, Ann. of Math. 127:1 (1988) p.p. 199-227.

[30]　MILMAN V., SCHECHTMAN G., Asymptotic theory of finite dimensional normed spaces, Lecture Notes in Math. 1200, Springer Verlag, 1986.

[31]　SCHOEN K., Minimal surfaces and positive scalar curvature, Proc. ICM-1983, Warszawa, p.p. 575 (1984) North-Holland.

[32]　STRICHARTZ R., Sub-Riemannian geometry, Journ. of Diff. Geom. 24:2 (1986) p.p. 221-263.

第三章 几何中的局部和整体*

经典物理的主要范式是非局部相互作用的不存在性: 空间中相邻两物体间若无相互作用力使二者有一个连续的连接, 则其中的一个物体不能促使另一物体移开. 在 René Thom 的表述中, 非局部性被视为一个魔法. 我们不能接受科学中有魔法 (要不情愿地为量子力学开个特例, 付出的代价是修改了因果律). 因此经典物理 (含相对论) 的基本定律是局部的, 应用于空间中的无穷小部分, 微观原则决定宏观世界的整体性质. 例如, 行星绕地球的运动由空间中作用在所有质点的重力决定. 黏性流体流由流体边界处的微小部分的摩擦力限制. 我们自身身体的运动先由大脑神经元中的电流表达出我们的运动意愿, 而实际的运动由一个原子通过构成身体的原子间的电磁作用传递到另一个. 不出意外, 我们期待可以观察的物理模式, 例如经过给定时间段的运动粒子的位置, 可以根据局部定律预测, 而一个特殊微观定律的出现则应该由特殊的整体性质体现. 反之, 如果一个介质展示出所有可能的形状和运动, 那么我们可以推断它不受任何可以想象的微观规则限制. 若我们看到各种粒子沿相同的方向传播, 如竖直方向, 我们可寻找沿运动方向的力场. 另一方面, 若运动粒子没有明显的方向, 则我们可以假设空间可观测区域中不存在作用在粒子上的场. (这是一

* 原文 Local and Global in Geometry, 由 IHES 预印. 本章由马辉翻译.

个过度的简化: 力场决定的不是一个方向而是系统的加速度向量.)

有时碰巧局部规则不能完全决定整体行为, 而只是排除某些可能性. 例如, 地球表面的许多物体在水平面上移动没有从优方向, 在竖直方向受 (局部的) 约束.

几何中, 局部性出自于 "从局部到整体的原则". 由空间中曲线的长度概念出发, 若我们把一条曲线分成小曲线段, 通过累加这些小曲线段的长度可以得到曲线的整体长度, 这些小曲线段可以极小 (或, 如数学家所言, 无穷小). 于是熟悉的长度概念包含局部到整体原则. 接下来, 想像曲线在空间中运动, 我们记录曲线上的点在不同时刻的位置. 如果曲线是由弹性橡皮所做的细绳, 其长度不需要保持: 曲线上两个离得很近的点可能靠近, 也可能比它们原来的距离离得更远. 另一方面, 若我们考虑弹性线, 它们可以弯曲, 但不能伸展和压缩, 那么无限接近的点在空间中的距离, 在曲线保持光滑即不产生皱褶的情况下, 保持为常数.

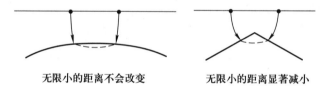

无限小的距离不会改变　　　　　　无限小的距离显著减小

所有这些都是简单的, 不需要学任何数学就能理解. 但是如果转而考虑空间中弯曲曲面的类似问题 (这在实际工程学中是重要的), 就面临困难的数学问题 (其中有些迄今未解决). 我们把曲面视为位于空间中的薄膜, 它不能被内部拉伸或压缩, 但是能被自由弯曲. 一张纸是这样曲面的一个例子. 纸通常是平的, 如果我们愿意, 可以弯曲它, 但是存在折弯的限度. 例如, 我们不能完美地不出褶皱地把一个球用一张平整的纸包起来, 但是我们能用一张平整的纸包裹一个柱面. 另一方面, 可能根据给定曲面的形状生产纸, 例如, 圆球可用纸做出. 如果你用手拿着这样的一个纸球, 你能感觉到它抵抗你 (不是太有力地) 试图弄弯它, 在 (不太大的) 压力下它能完好地保持球状, 这与总能被弄弯一点的一张平整的纸或者纸球的一小片很不像.

让我们给出弯曲在数学上的准确概念. 称空间中的一个曲面不做内部压缩和拉伸的形变为一个弯曲, 如果位于曲面上的每条曲线在该形变下不改变它的长度. 换句话说, 如果我们想像粘在曲面上的一根细头发, 头发沿曲面的形变将如同我们所看到的线的形变而不是如同橡皮筋的形变. 一个产生于 1813 年的历史悠久的数学定理说, 特别地, 整个球状曲面是刚性的, 即若它在形变过程中保持凸性, 就不能在空间中被折弯. 这与平面上的圆形的线十分不同 —— 圆形的线可以通过很多方式自由地折弯而不改变长度 —— 但是如图所示球面上唯一可以想像到的保持曲面上所有曲线长度不变的形变来自于沿移动平面截出的球杯所做的反射. 如下图所示.

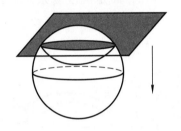

注意到这样 "弯" 的球面在被反射的球杯的边缘有一个圆的折痕, 直观上, 这样的折痕对任何折弯都是不可避免的. 这是一个长期存在的猜想: 不存在光滑弯曲的球面 (如果不预先假设凸性). 令人惊讶的是, 这个猜想不真, 的确存在光滑的非凸球面的弯曲! 它们可通过 John Nash 于 1954 年发明的复杂高维几何构造, 1955 年由 Nico Kuiper 对 3 维空间中的曲面做出. Nash 构造的数学本质依赖于 "光滑" 的想法. 几何中有各种级别的光滑性来反映我们直觉上理解的 "真正光滑". Nash 的结果显示了不同种类的光滑性可能导致物理空间中曲面的非常不相似的数学模型, 并指出传统的 "局部到整体" 哲学的不充分. 但是仍旧不清楚这是否仅是一个例外现象. 如果不是, 那么什么可能是解释 "Nash 悖论" 的一般框架? 概念上的帮助来自于另一个数学分支 —— 微分拓扑, 在那里故事产生于一个比 Nash 弯曲更复杂的情形. 再来考虑圆的球状曲面, 观察到这个曲面 (不同于 Möbius 带) 有两个面, 内部的和外部的. 让我们把球面从外部涂上颜色, 用一种复杂的方式对球面做形变, 通过看颜色来记录球面的内外面. 现在我们不关心曲面上曲线的长度, 而是像以前一样, 坚持光滑性, 要求无褶皱. 但是我们允许形变过程中 (如下图所示由曲线表示的) 曲面出现自相交.

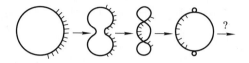

　　上面的形变几乎把圆圈内部翻到了外面, 把圈圈的大部分外部变到了内部. 但是无法在最后环节不造成两个褶皱点, 从而去掉上文的"几乎" 两字完成这个过程. 我们不能把平面上的圆圈内部翻出来. 但是, 1958 年 Steve Smale 发现 3 维空间中的球面能够翻出来. 这不是由展示一个特殊的形变得到的, 而是极度复杂, 本质上要利用微分拓扑和代数拓扑原理. 拓扑学是关心在所有连续变换下不变的最一般的定性性质的数学分支.

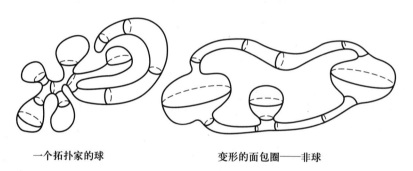

　　　　一个拓扑家的球　　　　　　　变形的面包圈——非球

　　我学会了 Smale 理论以及 20 世纪 60 年代中期 Hirsch、拓扑学家 Sergey Novikov 以及我的导师 Rochlin 教授对该理论适用于任意维流形的推广. 那段时间我的朋友和几何老师 Yura Burago 向我解释 Nash 的构造. 我对 Smale-Hirsch 的从连续基本原理得到直观上不可思议的结论的拓扑推理的神奇力量着了迷. 最终, 我发现一种方式把这些原理扩展到拓扑学之外, 并把它们运用到别的几何结构. (我并非唯一进一步推动 Smale-Hirsch 理论的人. 第一步是由 Tony Pholips 所做, 而最一般的拓扑结果由 Eliashberg 于 1972 年获得.) 之后, 我认识到 Nash 的几何构造 (和他 1956 年在研究曲面及更一般的黎曼空间的弯曲之类的问题中发展的不可思议的分析技巧) 能够并入到 Smale-Hirsch 的拓扑框架中, 成为对拓扑体系的驱动力. 于是, 被丰富了的拓扑学用同伦原理代替经典的 "局部到整体" 范式接管了若干几何和分析的领域: 遵守这一原理的介质的无穷小结构, 并不影响整体几何, 仅影响介质的拓扑行为. 服从同伦原理的无穷小定律的类是宽泛的, 但是不包含物理中 (表达无穷小定律的) 大多数偏微分方程, 除了少数支持这一原理的例外导致意外的结论. 事实上, h-原理的出现使一个物理原理的真正想法失效, 因为受无穷小数据的影响, 它产生非常有限的整体信息. 但是在仅有有限的控制机制的高维空间中导航的某种情形下, 这也许是可取的. 例如, 街道上一辆轿车的位置由三个参数确定: 两个笛卡儿坐标给出的轿车中心的位置和额外的角坐标表示轿车的方向. 另一方面, 只有两个控制参数: 油门踏板的位置和车轮的转动. 虽然就像在有限空间中平行泊车不能直接达成, 我们还是可以把轿车放到任意位置, 由此我们证明 (并没有意识到) 具有不完整约束的同伦原理限制了三维到二维的运动自由度. (Nash 定理和 Smale 定理的证明运用了相当扭曲的几何的一招, 本质上与我们用来把轿车停入一个小车位的招数类似.)

综上, 我们看到几何的无穷小定律 (至少) 以两种风格介入: 那些展示硬的经典 "局部到整体" 性质的风格和遵循放松的同伦原理的相当不同的风格.

有几种例外情形, 两个领域在交汇处迸发出最美的数学光芒. 我们可以谈这样的一个交汇点, 即关于球面或空间中更一般的弯曲凸曲面的非折弯型的定理①. 如何衡量曲率呢? 如果它是平面上弯曲的线, 在希望考察曲率的点上, 我们把该曲线与平行于这点处的切线的直线相交, 相交截线长度的倒数 (适当规范化后) 给出曲率.

小曲率　　　　　　大曲率

转而考虑凸曲面, 用稍稍平移的切平面横切它们, 得到小椭圆.

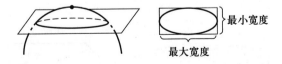

最小宽度

最大宽度

这样的椭圆由相应于描述这点曲率的最大宽度和最小宽度两个

---

① 译者注: 即内蕴定理.

数刻画. 基本 (但绝不显然) 的 Gauss 绝妙定理告诉我们这两个数的乘积在 (光滑凸的) 弯曲下保持常数: 这是刚性的证明的起点, 事实上假设我们处理完整的球面曲面或者一般的完整的 (数学家称为 "闭的") 凸曲面, 不仅宽度的乘积不变, 而且曲率椭圆自身在弯曲下也不改变. 例如, 若曲面是圆球面, 则所有椭圆是圆的, 我们必须证明它们在弯曲下保持上面的特性. 在一般的凸曲面上 (曲率) 椭圆由三个参数刻画: 两个宽度 (称为 "主轴") 和方向, 方向是指在我们衡量曲率的点处一个主轴与该点处一条给定切线的夹角.

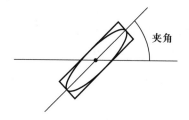

绝妙定理除去了一个自由度, 在曲面上每点处给我们留下了两个数: 上面定义的夹角和一个宽度, 最好用宽度的和, 因为它比较对称. 我们从几何上即在平面上所谓的极坐标下考虑这两个数, 将曲面上每一点关联平面上一点, 其极坐标对应曲率.

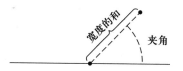

这就给我们一个几何变换, 一个由曲面到平面的映射, 并且我们需要理解当弯曲曲面时 (如果真要发生), 这个映射在多大程度上能够改变. 所发生的 —— 这需要分析计算 —— 是这个映射非常类似于平面上的共形映射, 从属于复的, 有时称为虚数.

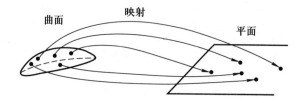

虚数是在代数中当我们要取负数的平方根时出现的. 它由 Gerolamo Cardano (1501—1576) 在研究代数方程的解时引入, 与几何并没有显然的关系. 其几何解释为观察平面上绕固定点做两个连续 90° 旋转后反转向量的方向. 若我们认为 180° 旋转反转了向量的方向, 因为在几何上, 乘 −1 等于反转符号, 则我们倾向于接受 90° 旋转 (平面包含实数的线) 是 −1 的平方根.

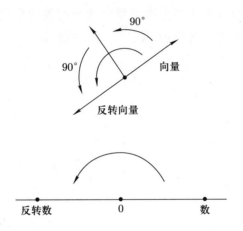

所有这些看起来十分幼稚简单, 为什么数学家要围绕它小题大做呢? 怎么敢把这个简单的想法与深厚的哲学声明, 如笛卡儿的 "我思故我在" 相比较呢? 但是 (正如我的同事 David Ruelle 曾经建议的) 从另一观点看, "我思故我在" 如同一座纪念碑, 一座希腊雕塑, 一件辉煌的艺术品, 不受时间长河的影响, 有三个多世纪未被触及, 同时, 小灰尘的微粒, −1 的平方根, 已经在柯西、高斯和黎曼这样的数学天才心中产生发展了一百多年, 在我们神圣的学科 —— 量子力学中长成了一个生机勃勃的常青树, 统领着这个世界上我们看到 (和没有看到的) 一切. 当我们探寻哪怕是这株树的一片荫凉, 我们期望出现一种数学结构.

受此鼓舞, 我们来看复平面: 这是带有两个指定的点 0 和 1 的通常平面. 假定了这些, 我们可以解释平面上的点为数字 —— 复数 —— 进行基本的算术运算: 加法和乘法. 加法不需要指定 1, 它是熟悉的向量的加法, 在任意维数的空间都有意义.

　　但是乘法需要 1, 它通过若干步骤定义. 首先, 给定任意复数, 用由 0 出发的向量表示, 我们来测量它的长度和它与单位向量的夹角. 然后我们考虑平面的两个变换: 一个是用上面的长度给出所有向量的长度, 第二个是用角度表示旋转. 若用一个变换复合另一个变换, 我们就得到平面上的一个新变换. 后者关于一个点即一个数的效果是我们所谓的这个数与原来用于凑成整个变换的数的乘积. (看图, 试着发现为什么这个乘积是交换的, 即不依赖于数的次序.)

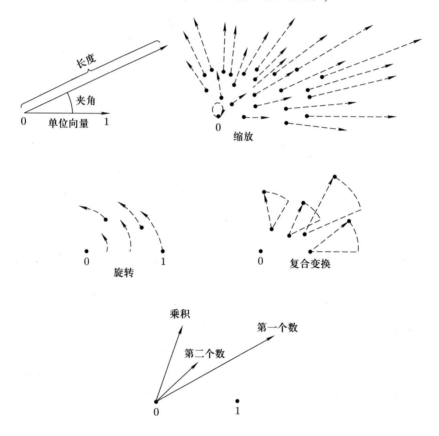

　　给定乘法后我们可以谈除法, 特别地, 我们可以从每个数变到它的逆. 由此得到平面在零点的变换称为反演 (或取而代之讨论平面挖掉零点, 因为平面上没有零点的逆), 它保持单位圆周, 并交换圆内外的点.

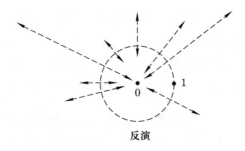

反演

在图中我们看不到的是 —— 这也是反演的本质性质 —— 共形性, 即曲线间的夹角在反演下保持不变.

夹角相等

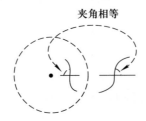

然后, 我们可以通过在不同点上的反演相加得到进一步映射, 其中反演可被视为单复变复值函数. 由于共形性可以表示为一个线性微分方程 (这需要证明, 但是很容易) 有限 (或无限) 的反演的和是共形的. 这是 19 世纪由高斯、柯西和黎曼创立的经典复分析的起点.

为了理解共形映射和复变函数的几何性质, 我们模仿对更熟悉的实变函数的处理方式: 我们 "看" 这些函数的图. 在实的情形, 它们是平面上的曲线, 但是复数本身是 2 维的, $2 + 2 = 4$. 所以我们需要一个 4 维空间包含这样以曲面而非曲线形式出现的图. 表达共形性的方程, 称为 Cauchy-Riemann 方程, 可在这些曲面 (的切平面) 的几何中看, 于是能重新表达 Cauchy-Riemann 方程, 并在每个 4 维空间中几何化地研究.

现在我们回到关于凸曲面的讨论. 与原来的曲面以及来自于曲率的两个额外的参数建立出相关的 4 维空间. 合在一起, 我们有相当于柱面的 4 维空间. 若折弯曲面, 我们就改变了曲率, 由复函数 (可对应两个实函数) 给出的形变的 "图" 可以视为我们的柱面中的一个曲面. 而且, 如复变函数的图一样, "保长度" 的性质翻译成曲率的语言时变成加于具有相同 (Cauchy-Riemann) 结构的曲面的一个方程. (严格说,在我们的情形没有真正的复变函数, 但是图仍然讲得通.) 当所有这些都被完全形式化地阐明, 我们就达成一个围绕一系列几何情形的一般理论, 如弯曲曲面与共形映射享有同样地位的情形, 及刚性来源于次数为 d 的代数方程有 d 个根的定理的推广形式情形.

自 1941 年以来广义的解析或伪全纯函数已经得到分析学家广泛的研究. 这一 (相当形式化地) 理论被俄罗斯几何学家 Pogorelov 用在曲面刚性的证明中. 我读着他的书, 被公式挫败之时, 忽然意识到 Pogorelov 方程的 4 维几何解释不用一行计算就解决问题. 之后我到处查看, 发现高维的 Cauchy-Riemann 方程恰好适合辛几何的几何框架.

辛几何来源于经典力学, 研究空间中曲面的定向面积 (而非曲线长度). 回顾一个力学系统的演化, 例如, 空间中多粒子的构型, 由包含粒子的位置和速度的初始条件决定. 这些在某个力场, 如电磁场或重力场下, 随着时间变化. 例如, 若我们有三个天体, 比方说是太阳、地球和月亮, 则系统由 18 个坐标描述: 三个点, 每点有三个坐标, 三个速度向量, 其中演变可由服从牛顿万有引力平方反比定律的 18 维空间的一个变换得到. 18 个坐标可分两类, 9 个坐标相应于天体的位置, 9 个相应于它们的速度, 看起来相当不同. 但是这个 18 维空间中有一个暗藏的对称, 使得坐标等价, 而且这个对称在由势定义的所有可能的力场诱导的变换下保持, 在本文中称作是哈密顿的. 几何上, 对空间中 2 维平面可指派一个类似面积的量 (不是通常面积), 称为辛结构, 它在所有哈密顿变换下守恒. 于是哈密顿系统满足某类隐藏的无穷小几何限制, 我们面临着进退为难的情况: 这是经典的 "局部到整体" 类的限制, 还是服从同伦原理? 优先于同伦原理, 20 世纪 60 年代早期, 每个人 (心照不宣地) 假设存在非平凡的 "局部到整体" 辛几何, 并有由 Arnold 提出的一系列猜想. 另一方面, 当一块辛几何被这个原理占领, 我们可以等价地期待有限个结果支持同伦而不是几何. 最终, 几何赢了, 辛同伦原理被 Eliashberg 赶出去了, 后来, 一些 Arnold 猜想被 Rabinowitz 的新变分方法证明. 但是这与复数有什么关系呢? 我们从 (李群的) 代数知道 "辛" 和 "复线性" 有密切的亲属关系; 这就允许在每个辛空间上 "写下" Cauchy-Riemann 方程, 这些方程的解揭示了没有 "伪全纯眼镜" 看不见的辛特征. 随着时间发展, 发现在 "软的" 辛领域

和 "硬的" 全纯领域的交叉部分生长了越来越多的结构.

最后, 我想关于 "局部到整体" 想法的更一般方面说几句话. 任何时候, 当遇到一个复杂的、有逻辑的数学或物理或生物结构, 我们高度重视交叉分支, 因为随着相互间距离的增加, 通过的媒介链变长, 相互作用减少. 组合学家会用图的语言描述它, 几何学家则会讨论距离或者度量. 但是关于这类结构的研究仍然没有一般的观点. 为了发展一套灵活的语言, 从而涵盖并分析出现在科学和数学中的大量令人眼花缭乱的结构模式, 我们前面还有很长的路要走.

参考文献

[1] A. Carbone, S. Semmes, Graphic apology for the symmetry and implicitness (to appear).

[2] M. Gromov, Partial Differential Relations, Springer-Verlag (1986), Ergeb. der Math. 3. Folge, Bd. 9.

[3] M. Gromov, J. LaFontaine, P. Pansu, Metric Structures for Riemannian and Non- Riemannian Spaces, based on Structures Métriques des Variétés Riemanniennes, edited by J. LaFontaine and P. Pansu. English translation by Sean Michael Bates, Birkhäuser (1999), Progress in Mathematics 152 (1999).

[4] H. Hofer, E. Zehnder, Symplectic invariant and Hamiltonian dynamics, Birkhäuser, Basel-Boston-Berlin, 1994.

[5] S. Kuksin, Elements of a qualitative theory of Hamiltonian P.D.E., Proc. of ICM-1998, Vol. II, p. 819–830, Berlin, 1998.

[6] D. McDuff, D. Salamon, J-holomorphic curves and quantum cohomology, Univ. Lect. Series $n°$ 6, A.M.S. Providence, 1994.

[7] S. Müller, V. Šverák, Unexpected solutions of first and second order partial differential equations, Proc. of ICM-1998, Vol. II, p. 691-702, Berlin, 1998.

第四章 空间与问题*

§1 空间的开端

我们的欧氏直觉或许是继承自古代灵长类动物, 它可能是从早期动物的运动控制系统空间的第一颗种子中成长出来的, 这些动物被带到海上, 然后在 5 亿年前的寒武纪生物大爆发中登陆. 灵长类动物的大脑一直持续缓慢发展了 3000 ~ 4000 万年. 突然, 在 100 万年的瞬间, 它在有性社会竞争的无情压力下爆发成长, 生长出了大规模的大脑新皮层 (人类 70% 的神经元), 具有了令人不可思议的语言、顺序推理和产生数学思想的能力. 然后, 人类出现, 并于公元前 300 年左右在亚历山大城在纸莎草纸上写下了一串公理、引理和定理.

投射到文字, 大脑空间开始通过摒弃、修改和推广这些公理而进化. 首先从平行公设开始: 高斯 (Gauss)、施魏卡特 (Schweikart)、罗巴切夫斯基 (Lobachevski)[1]、波尔约 (Bolyai) (还有谁?) 得出结论, 在 $\mathbb{R}^3$ 上存在唯一的保持空间完全齐性[2] 的非平凡单参数形变.

---

* 原文 Spaces and questions, 发表于 *GAFA, Geom. Funct. Anal.*, Special Volume, pp. 118–161 (2000). 本章由浙江大学数学科学研究中心赵恩涛翻译.

[1] 意外的是, 高斯 (约 1790) 的第一个数学老师约翰·马丁·巴特尔斯 (Johann Martin Bartels) 后来成为在喀山的洛巴切夫斯基 (约 1810) 的老师.

[2] 一个度量空间 X 是完全齐性的, 如果每个部分等距 $X \supset \Delta \leftrightarrow \Delta' \subset X$ 延拓到 X 的完全等距 (就像 $\mathbb{R}^2$ 中等边的欧几里得三角形).

据信, 高斯在 1808 至 1818 年间使自己相信了双曲几何的合理性, 但由于缺少双曲面 H^2 的欧氏实现而觉得不安. 那时候, 他肯定已经对 $\mathbb{R}^3$ 中曲面的几何有了一个清晰的描述 (从 1827 年他的 "曲面的一般研究" 可以看出), 其中曲面上两点之间的 (内蕴) 距离定义为曲面上连接这两点的最短的 (更好的说法是 "下确界的") 曲线的长度. (这个想法肯定已经被自然界铭刻在了动物的大脑中, 因为大多数动物在崎岖的地形上通常选择最短的路径.) 高斯发现了关于曲面之间等距的强有力的准则, 例如, 区分一个圆球 $S^2 \subset \mathbb{R}^3$ 和任意弯曲的纸张 (在弯曲下保持其内蕴欧氏性质).

通过将 S 的法向量 $\nu(s)(s \in S)$ 平行对应于 $\bar{\nu}(s) \in S^2$ 可以定义曲面 $S \subset \mathbb{R}^3$ 到单位球面 S^2 的映射. 如果 S 是 C^2 光滑的, 高斯映射 $G : S \to S^2$, $s \mapsto \bar{\nu}(s)$ 是 C^1 的, 且其雅可比行列式, 即无穷小面积扭曲, 带有一个没有歧义的符号 (这是由于 ν 的方向赋予了 S 和 S^2 一致的方向), 从而 S 上带有一个实函数, 称作高斯曲率 $K(s) \underset{def}{=} \mathrm{Jac}G(s)$.

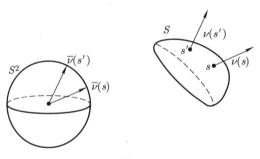

图 1

绝妙定理. 曲面之间的任意等距 $f : S \to S_1$ 保持高斯曲率, 即对任意 $s_1 \in S_1$ 有 $K(f(s_1)) = K(s_1)$.

例如, 平面的高斯曲率 $K \equiv 0$ (因为高斯映射是常值), 因此它不与高斯曲率 $K \equiv 1$ 的单位球面 (因为高斯映射是恒同映射) 等距 (甚至局部等距). 更一般地, 严格凸的曲面不与鞍面局部等距, 例如函数 $z = xy$ 的图, 因为严格凸表明 $K > 0$, 但在鞍点 $K \leqslant 0$.

高斯清楚地意识到, 如果双曲面 H^2 可以由 $\mathbb{R}^3$ 中的曲面实现, 则它具有常负曲率. 但他找不到这样的曲面! 事实上, 贝尔特拉米 (Beltrami) 在 1868 年研究的 $\mathbb{R}^3$ 中 (相对) 很小的曲面片满足 $K = -1$. 很难相信高斯漏掉了这些; 但他绝对不会发现 H^2 可以由 $\mathbb{R}^3$ 中的 C^2 曲面实现 (因为这由希尔伯特 (Hilbert) 定理 (1901) 排除了), 这可能是他 (除了在面对康德哲学中守护三叶虫直觉时的胆怯)① 忍住不发表他的发现的原因.

或许高斯本来会很高兴地认识到 (或许他知道) $\mathbb{R}^{2,1} = \mathbb{R}^3$ 上平坦洛伦兹 – 闵可夫斯基 (Lorenz-Minkowski) "度量" $dx^2 + dy^2 - dz^2$ 在球

$$S_-^2 = \{x, y, z | x^2 + y^2 - z^2 = -1\}$$

上诱导了一个真的正度量, 其中 S_-^2 的两个分支 (一个分支 $z > 0$, 另一个 $z < 0$) 都等距于 H^2, 且正交群 $O(2,1)$ (即保持二次型 $x^2 + y^2 - z^2$ 的线性群) 通过 (双曲) 等距作用于这两个 H^2 上.

从 H^2 出发没有到任何 $\mathbb{R}^N$ 的可比较的嵌入 (尽管 H^2 容许一个到 $\mathbb{R}^5$ (到 $\mathbb{R}^4$) 的非常扭曲的 C^1 等距浸入, 而且难以置信的是, 也容许一个到 $\mathbb{R}^3$ 的 C^1 等距嵌入), 但是它容许一个到希尔伯特空间的嵌入, 设为 $f : H^2 \to \mathbb{R}^\infty$, 其中诱导内蕴度量是双曲的, 而且 H^2 上的所有度量都可以唯一延拓到 $\mathbb{R}^\infty$ 上, 使得

$$\mathrm{dist}_{\mathbb{R}^\infty}(f(x), f(y)) = \sqrt{\mathrm{dist}_{H^2}(x, y)} + \delta(\mathrm{dist}(x, y)),$$

这里 $\delta(d)$ 是有界函数 (我们可以找到使得 $\delta(d) = 0$ 的 f, 但这并不是我们所要找的等距, 因为它会使 H^2 上的曲线的长度变成无穷). 相同的嵌入对度量树和所有维数的实的和复的双曲空间都是存在的, 但是对非紧的且不可约的对称空间是不存在的. (这对树来说很容易: 在 $\mathbb{R}^\infty$ 上给定一棵树使得它的边全部相互正交并且有预定的长度.)

总结. $\mathbb{R}^3$ 中的曲面为我们提供了大量易于理解的度量空间的实例: 取 $\mathbb{R}^2$ 中的一个区域, 并将它光滑映到 $\mathbb{R}^3$ 中, 瞧, 很容易就得到一个诱导的黎曼 (Riemann) 度量. 然后通过考察度量不变量 (上述讨论中的曲率) 来研究曲面的等距问题, 将它们与标准空间 ($\mathbb{R}^N$, $\mathbb{R}^\infty$, $\mathbb{R}^{2,1}$) 建立联系, 考虑有意思 (对于谁?) 的曲面类, 比如 $K > 0$ 和 $K < 0$ 的曲面.

---

① 在当时活着的所有人中, 康德 (Kant) 即便不接受, 但也可以完全理解非欧氏的思想.

备注和参考文献.

(a) 在我看来, 对人类直觉和内省灵魂探求的敬畏妨碍了了解大脑如何做数学的尝试. 希望自然科学家的经验可以带领我们找到有意义的模型 (这个阶段暂定的模型是卡内尔瓦的分布式记忆思想, 见 [Kan]).

(b) 关于数学史的典故我们参考了[Klein], [Newm] 和 [Vasi].

(c) 关于什么样的映射 $S \to S^2$ 可以作为 $\mathbb{R}^3$ 中完备曲面的高斯映射这一问题我们知之甚少. 例如, 给定区域 $U \subset S^2$, 有人可能会问是否存在一个定向闭浸入 (可能会有自交点) 的曲面 $S \subset \mathbb{R}^3$ 使得 $G(S) \subset U$ (这里 $U \neq S^2$ 迫使 S 是一个拓扑 2 维环面). 在我看来这是一个典型误导人的 "自然的" 问题; 但我没有失去希望, 它可能有一个有启示作用的答案 (比较 [Gro$_{PDR}$]的 2.4.4).

(d) 我们现在还不知道是否任何具有光滑黎曼度量的曲面可以等距光滑浸入到 $\mathbb{R}^4$ 中 (另一个 "自然的" 问题?). 但是对到高维空间的等距浸入的情形了解得十分清楚 (见 [Gro$_{PDR}$] 的 2.4.9—2.4.11 和第 3 部分).

(e) 上述的等变嵌入 $H^2 \to \mathbb{R}^\infty$ 告诉我们等距群 $\mathrm{Iso}H^2 = PSL_2\mathbb{R}$ 是 a-T-menable 的, 这与卡兹旦 (Kazhdan) 性质 T 是对立的 (在 §5 的 (A) 中有定义). 我推测这一性质首先由哈格鲁普 (Haagerup) 意识到, 但用了不同的术语.

§2　黎曼的精髓

对给定的 2 变元函数 $d: X \times X \to \mathbb{R}_+$ 验证三角不等式并不总是很容易, 主要因为这是 d 在 X 上的非局部性质; 因此我们不能任意地构造度量. 但是, 可以在连通空间上 "局部" 构造任意度量 d, 这是通过在 X 的 "任意好" 的覆盖空间上与 d 相同的上确界度量 d^+ 来代替 d (例如我们可以将欧氏度量限制到子流形上, 比如 $\mathbb{R}^N$ 中的曲面, 得到诱导黎曼, 或者说内蕴度量). 更一般地, 根据黎曼 (资格论文, 1854 年 6 月 10 日), 我们可以从区域 $U \subset \mathbb{R}^n$ 上的任意欧氏度量场 g 出发, 即从 U 到 $\mathbb{R}^n$ 上正定二次型构成的 $\dfrac{n(n+1)}{2}$ 维空间 G 的连续映射 $u \mapsto g_u$

出发. 我们可以在一个小的邻域 $U_\varepsilon(u) \subset U$ $(u \in U)$ 上测量距离, 这是通过令 $d_{u,\varepsilon}(u', u'') = \|u' - u''\|_u = (g_u(u' - u'', u' - u''))^{\frac{1}{2}}$, $u', u'' \in U_\varepsilon$ 并用 $d_{u,\varepsilon}$ 当 $\varepsilon \to 0$ 时在 U 上定义黎曼 (测地) 距离 dist_g 作为上确界度量. 最后, 黎曼流形 V 成为局部等距于上述 U 的度量空间. (后一步很难实现, 例如, 可以尝试证明光滑子流形 $V \subset \mathbb{R}^N$ 上的诱导 (内蕴) 度量在我们所说的意义下是黎曼度量.)

这个定义的魔力主要是由于 "黎曼" 与 "欧氏" 的无穷小密切关系. 如果 V 是光滑的 (即 U 上的所有 g 至少是 C^2 的), 那么在任意点 v 的附近, 我们可以将 V 表示成原点 $0 \in \mathbb{R}^n$ 的邻域 U, 其中 $v \mapsto 0$, 使得相应的 U 上的 g 与欧氏 (即关于 v 是常值) 度量 $g_0 = g_0(x, y) = \langle x, y \rangle = \sum_{i=1}^n x_i y_i$ 是一阶相等,

$$g_u = g_0 + \frac{1}{2} \sum_{i,j=1}^n \left(\frac{\partial^2 g(0)}{\partial u_i \partial u_j} \right) u_i u_j + \cdots,$$

即去掉泰勒 (Taylor) 展开式中的一阶项, 而且, 在 $\left(\frac{n(n+1)}{2} \right)^2$ 个二阶导数项 $\frac{\partial^2 g_{\mu\nu}(0)}{\partial u_i \partial u_j}$ 中只有 $\frac{n^2(n^2-1)}{12}$ 个不为零. 余下的 $\frac{n^2(n^2-1)}{12}$ 个 U 上的函数在适当调整之后, 得到了 V 上的黎曼曲率张量 (这在 $n = 2$ 时约化为高斯曲率), 它衡量了 (V, g) 与平坦性 (即欧氏性) 的偏差.

由 g 构造的 (多重线性) 代数结构允许对 (V, g) 进行全面分析, 比如拉普拉斯 – 霍奇 (Laplace-Hodge) 算子和位势理论等. 这对于具有附加 (整体的、局部的或无穷小的) 对称性的特殊流形被证明是有用的, 这里主要成果是:

• 凯勒 (Kähler) 流形 V 上上同调的霍奇 (Hodge) 分解, 以及 $\pi_1(V)$ 的表示空间上相似的 (非线性) 结构.

• 凯勒流形上具有代数 – 几何重要性的爱因斯坦度量的存在性.

• 局部对称 (布吕阿 – 蒂茨 (Bruhat-Tits)、adelic 以及黎曼) 空间, 这导致了诸如各种上同调消灭定理、T-性质 (应用到扩张子) 以及 (经去线性化后) 半单李群中格的超刚性等.

一般黎曼流形的线性分析围绕阿蒂亚 – 辛格 – 狄拉克 (Atiyah-Singer-Dirac) 算子和 (黎曼 – 罗赫 (Riemann-Roch)) 指标定理 (容易看

出这是形变不变的) 而展开. 这源自旨在寻找椭圆算子指标的显式公式的盖尔范德 (Gelfand) 问题 (在 50 年代后期提出), 自阿蒂亚 (Atiyah) 和辛格 (Singer)1963 年的论文开始成了数学的中心主题.

对于一般 V 的非线性黎曼分析大部分遵循了椭圆变分问题的古老传统, 在解的存在性和正则性方面取得重大进展: 极小子簇、调和映射等. 在我看来, 最明显的 "外部" 应用与正数量曲率流形相关 —— 这个问题 (和想法) 来源于广义相对论 —— 这由舍恩 (Schoen) 和丘 (Yau) 用极小超曲面解决了.

2, 3 和 4 维流形在结构上有自己独特的性质, 比我们至今所知道的 $n \geqslant 5$ 的情形更丰富.

在 2 维时我们有柯西 – 黎曼 (Cauchy-Riemann) 方程, 并且由黎曼映射定理这一微分几何皇冠上的明珠指引.

4 维的特殊性从代数开始: 正交群 $O(4)$ 可以局部分解成 2 个 $O(3)$. 这允许我们以类似于从 $\mathbb{R}^2$ 上令人厌烦的固有自伴拉普拉斯算子中提取柯西 – 黎曼方程的方式来分解 (或开平方根) 某些固有 (关于 $O(4)$ 对称) 的非线性二阶算子. 所得到的一阶算子 (可能) 具有非零指标, 并且满足一种非线性指标定理, 这个指标定理由唐纳森 (Donaldson) 在 1983 年研究杨 – 米尔斯 (Yang-Mills) 方程时发现, 然后被推广到塞尔伯格 – 威腾 (Seiberg-Witten) 方程. (根据二十世纪的传言, 这两个方程首先是由物理学家写下来的.)

3 维流形从 2 维和 4 维流形上借用了思想: 瑟斯顿 (Thurston) 在基本 3-流形上双曲度量的构造依赖于曲面的几何, 而弗洛尔 (Floer) 上同调则继承自杨 – 米尔斯理论.

我们是否能超越黎曼的想象空间?

备注和参考文献. 这需要上百页才能解释上述几十行. 在这里我们只限于几点.

(a) 黎曼度量自然地 (即在函子范畴内) 定义了向量沿着 V 中的光滑曲线的平行移动, 这是由于 g 在适当的泰勒展开中没有一阶导数项. 这可以由能在 $\mathbb{R}^N$ 中实现的 V 看出来 (根据嘉当 – 珍妮特 – 布斯汀 – 纳什 (Cartan-Janet-Burstin-Nash) 等距嵌入定理这不是障碍), 这里一族切向量 $X(t)$ 在 V 中沿着以 $t \in \mathbb{R}$ 为参数的曲线 γ 平行当且仅

当对所有 t, 常规 (欧氏) 导数 $\dfrac{dX(t)}{dt} \in \mathbb{R}^N$ 在 $\gamma(t) \in V$ 是 V 的法向量 (这不依赖于等距嵌入 $V \to \mathbb{R}^N$). 如果曲线 $\gamma:[0,1] \to V$ 可以构成一个回路 (即 $\gamma(0) = \gamma(1)$), 每个切向量 $X = X(0) \in T_v(V)$, $v = \gamma(0) \in V$, 移动到 $\gamma_*(X) \overset{def}{=} X(1) \in T_v(V)$, 这样我们得到了从 v 点的回路 "群" 到切空间 $T_v(V) = \mathbb{R}^N$ 的等距自同构线性群即正交群 $O(n)$ 的同态; 同态的像 $H \subset O(n)$ 称作 V 的和乐群 (对于连通的 V 这与 v 是无关的). 一般来讲, $H = O(n)$(对可定向的 V 有 $H = SO(n)$), 但有时候 H 在 $O(n)$ 中的余维数是正的. 例如, $\dim H = 0$ 当且仅当 V 是局部欧氏的 (平行公设等价于 $H = \{\mathrm{id}\}$), 而且如果 $V = V^1 \times V^2$, 那么 $H = H_1 \times H_2 \subset O(n_1) \times O(n_2) \subsetneqq O(n)$, $n_1, n_2 \neq 0$. 那么存在几个对称空间的离散序列 —— 这些巨大的地标耸立在浩瀚的黎曼度量集合中 —— $\mathbb{R}^n$, S^n, $H^n, \mathbb{C}P^n$, $SL(n)/SO(n)$······ 很自然会想到这些基本上是所有的具有小和乐群的 V, 这是因为由 $\mathrm{codim} H > 0$ 可以推导出一个关于 g 的非常超定的偏微分方程组. (例如, $\dim H = 0 \Leftrightarrow$ curvature$(g) = 0$, 即关于 g 的 $\dfrac{n(n+1)}{2}$ 个分量函数的 $\dfrac{n^2(n^2-1)}{12}$ 个方程. 但是平坦度量是存在的!) 但是瞧: 很多偶数维的流形上存在凯勒度量使得 $H \subset U(n) \subsetneqq SO(2n)$. 只要考虑 $\mathbb{C}^N$(或 $\mathbb{C}P^n$) 中的复解析子流形 V, 并注意到 (曾经说过这是显然的) 关于诱导度量的平行移动保持切空间的复结构. (这对于那些已经受到全纯函数影响的人来说可能并不引人注目, 根据多元柯西 – 黎曼方程这些全纯函数是超定的, 但是由伯杰 (Berger) 分类定理所预示并由布莱恩特 (Bryant) 提出来的那些极好的奇异和乐比预期的要少, 参见 [Bria].)

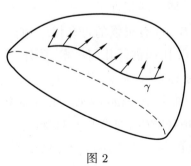

图 2

凯勒的世界与几何和拓扑结构之间具有紧密、深刻的联系 (与完全的黎曼宇宙不同). 例如, 紧致凯勒流形 V 的第一上同调来自到某个复环面的全纯 (!) 映射 $V \to \mathbb{C}^d/$格, 这里 $d = \frac{1}{2}\mathrm{rank}H^1(V)$. 这可以扩展到 (非阿贝尔) 表示 $\pi_1(V) \to GL(n)$, $n \geqslant 2$ (萧 (Siu)、科莱特 (Corlette)、辛普森 (Simpson) …… 见[A-B-C-K-T]), 并提供了像 "非分歧的非阿贝尔凯勒类场论" 的东西 (本着朗兰兹 (Langlands) 纲领的精神), 但是我们没有关于 $\pi_1(V)$ 的 "超越部分" 的 (甚至猜测性的) 描述 (这被 π_1 的投射有限完备性破坏). 比如, π_1(凯勒) 能否有不可解的文字题? 是否在凯勒基本群的范畴内存在内部结构可以反映出凯勒范畴的几何? (所有已知的紧凯勒流形都可以形变到复射影流形并可以很好地保持在复代数范畴内而不用担心分叉、奇点和非投影性.)

(b) 存在从 V 上正定二次微分形式 (黎曼度量) g 的空间到 V 上函数 $V \to \mathbb{R}$ 所构成空间的唯一 (在相差一正规化) 二阶微分算子 $\mathbf{S}$ 满足以下两个属性.

$\mathbf{S}$ 对于 V 上两个空间微分同胚的自然作用是微分等价.

$\mathbf{S}$ 关于 g 的二阶导数是线性的 (是关于整个黎曼曲率张量分量的线性组合).

那么称 $\mathbf{S}(g)$ (或 $\mathbf{S}(V)$) 为 (V, g) 的数量曲率, 一般对它正规化使得 $\mathbf{S}(S^n) = n(n-1)$.

如果 $n = 2$, $\mathbf{S}$ 正好是高斯曲率, 它关于乘积是可加的, $\mathbf{S}(V_1 \times V_2) = \mathbf{S}(V_1) + \mathbf{S}(V_2)$, 而且与 g^{-1} 有同样的数乘性质, 即 $\mathbf{S}(\lambda g) = \lambda^{-1}\mathbf{S}(g)$, $\lambda > 0$.

下面的问题被证明比人们期待的更为重要.

$\mathbf{S} > 0$ 的流形几何与拓扑结构是怎样的? (这源于广义相对论中世界片 $\mathbf{S} > 0$ 反映了能量的正性.)

对 $n \geqslant 3$, 条件 $\mathbf{S} > 0$ 有很强的可塑性, 人们可以自由地对 g 进行操作而保持 $\mathbf{S}(g) > 0$, 比如进行几何手术; 此外, 当乘以维数 $\geqslant 2$ 的小圆球时, 每个紧致的 V_0 会变为 V 使得 $\mathbf{S}(V) > 0$. 然而, 这种可塑性有其局限性: 里奇内罗维茨 (Lichnerowicz) 在 1963 年利用指标定理发现了一个相当微妙的拓扑障碍 (如果 V 是自旋的, 则 $\hat{A}(V) = 0$). 然后, 舍恩和丘从另一个角度 (与广义相对论的思想相关) 就遇到了这个问题, 并证明了 n-环面 (至少对于 $n \leqslant 7$) 不容许 $\mathbf{S} > 0$ 的度量, 因此回答了杰拉奇 (Geroch) 的一个问题. 受此启发, 我们与布莱恩·劳森 (Blaine

Lawson) 在 1980 年重新运用了里奇内罗维茨的想法, 将之与研究关于非单连通流形的庞特里亚金 (Pontryagin) 示性类的同伦不变量的诺维科夫 (Novikov) 猜想的卢斯蒂格 – 米申科 (Lusztig-Mistchenko) 方法相结合, 并发现对 $\mathbf{S} > 0$ 的大部分拓扑障碍源自由不等式 $\mathbf{S} > 0$ 引发的 V 的 "几何尺寸极限"(与 $K > 0$ 类似, 但比 $K > 0$ 更精细, 参见 §3).

然而, 上述问题仍然是公开的, 且有一个额外的谜题需要解决: 极小超曲面和狄拉克 (Dirac) 算子有什么共同之处? (从表面上看根本没有什么, 但是导致了与 $\mathbf{S} > 0$ 的情形几乎相同的结构结果, 关于这些问题的介绍参考 [Gro_PCMD].)

看来, 理解 $\mathbf{S} > 0$ (和诺维科夫猜想) 所遇困难的一个重要部分与以下单纯的思想问题有关: 使得巴拿赫 (Banach) 空间 $l_\infty^N = (\mathbb{R}^N, ||x|| = \sup_i |x_i|)$ 中的单位球 $S_\infty^N(1)$ 容许一个到 $\mathbb{R}^N = l_2^N$ 中通常的 n-球面 $S^N(1)$ 的度非零的 λ-利普希茨 (Lipschitz) 映射的最小的 $\lambda > 0$ 是什么? 或许当 $N \to \infty$ 时有 $\lambda \to \infty$(甚至我们对任意大的 M 和 R 将映射稳定化为 $S_\infty^N(1) \times S^M(R) \to S^{N \times M}(1)$), 这可能提出了一个在 $\mathbf{S} > 0$ 和诺维科夫猜想的背景下测量 "V 的尺寸" 的新方法.

"软与硬". 几何 (和一些非几何) 空间和 (映射、张量、度量、(子) 簇…… 的) 范畴可以根据其 (全部) 元素的可塑性或灵活性进行分类, 尽管是含糊不清的.

(1) 拓扑在庞加莱的同时代人看起来是松散和无结构的, 但是当考虑了同伦性 (灵活性的来源) 之后, 它会结晶成一个具有刚性的代数范畴, 如钻石一样坚固和具有对称性.

(2) 作为一个整体, 黎曼流形是不成型的、灵活的, 但它们遵守高斯 – 博内 – 陈省身 (Gauss-Bonnet-Chern) 恒等式所强加的 "守恒律". 对于存在椭圆算子的情形, 在从无限维深度的泛函空间中提取有限维结构时会出现更强的刚性. 此外, 我们以 (例如, 截面) 曲率作为镜片来滤除度量, 开始看到结构刚性 (例如齐格紧性).

(3) 凯勒度量和代数簇在黎曼情形下似乎是整齐和具有刚性的 (不用担心黎曼度量空间中的一个由复代数流形的实轨迹构成的稠密集), 但是它们在代数几何学家的眼中看起来是很柔和的. 他/她用卡拉比 – 丘 – 奥班 (Calabi-Yau-Aubin) 定理把凯勒变成爱因斯坦 – 凯勒

(Einstein-Kähler), 强化了刚性. (在 $n > 4$ 的整个黎曼范畴中看起来像是什么都没有.)

(4) 齐性空间, 特别是对称空间, 位于几何刚性层次结构的顶端 (诱使我们对其进行 q 变形), (有时是隐藏的) 对称性控制了可积 (被认为具有刚性) 系统. (动力学柔度与双曲性相关.)

(5) 半单李群中的格 Γ 越过在 $\Gamma \subset SL_2(\mathbb{C})$ 的临界点因维数产生的刚性, 这些在盖尔范德双曲领域中发芽产生. 对于 $n > 3$, 对莫斯托 (Mostow)(超) 刚性不满的几何学家, 倾向于从格转移到具有无限体积元和表现更平衡的子群 (Γ 的完全算术对称性的蓬勃发展令理论家感到沮丧). 所有群中最灵活的是 (广义的) 小的可约的那些, 之后是更高维的双曲群, 而格和有限单群具有最强的刚性. 类似地, 李代数的刚性随着它们的增加而减小, 并以卡茨 – 穆迪 (Kac-Moody) 和有限维代数为终结.

(6) 斯坦 (Stein) 流形 V 上的全纯函数相对柔和 (嘉当理论), 而且对齐次和椭圆的 (即具有指数散射的)W, 根据允许从任意连续映射 $f_0 : V \to W$ 到全纯映射的同伦存在的 (广义的) 格劳尔特 (Grauert) 定理, 全纯映射 $f : V \to W$ 也是相对较柔和的. 我们通过放缓增长幅度使得全纯映射变得更加具有刚性 (例如, 有限阶函数在本质上具有唯一的魏尔斯特拉斯 (Weierstrass) 乘积分解). 根据西格尔 (Segal) 定理, 具有通常刚性的代数映射有时变得柔和, 比如从曲线到 $\mathbb{P}^1$ 的高度映射. 而且沃沃斯基 (Voevodski) 理论 (如果我正确地解释我从他的演讲中了解的几点) 通过向其中注入某类同伦使代数簇范畴变得柔和.

(7) **三大情形**. "黎曼" 和 "椭圆" 导出了几何空间中大而灵活的三个显著的结构模式: 辛/切触的情形、4 维的情形和 **S** > 0 的情形. 我们较早遇到的是 **S** > 0 的情形 (这在 "三大情形" 中从概念上似乎看不出来), 辛和切触的情形属于本次会面的艾利亚施伯格 (Eliashberg) 和霍费尔 (Hofer) (讨论了 "软" 与 "硬"(在 [GroSH] 中), 但遗憾的是没人能给 $n = 4$ 的情形的全景).

(8) **h-原理**. 从 1813 年开始直到 1954 年, 由于柯西 (差不多) 证明了 $\mathbb{R}^3$ 中闭的凸多面体曲面的刚性, 几何学家相信等距浸入在本质上是具有刚性的. 然后纳什向所有人的直觉发起挑战, 他证明了任何满

足 $N-2 \geqslant n = \dim V$ 的黎曼流形的光滑浸入 $f_0 : V \to \mathbb{R}^N$ 可以形变为一个 C^1-光滑 (不是 C^2!) 的等距 $f : V \to \mathbb{R}^N$, 且对这个形变只有很少的限制, 特别地, 这允许我们可以自由地对所有的 $V \subset \mathbb{R}^M$ 进行 C^1 形变, 并同时保持诱导 (内蕴) 度量不受影响. (从头脑僵硬的分析人士的观点来看这是绝对疯狂的, 因为 f 的 N 个分量满足 $\dfrac{n(n+1)}{2}$ 个偏微分方程, 这在 $N < \dfrac{n(n+1)}{2}$ 时构成了一个超定系统, 根本没有解!) 在接下来的那一年 (1955 年) 库珀 (Kuiper) 将纳什的构造调整为 $N = n+1$, 从而反证了 $\mathbb{R}^3$ 凸曲面的 C^1-刚性.

接下来, 在 1958 年, 斯梅尔 (Smale) 通过将球 $S^2 \subset \mathbb{R}^3$ 的内部翻转到外面而震惊了世界. 他不是通过展示一个特定的 (规则的) 同伦做到的 (这是后来完成的, 但只有少数人能够明白), 而是通过发展惠特尼 (Whitney) 的应用于 $\mathbb{R}^2$ 中浸入曲线的同伦理论方法而做到的. 然后赫希 (Hirsch) 将斯梅尔理论吸收到障碍理论中, 并证明了连续的映射 $f_0 : V \to W$ 可以与一个浸入同伦, 如果它满足一个显然的必要条件: f_0 可以提升到切丛上, $T(V) \to T(W)$, 使得在每个纤维上都是单同态, 但对闭的同维流形 V 和 W 来说是例外的, 此时的问题更加微妙.

事实证明, 许多偏微分方程和不等式的解空间 X 遵守了类似于纳什、斯梅尔 – 赫希 (Smale-Hirsch) 和格劳尔特 (Grauert) 的同伦原理: 每个这样的 X 典型地同伦等价于与 X 自然相关联的某个 (射) 丛的连续截面的空间. (比如, 根据赫希定理, 浸入 $V \to W$ 的空间同伦等价于对每个纤维都是单射的态射 $T(V) \to T(W)$ 所构成的空间.)

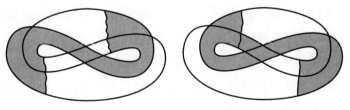

图 3

在大多数情况下, 证明 h-原理所涉及的几何是非常简单的: 在映射 $x \in X$ 构造极小 (根据惠特尼理论这基本上是 1 维的) 的褶皱, 通过同伦将之展开并使 X 更加柔和、灵活. 但是, 结果往往令人惊讶, 这

从 (在直观上不可思议的) 米尔诺 (Milnor) 发现的平面上具有共同边界的两个不同的浸入圆盘可以看出, 这在艾利亚施伯格的折叠定理中是必然出现的.

尽管由 h-原理引发的空间越来越多 (参见 [Gro]$_{PDR}$, [Spr]), 我们不知道这个原理 (和一般的软性) 会延伸到多远 (例如, 对于具有预定像集的高斯映射, 见 §1). 有没有不是从 1 维出发的柔性的源头? 一些令人鼓舞的迹象来自于盖尔泛德关于叶状结构的研究工作, 高 – 洛坎普 (Gao-Lohkamp) 关于满足 Ricci < 0 的度量的 h-原理, 特别是唐纳森建立的辛超曲面 (这里 "柔性" 源于某种 "丰富性", 这本质上与西格尔定理并无区别, 见前面 (6)).

一个诱人的愿望是找到除了 "三大情形" 之外的新例子, 使得柔性达到极限并在边界上有很好的事情发生. 在混沌的边缘还有未被发现的生命吗? 我们会永远束缚于椭圆方程吗? 如果是, 这些方程是什么样的? (整体椭圆的非线性方程几乎是没有的, 也没有一般分类. 但即使是我们知道的那些来自于哈维 – 劳森 (Harvey-Lawson) 校准理论中的方程, 其主体部分仍然是未经研究的.) 如果这个愿望没有实现, 我们仍然可以在柔性空间中探索它们的几何 (它们的拓扑完全由 h-原理来解释), 就像我们在各向异性的空间中所做的一样 (参见 §3).

(9) 我们的 "软与硬" 并不是打算揭示关于数学本质的一些深刻的东西, 而是倾向于让我们去接受各种几何现象. 此外, 我们将 "数字" "对称空间" "Gal$\overline{\mathbb{Q}}/\mathbb{Q}$" "$SL_n(\mathbb{A})/SL_n(\mathbb{Q})$"······ 作为 "真正的数学实体", 而不是作为一般的 "空间" "群" "代数" 等的后续, 这往往更富有成效. 但是人们不禁会问这些完美的实体是如何在随盲目进化而匆匆产生的结构柔软的大脑中被发现和存留的. 一些基本观点 (科学上的, 而不是哲学上) 似乎完全迷惑了我们.

自然与问题的自然性. 这些 (简短的、不完整的、个人的和模糊的) 注记的目的是使得我们在会面期间讨论的问题至少在术语上更加清晰.

"自然" 可以指数学的结构或性质 (为便于讨论而被认为是存在的), 或者指人性的 "自然". 我们将前者分为 (纯) 数学 (**mathematics**)、逻辑 (**logic**) 和哲学 (**philosophy**), 后者则根据 (内部或外部) 奖励刺激,

分为智力的 (intellectual)、情感的 (emotional) 和社会的 (social). 情感 (e) 在人的决策 (和意见) 中占据上风 (除了你可能有幸与之谈论数学 的那个人), 并且在一些人中 (费马 (Fermat)、黎曼、韦伊 (Weil)、格罗 腾迪克 (Grothendieck)) i-e 自然地收敛到 m-l-p. 但是对我们大多数人 来说, 通过超前的猜测推断出来的数学结构来探索未来是不容易的. 我们如何相信被 i-e-s 思想所淹没的智慧能提出真正的 m-l-p 问题? (一位具有 e-s 意识的社会学家会建议研究资金分配的趋势、学校与 个体的权威的可比权重, 并且, 举例来说, 可以预测希尔伯特问题和布 尔巴基 (Bourbaki) 的影响力而不用读懂这些.) 而且 "i-e-s 自然性" 不 会产生 "愚蠢的问题": 难度极大的四色问题主要关注的是图, 而问题 的解答则使得计算机应用于数学的前景更加清晰. 但这是不可预测、 不可重复的, 无法帮助我们对目前的问题进行 m-l-p 评估, 这些问题 可能看起来像是 i-e 虚假的四色问题. (对于我自己, 我喜欢不自然的, 极端不自然的问题, 但你极少遇到它们!)

§3 $K \gtrsim 0$ 和其他度量轶事

"最欧氏" 的黎曼流形是什么?

我们已经熟悉了完全齐性空间, 有很好的理由称它们为 (完备单 连通的) 常曲率为 K 的空间: $K = +1$ 的圆球 S^n, $K = 0$ 的平坦的 $\mathbb{R}^n$, 以及 $K = -1$ 的双曲 H^n.[①](注意到 λS^n 和 λH^n 当 $\lambda \to \infty$ 时很自然地 收敛到 $\mathbb{R}^n$, 这里 $\lambda(X, \mathrm{dist}) \overset{def}{=} X(\lambda, \mathrm{dist})$ 且 $K(\lambda X) = \lambda^{-\frac{1}{2}} K(X)$, 这可 由比如 λ-数乘曲面 $X \subset \mathbb{R}^3$ 很清楚地看出来.) 现在, 有一点反常的 是, 我们引进了拓扑并寻求具有常曲率, 即局部等距于上述 S^n, $\mathbb{R}^n$ 和 H^n 之一的紧致流形. 不考虑 S^n, 我们从平坦 (即 $K = 0$) 的情形开始, 并确认局部欧氏流形是存在的: 只需取 $\mathbb{R}^n$ 中的格 Λ (即 $\Lambda = \mathbb{Z}^n$) 并考 虑环 $T = \mathbb{R}^n / \Lambda^n$. 从本质上讲, 其余的情况是极少的:

F-定理. 任何紧致的平坦流形 X 都可由一个环覆盖, 覆盖的重 数以某一万有常数 $k(n)$ 为上界.

这听起来很枯燥, 但是在底下隐藏了一点算术萌芽: 对于 $k \geqslant 7$ (或 $k = 5$), 在 $\mathbb{R}^2$ 中的格 Λ (例如 $\Lambda = \mathbb{Z}^2$) 上不存在正则的 k-多边形.

---

① 第四个, 也是最后一个完全齐性黎曼空间是 $P^n = S^n / \{\pm 1\}$.

实际上, 移动这样的 k-多边形 R 的边可以获得更小的正则的 $R' \subset \Lambda$, 这样的迭代 R'', R''', ⋯ 就可以得到矛盾.

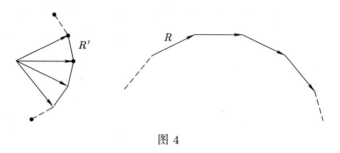

图 4

环 T 看起来不再是平坦的, 这是因为它们合在一起构成了一个奇妙的模空间 $SO(n) \backslash SL_n(\mathbb{R}) / SL_n(\mathbb{Z})$(由 $\mathrm{Vol}T = 1$ 的 T 的等距类构成), 这个模空间因 $SL_n(\mathbb{Z})$ 中存在有限阶的元素而在一个较小的 (轨形) 奇点之外局部等距于 $SL_n(\mathbb{R}) / SO(n)$.

转过来看 $K = -1$, 我们可能开始想知道这样的紧致空间是否存在. 然后, 对 $n = 2$, 我们注意到小的正则 k-多边形 $R \subset H^2$ 的夹角几乎是和 $\mathbb{R}^2$ 中的一样, 但是对大的 $R \subset H^2$, 夹角几乎是 0; 因此, 根据连续性, 对于每个 $k \geqslant 5$, 存在 $R_\square \subset H^2$ 使得夹角是 90°. 我们关于 $R_\square$ 的侧边 (侧边延伸成的线) 将 H^2 进行反射, 取由这些反射生成的子群 $\Gamma \subset \mathrm{Isom}(H^2)$. 这个 Γ 在 H^2 上是离散的, $R_\square$ 作为基本域与正方形 $R_\square \subset \mathbb{R}^2$ 是类似的, 而且如果我们用 Γ 的无挠子群 $\Gamma' \subset \Gamma$ (这不难找到) 代替 Γ, 则空间 H^2 / Γ(与 R 相等) 成为真正的流形 (而不是轨形).

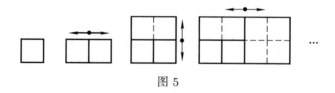

图 5

对 H^3 中的十二面体和其他 H^n 中的凸多边形 (n 较小) 这样的想法也是适用的, 但是对较大的 n, 紧的双曲反射群是不存在的 (根据温贝格 (Vinberg) 的一个复杂的定理). 仅有的 (已知的) 高维情形的 Γ 源于算术, 基本上是以某种方式把 $SO(n,1)$ 嵌入到 $SL_N(\mathbb{R})$ 中并与 $SL_N(\mathbb{Z})$ 相交而得到的. 根据盖尔范德理论, 非算数的 Γ 特别丰富, 常常有意想不到的特征, 比如 S^1 上的某个 $V = H^3 / \Gamma$ 纤维 (对较大的 n

这曾经是难以想象的). 此外, S^2 上纤维化的 3 维拓扑流形一般 (即对于伪安诺索夫单值性) 容许 $K = -1$ 的度量. 难以置信 —— 但根据盖尔范德理论这是真的 (盖尔范德自己没有排除 S^1 上大多数的 atorical V 纤维的有限覆盖; 这即使对 $K = -1$ 的 V 也是公开的).

亚历山德罗夫 (Alexandrov) 空间: *与 $K = \pm 1$ 空间类似的最广泛的空间 (类) 是什么?*

亚历山德罗夫在 1955 年引入了测地三角形夹角之和 $\geqslant 2\pi$ 的 $K \geqslant 0$ 的空间与和 (至少是较小的测地三角形)$\leqslant 2\pi$ 的 $K \leqslant 0$ 的空间, 从而给出了一个答案. 但我们采取另一个, 从下面可以看出更具函子性:

欧氏 K-定理. *对所有 $m, n \leqslant \infty$, 任意从子集 $\Delta \subset \mathbb{R}^n$ 到某个 $\mathbb{R}^m$ 的 1-利普希茨 (即距离非增) 映射 f_0 容许一个 1-利普希茨延拓 $f : \mathbb{R}^n \to \mathbb{R}^m$.*

这可以通过逐点构建 f 来证明, 并在每个阶段看最坏情况, 其中可延拓性来自于一个漂亮引理的显然推广:

引理. *令 Δ 和 Δ' 是 $S^{n-1} \subset \mathbb{R}^n$ 中两个 (内接于球 S^{n-1} 的) 单形顶点的集合, 其中 Δ 的边 $\leqslant \Delta'$ 的相应的边. 那么若 Δ 不全包含在半球中, 则 Δ 和 Δ' 是全等的 (即 $\leqslant \Rightarrow =$).*

现在我们说一个度量空间 X 有 $K \geqslant 0$, 如果对所有 m, 任意部分 1-利普希茨映射 $X \supset \Delta \to \mathbb{R}^m$ 可以延拓到一个 1-利普希茨映射 $f : X \to \mathbb{R}^m$, 而 X 有 $K \leqslant 0$ 是通过对 $\mathbb{R}^n \supset \Delta \to X$ 进行这样的延拓而定义的, 这里对于 $K \leqslant 0$ 的情形除了要求延拓 $\mathbb{R}^n \to X$ 是存在的, 当初始映射 $\Delta \to X$ 是等距时, 对 $n = 1$ 的情形还要求延拓在凸包 $\mathrm{Conv}\Delta \subset \mathbb{R}^n$ 上是唯一的.

为使得这是有价值的, 我们加上 X 的度量完备性和局部性: $\mathrm{dist}(x, x')$ 应该等于 X 中 x 和 x' 间曲线的长度的下确界. (等价地, 存在一个中点 $y \in X$ 使得 $\mathrm{dist}(x, y) + \mathrm{dist}(y, x') = \mathrm{dist}(x, x')$.) 那么, 我们可以用下述优美的命题来验证这些定义:

K-定理. *如果 $K(X) \geqslant 0$ 且 $K(Y) \leqslant 0$, 那么任何部分 1-利普希茨映射 $X \supset \Delta \to Y$ 容许一个 1-利普希茨延拓 $X \to Y$.*

为应用这一定理我们需要满足 $K \geqslant 0$ 的空间的例子, 这用亚历山

德罗夫的定义可以更容易地看出. 幸运的是, 两个定义是等价的, 我们有:

$\mathbb{R}^n$ 中完备 (比如闭的) 凸超曲面满足 $K \geqslant 0$, 而 $\mathbb{R}^2$ 中的马鞍面 (至少局部上) 满足 $K \leqslant 0$. 紧致的对称空间满足 $K \geqslant 0$, 而非紧的对称空间满足 $K \leqslant 0$.

取一个凸的欧氏 k-多边形构成的 2 维多面体 V, 注意到 V 的每个顶点的链路是一个图 (即是 1-复形), 其每个边 e 的长度等于 k-多边形对应于 e 的夹角. 那么 $K(V) \geqslant 0 \Leftrightarrow$ 每个 L 都等距于一个 $\leqslant \pi$ 的线段或者不长于 2π 的圈.

$K(V) \leqslant 0 \Leftrightarrow L$ 的所有循环长于 2π 且 V 是单连通的.

最后, 如果 X 在局部上满足 $K \geqslant 0$, 那么这在整体上也满足, 而整体上 $K \leqslant 0 \Leftrightarrow$ (局部上 $K \leqslant 0$) + ($\pi_1 = 0$).

条件 $\pi_1 = 0$ 打破了和谐 (我猜这使亚历山德罗夫很沮丧), 并且会因为 "局部" 和 "整体" 的偏离而引起对 $K \leqslant 0$ 的概念的疑惑. 但是在最后, π_1-涟漪使得 $K \leqslant 0$ 时的几何比我们所知的 $K \geqslant 0$ 时丰富得多 (也柔和得多), 这是因为满足 $K_{\mathrm{loc}} \leqslant 0$ 的空间很多 (这已经从 2 维多面体的情形看出), 且对 $\pi_1(V)$ 的群论方面的研究可能依赖于几何 (例如, 在诺维科夫猜想的研究中). 另外, $K \leqslant 0$ 的整体定义可以放宽, 粗略地说, 可以允许部分 1-利普希茨映射到 λ-利普希茨的延拓, 其中 $1 \leqslant \lambda \leqslant \mathrm{const} < \infty$, 这带来了更大类的 (类双曲的) 空间和群, 几何和代数正在进行有意义的对话.

各向异性空间. 有一类可以解析地生成的度量与黎曼的情形相同; 另外, 我们发现其中的空间 X, 相较于 S^n 和 H^n, 与 $\mathbb{R}^n$ 更接近; 这些 X 在度量上是齐性的, 而且是自相似的, 即对所有 $\lambda > 0$, λX 等距于 X. (在黎曼范畴内, 只有 $\mathbb{R}^n$ 是这样的.)

一个光滑流形 V (比如 $\mathbb{R}^n$ 或 $\mathbb{R}^n$ 中的区域) 的极化是切丛 $T(V)$ 的子丛 H, 在目前的情形即是 V 上的 m-平面场, 其中 $1 \leqslant m \leqslant n-1$, $n = \dim V$. 除了 H, 我们还需要在 V 上附加一个黎曼度量 g, 但重要的是 g 在 H 上的限制. 我们定义 $\mathrm{dist}(v, v') = \mathrm{dist}_{H,g}(v, v')$ 为 v 与 v' 之间逐段光滑的 H-水平曲线 (即处处与 H 相切的曲线) 的 g-长度的下确界. 如果对某些点之间不存在水平道路, 那么有可能这样的距

离是无限的 (即使对于连通的 V), 这在 H 可积时是会出现的, 此时 $\mathrm{dist}(v, v') < \infty \Leftrightarrow v$ 与 v' 位于 H 的叶层结构的同一片叶上. 这并不像看起来那么糟, 但此时我们需要 $\mathrm{dist} < \infty$, 因此我们坚持在 V 的任意两点之间存在水平道路. 不难证明一般的 C^∞-光滑极化 H 在 $m \geqslant 2$ 时确实满足这一性质, 特别地, 这里 "一般的" 说明 "好" 的 H 构成的空间在 V 的所有 C^∞-极化的空间中是开的, 且是稠密的.

验证这个的一个比较实际的方法是取 $m_+ \geqslant m$ 个与 H 相切的向量场, 将其扩展 (这总是存在的) 成, 比方说 $X_1, \cdots, X_{m_+}$. 则 H-连通性 (也称为可控性) 的充分条件是: 这些场的逐次交换子 $X_i, [X_i, X_j], [[X_i, X_j], X_k] \cdots$ 张成了切丛 $T(V)$.

上面的最简单的例子就是 $\mathbb{R}^3$ 上的向量场对 $X_1 = \dfrac{\partial}{\partial x_1}$ 和 $X_2 = \dfrac{\partial}{\partial x_2} + x_1 \dfrac{\partial}{\partial x_3}$, 其中 $[X_1, X_2] = -\dfrac{\partial}{\partial x_3}$. 这里 H 可以表示成标准切触形式 $dx_3 + x_1 dx_2$ 的核, 而且, 实际上, 对所有维数 $\geqslant 3$ 的切触流形, 切触场 H 是 H-连通的.

接下来看定义在李群 G 上通过李代数 $L = L(G)$ 的线性子空间 h 的左平移定义的左不变极化 H. 不难看出, 上述成立 $\Leftrightarrow$ 在 L 中不存在除了 L 自身之外的包含 h 的李子群. 例如, 取 3 维海森堡 (Heisenberg) 群 G (同胚于 $\mathbb{R}^3$), $L = L(G)$ 由 x_1, x_2, x_3 生成, 其中 $[x_1, x_2] = x_3$ 且 x_3 与 x_1 和 x_2 可交换. 这里我们令 h 由 x_2 和 x_3 生成, 并注意到 h 在 L 上对每个 $\lambda > 0$ 定义为 $x_1 \to \lambda^2 x_1^2, x_2 \to \lambda x_2, x_3 \to \lambda x_3$ 的自同构下是不变的. 那么, 对 G 上的每个左不变度量 g, 相应的自同构 $A_\lambda: G \to G$ 保持 H, 并在 H 上对 g 用 λ 做了数乘. 因此 G 是自相似的, 但是与 $\mathbb{R}^3$ 是很不同的. 例如, $(G, \mathrm{dist}_{H,g})$ 的豪斯多夫 (Hausdorff) 维数是 4 而不是 3.

上面的非迷向空间之间的自然映射是什么? 利普希茨映射在这里并不像在黎曼范畴内那样适用, 这是因为新的空间通常不是相互双利普希茨等价的. 另一方面, 具有相同拓扑维数的典型空间 X 和 Y 是局部赫尔德 (Hölder) 同胚的, 其中同胚具有正的指数 $\alpha < 1$ 且 α 有一个界 $\alpha > \alpha_n > 0$. 但是对给定的空间 (或空间类) α 的最优值仍是不清楚的. 一个类似的问题是根据张成 H 的场的可交换性寻找子集 $Y \subset X = (X, \mathrm{dist}_{H,g})$ 的豪斯多夫维数的精确下界 (如果 Y 是 X 的光滑子流形时是比较简单的).

$(X, \mathrm{dist}_{H,g})$ 的大尺度几何相当接近于 $(X, \mathrm{dist}\, g)$ 的黎曼几何, 所以 H 并不重要. 相反, 局部几何本质上依赖于 H (且很少依赖于 g), 而主要的公开问题基本上是局部的.

集中 mm 空间. 令 X 是一个度量空间, 并赋予 X 一个波莱尔 (Borel) 测度 μ, 通常假设为概率测度, 即 $\mu(X) = 1$. 这个 μ 可以由度量生成 (比如黎曼测度, 有时候正规化使得 $\mu(X) = 1$), 但是通常 μ 与原来的距离几乎没有什么关系, 例如 $\mathbb{R}^n$ 上的高斯测度. 我们想以概率的方式研究 (X, dist, μ), 将 X 上的函数 f 考虑为与它们的分布有关的随机变量, 即前推测度 $f_*(\mu)$. 接下来是我们的基本问题.

基本问题. 给定映射 $f : X \to Y$, 将 f 的度量性质与 Y 上的测度 $f_*(\mu)$ 的结构联系起来.

这里 "度量" 指的是 f 如何扭曲距离 (比如可以由利普希茨常数 $\grave{\lambda}(f)$ 表示), 我们区分了函数的情形, 例如 $Y = \mathbb{R}$. 在概率方面, 我们说到的 "$f_*(\mu)$ 的结构" 完全是根据 Y 来表示的, 这里一个典型的问题是 $f_*(\mu)$ 有多集中, 即它与 Y 中的点测度有多接近.

高斯例子. 令 $\mathbb{R}^N$ 为 X, 其上测度为 $\exp(-\|x\|^2)dx$. 那么每个 1-利普希茨函数 $f : \mathbb{R}^N \to \mathbb{R}$ 至少与正交投影 $f' : \mathbb{R}^N \to \mathbb{R}$ 是一样集中的. (存在 1-利普希茨自映射 $\mathbb{R} \to \mathbb{R}$ 将 $f'_*(\mu)$ 前推为 $f_*(\mu)$.)

一个平行的例子是 $X = S^N$ 赋予了正规化的黎曼测度, 其几何更清晰. 这里每个 1-利普希茨函数 $f : S^N \to \mathbb{R}$ 仍然至少与线性函数是一样集中的; 于是当 $N \to \infty$ 时 $f_*(\mu)$ 收敛到一个 $\mathbb{R}$ 上的 δ-测度 (速度 $\approx \sqrt{N}$). 上面集中的本质是 X 上原来的测度的传播 (例如对较大的 N, S^N 上 μ-随机点之间的距离 $\approx \pi/2$) 与 Y 上的 $f_*(\mu)$ 的强局部化 (例如周期球形的情形, $\mathbb{R}$ 上关于 $f_*(\mu)$ 的示性距离 $\approx 1/\sqrt{N}$) 之间的鲜明对比. 下面的定义的目的是抓住当 $N \to \infty$ 时极限上的这个现象 (这与遍历定理不太像, 在那里 $f = f_N$ 表现为某个给定的 f_0 的 N 个形变的平均).

令 X 是 (概率) 测度空间, $d : X \times X \to \mathbb{R}_+ \cup \infty$ 是满足标准度量公理但是允许 $d(x, x') = \infty$ 的函数. 实际上, 我们热衷于在 X 上几乎处处 $d = \infty$ 的 (但显然是荒谬的) 情形, 这因下面的公理而变得缓和.

遍历公理. 对任意 $Y \subset X$, 其中 $\mu(X) < \infty$, 到 Y 的距离

$$d_Y(x) \underset{def}{=} \inf_{y \in Y} d(x, y)$$

是可测的, 且在 X 上是几乎处处有限的.

例. 令 X 是叶化测度空间, 其中每个叶片 (关于 $x \in X$ 是可测的) 都指定了一个度量. 那么我们定义

$$d(x, y) = \begin{cases} \infty, & \text{如果 } x, y \text{ 不在同一个叶片中,} \\ d(x, y) = \mathrm{dist}_L(x, y), & \text{如果 } x \text{ 和 } y \text{ 位于某个叶片 } L \text{ 中,} \end{cases}$$

并注意到我们的遍历公理等同于通常的遍历.

下面, 我们通过用 X 中子集的测度来表示这些子集间距离的万有界来区分集中空间. 这里

$$\mathrm{dist}(Y, Y') \overset{def}{=} \inf d(y, y') = \inf_{x \in Y'} d_Y(x),$$

而且范围由函数 $C(a, a')$, $a, a' > 0$ 给出 (这里 C 可能当 $a, a' \to 0$ 时趋向于无穷), 使得 $\mathrm{dist}(Y, Y') \leqslant C(\mu(Y), \mu(Y'))$.

例. 如果前一个例子中的 X 是叶化 (即分段) 成了作用在 X 上的可控群 G 的轨道, 那么由此生成的 X 上的 d 本质上来讲从来不是集中的. 但是如果 G 具有性质 T, 那么它是集中的.

令 $X_1, X_2, \cdots$ 是一列黎曼流形, X 是无限笛卡儿积 $X_1 \times X_2 \times \cdots$, 其中无限序列 $x = (x_1, x_2, \cdots)$ 和 $y = (y_1, y_2, \cdots)$ 之间的 "度量" 是毕达哥拉斯 (Pythagorean) 度量

$$\mathrm{dist}(x, y) \overset{def}{=} \left(\mathrm{dist}^2(x_1, y_1) + \mathrm{dist}^2(x_2, y_2) + \cdots\right)^{\frac{1}{2}}.$$

这里的问题是对多数的 x, y 有 $\mathrm{dist}(x, y) = \infty$, 但对于由 X_i 上的黎曼测度生成的 X 上的乘积测度, 这是容许的. 如果 X_i(上的拉普拉斯算子) 的第一特征值 (有时候称为第二特征值) 大于 0, $\lambda_1(X_i) \geqslant \varepsilon > 0$, 那么乘积是集中的, 并且可以在 X 上 (函数, 通常是形式) 进行有意义的分析. 此外, 如果当 $i \to \infty$ 时有 $\lambda_1(X_i) \to \infty$, 那么 Δ 在 X 上有离散的谱, 且重数都是有限的 (根据通常的乘积公式计算). 比如, 如果 X_i 是半径为 R_i 的 n_i-球, 那么 $\lambda_1(X_i) = n_i R_i^{-2}$, 且对 $R_i \leqslant \varepsilon \sqrt{n_i}$, 它们的乘积是集中的, 并且 $\sqrt{n_i}/R_i \to \infty$.

　　我们可以在保持集中的情形下对乘积进行形变和修改, 例如, 对某些光滑纤维塔的投影极限, 就像黎曼流形上无限迭代的单位切丛.

　　与乘积相似, 黎曼流形之间的映射 $A \to B$ 的空间 X 上也带有 (许多不同的) "叶化希尔伯特流形" 结构, 当存在测度 (例如当 A 的维数为 1 时的维纳 (Wiener) 测度) 时允许在 X 上进行分析.

　　现在出现一个难题: 这些 X 对任何东西都是好的吗? 它们是不是具有结构完整性, 或者只是由例子 (许多, 但又怎样?) 组成? 有待证明一个让人信服的定理.

　　注记和参考文献.

　　(a) F-定理在比伯巴赫 (Bieberbach) 关于希尔伯特的一个问题的解答中起核心作用 (第 18 个, 其中也提到了 n 维双曲的情形, 但通过在弗里克 (Fricke) 和克莱因 (Klein) 的结果和方法上加入了一点新的想法就可以把这种情形排除).

　　(b) 我们关于 $K \geqslant 0$ 的定义是受到[La-Sch]的启发, 作者在较弱的条件下证明了关于从 $K \geqslant \lambda$ 的空间到 $K \leqslant \lambda$ 的空间 (在亚历山德罗夫的意义下) 的映射的 K-定理, 这个条件排除了, 比如, 当 $m < n$ 时的映射 $S^n \to S^m$, 此时 K-性质显然是不成立的, 但不幸的是, 也遗漏了当 $m \geqslant n$ 时的映射 $S^n \to S^m$, 此时 K- 性质是成立的 (得到一个让人信服的版本似乎并不难, 但没有公开的证明发表). 还有, 从任意度量空间到 $K \leqslant 0$ 的空间有一个利普希茨延拓 (归功于朗 (Lang)、帕夫洛维茨 (Pavlovic) 和施罗德 (Schroeder)).

　　(c) 到目前为止, 关于 $K \geqslant 0$(以及 $K \leqslant \lambda < \infty$) 的空间的理论已经发展得很好 (见 [Per]), 而且在结构上很吸引人. 但是, 还是缺少由凸超曲面生成这样的空间的系统过程 (尽管有几个一般的构造: 乘积、商、球形同纬映象……). 还有, 没有与几何的其他分支的比较重要的关系, 甚至与巴拿赫空间的局部理论也没有关系, 而且结论证明 (在现有的例子中) 比假设 (很不幸的是这在整体黎曼几何中是时常发生的) 更难的定理是几乎没有的 (K-定理是个令人愉快的例外). 一个使 $K \geqslant 0$ 丰富化 (柔性化) 的可能途径是令 $n \to \infty$ (并认真对待 $n = \infty$), 对巴拿赫空间就是这样做的. (一个更广阔的视角见 [Berg], 关于最近的记述见 [Pet], 关于曲率的导引见 [Gross_{SGM}].)

(d) **里奇**. 解析地讲, 最自然的曲率是里奇张量, 它是 V 上与 g 通过 (本质上是唯一的) 微分不变的二阶拟线性微分算子 (如 **S**) 相关联的二次微分形式, 记为 $Ri = Ri(g)$. 正 (定) Ri 的流形推广了 $K \geqslant 0$ 的流形, 但是它们上面不能简单地描述度量, 这是因为它们的本质特征涉及 V 上的黎曼测度, 例如, $Ri \geqslant 0$ 的 V 中 R-球的体积比欧氏空间中的要小. (如果说 $K \geqslant 0$ 是由凸性引发的, 那么 $Ri \geqslant 0$ 可以追溯到超曲面的正平均曲率.) 因此, 还不清楚的是 $Ri \geqslant 0$ 的观念在多大程度上可以扩展到黎曼范畴之外: 容许的奇点是什么? $n = \infty$ 时会发生什么? (关于这方面的介绍见 [Gross$_{\text{SGM}}$] 和 [G-L-P], 关于这方面的现状见 [Che-Co].)

受 $Ri \geqslant 0$ 的鼓励, 我们可以转而考虑 $Ri \leqslant 0$, 这是 $K \leqslant 0$ 形式上的推广, 但是这种单纯的逻辑并行不通: 根据洛坎普 (Lohkamp) h-原理, 任一度量都可以由 $Ri < 0$ 的度量逼近, 不存在硬性的几何结构.

(e) **爱因斯坦与对最好度量孤独的探索**. 几何学家 (我想这首先是由海因茨 · 霍普夫 (Heinz Hopf) 第一次表达的) 的梦想是在给定的光滑流形 V 上找到典则度量 g_{best} 使得 V 的所有拓扑可以通过 V 的几何得到. 这对曲面来讲是实现了的, 因为所有的曲面上都具有常曲率度量 (差不多是唯一的), 在 $n = 3$ 时这由瑟斯顿几何化猜想所预测. 还有, 在 $n = 4$ 时会有一丝希望 (爱因斯坦, 自对偶), 但是对 $n \geqslant 5$ 从来没有找到最好的 g_{best}. 原因是什么? 我们在度量空间 $\mathcal{G}$ 上取 (能量) 泛函 E, 比方说由曲率张量构成, 像 $\int (\text{Curv}(g))^{\frac{n}{2}} dv$ (指数 $n/2$ 使得积分数乘不变). 想象一下, E 的梯度流将 $\mathcal{G}$ 中的度量变到 "好" 的子集 $\mathcal{G}_{\text{best}} \subset \mathcal{G}$ 中 (理想的情形是一个单点或者至少不是很大). 那么作用在 $\mathcal{G}_{\text{best}}$ 上的群 $\text{Diff} V$ (因为我们所做的都应该是微分不变的) 有紧致迷向子群 (此时我们假设 V 是紧致的), 例如, 如果 $\mathcal{G}_{\text{best}}$ 是单点集, 那么 $\text{Diff} V$ 是等距作用在 $(V, \mathcal{G}_{\text{best}})$ 上. 但是高维拓扑 (霍普夫不知道) 告诉我们 $\text{Diff} V$ 太大, 太柔性, 难以驾驭, 不能包含在一个很好的集合中, 不能像所希望的 $\mathcal{G}_{\text{best}}$ 那样让人满意. (Diff 由瓦尔德豪森 (Waldhausen) K-理论控制, 给 Diff 带来很多的同伦, 这用刚性几何很难说清楚. 在瓦尔德豪森之前, 我们的梦想被米尔诺球打碎了, 这排除了球 $S^n (n \geqslant 6)$ 上从一般度量到标准度量的光滑典则形变.)

除了拓扑, 还有使得我们不能在像 Diff 这样的崎岖山地上自由行驶的几何原因. 为了理解这一看法, 我们来看一个更简单的问题, 即在黎曼流形 V 上给定的回路的自由同伦类中找到 "好" 的闭曲线. 例如, 如果 $K(V) \leqslant 0$, (曲线上能量函数的) 梯度流恰巧停止在唯一的测地线处: 这是我们希望获得的最好的情形. 但是假如 $\pi_1(V)$ 在计算上很复杂, 即关于文字题没有办法通过快速算法解决, 比方说, 用任何算法都不能解决. 我们的流 (用明显的方式离散化) 是一个特别的算法, 我们知道它肯定会很失败, 失败的唯一方式是消失掉且在能量的局部极小值点变得混乱. 因此, 我们的 V 在每个同伦类中必须有很多很多的局部极小测地线, 特别地, 存在无限多个可缩的闭测地线, 扰乱了从拓扑到简单几何的途径.

那么, 可以说, 让我们假设 $\pi_1(V) = 0$. 但 "假设" 到底意味着什么? 给定 V, 它以任何可能的几何形式出现 (记住, 我们是几何学家, 而不是对形状视而不见的拓扑学家), 没有办法去检验是否 $\pi_1(V) = 0$, 因为这一性质不能通过算法验证. 因此, 当 $n \geqslant 5$ 时, 在如同 S^n 的流形上存在看起来没有坏处的度量, 关于这些度量有很多短的闭测地线, 每个都在给定的一段时间内收缩. (实际上, 当 $n \geqslant 5$ 时, 绝大多数的度量是这样的.) 对更高维数的 (如极小) 子簇 (对大的维数和余维数更加复杂, 即使是对诸如平环之类最简单的 V 也是如此, 这里极小子簇的轨迹是由布莱恩·劳森揭示的), 根据亚历克斯·纳布托夫斯基 (Alex Nabutovski) 的工作, 像 $\mathcal{G}(V)/\mathrm{Diff}(V)$ 这样的空间与哥德尔 – 图灵 (Gödel-Turing) 定理有同样类型的复杂性.

在亚历克斯之后, 我们得到悲观的结论, 即当 $n \geqslant 5$ 时, 看起来非常重要的度量 g_{best} (或者甚至是 $\mathcal{G}_{\mathrm{best}} \subset \mathcal{G}$) 是不可能存在的, 而且那些 "自然的" 度量, 如满足 $\mathrm{Ri}(g) = \lambda g, \lambda < 0$ 的爱因斯坦 $\mathcal{G}$ 一定是杂乱地散落在浩瀚的 $\mathcal{G}$ 中, 在几何与拓扑之间不存在有意义的联系. (这并不排除, 而是预测了所有维数 $\geqslant 5$ 的 V 上这样的度量的存在性, 比如爱因斯坦度量; 问题是它们可能不会太多.)

在积极的方面, 我们继续在 $\mathcal{G}$ 中特殊的区域中寻找 g_{best}, 例如运用哈密顿 (Hamilton) 里奇流 (比方说 Ricci$\geqslant$0 或 $K \leqslant 0$), 维数为 3(迈克尔·安德森 (Michael Anderson) 建立了他的理论) 或者维数为

4(陶布斯 (Taubs) 发现了自对偶中的某些柔性). 另外, 我们可以扩大 (而不是限制) 范畴并寻找具有部分预定拓扑结构的极值 (或许是) 奇性簇, 即具有预定的拓扑不变量值, 如示性数或单纯体积. 例如, 每个 (合适的) 拓扑空间 X 都伴随着一个度量空间与之同伦等价, 例如 X 的适当细分半单模型是一个无限维的单纯复形, 称为 $X_\Delta \overset{\text{hom}}{\sim} X$, 其中 X_Δ 上的度量来自于每个 k-单形上的标准度量, $k = 1, 2, \cdots$. 这个 X_Δ 太大了, 我们不满意, 但是它可能包含某些很重要的子簇, 比如在 $H_*(X_\Delta) = H_*(X)$ 中极小化同调类, 至少对特定的空间 X 是这样的 (见 [G-L-P] 中 $5H_+$ 和那里的参考文献).

(f) 各向异性度量在很多的名字下出现: "非完整的" "控制" "次椭圆" "次黎曼" "卡诺 – 卡拉特奥多里 (Carnot-Caratheodory)", 带有它们起源的痕迹. 自赫曼德尔 (Hörmander) 关于亚椭圆算子的工作之后, 分析学家对它们进行了广泛地研究, 但我不知道它们何地何时由技术手段升级为度量共同体的正式成员. 现在, 除了 P. D. E., 它们帮助群论学家研究离散半单群 Γ, 这是因为半单李群 $G \supset \Gamma$ 上度量 (特别是自相似度量) 的局部几何适当反映了 Γ 的渐近几何. 反过来, 根据纳什隐函数定理, 考虑 G 中低维的 H-水平子簇, dist_H 的局部几何可以约化到极化 $H \subset T(G)$ 的局部几何. 这提供了关于 G 中的 dist_H-极小簇的一些信息 (哎, 只有曲面情形是理解的), 使我们可以求出 Γ 的迪恩 (Dehn) 函数的值 (见[Gro$_{CC}$], [Gro$_{AI}$] 以及那里的参考文献). 我们还观察到, 各向异性几何结果和问题 (但是很缺乏) 可以作为其他柔性空间 (像关于 H 的 H-水平状态的 P.D.E. 的解) 的模型.

(g) 将 (度量) 测度空间 (X, μ) 看作物理系统的高维构形空间是有帮助的 (实际上经常这样). 这里 $f: X \to Y$ 是可观测到的从 X 到低维的诸如时空 $\mathbb{R}^4$ 的 "屏幕"Y 的投射, 这里 $f_*(X)$ 是我们在屏幕上所看到的. 在概率论和统计力学中普遍存在的 $f_*(X)$ 的密度是由维塔利·米尔曼 (Vitali Milman) 在保罗·利维 (Paul Levy) 前期工作的基础上引入几何的. 已经在一大类例子中观察到了利维 – 米尔曼 (Levy-Milman) 集中现象, 除了较小的一些集中, 人们关注的是那些有大的偏差和波动的. (见[Mi], [G-L-P]以及那里的参考文献.) 不幸的是, 我们关于集中空间的定义没有抓住大偏差的实质 (这比波动更基本). 对结构进行一些丰富化可能对这有所帮助. 另外, 我们可以通过允许测度 (状态) 变化来继续下去, 就像具有 N 个 $\{0,1\}$ 上 $(p, 1-p)$ 测度的乘积的方体 $\{0,1\}^N$, 以及以温度为参数的吉布斯 (Gibbs) 测度. 那么, 受物理学的启发, 我们想知道量子统计力学中产生集中的一般原因是什么 (在这里, 集中受到海森堡原理的限制), 最后我们可能求助于非度量结构, 这有可能与密度一起被引入到概率和几何中.

§4 没有度量的人生

在度量空间 V 上构造不变量是 (很) 容易的, 比如, 我们可以看从 V^k 到 $\mathbb{R}^{\frac{k(k-1)}{2}}$ 上距离函数映射的笛卡儿幂

$$d^k : (v_1, \cdots, v_i, \cdots, v_k) \mapsto \{\text{dist}(v_i, v_j)\}_{1 \leqslant i < j \leqslant k}$$

的值域. (比如, 在 $k = 2$ 时 V 的直径看起来像 $\mathbb{R}_+^2$ 中 d^k 的值域中最大的线段.) 那么, 在 X 中子簇的空间和映射 $f : V \to V_0$ 的空间上有各种各样的 (通常是正的) "能量函数", 例如 $W \mapsto \text{Vol}_m W$ (其中 $m = \dim W$) 和 $\int \|df\|^2 dv$, 其中 V 和 V_0 是黎曼空间. 每个 E 都可以生成 V 上的不变量, 例如给定的 W 或 f 的等价类上 E 的下确界 (比如 $\inf \text{Vol}_m W$, 其中 $[W] = h \in H_m(V)$), 或者更一般地, E 上完整的莫尔斯图景, 包括 E 的临界点的谱 (比如黎曼空间 V 上作用在函数和形式上的拉普拉斯算子的谱). 这些不变量 I 为我们提供了提出问题或猜想的原始材料: $I = I(E)$ 的可能值以及不同的 E 对应的 I 的关系是怎样的? 对给定 I 的状态, 对应的空间 V 是什么样的? 等等. 但是没有度量的空间变得很难把握和评价. 只要看一下流形 V 上的叶化空间或动力系统 F. 对于给定的 F, 本质不变量在结构的形变 (或者扰动) 下通常是不连续地变化, 很难赋值, 即使是近似地赋值. 寻找对范畴内所有对象都有意义的数值不变量一般也不容易. 这主要是因为这个结构 (在点 $v \in V$) 的 (局部的) (近似) 自同构群有可能是非紧的. 因此, V 上结构 F 的空间 $\mathcal{F}$ 上 $\text{Diff}(V)$ 的作用可能有非平凡的动力学 (例如非紧的迷向群 $\text{Is}_F = \text{Aut}(V, F), F \in \mathcal{F}$) 使得商空间 $\mathcal{F}/\text{Diff}$ 是不可分的, 这里假设我们的不变量是存在的. (直观地讲, 不变量应该与 V 在不同坐标系上的观测者是无关的; 如果有非紧多个观测者,

那么就很难让他们所看到的是一致的, 比如, 就像狭义相对论和广义相对论.)

现在我们来看一下比较有趣的非紧致子群 $H \subset GL_n(\mathbb{R})$ 上的几个 H-结构 (这里 $H = O(n)$ 的紧致的情形对应于黎曼几何).

$\mathbb{C}$-结构. 这些通常被称为 V 上的近复结构的 J, 是 $T_v(V)$ ($v \in V$) 中的 $\mathbb{C}$-线性结构 J_v 的场. 这样的 J 也许是非退化的, 也称为 $J : T(V) \to T(V)$(对应于 $\sqrt{-1}$), 相关的 H(非紧的!) 是 $GL_m(\mathbb{C}) \subset GL_n(\mathbb{R})$, $n = 2m$. 称为 $\mathbb{C}$-映射 $f : V_1 \to V$ 的态射, 其中微分 $Df : T(V_1) \to T(V)$ 是 $\mathbb{C}$-线性的 (即与 J 可以交换), 对于不可积的 V_1 和 V 是很少的, 这是因为相应的 (椭圆) P.D.E. 系统在 $\dim_{\mathbb{R}} V > 2$ 时是超定的. 因此我们只限制在 $\mathbb{C}$-曲线的情况, 即黎曼面的映射 $S \to V = (V, J)$, 如果必要的话也被称为 J-曲线. 我们用点 $s \in S$ 来标记每个 S, 那么所有的 $\mathbb{C}$-曲线构成一个很大的空间 $\mathcal{S} = \mathcal{S}(V, J)$, 它可以叶化成曲面, 且每一叶片可以用固定的带有变量标记 $s \in S$ 的 $S \to V$ 表示.

$\mathcal{S}$ 的 (可能的) 整体几何 (如动力学) 是怎样的? 这如何从 J 读取出来?

我们从对应于闭 (黎曼) 曲面 $S \to V$ 的 $\mathcal{S}$ 中的闭叶片构成的子叶化空间 $\mathcal{C} \subset \mathcal{S}$ 开始, 尝试模仿复代数簇 (首先是射影簇)V 中曲线的几何. 这个 $\mathcal{C}$ 由 $S \subset V$ 的度 d 来过滤 (扮演着类似于某个空间上 $\mathbb{Z}$ 作用的闭轨道的周期的角色), 其中度为 d 的曲线可能退化成 (几个) 度较低的曲线, 从而通过由 $\mathcal{C}_i, i < d$ 构成的低维的分层将每个 (模) 空间 $\mathcal{C}_d$ 紧化. 反过来, 我们也经常将较低度的曲线通过将 (可约) 并集形变成不可约的 $S \in \mathcal{C}_d$ 而融合成度为 d 的曲线.

当我们对基本的 J_0 作一个轻微的扰动时, 由度为 d 的代数曲线形成的网将会产生什么变化?

答案与空间 $\mathcal{C}_d$ 的虚拟维数即定义 $S \in \mathcal{C}_d$ 的椭圆系统的弗雷德霍姆 (Fredholm) 指标有关. 例如, 阿贝尔簇 $\mathbb{C}/\Lambda$ 中的曲线在 J_0 的 (即使是可积的) 形变下是不稳定的, 但是某些诸如 $\mathbb{C}P^m$ 的 V (具有足够丰沛的半典则丛) 中的曲线, 在 J_0 的小的 (和大的, 这在下面可以看出) 形变下在本质上是保持不变的 (但是当 d 相对 ε^{-1} 较大时 $\mathcal{C}_d$ 在 $\mathcal{S}$ 中的形状和位置可能先验地在 J_0 的 ε-形变下发生很大的扭曲). 当形变

J_t 运动得离原来的 J_0 较远时, 对小的 t 保持的曲线 $S_0 \subset V$ 当 t 到达某个临界点 t_c 时会爆破成非紧的, 从而有可能最终消失. 为保持 S 存在 (作为闭的 J_t-曲线), 我们需要 $S \to (V, J = J_t)$ 有一个先验的界 (用 V 上的某个背景黎曼度量来测量, 具体选哪个度量 g 是不重要的, 因为我们处理的是紧致的 V). 这样的界由下述关于 J 的驯服的假设保证, 它通过 S 的拓扑, 也就是 $[S] \in H_2(V)$, 来限制 J-全纯曲线 S 的面积 (甚至是近似地).

　　称 J 被 V 上的闭 2-形式 ω 驯服, 如果 ω 在 V 中所有的 J-曲线上都是正的 (即对所有的非零向量 $\tau \in T(V)$ 有 $\omega(\tau, J\tau) > 0$). 如果是这样, J 关于上同调类 $h = [\omega] \in H^2(V)$ 是驯服的: 每个闭的可定向的 "近似 J-全纯" 曲线 $S \subset V$ 的面积可由 $h[S] \in \mathbb{R}$ 限制住. 更精确点, 用 $S_\varepsilon \subset S$ 表示点 $s \in S \subset V$ 的集合, 其中 s 使得平面 $T_s(S) \subset T_S(V)$ 与一个 $\mathbb{C}$-曲线 ε-接近 (关于一个固定的背景度量). 那么 "驯服" 的意思是对所有闭的可定向曲面 $S \subset V$, 存在 $\varepsilon, \delta, C > 0$ 使得不等式 $\text{area}S_\varepsilon \geqslant (1-\delta)\text{area}S$ 蕴含着 $h(S) \geqslant C^{-1}\text{area}S$. 显然, "$\omega$-驯服"$\Rightarrow$"$h$-驯服", 但是反过来 ($\forall h \exists \omega \cdots$) 依旧是有疑问的. (可以尝试一下哈恩 – 巴拿赫 (Hahn-Banach) 定理, 特别是 $\dim V = 4$.)

　　如果 (V, J_0) 是凯勒 (例如, 代数) 流形, 那么 J_0 被 (辛) 凯勒形式 ω-驯服, 而且只要 J_t 是 $[w]$-驯服的, 那么 (V, J_ε) 中 J_t-全纯曲线有较好的模空间 (这里 $J = J_\varepsilon$ 可能与 J_0 有很大的差别, 比如对某一任意辛自同构 $T(V) \to T(V)$, $J = AJ_0$). 例如, 如果我们从标准的 $(\mathbb{C}P^m, J_0)$ 开始, J_1 与 J_0 通过 $[\omega_0]$-驯服的结构 J_t(关于 $\mathbb{C}P^m$ 上标准辛 2-形式 ω_0) 的同伦连接, 那么 $(\mathbb{C}P^m, J_1)$ 上存在度为 1 且经过每一点对的有理 J_1-曲线 S, 并且 S 对 $m = 2$ 是唯一的. (根据陶布斯和唐纳森的工作, 这对 $\mathbb{C}P^2$ 中所有的 ω-驯服的结构仍然成立, 而不需要先验假设 $\omega = \omega_0$.) 但是在 J_t 变得不再驯服的第一个时刻 t_c, $\mathbb{C}$-曲线将会发生什么? 当 $t \to t_c$ 时 $S \in \mathcal{C}_d$ 的极限会形成什么样的子叶状结构 $\mathcal{S}_d \subset \mathcal{S}$? 看起来, 至少对 $\dim V = 4$(例如 $\mathbb{C}P^2$ 和 $S^2 \times S^2$), 大多数闭的 $\mathbb{C}$-曲线将同时爆破, 形成 V 中一个正则的 (类似叶状的) 结构. (这让人联想起克莱因群, 在濒于消失时退化, 但仍旧保持离散和优美.)

　　是否存在具有丰富的闭曲线 (特别是有理的) 模空间的非驯服的

(V, J), 比方说存在经过 V 中每一点对的这样的曲线? (如果一个 4 维的 (V, J) 有很多 J-曲线, 那么由简单的讨论可知它是驯服的. 另一方面, 大多数高维的 (V, J) 包含孤立的 J-曲线集, 它们有相当不成形的、无用的 C_d, 就像 (多数) 黎曼流形中的闭曲线消失在偶然的能量井中.)

我们转向非闭的 $\mathbb{C}$-曲线, 找到了奈望林纳 (Nevanlinna) 理论的一个必要条件, 这是因为它们与普通的全纯函数和映射有相同的 $\bar{\partial}$(的主象征). (这对闭 $\mathbb{C}$-曲线的研究也是关键的.) 例如, 我们可以定义不接纳非常值 J-映射 $\mathbb{C} \to V$ 的双曲的 (V, J), 这些 V (我们假设了紧性) 带有非退化的小林 (Kobayashi) 度量, 即使得 $\mathbb{C}$-映射 $H^2 \to V$ 是 1-利普希茨的上限度量. 这一双曲性与驯服有一个共同点: 对双曲的 V, 使得 $\bar{\partial}f$ 落在紧致集合之内的 $\mathbb{C}$-映射 $f: S^2 \to V$ 的空间是紧致的. (当 V 中不存在 J-全纯球面时, 这可由 V 中近似 J-全纯球面的驯服界限 $\text{area}S \leqslant \text{const}([S])$ 推出.) 因此, 对 $W = V \times S^2$ 上在纤维 $V \times s$, $s \in S^2$ 上与 J 相容的每个 $\mathbb{C}$-结构, 在 W 中存在经过给定点 $w \in W$ 且收缩投射到 W 的有理 (即球形) $\mathbb{C}$-曲线. (如果将非有理曲线 S 的泰希米勒 (Teichmuller) 空间并入到 W 中, 那么这对这样的 S 仍然有效.) "驯服" 与 "双曲" 的另一联系通过下面的双曲性的拓扑准则来表达. 令 $\tilde{V}$ 是 V 的伽罗瓦 (Galois) 覆盖, $\tilde{l}$ 是次线性增长 (当 $\tilde{v} \to \infty$ 时 $\|\tilde{l}(\tilde{v})\|/\text{dist}(\tilde{v}, \tilde{v}_0) \to 0$) 且具有 (在覆叠变换群下) 不变的微分 $\tilde{w} = d\tilde{l}$ 的 1-形式. 如果 J 被相应的类 $[w] \in H_2(V)$ 驯服, 那么 (V, J) 是双曲的. (例如, 如果 J 是驯服的, $\pi_2(V) = 0$ 且 $\pi_2(V)$ 是双曲的, 那么 (V, J) 是双曲的.)

是否有 (非) 双曲性的更多的拓扑准则 (这里 $\pi_1(V)$ 不是很大)? 例如, 在 4-圆环上存在 ω-驯服的双曲结构吗? (抛物曲线, 即到这样的圆环 (T^4, w, J) 的 $\mathbb{C}$-映射可以帮助我们研究 ω, 最终目标是证明 T^4 上任何辛结构 ω 同构于 $\mathbb{C}P^2$ 上已知的 (比如根据陶布斯和唐纳森的工作) 标准辛结构.)

对双曲的 V, $(V, \text{dist}_{\text{Kob}})$ 的本质的度量性质是什么? 我们对此一无所知. 双曲的 J 保持双曲性的形变可以到什么程度? 我们清楚地知道 (根据布洛迪 (Brody) 的讨论) 对于微小的扰动双曲性不会变化. 例如, 取 ω-驯服的 $(\mathbb{C}P^2, J)$ 中的 (必是奇异的) J-曲线 S_0, 其中补集的基

本群是双曲的 (往上述 $d+1$ 条有理曲线中添加另外一条与每条有理曲线都相交于单点的有理曲线就是这样的.) 那么每个非常值的 J-映射 $\mathbb{C} \to (\mathbb{C}P^2, J)$ 与 S_0 相交, 而且如果我们稍微地形变 S_0, 生成的曲线的补集 $\mathbb{C}P^2 \setminus S_\varepsilon$ 仍然是双曲的, 只要 S_0 的每个不可约分支减去剩余的分支是双曲的 (上面的 $d+1$ 线在新增一条与每条线都相交于单点的线后就会发生这样的事情). 因此, 对每个 $d \geqslant 5$, $(\mathbb{C}P^2, J)$ 中存在度为 d 且与任一非常值 J-映射 $\mathbb{C} \to \mathbb{C}P^2$ 均相交的光滑 J-曲线 S 的非空开子集 $\mathcal{H}_d \subset \mathcal{C}_d$. 或许这个 $\mathcal{H}_d$ 是稠密的, 对大的 d 也是开的, 这依赖于 J (这里具有很多不可约分支曲线的情形 (与 J 有关) 似乎触手可及). 对其他的紧致的 V 以及它们之间的差别可以做相似的观察, 例如, 与圆环有关但与经典代数情形中已知的流形不接近的那些. 这里有另一类型且没有经典版本的 (测试) 问题: 给定双曲的 (V, J_0), 我们何时以及如何在 (任意) 小的邻域 $U \subset V$ 中修改 J_0, 使得生成的 (V, J_1) 容许经过任意 $v \in V$ 的抛物 (甚至是有理的) 曲线?

如果 (V, J) 是双曲的, 那么 J-映射 $H^2 \to V$ 的空间 $\mathcal{H}$ 是紧致的, 投影到 $\mathcal{S}$ 上且具有圆圈纤维. 群 $G = PSL_2\mathbb{R} = \mathrm{Iso}H^2$ 自然作用在 $\mathcal{H}$ 上, 周期 (即紧致的) 轨道与闭的 J-曲线 $S \subset V$ 相对应, 其中 $\mathrm{genus}(S) \geqslant \mathrm{const}(\mathrm{Area}S)$. 如果 (V, J) 是代数的, 那么周期轨道在 $\mathcal{H}$ 中是稠密的; 另外, 在 $\mathcal{H}$ 中存在许多对应于 V 上代数 O. D. E.(的解) 的有限维不变子集. 是否对所有驯服的 V, 有限维的不变子集在 $\mathcal{H}$ 中稠密? V 何时包含度量完备的 J-曲线 $S \subset V$, 最好具有局部有界几何? $\mathcal{H}$ 中的不变测度 (如果有) 是什么样的? 对 ω-驯服的 J, 当不存在 J-曲线时, 我们可以从 $\mathcal{H}$ 中选取 ω 的辛不变量吗? 以具有很好的叶状结构的代数的 (V, J_0) 为例, 比如黎曼曲面上的平坦联络或希尔伯特模曲面上标准的叶状结构. 这样的叶状结构在驯服同伦 J_t 下是怎样发展的?

如果 (V, J) 是非双曲的, 那么主要的问题是理解抛物叶子的空间 $\mathcal{P} \subset \mathcal{S}$, 等价地, 具有 $G = \mathrm{Aff}(\mathbb{C})$ 的非常值 J-映射 $\mathbb{C} \to V$ 的空间 $\mathcal{P}'$. 我们知道, 根据龙格 (Runge) 定理, 对于标准的 $\mathbb{C}P^n$, 有理映射在 $\mathcal{P}'$ 中 (从而在 $\mathcal{H}$) 是稠密的. 这或许对所有的具有 "足够多" 有理曲线的驯服的 (V, J) 也是对的 (但这甚至对有理连通的代数的 V 似乎也是不知道的). 例如, 取 (V, J), 其中 J 被标准的 ω 驯服. 那么, 通过融合

(一列) 有理曲线, 我们可以得到包含 V 中给定的可数子集的抛物曲线. 最有可能的是, 我们能沿用唐纳森证明关于杨 – 米尔斯的龙格定理的方法证明关于 V 的龙格定理.

用 $\mathcal{B} \subset \mathcal{P}'$ 表示非常值的 1-利普希茨 $\mathbb{C}$-映射 $\mathbb{C} \to V$ 的空间, 并注意到根据布洛赫 – 布洛迪 (Bloch-Brody) 原理 $\mathcal{P}'$ 中每个 G-轨道均与 $\mathcal{B}$ 相交. 如果 V 包含 (很多) 有理曲线, 那么 $\mathcal{B}$ 非常大, 比如, 如果 $V = (\mathbb{C}P^n, J_{\text{stand}})$, 那么存在从任意 δ-分离的子集 $\Delta \subset \mathbb{C}$ 内插而来的映射 $f \in \mathcal{B}$; 这也许对所有的驯服同伦于标准结构的 J 以及对更一般的 "有理连通的"V 仍然是成立的. 反过来, (加强版的) 这个内插性质很有可能蕴含着 V 中 (许多) 有理曲线的存在性.

除有理曲线外, 我们有时可以通过预定某些渐近边界条件而构造 $\mathbb{C}$-曲线 $\mathbb{C} \to V$, 比如, 通过证明边界落在非紧族拉格朗日 (Lagrange) 子簇上 J-圆盘的空间的非紧性. 这对标准的辛 $\mathbb{R}^{2m}$ 上的许多 J 是有效的, 而且生成了例如关于圆环上由标准 ω 驯服的 J 的抛物曲线. 对于这些圆环, $\mathcal{B}$ 有多大? $\mathcal{B}$ 的平均 (通常的?) 维数 (对于 $\mathcal{B}$ 上的作用 $\mathbb{C} \subset G$) 有希望是有限的, 从 $\mathcal{B}$ 到射影化的 $H_2(V)$ 的自然映射是非歧义的, 且以某种方式代表了对应于 $H_1(V) = \mathbb{C}^n = \mathbb{R}^{2n}$ 中 $\mathbb{C}$-曲线的 $\mathbb{C}P^{m-1}$ 的 (同调) 类.

伪黎曼流形. 给定流形 V 上的 H-结构 g, 其中 $H \subset GL_n(\mathbb{R})$ 是非紧群, $n = \dim V$, 我们可以通过将 H 约化到最大的紧致子群 $K \subset H$, 即考虑 V 上与 g 相容的黎曼度量 g_K, 将 (V, g) 刚性化. 例如, 如果 $g(= J)$ 是一个 $\mathbb{C}$-结构, 那么 $K = U(m) \subset GL_m(\mathbb{C})$, $m = \dfrac{n}{2}$, 且 g_K 是一个埃尔米特 (Hermitian) 度量; 如果 g 是伪黎曼的, 即 g 是 V 上 (p, q) 型的二次微分形式, $p + q = n$, 那么 $K = O(p) \times O(q) \subset O(p, q)$, 且 g_K 是一个黎曼度量, 使得在每点都存在标架 $\tau_1^+, ..., \tau_p^+, \tau_1^-, ..., \tau_q^-$, 形式 g 和 g_K 变成对角化且满足 $g_K(\tau_i^+, \tau_i^+) = g(\tau_i^+, \tau_i^+)$ 和 $g_K(\tau_j^-, \tau_j^-) = -g(\tau_j^-, \tau_j^-)$. 从单独的 g_K 和/或所有 g_K 的全体 $\mathcal{G}_K = \mathcal{G}_K(g)$ 可以看出 g 的什么性质 (不变量)? 有可能两个结构 g 和 g_K 在这些方面几乎没有区别, 即当对任意 $\varepsilon > 0$, 存在 $(1 + \varepsilon)$-双利普希茨等价的 g_K 和 g_K' 时. (在最差的情形 $\mathcal{G}_K$ 的 Diff-轨道在所有的黎曼度量的空间中有可能是 C^0-稠密的.) 存在一些可以通过 $\mathcal{G}_K$ 而知晓关于 g 的有用信息的例子. 一个异

常有趣的例子是由共形结构 g 给出的, 通过 $\mathcal{G}_K$ 可以知道关于 g 的一切 (即, 除非 g 与 g' 是同构的, $\mathcal{G}_K$ 和 $\mathcal{G}'_K$ 的 Diff-轨道的 C^0 闭包基本上是不相交的; 此外, 除了 S^n 上标准的共形结构之外, 共形结构空间上的 Diff-V 作用是恰当的). 接下来, 如果 H 保持 $\mathbb{R}^n$ 上的一个外 r-形式, 且对应的 V 上的形式 $\Omega = \Omega(g)$ 是闭的, 那么 g_K 在下方由满足 $\Omega(C) \neq 0$ 的 r-环的体积限制住, 而且至少 Diff-$\mathcal{G}_K$ 是非稠密的. 最后, 对所有的 g_K, 对特定的辛结构 $g = \omega$, 某些 2-环 C (由 $\mathbb{C}$-曲线实现) 的极小 g_K-面积等于 $\omega(C)$, 因此以更重要的方式限制了 (V, g_K) 的几何.

由于在 g_K 的 (鲁棒) 利普希茨几何上失败了, 我们求助于曲率, 并观察某些曲率 (的范数) 被 $\kappa \in \mathbb{R}$ 限制的适当度量 $g_K = g_K(g)$ 组成的子集 $\mathcal{G}_K(\kappa) \subset \mathcal{G}_K$. 这里对给定的 κ, $\mathcal{G}_K(\kappa)$ 是非空的这一事实给出了 g 的非平凡的复杂度界限. 例如, 我们可以研究下确界 $\kappa \in \mathbb{R}_+$, 使得 g 容许满足截面曲率落在 $-\kappa$ 和 κ 之间的 g_K(具有正规化体积, 如果 $H \in SL_n(\mathbb{R})$). 受舍恩 – 奥班 (Schoen-Aubin) 发表的关于常数量曲率共形度量的山部 (Yamabe) 问题的解答, 我们再一次禁不住想寻找与 g 相适应的对 "稍微非紧" 的 H 有非零期望的 "最好的"g_K.

现在我们来看手头的情形, (通常紧致) 流形 V 上 (p, q)-型的伪黎曼的 g 与黎曼几何的血缘关系比与一般的 g 更接近. 在伪黎曼范畴中与黎曼流形的 "利普希茨" 相当的 (最一般的) 态射是什么?

由于可以用 $g \leqslant g'$ (即 $g - g'$ 是半正定的) 来比较固定流形上的度量, 我们可以谈及 (+)-长映射 $f : V \to V'$, 其中 $f^*(g') \geqslant g$. 但是, 与黎曼的情形 (此时短的 (而不是长的) 映射对所有的 V 和 V' 都有用的) 不同, 这只对与 (p', q') 相比不是太小的 (p, q) 有意义: 如果 $p' > p$, 那么每个等距浸入 $f_0 : V \to V'$ 可以较小地 C^0 扰动成某个 f, 使得 $f^*(g')$ 就像我们想要的那么大 (根据纳什 – 库珀 (Nash-Kuiper) 的讨论, 实际上等于给定的与 g 同伦的 $g_1 > f_0^*(g')$), 并且如果还有 $q' > q$, 一切变得柔和, 我们可以通过与 f_0 任意 C^0-接近的 C^1-浸入获得 V 上的所有 (与 g 同伦的) 度量. 因此我们令 $p = p'$, 从 V 中的正切片, 即满足 $g|W > 0$ 的浸入的 p 维 $W \subset V$ 开始. 如果 W 是连通的并具有非空边界, 对诱导度量, 我们令 $R(W, w) = \operatorname{dist}(w, \partial W)$(称 $\sup\limits_{w} R(w, W)$ 为 W 的 "内半径"), 并定义 $R_+(V, v)$ 为经过 v 的所有正切片 W 的 $R(v, W)$ 的上确界.

(带有非空边界的连通黎曼流形在所有的点都有 $R_+ = R < \infty$, 而闭流形满足 $R_+ < \infty$ 当且仅当 $\pi_1 < \infty$. 即使 $\pi_1 = \{e\}$, 由于 $\pi_1 \stackrel{?}{=} \{e\}$ 的不可判定性, R_+ 也没有一个有效的界限. 并且, 在 S^3 上存在非常小的几乎负曲率的度量, 从而具有任意大的 R_+). 接下来, 我们取从 (V, v) 到维数为 p 的黎曼的 (W, w) 的 (+)-长映射 f, 并用 $\underline{R}_+$ 表示 $R_+(W, w)$ 对所有可能的 (W, w) 和 f 的下确界, 这里显然有 $\underline{R}_+ \geqslant R_+$.

(+)-长映射 $V \to W$ 一定是负的淹没, 即具有 g-负的纤维. 反过来, 给定一个从 V 到流形 W 的负的淹没 f(如果 V 是非紧的, 则假设 f 是恰当的), 我们可以找到 W 上的黎曼度量使得 f 是长的. (在 W 上存在唯一的上限芬斯勒 (Finsler) 度量使得 f 是长的.) 因此, 比如说, 如果紧致 (可能带边) 的 V 容许一个到具有有限 π_1 (或者具有非空边界) 的连通流形的负淹没, 那么 $R_+(V) < \infty$.

满足对所有 $v \in V$ 均有 $R_+(V, v) \leqslant \mathrm{const} < \infty$ 的流形沿着 (+)-方向是有些双曲的 (比如, 这一条件是 C^0-稳定的). 如果 $p = 1$ 且 V 是闭的, 那么它总有一个环形的正切片且对所有 $v \in V$ 均满足 $R_+(V, v) = \infty$, 但是如果 $p \geqslant 2$, 那么每个 $g = g_0$ 都容许一个满足当 $t \to \infty$ 有 $R_+ \to 0$ 的形变 g_t: 取一般的 (从而是不可积的) 满足 $g|S > 0$ 的 p-平场 $S_+ \subset T(V)$, 令 $g_t = g + tg_-$, 其中 g_- 是 g 关于法向分解 $T(V) = S_+ \oplus S_+^{\perp}$ 的负部分. (这个工作甚至是局部的, 且可以推出多数的 g 在 R_+V 的某个区域上很小, 而在其他区域是无限的.)

目前为止, 对 R_+ 和 R_- (即对 $-V$ 的 R_+) 在 V 上都有界的要求似乎有点过于严格了, 这里对紧致的 V 的充分条件是负淹没 $V \to W_+$ 和正淹没 $V \to W_-$ 的存在性, 其中 W_+ 和 W_- 满足 $\pi_1 < \infty$ 或具有非空边界. 这可以稍微地推广一点, 允许某些一般的具有一致的紧致纤维的 $\pm$ 叶状结构对 (例如, 源自到单连通的或者有界的轨形的淹没), 有时一个淹没就足够了. 例如, 从负淹没 $f : V \to W_+$ 出发, 这里 W_+ 是单连通的 (或有界的), f 的 (负) 纤维仍然是单连通的 (或有界的). 在 V 上将 g 形变成 g_1, 其中 g_1 纤维上与 g 相同, 但在垂直于纤维部分非常正. 那么 (V, g_1) 的所有负切片保持 C^1 接近于 f 的纤维, 从而 $R_-(V, g_1)$ 是有界的, R_+ 也是. (或许存在更复杂的, 比方说紧致流形 V, 对 $R_\pm$ 的限制在不同的 $v \in V$ 有不同的来源.)

尽管有一些双曲特征, 闭流形上 ± 有界的伪黎曼度量让人联想到正曲率, 比如, 他们伴随在已知的具有闭的正或负切片且 $\pi_1 < \infty$ 的例子中 (这些是必然发生的吗?), 但似乎在球形的 V 上很难成功.

除了用 ± 叶状结构来驯服 g, 我们还可以尝试用 V 上的微分形式对, 这里闭 p-形式 ω 称为严格 (+)-驯服 g, 如果它在正切片上 (严格) 非奇异. 例如, 如果 V 是可以度量分解的, $V = V_+ \times V_-$, V_+ 的体积形式的拉回 ω_+ 严格 (+)-驯服 g; 同样, ω_- 严格 (−)-驯服 g, 而 $\omega_+ + \omega_-$ 是 ± 驯服的, 虽然是不严格的. 闭的正切片在 g 的 (严格) (+)-驯服的同伦下可以持续到什么程度? 特别地, $(2,q)$-流形中面积极小化的闭的正 2 切片会怎么样?

V 中负切片的空间 $\mathcal{S}_-$ 的切空间带有一个自然的 (正的!)L_r-范数 (因为 p 已经用过了, 这里我们用 r), 这是因为对所有的 $S \in \mathcal{S}_-$, g 正垂直于 $S \subset V$(对所有的满足 $0 \leqslant p' < p$ 的 $S_{p'}, q \subset V$ 也是这样的). 但是 $\mathcal{S}_-$ 中相关的 (路径) 度量可能先验地是退化的, 甚至是变得处处为零. 但是, 也有一些正号的.

令 V 度量分裂为 $V = [0,1] \times V_-$, 其中 V_- 是闭的. 那么 $0 \times V_-$ 和 $1 \times V_-$ 的 L_1-距离等于 V 的体积, 从而 > 0. 因此, 所有的 L_r-距离都是 > 0.

令 $V = V_+ \times V_-$, 其中 V_- 是闭的, V_+ 是任意的黎曼流形. 那么 $\mathrm{dist}_{L_\infty}(v_+ \times V_-, v'_+ \times V_-) = d = \mathrm{dist}_+(v_+, v'_+)$, 这是因为投影 $V \to V_1$ 和 1-利普希茨缩并

$$V_+ \to [0, d] = [v_+, v'_+]$$

提供了 (+)-短 (即 (−)-长) 映射 $V \to [0, d] \times V_-$, 从而可以应用上面的讨论 (只对 L_∞, 对其他的 L_r 不一定).

令 V 是紧致 p-流形上的纤维丛且具有闭的负纤维. 那么任意两个不同的纤维之间的 L_∞-距离 > 0, 这本质上是根据相同的观点 (这也可以得出与纤维同痕的一般闭负切片之间的 L_∞-距离是正的).

$(\mathcal{S}_-, \mathrm{dist}_{L_\infty})$ 的 (和 $\mathcal{S}_+$ 的) 度量几何在多大程度上捕捉到 g 的结构? 对一般的 (V, g), dist_{L_∞} 可以有多么退化? (这个 dist_{L_∞} 与辛的 V 中拉格朗日切片空间上的霍费尔度量有点相似, 也暗示了对多数的 V 我们的 dist_{L_r} $r < \infty$ 是消失的.)

就像我们之前提到的, 研究 g 的 H-结构 (其中 $H \subset GL_n\mathbb{R}$ 非紧) 的普遍困难是, g 可能是不稳定的 (或重现的), 这是由于 V 上将 g (或 g 的小的扰动) 移动得与 g 接近的微分同胚集合的某些无界性. 与之相关的最简单的体现是 (V, g) 的自同构 (等距) 群是非紧的, 不同的结构 g 可能有不同的特性. 例如, S^n 上共形变换 f 构成的群的非紧性可以从图 $\Gamma_f \subset S^n \times S^n$ 看出, 因为这些退化到两个纤维的并 $(s_1 \times S^n) \cup (S^n \times s_2)$, 且当 $f \to \infty$ 时 $\mathrm{Vol}\Gamma_f$ 一致有界. 另一方面, (p, q)-流形 V 的等距 f 的图可以表示为 (全测地) 迷向 (这里度量消失) n-流形 $\Gamma_f \subset V \times -V$, 它们的体积 (以及内半径, 皆由 (V, V) 上的某个背景黎曼度量来测量) 当 $f \to \infty$ 时趋于无穷, 但它们的局部几何仍旧是有界的 (与共形的情形不同). 考虑到这一点, 我们称 g 是稳定的, 如果它在所有 g 的空间 $\mathcal{G}$ 中存在一个 C^0-邻域 $\mathcal{U}$, 使得等距 $f : (V, g') \to (V, g'')$, $g', g'' \in \mathcal{U}$ 的图满足 $\mathrm{Vol}_n(\Gamma_f) \leqslant \mathrm{const} < \infty$(这里背景度量并不是本质的, 因为我们假设了 V 是紧致的).

例. 我们从度量分裂 $V = V_+ \times V_-$ 出发. 这里的等距本质上与黎曼流形 $V^+ = V_+ \times (-V_-)$ 的等距是一样的, 这是因为 $V \times (-V) = V_+ \times V_- \times (-V_+) \times (-V_-) = V_+ \times (-V_-) \times (-V_+) \times V_- = V^+ \times (-V^+)$, 因此 $V \times (-V)$ 和 $V^+ \times (-V^+)$ 有相同的迷向子流形. 如果 V 是闭的、单连通的 (或者 f 没有把 $\pi_1(V_+)$ 和 $\pi_1(V_-)$ 混淆), 通过观察 V^+ 的 (局部) 等距, 我们得到 $V \times (-V)$ 的所有迷向子流形的内半径有界 (如果他们是闭的, 那么体积也是有界的), 从而 $\mathrm{Iso}(V, g)$ 是紧致的. 我们同样很好地认识到 $g = g_+ \oplus g_-$ 是稳定的, 而且我们可以很好地控制 g 的稳定区域 $\mathcal{U}$. 换句话说, 取 $\lambda > 0$, 令 $\mathcal{U}_\lambda = \mathcal{U}_\lambda(g)$ 由 g' 组成, 其中 g' 使得 $V_+ \times v_-$ 和 $v_+ \times V_+$ 分别是 g'-正和 g'-负的, 而且这些纤维到 (V_+, g_+) 和 (V_-, g_-) 的投影关于 g' 在纤维上的限制是 λ-双利普希茨的. 那么 (至少对 $\pi_1(V) = 0$) 满足 $\mathcal{U}_\lambda \cap f(\mathcal{U}_\lambda) \neq 0$ 的微分同胚 $f : V \to V$ 的图与 V^+ 是一致双利普希茨的, 从而 $g' \in \bigcup_{\lambda < \infty} \mathcal{U}_\lambda$ 是稳定的.

最一般的稳定的 g 是什么? $(1, q)$ 型的单连通流形总是稳定的吗? (当然, 一般的(generic)g 是稳定的, 但是我们关心的是例外的 (V, g), 比如具有非紧群 $\mathrm{Iso}(V, g)$ 的那些 (V, g).)

上面的内容引发了关于 $p = q$ 时 (p, q) 型的 V(比如 $V = V_0 \oplus -V_0$)

的等稳定性, 它限制了 V 中 ϵ-迷向子流形的大小. 这在 V 上存在 0-驯服 p-形式 ω 时增强了, 此时 ω 在 $T(V)$ 中的迷向 p-平面上没有消失. 例如, 如果 $V \times (-V)$ 是 0-驯服的 (此时 $\deg\omega = n$), 那么 V 关于图为同调于 $V \times V$ 的对角线的微分同胚是稳定的, 就像上面的 $g \in \mathcal{U}_\lambda$ 和被带有 p 和 q-面积且保持和乐群的 ±-叶状结构所驯服的 (V, g).

注记和参考文献.

(a) 驯服流形中的闭 $\mathbb{C}$-曲线表现出很有条理的结构, 对应于不同 d 的模空间 $\mathcal{C}_d$ 有错综复杂的相互作用, 当 $d \to \infty$ 时具有规律性的渐近性: 量子倍增, 镜像对称等 (见[McD-Sal]). 这对具有弗雷德霍姆边界 (或渐近) 条件的非闭曲线也是有效的, 例如对给定的全实 $W \subset V$, 带边黎曼面的 J-映射 $(S, \partial S) \to (V, W)$, 一切与无边的情形是一样的 (包括小林度量、布洛赫 – 布洛迪等). 在研究哈密顿变换群的不动点与相关问题时不那么明显的条件出现了: 艾利亚施伯格和霍费尔的弗洛尔同调, A-范畴, 切触同调. 但是还不清楚 (只有我?) 在 $\mathbb{C}$-几何中最一般的弗雷德霍姆条件是什么.

(b) 关于无界 $\mathbb{C}$-曲线的、与 (奈望林纳型) 复分析而不是代数几何相似问题在我为 [Gro$_{\text{PCMD}}$] 的后续收集它们的时候仍然是广泛公开的. 空间 $\mathcal{S}, \mathcal{H}, \mathcal{P}, \mathcal{B}$ 具有与 $\mathcal{C} = \cup_d \mathcal{C}_d$ 差不多 (且是相容的) 的几何结构吗? 用什么样合适的语言来描述这样的结构 (如果它存在的话)?

在代数的 V 的经典情形, 虽然有很多很多值得炫耀的深奥的、有难度的定理, 但是仍没有看到整体描述的迹象, 即便是一个猜测.

(c) (V, J) 的双曲性有时可以由与 J 相容的 V 或者 V 中 $\mathbb{C}$-曲线的射流空间上 (黎曼或芬斯勒) 度量的某个适当曲率的负性导出. 最一般的半局部双曲性准则是由 $\mathbb{C}$-曲线 $S \subset V$ 的线性等周不等式表达的. 如果在一个相对较小的 J-曲面 $S \subset V$ 上这样的不等式成立, 那么它通过与实双曲性同样的方式 (见[Gro$_{\text{HG}}$]) 扩展到所有的 S 上, 这对紧致的 V 在原则上是可以证实的. (线性不等式似乎可以通过稍微常规的讨论由双曲性得出, 但是我没能完成它. 或许我们应该限制在闭的 V 上, 而且 J 的可积性也可能有帮助.)

找到使得 (V, J) 中存在许多有理曲线的足够一般的 (正) 曲率条件是有趣的, 比如包括 $\deg V$ 比维数小 (得多) 的复超曲面 V, 并且允许亚历山德罗夫意义下 $K \geqslant 0$ 的奇异空间. 反过来, 当存在很多闭的 (特别是有理的) 曲线时, 我们期望 V 上有额外的局部结构, 例如驯服形式 ω(当 $\dim V = 4$ 时, 它很容易地来自于闭曲线, 见 [Gro$_{\mathrm{PCMD}}$]).

(d) 我们有时会用 V 中的抛物线构造出叶状结构 (或者至少是叠层), 就像 [Ban] 中在被标准辛 ω 驯服的圆环上构造 J 一样 (而原本问题的目的是最终证明 ω 是标准的.)

(e) 在假设结构 J 是可积 (即是复的) 的情况下, 我们在整体地了解紧致的 (V, J) 时可以获得多少? 似乎什么也没有: 没有一个是针对所有的紧复流形的结论. (如果 $\dim V = 4$, 那么小平 (Kodaira) 分类告诉我们很多, 比方说对偶数 $b_1 \geqslant 2$, 特别是如果在 $H^1(V)$ 中存在 4 个具有非零乘积的元素, 它们生成了从 V 到 $\mathbb{C}^2/\Lambda$ 的有限态射.) 这暗示 (遥不可及?) 存在少数具有奇怪特性的可积的 J (的模空间) (就像陶布斯在 6-流形上构造的那些); 但是也没有对于复结构的一般存在性定理 (甚至对开的 V 也没有, 比较一下 [Gro]$_{\mathrm{PDR}}$ 中的第 103 页), 而且更糟糕的是, 没有构造它们的系统的途径. 迄今为止, 紧复流形还是名不副实.[1]

(f) $\mathbb{C}$-曲线通过把它们的切平面限制在 $E_0 = \mathbb{C}P^m \subset Gr_2\mathbb{R}^{2m}$ 上而定义, 它们的优美和威力归功于 E_0 的椭圆性: 经过 $\mathbb{R}^{2m}$ 中每一条直线有一个单独的平面 $e \in E_0$. 我们可以形变 E_0 而保持这个条件, 从而获得推广的 $\mathbb{C}$-结构, 这里得到的 E-曲线与 $\mathbb{C}$-曲线相似, 且在 $m = 2$ 时的描述是最清楚的 (见 [Gro$_{\mathrm{PCMD}}$] 和那里的参考文献). 一般来说, 子集 $E_v \subset Gr_kT_v(V) = Gr_k\mathbb{R}^n$ 的场 E, $n = \dim V$, 定义了 V 中一类 k 维 E-子簇, 称为 "由 E 主导"(例如, 高斯像落在 E_0 中的 $W \subset \mathbb{R}^n$), 这在 E 的椭圆性的假设下似乎最有趣. 为了说明这些, 记 $F_0 = F_0(E_0)$, $E_0 \subset Gr_k\mathbb{R}^n$, 为 $e \in E_0$ 和所有超平面 $h \subset e$ 的对 (e, h) 的空间, 考察重复映射 $\pi_0 : F_0 \to Gr_{k-1}\mathbb{R}^n$. 理想情况下, F_0 是一个光滑的闭流形, π 是稳定地一对一的和到上的 (即在 E_0 的小的扰动下是保持的), 与 $\mathbb{C}$-情形一样. 这样的 E_0 不是廉价得来的: 它们所有已知的例子都是 $Gr_k\mathbb{R}^n$ 中的李群轨道 (的形变), 例如, 在哈维 – 劳森校准

---

① 费迪亚·博格莫洛夫建议考查那些在 $\mathbb{C}^N$ 的伪凸有界区域中叶状结构的叶片空间中出现的流形.

几何中 (其中最最折磨人的 $E_0 \subset Gr_3\mathbb{R}^n$ 是与 S^6 中的有理 J-曲线相关的, 这里 J 是 S^6 中的标准 G_2-不变 $\mathbb{C}$-结构). 我们可以去掉 "到上" 的条件, 得到一个超定的椭圆系统, 为保证有解需要假设可积性 (像哈维 – 劳森的 "特殊拉格朗日"), 从而获得更多的例子. 我们还可以允许 E_0 和 π_0 有某些奇点 (与那些出现在不同情形的杨 – 米尔斯理论中的相似), 但是在所有的情形, 我们被两个问题卡住: 可能的椭圆 E_0 是什么? $(V, E = \{E_v\})$ 中相应的 E-子簇的 (整体的和局部的) 解析性质 (特别是奇点) 是怎样的? (如果 E 是超定的, 我们考察由一个小邻域 $E_\varepsilon \supset E$ 主导的 W.)

(g) 半径 $\underline{R}_\pm$ 没有 $R_\pm$ 有用, 只对比较特殊的伪黎曼流形 $V = (V, g)$ 有意义. 但是 $\underline{R}_\pm$ 可以用来给出这样的 V 的刻画, 例如等式 $\underline{R}_\pm = R_\pm < \infty$ 似乎 (差不多) 可以区分度量分裂的流形. 我们还可以通过考虑与纤维垂直的 $\pm$ 长淹没 $V \to W_\pm$ 来推广 $\underline{R}_\pm$, 这里 $1 \leqslant \dim W_+ \leqslant p$, $1 \leqslant \dim W_- \leqslant q$, g 在与纤维垂直的向量的丛上是 $\pm$ 定的. 那么得到的 $\underline{R}_\pm^\perp$ 满足 $\underline{R}_\pm \geqslant \underline{R}_\pm^\perp \geqslant R_\pm$.

(h) 在 $\dim V \geqslant 4$ 时 $R_\pm$ 的有限性不能保证 V 的稳定性, 这是因为有例子表明这个, 但这似乎 "将非稳定性限制在余 2 维". 在更强的半径假设条件下, 我们可以更进一步吗?

(i) 除了内半径, 还有其他的黎曼不变量可以测量伪黎曼度量, 例如 V 中 (完备) 正切片的宏观维数 (见 [Gro$_{\text{PCMD}}$]), 或 V 中欧氏 p-球的最大半径. ($\mathbb{R}^p$ 上的欧氏度量主导了其他的 g: 对 $\mathbb{R}^p$ 上的任一黎曼度量 g 都存在长映射 $\mathbb{R}^p \to (\mathbb{R}^p, g)$. 但是我们可以容许具有非平凡拓扑的切片而超越 $\mathbb{R}^p$. 某些 V 可能包含很多这些, 例如某些维数较大的 V 支持 (p, q)-度量 g 使得任一黎曼 p-流形容许一个到 (V, g) 的等距浸入.) 而且, 我们可以考察具有控制尺寸的切片的同伦和可延拓性, 从而得到 V 的其余的不变量. 实际上, 闭的正切片空间的纯粹的拓扑结构可能非常复杂, 这鼓励我们寻求限制这种复杂性的条件 (例如, 在图的情形, 参见 [Gu-Sa]).

(j) 如果 V 是紧致的, 我们可以区别从 V 中某个黎曼背景 h 的诱导度量的完备切片, 并对这些诱导度量和由 (p, q)-型度量 g 诱导的度量进行比较. (除了完备性, h 还产生了其他类的切片, 例如那些曲率有界的情形.)

(k) (非稳定的)(V, g) 的等距具有诱人的几何和活力 (关于介绍和引文见[D'Amb-Gr]),并且许多基本的问题仍然是公开的,例如,V 的内部的任一等距都可以延拓到边界上吗? (我猜这来源于相对论.)

(l) 目前大多数伪黎曼的研究都与广义相对论中的爱因斯坦方程有联系.

§5 符号化和随机化

(不仅仅) 几何中问题形成的一般途径是对比特定的不同范畴内的对象:具有给定形式的曲率的流形所具有的可能的拓扑 (比如同调) 是怎么样的? 测地流的动态与拓扑和/或几何是如何相关的? 具有特定渐近几何 (比如曲率) 的完备流形上调和函数的衰减速度有多大? 以几何方式定义的能量在给定的映射或子簇空间上有多少临界点? 指数映射或割迹的可能的奇点是什么? 每个 (近复) 流形 $(\dim \geqslant 6)$ 都支持一个复结构吗? 等等. 这些使得我们对朴素和明显的自然性着迷,有时会引发新的想法和结构 (在切向与原来的问题相关,就像由闭测地线激发的莫尔斯 – 卢斯特尼克 – 施尼雷尔曼 (Morse-Lusternik-Schnirelmann) 理论),但自然幻象往往将我们吸引到一望无际的没有清晰认识的沙漠,即使找到答案,也不能扑灭我们对结构数学的渴望. (例子留给读者)

另一种方法是将范畴和想法混合起来 (而不是交叉). 这有利于在新对象构建之后 (而不是之前) 产生的问题上获得成功. 只看一下它是如何运作的:符号动力学,代数运算和非交换几何,量子计算机,微分拓扑,随机图,p 进数分析 …… 现在我们想继续讨论符号几何和随机群.

给定具有有限笛卡儿积的 "空间" X 的范畴,我们考虑形式无限乘积 $\mathcal{X} = \underset{i \in I}{\times} X_i$,其中指标集具有可加 (离散) 结构,例如是一个图或者离散群 Γ. 在后一种情形我们假设所有的 X_i 是相同的,$\mathcal{X} = X^\Gamma$ 由函数 $\mathcal{X} : \Gamma \to X$ 组成,其中 Γ 自然地作用在 $\mathcal{X}$ 上. 如果我们不考虑一个固定的 Γ 上的态射 $\Phi : \mathcal{X} \to \mathcal{Y}$,那么什么事情都不会发生. 这样的 Φ 由基

数为 d 的有限子集 $\Delta \subset \Gamma$ 和映射 $\varphi : X^\Delta \to Y$ 即函数 $y = \varphi(x_1, \cdots, x_d)$ 给出, 其中 $\Phi(\chi)(\gamma)$ 定义为对所有的 $\gamma \in \Gamma$, φ 作用在 χ 限制在 γ-平移 $\gamma\Delta \subset \Gamma$ 上的值. 从而我们通过由多元函数 $\varphi(x_1, \cdots, x_d)$ 构造单元 (Γ-等变) 函数 $\Phi(\chi)$ 使得原来的范畴丰富化.

取一个由 X 组成的特别的范畴, 比如代数簇、光滑辛或黎曼流形、(光滑) 动力系统, 怎么样都行, 然后开始将基本结构、概念和问题翻译成 $\mathcal{X}$ 的 "符号" 语言. 这在 [Gro$_{\text{ESA}}$] 和 [Gro$_{\text{TID}}$] 中有所研究, 主要着眼于 $\mathcal{X}$ 的连续副本, 例如全纯映射 $\mathbb{C} \to X$ 的空间, 这里 X 是代数簇, 希望在这种空间中 "代数" 地反映出来. 我还没有走远: $A\chi$ 映射定理对于顺从的 Γ 的符号版本 (类似于细胞自动机中的伊甸园), 对顺从的 Γ (在拓扑熵的意义下) 所有的紧致 Γ-空间 $\mathcal{X}$ 度定义了平均维数的概念, 对 $\mathcal{X} = X^\Gamma$ 重新抓住了 $\dim_{\text{top}} X$ (例如, 适用于像 J-映射 $\mathbb{C} \to (X, J)$ 的空间 $\mathcal{B}$ 一样的空间). 就是这样. (非常欢迎读者研究这些 $\mathcal{X}$; 如果有的话, 这里不缺公开问题; 但也不能保证他们能够通向一套新的宏伟理论.)

随机化. 随机位于流形的源头, 至少在光滑和代数的范畴内: 一般的光滑流形 V 可以作为标准流形之间一般 (或随机) 的光滑映射 f 下特殊子流形的拉回, 比如一般函数 $f : \mathbb{R}^N \to \mathbb{R}^{N-n}$ 或从 $\mathbb{R}^N$ 到格拉斯曼 (Grassmann) 流形 $\text{Gr}_{N-n}\mathbb{R}^M$ 上典则向量丛 W (托姆 (Thom) 构造) 的 (正则) 一般映射的零点集, 后一情形 V 是零截面 $0 = \text{Gr}_{N-n}\mathbb{R}^M \subset W$ 的原像 $f^{-1}(0)$. (微分拓扑中的其他构造是对一般化的 V 的小小的修补. 同样, 大部分的代数流形由诸如 $\mathbb{C}P^N$ 的标准流形中丰富的一般超曲面的交点构成, 全部已知的代数流形的构造, 比方说是非奇异的构造, 都是令人沮丧地短.)

有人可能会指出每个 (组合) 流形可以由单形组装而成. 实际上, 构造多面体是很简单的, 但是没办法识别出其中的流形 (这归根到底是由于有限表现群的平凡性是不可判定的). 这会出现与 "拓扑的非局部性" 相关的另一个基本问题. 给定的空间 X (例如一个光滑流形球 S^n) 可以有多少个三角剖分? 就是说, 令 $t(X, N)$ 表示将 X 剖分成 N 个单形后不相互组合同构的剖分的个数. 这个 t 关于 N 是至多指数式增长的吗? 即, 是否有 $t(X, N) \leqslant \exp C_X N$. 注意到所有由 N 个 n

维单形组合成的 X 的个数是超指数增长的, 大约相当于 n^n, 对给定的由 $\pi_1(X)$ 生成, 或者也许 (但不太可能) 由 $H_1(X)$ 生成的 X, 主要的困难是计算固定 $\pi_1(X)$ 或 $H_1(X)$ 时三角化流形 X 的个数.

这些问题 (来自于研究重力量子化的物理学家) 有组合上的对应 (我们偶然发现了亚历克斯 · 纳布托夫斯基): 对具有 N 个边界的连通的且使得长度 $\leqslant L$ 的循环正规生成 $\pi_1(X)$(或至少生成 $H_1(X)$) 的 3-价 (即 degree$\leqslant 3$) 图 X, 求出 $t_L(N)$ 的值? 对固定的 L(比方说 $=10^{10}$), $t_L(N)$ 关于 N 是至多指数式的吗? 这些问题看起来很好, 但不知道如何回答.

这里有个有点类似但是更简单的问题: 随机群 (而不是空间) 是什么样子的? 正如我们将看到的, 答案是最令人满意的 (至少对我来说): "我们以前从未见过". (虽然没有大的惊喜: 典型的对象通常是不典型的.)

群的随机表现. 给定群 F, 例如有 k 个生成元的自由群 F_k, 我们可能会谈到随机商群 $G = F/[R]$, 这里 $R \subset F$ 是关于 2^G 上某个概率测度 μ 的随机子集, $[R]$ 表示由 R 生成的正规子群. 构造 μ 的最简单的方法是对所有 $\gamma \in \Gamma$ 选取权重 $p(\gamma) \in [0,1]$, 并在 2^G 中取乘积测度, 即 R 通过具有概率 $p(\gamma)$ 的 $\gamma \in F$ 的独立选取而得到. 这仍然太一般: 我们专门考虑 $p(\gamma) = p(|\gamma|)$, 这里 $|\gamma|$ 表示 γ 关于 F 中给定的, 比方说是有限的, 生成系的字长. 一个相当不错的这样的 p 是 $p = p_\theta(\gamma) = (\mathrm{card}\{\gamma' \in F| \ |\gamma'| = |\gamma|\})^{-\theta}$, $\theta > 0$. 如果 "温度"θ 接近 0, $p_\theta(\gamma)$ 衰减很慢, 且 R 很大, 使得只要 F 是无限的, 那么它正规生成 F, 满足 $G = \{d\}$ 的概率是 1. 例如, 如果 $F = F_k$, 只要 $p(\gamma) \in l_2(F_l)$, 即 $\sum_\gamma p^2(\gamma) < \infty$, 那么这就会发生. 这很简单; 但是还不是很清楚对很大的 θ 是否 G 永远是非平凡的. 但是, 如果 $F = F_k$(或者一般的非基本的字双曲群), 我们可以证明 G 是无限的, 而且当 $\theta > \theta_{\mathrm{crit}}(F)$ 时具有正的概率, 而且 $\theta_{\mathrm{crit}}(F_k)$ 可能等于 2, 即 $p_\theta(\gamma) \notin l_2 \Rightarrow \mathrm{card}(G) = \infty$ 且具有非零概率 (对稍微有点不同的 $p(\gamma)$ 见 [Gro$_A$I], 根据小消除理论, 这里出现临界值 2 是因为 S^2 的欧拉示性数).

对不同的 θ, 随机群 G_θ 看起来非常不同. 对 $\theta_2 > \theta_1$, G_{θ_1} 似乎不能

嵌入 (甚至是用最大方的词汇) 到 G_{θ_2} 中, 这是由于随机的 G_θ 的 "密度" 随着 "温度" 而降低. 此外, 对相同的 (很大的)θ, G_θ 的一般样本可能相互不同构 (甚至不拟等距) 但具有概率 1, 但是它们的 "基本不变量" 可能是一样的. 我们很清楚对所有的 $\theta < \infty$, G_θ 几乎肯定没有有限因子群, 而且它们可能满足卡兹丹性质 T. (T 对较小的 θ 更有可能, 而让 G_θ 无限则更难.)

让我们通过考虑从固定的群 H 到 F 的满足 $G = F/[\varphi(H)]$ 的随机同态 φ 来修改上述概率方法. 为了简单起见, 令 $H = \pi_1(\Delta)$, 其中 Δ 是 (直接) 图, φ 通过对 Δ 的每个边 e 随机分配 F 的生成元而给出, 这对所有的边都是独立的. 用 $N(L)$ 表示 Δ 中长度 $\leqslant L$ 的 (非定向的) 循环的个数, 并注意到对较大的 $N(L)$, 群 G 很有可能是平凡的. 但是我们关心的是无限的 G, 对自由群 $F = F_k$, $k \geqslant 2$ 和非基本双曲群, 如果对较大的 $\beta \geqslant \beta_{\mathrm{crit}}(F)$ 有 $N(L) \leqslant \exp L/\beta$, 这可以由正概率保证. (到目前为止我已经核对了满足额外的间隙条件的情形, 例如 Δ 是基 d_i, $i = 1, 2, \cdots$, 满足 $d_{i+1} \geqslant \exp d_i$ 且 Δ_i 中最短循环的长度 $\geqslant \beta_{cr}$ 的有限图 Δ_i 的不交并.)

为得到具有有趣的性质的无限随机的 $G = G(F, \Delta)$, 我们需要一个特殊的 Δ. 我们取 Δ 使得它对固定 (可能很小) 的 $\lambda > 0$ 包含一个任意大的 λ-扩张子. (这样的 Δ 确实存在, 实际上在我们的范畴中随机的 Δ 包含了这样的扩张子, 见 [Lub].) 那么随机群 G 几乎肯定满足下面的性质.

(A) G 是卡兹丹 T 的, 即希尔伯特空间 $\mathbb{R}^\infty$ 上这样的 G 的每个仿射等距作用都有一个不动点. 而且, 满足 $K(V) \leqslant 0$ 的 (可能是无限维的) 完备单连通黎曼流形 V 上 G 的每个等距作用有一个不动点 (如果 $\dim V < \infty$, 那么根本不存在非平凡的作用).

(B) 对任一利普希茨 (对度量) 映射 $f : G \to \mathbb{R}^\infty$, 存在序列 $g_i, g_i' \in G$, 满足 $\mathrm{dist}_G(g_i, g_i') \to \infty$ 和 $\mathrm{dist}_{\mathbb{R}^\infty}(f(g_i), f(g_i')) \leqslant \mathrm{const} < \infty$(而且这对 $p < \infty$ 的 l_p-空间仍是成立的).

有人可能会认为上述 "病态" 主要是由于 G 不是有限表示的. 但是我们可以证明 G 中的一些 "拟随机" 群是递归表示的, 从而嵌入到一个有限表示群 G' 中, 这样的 G' 自动满足 (B), 而且根据伊利亚·里

普斯 (Ilia Rips) 和马克·萨皮尔 (Mark Sapir) (未发表) 的结果, 可以选取 G' 具有非球面表示. 那么, 对具有给定维数 $n \geqslant 5$ 的非球面闭流形 V 我们可以选取 $G' = \pi_1(V)$, 除了 (B) 之外, 还具有更多的 "讨厌的" 性质, 例如抑制了证明关于 G' 的 (强) 诺维科夫猜想的所有已知的 (据我所知) 论据. (见 [Gro$_{RW}$]; 但是我还没有排除超球性.) 我觉得, 所有随机群都可以像比如随机图一样健康成长.

还有定义随机群的其他可能性, 例如, 可以根据 "符号" 方法, 其中有限集合的组合操作在几何范畴中由平行构造代替. 例如, 我们可以赋予 G 的生成集 B 一些结构 (拓扑, 测度, 代数几何), 具有作为 B 的笛卡儿幂的几何子集的关系. 那么, 与结构相关, 我们可以谈及 "随机" 或 "一般" 的群 G(通过模型理论推理可能会回到有限生成群). 看起来很有前途, 但我还没有达到提出问题的程度.

参考文献

[A-B-C-K-T] J. Amorós, M. Burger, K. Corlette, D. Kotschick, D. Toledo, Fundamental Groups of Compact Kähler Manifolds, Mathematical Surveys and Monographs, American Mathematical Society, Providence, RI (1996).

[Ban] V. Bangert, Existence of a complex line in tame almost complex tori, Duke Math. J. 94 (1998), 29-40.

[Berg] M. Berger, Riemannian geometry during the second half of the twentieth century, Jahrbericht der Deutschen Math. Vereinigung, v. 100 (1998), 45-208.

[Be-Eh-Ea] J. K. Beem, P. E. Ehrlich, K. L. Easley, Global Lorentzian Geometry, 2. ed., Monograph + Textbooks in Pure and Appl. Mathematics vol. 202, Marcel Dekker Inc., N. Y. 1996.

[Bria] R. Briant, Recent advances in the theory of holonomy, Sém. N. Bourbaki, vol. 1998-99, juin 1999.

[Che-Co] J. Cheeger, T. Colding, On the structure of spaces with Ricci curvature bounded below, III. , preprint.

[D'Amb-Gr] G. D'Ambra, M. Gromov, Lectures on transformation groups: Geometry and dynamics, in Surveys in Differential Geometry 1 (1991), 19-111.

[G-L-P] M. Gromov, with Appendices by M. Katz, P. Pansu, and S. Semmes,

Metric Structures for Riemannian and Non-Riemannian Spaces based
on Structures Metriques des Variétés Riemanniennes, edited by J.
LaFontaine and P. Pansu, English Translation by Sean M. Bates,
Birkhäuser, Boston-Basel-Berlin (1999).

[Gro$_{AI}$]   M. Gromov, Asymptotic invariants of infinite groups. Geometric
group theory, Vol. 2, Proc. Symp. Sussex Univ., Brighton, July 14-
19, 1991. London Math. Soc. Lecture Notes 182 Niblo and Roller
ed., Cambridge Univ. Press, Cambridge, 1-295 (1993).

[Gro$_{CC}$]   M. Gromov, Carnot-Caratheodory spaces seen from within sub-
Riemannian geometry, Proc. Journées nonholonomes; Géométrie
sous-riemannienne, théorie du contrôle, robotique, Paris, June 30-
July 1, 1992, A. Bellaiche ed., Prog. Math. 144 (1996), 79-323,
Birkhäuser, Basel.

[Gro$_{ESA}$] M. Gromov, Endomorphisms of symbolic algebraic varieties, J. Eur.
Math. Soc. 1 (1999), 109-197.

[Gro$_{HG}$]   M. Gromov, Hyperbolic groups, in Essays in Group Theory, Math-
ematical Sciences Research Institute Publications 8 (1978), 75-263,
Springer-Verlag.

[Gro$_{PCMD}$] M. Gromov, Positive curvature, macroscopic dimension, spectral
gaps and higher signatures in Functional analysis on the eve of the
21st century, Gindikin, Simon (ed.) et al. Volume II. In honor
of the eightieth birthday of I. M. Gelfand. Proc. Conf. Rutgers
Univ., New Brunswick, NJ, USA, Oct. 24-27, 1993. Prog. Math.
132 (1996), 1-213, Birkhäuser, Basel.

[Gro$_{PDR}$] M. Gromov, Partial Differential Relations, Springer-Verlag (1986),
Ergeb. der Math. 3. Folge, Bd. 9.

[Gro$_{RW}$]   M. Gromov, Random walk in random groups, in preparation.

[Gro$_{SGM}$] M. Gromov, Sign and geometric meaning of curvature, Rend. Sem.
Math. Fis. Milano 61 (1991), 9-123.

[Gro$_{SH}$]   M. Gromov, Soft and hard.

[Gro$_{TID}$] M. Gromov, Topological invariants of dynamical systems and spaces
of holomorphic maps, to appear in Journ. of Geometry and Path.
Physics.

[Gu-Sa] V. Guba, M. Sapir, Diagram groups, Memoirs of the AMS, Novem-
ber, 1997.

[Kan]   P. Kanerva, Sparse Distributed Memory, Cambridge, Mass. MIT
Press, 1988.

[Klein] F. Klein, Vorlesungenüber die Entwicklung der Mathematik im 19.

Jahrhundert, Teil 1, Berlin, Verlag von Julius Springer, 1926.

[La-Sch] U. Lang, V. Schroeder, Kirszbraun's Theorem and Metric Spaces of Bounded Curvature, GAFA, Geom. funct. anal. Vol. 7 (1997), pp. 535-560.

[Lub] A. Lubotzky, Discrete groups, expanding graphs and invariant measures, Progress in Mathematics, 125. Birkhäuser Verlag, Basel (1994).

[McD-Sal] D. McDuff, D. Salamon, J-holomorphic curves and quantum cohomology, Univ. Lect. Series n 6, A. M. S. Providence (1994).

[McQ] M. McQuillan, Holomorphic Curves on Hyperplane Sections of 3-Folds, Geometric And Functional Analysis, Vol. 9, No. 2, pp. 370-392 (1999).

[Mi] V. D. Milman, The heritage of P. Lévy in geometrical functional analysis, in Colloque P. L'evy sur les Processus Stochastiques, Astérisque 157-158 (1988), pp. 273-301.

[Newm] J. R. Newman, The world of Mathematics, Vol. 1, Simon and Schuster, N. Y. 1956.

[Per] G. Perelman, Spaces with curvature bounded below, in Proc. ICM, S. Chatterji, ed. , Birkhäuser Verlag, Basel, 1995, pp. 517-525.

[Pet] P. Peterson, Aspects of global Riemannian geometry, BAMS, 36: 3, pp. 297-344 (1999).

[Spr] D. Spring, Convex Integration Theory, Birkhäuser Verlag, Basel-Boston-Berlin, 1998.

[Vasi] A. V. Vasiliev, Nikolai Ivanovich Lobachevski, Moscow, Nauka 1992 (in Russian).

第五章 孟德尔动力学和斯特蒂文特范式*

摘 要

本文是对形式遗传学的简要介绍, 它以两个数学思想为中心, 这些思想可追溯到格雷戈里·孟德尔 (Gregor Mendel) 和阿尔弗雷德·斯特蒂文特 (Alfred Sturtevant).

开场白. 从生物学 (或基础水平上的其他科学分支) 通往数学的道路往往是几条并行路径 (经常是布朗式的, 而不是直线的).

• 鉴定一类现象 —— "森林中特殊的树" —— 那种带有规律性暗示着潜在 (数学) 结构的现象. (存在非数学结构吗?)

•• 设计和操作实验/观测设备用以提纯和放大裸眼看到的东西 (例如, 将 "树" 植入 "人工土壤" 中).

••• (常常暗中) 制造专门的假设 (例如, 连续性、对称性、函子性) 以给实验数据提供逻辑框架.

例如, "抛掷硬币的理论" 展示了数学上的优美并导出 (概率意义

---

* 原文 Mendelian Dynamics and Sturtevant's Paradigm, 发表于 *Geom Probab Struct Dyn.*, pp. 1–16 (2007). 本章由梅加强翻译.

上的) 预测能力, 这不是来自像 "概率是不确定性的一种测度" 这样的
"定义", 而是来自如下假定: 假设输出空间 $\mathbb{Z}_2^n$ (二进制 n 序列) 上的概
率分布等于 (归一后的) 哈尔测度, 且它在置换群 S_n 作用下不变.

　　这种假设 (假定), 大自然传递信息的语言的语法片段, 是数学家
主要感兴趣的东西, 而物理学家关心的是信息的 "意义" —— 更难以
形式化的结构.

　　解密大自然的语法, 或者从生物学上讲, 通过观察生长的树 (的
样本分支) 来猜测种子的设计, 数学家干得很少 (如果有的话, 牛顿除
外), 即使实验数据非常丰富 (像今天的分子生物学). 过去的数学经验
往往将想象引向旧的而不是新的数学概念.

　　即使严格地重新表述这种假设也不是件直截了当的事. 例如, 狄
克拉的 δ-函数需要分布理论才能为数学家所接受, 而 (推导) 玻尔兹曼
方程的函子性只有纯数学中 "函子范式" 的出现才被人们认识到 (尽
管至今发掘得还不够).

　　当一粒 "种子" 栽培到 "数学土壤" 中时, 它所长出的 —— 数学家
的树 —— 看上去和真的也不太一样. 但只要这棵树长得健壮又漂亮,
数学家就会感到满意, 而不管种子的非数学来源.

　　人们能预测哪些种子能长成大树, 哪些只是枯粒而根本不是种子
吗? 这正是从科学中寻找问题的数学家要面对的首要也是最艰巨的
问题: 识别有前途的数学问题.

　　即便在纯数学中, 看出种子的活力往往也属于事后诸葛亮. 谁能
从 $\sqrt{-1}$ 在平面上等于 90 度旋转就推出等式 $e^{2\pi i} = 1$ 以及黎曼映射
定理, 或从 $4 \Rightarrow 3$ "约化" 正好由具有四个元素集合的三种 $2+2$ 分划
实现, 从而解出 4 次代数方程 (在解出 3 次方程的基础上), 又再指向
杨 - 米尔斯方程, 并最终在合适的土壤中长出唐纳森理论?

　　我们在下面提出源于生物学的两个想法:

　　孟德尔的多线性动力学, 它经历了重大的进展, 不过基本是在 19
世纪的土壤 —— 出自高德菲·哈罗德·哈代 (Godfrey Harold Hardy)
"乘法表式的数学", 以及斯特蒂文特结构识别范式, 它还尚未被当代
数学家吸收.

　　孟德尔遗传模型. 设想某些种类的花, 它们只有两种可能的纯色,

比方说白和红, 没别的, 不管你如何杂交都没有粉色之类的. 进一步,

- 某些红色父母会有白色和红色后代;
- •• 有时红色父母的所有代数的后代全是红色的;
- ••• 白色父母的后代总是白色的.

格雷戈里·孟德尔提出了一种可能的机制 (见 "植物杂交实验", Verhandlungen des naturforschenden Vereines, Abhandlungen, Brunn 4, pp. 3–47 (1866))[1] (查尔斯·达尔文 (Charles Darwin) 发表《物种起源》7 年后). 在文章的引言部分, 孟德尔写道: "每当授粉发生在同一物种之间时, 同样的杂交品种总是重现出惊人的规律性, 这导致了将来的进一步实验, 其目的在于将它们后代的杂交品种的发展探究到底."

他假定生物的每种纯表型特性 F, 比如颜色, 是由今天人们称为占据特定位点的基因所决定的. 孟德尔假设每一基因由两半组成, 其中一半来自母本, 另一半来自父本. 我们用 A 表示所有可能的 "半" 组成的集合, 称为 "等位基因"("替代的 (半) 基因常称为配子[2]), 将 F 看成基因组合的函数, 即关于两个 A-变量的函数, $F = F(a,b)$, $a,b \in A$. 其中, 依据孟德尔, 还假定 F 是对称的, 并且基因形式上写为 A-变量的二次单项式, 比如用 ab 代替 (a,b).

对于花来说, A 的一个自然候选者是两点集 $A = \{r,w\}$, 其中 r 出现时确保产生红色色素, 而 w 为颜色缺陷[3]. 这表明颜色函数 F 的取值为[4]:

$F(ww) = $ 白色, $F(wr) = $ 红色, $F(rr) = $ 红色.

在上面的例子中, 我们不能通过明显的颜色来区分 wr 和 rr 等位基因组合, 因为两种花都是红色的; 不过, 用下面的规则就可以区分:

* 父母基因为 ab, $a'b'$ 的, 其后代的基因有四种类型: aa', ab', ba', bb'.

---

[1] 原始文章以及英文翻译见 http://www.mendelweb.org/.

[2] 我们选定的词适合于数学用法, 常跟遗传学家的传统不同.

[3] 这种色素通常由几种蛋白质 P 沿特定代谢路径同心协力在花卉植物的某些细胞中合成的, 其中某一个, 比如 P_* 可能是色素生产的关键. 今天我们知道这样的 P_* 由相应的基因进行编码 —— 在 (很长的) 制造染色体的 DNA 分子上的特殊片段. 每一个二倍体细胞包含两套染色体, 因此有两套基因编码, 其中一套对蛋白质 P'_* 的编码与 P_* 的稍有不同, 在合成色素时无法正常工作. 对于花来说, 由一个染色体编码的 P_* 所生产的色素足以提供丰富的颜色.

[4] 函数 $F = F(a,b)$ 常可约化为一元函数, 比如 $F(a,b) = \max\{f(a), f(b)\}$.

特别地, 父母基因均为 rw 的花, 其后代 (足够多) 既有白色, 也有红色; 而父母基因为 rw, rr 的花, 其后代总是红色的. 当然, 它们的再下一代可能出现白色 (父母为 rw). 父母基因均为 rr 时, 其所有后代都是红色的.

这可以区分 rr 和 rw, 但还不够定量化. 下面才是数学真正进来的地方:

孟德尔定律. 上述四种产出, aa', ab', ba', bb', 都是等概率的.

例如, 如果父母都是 rw, 则 rr, ww 型后代的概率均为 1/4, 而 rw 型后代的概率为 1/2.

为了支撑他的观点, 孟德尔培植和检验 (适当地杂交) 了大约三万株豌豆, 提供的数据证实了期望的比例, 比如 rw 型父母的后代中红/白的比例为 3 : 1.

注记.

(a) 上述 "半" 与 DNA 中的两条链无关, 而是与某些生物的二倍体结构有关, 例如, 人类和豌豆都有分别继承自父母的两套染色体.

(b) 有一小群基因, 即位于性染色体① 上的基因, 这里父母基因之间的对称性失效了. 不过, 按照生物学的传统共识, 我们下无条件论断时允许例外.

(c) 孟德尔的公设表达了数学建模中共有 "平等性思想": 两个相似的常数认为是相等的, 除非存在相反的信息.

(d) 孟德尔提供的数据, 比如 3 : 1 比例的精确性, 看上去是如此之好, 以至于费歇尔 (R. A. Fisher, 种群遗传学的创始人之一) 基于卡方分析认为孟德尔伪造了数据②.

(e) 对于生物学 (也可以认为整个科学) 中最大的创新步骤之一, 我们的阐述太简短了. 1966 年, 柯特·斯特恩 (Curt Stern) 写道: "格雷戈里·孟德尔的短文《植物杂交实验》是人类心智的伟大胜利. 它不单单宣告了新观测方法所发现的重要事实, 而是通过最具创造性的行动将这些事实展现在一个概念模式中, 这给出了一般意义. 孟德尔的论文不仅是历史文献, 它仍然是科学实验和对数据的深刻洞察方面

---

① 见 http://en.wikipedia.org/wiki/Chromosome, http://biology.about.com/library/weekly/aa091103a.htm.

② 对费歇尔观点的批评见 http://www.mcn.org/c/irapilgrim/men05.html.

至高无上的鲜活例子[1]."

与科学家和外行对达尔文的物种起源持有接受/反对定论不同, 生物学家花了好几代时间吸收孟德尔的思想, 同时将 (适当修正过的) 达尔文的选择和演化观念和孟德尔的遗传学相协调.

等位基因分布的哈代 – 温伯格原理. 集合 X 上的一个分布或 X 分布是对 X 中的每一个元素 x 指定一个实数权重 n_x (常为正整数), 其中至多有限个 n_x 不为零. (下面的相关集合其实都是有限集.) 我们将这样的分布写成 (有限) 形式和 $\mathbf{x} = \sum_x n_x x$, 并将其视为线性形式, 即关于 x 变量的 1 次多项式. 用 $\mathbb{R}(X) \supset X$ 表示分布的全体. 注意到每一个映射 $X \to Y$ 均可延拓为线性映射 $\mathbb{R}(X) \to \mathbb{R}(Y)$, 其中对应 $X \rightsquigarrow \mathbb{R}(X)$ 为共变函子. 进一步, 每一个从 X 到线性空间 R (例如 $X \to \mathbb{R}(Y)$) 可唯一地延拓为线性映射 $\mathbb{R}(X) \to R$.

$\langle\rangle$-函数和群 $\mathcal{G}_{\langle\rangle}$. 空间 $\mathbb{R}(X)$ 上有一个自然的线性函数 (在关于 x 的置换下保持不变), 那就是

$$\mathbf{x} = \sum_x n_x x \mapsto \langle \mathbf{x} \rangle = \langle \mathbf{x}, \mathbf{1} \rangle =_{def} \sum_x n_x,$$

其中 $\mathbf{1}$ 表示对每一个 x 均指定 1 的分布. 我们将很快看到形式遗传学中的标准计算在保持 $\mathbb{R}(A)$ 中 $\langle\rangle$ 不变的线性变换群 $G_{\langle\rangle} = GL(\mathbb{R}(A), \langle\rangle)$ 的作用下不变, 甚至在下节将要定义的一个更大的群 $\mathcal{G}$ 作用下不变.

关于测度和概率. 具有正权重的分布可自然等同于 X 上的有限测度. 进一步, 如果 $\langle \mathbf{x} \rangle = \sum_x n_x = 1$, 通常就将 n_x 写成 p_x, 将和式 $\sum_x p_x x$ 视为 X 上的概率测度 (分布), 这里我们的记号遵循代数传统而不是分析传统.

基因分布. 这是乘积 $A \times A$ 上关于对合 $(a,b) \mapsto (b,a)$ 不变的分布. 我们用关于 a 变量的多项式 $\sum_{a,b} n_{a,b} ab$ 表示它们, 其中, 记得单项式表示在给定位点的基因.

等位基因容量映射. 对每一基因 $g = ab$ 我们用 $\mathbf{a}_g$ 表示其等位基

---

[1] 比较 http://www.weloennig.de/mendel02.htm, http://www.library.adelaide.edu.au/digitised/fisher/144.pdf.

因容量, 它定义为 $\mathbf{a}_g = a + b$. 这是 A 上的一个分布. 所得容量映射

$$G \to \mathbb{R}(A), \quad g \mapsto \mathbf{a}_g$$

可 (线性地) 延拓为

$$\mathbb{R}(G) \to \mathbb{R}(A), \quad \mathbf{g} = \sum_{a,b} n_{a,b} ab \mapsto \mathbf{a_g} = \sum_{a,b} n_{a,b}(a + b).$$

因为

$$\sum_{a,b} n_{a,b}(a+b) = \sum_a \left(\sum_b n_{a,b} \right) a + \sum_b \left(\sum_a n_{a,b} \right) b,$$

上述线性化以后的等位基因容量映射 $\mathbb{R}(G) \to \mathbb{R}(A)$ 具有如下:

叠加性. 如果 (二次多项式表示的) $\mathbf{g}$ 分裂为两个线性形式 (多项式) 的乘积,

$$\mathbf{g} = \mathbf{ab} = \sum_a n_a a \sum_b n_b b = \sum_{a,b} n_a n_b ab,$$

则 $\mathbf{a_g}$ 等于 $\mathbf{a}$ 和 $\mathbf{b}$ 的线性组合, 即

$$\mathbf{a_g} = \langle \mathbf{b} \rangle \mathbf{a} + \langle \mathbf{a} \rangle \mathbf{b}.$$

特别地, 如果 $\mathbf{a}$ 和 $\mathbf{b}$ 均为概率分布, 则 $\mathbf{a_g} = \mathbf{a} + \mathbf{b}$; 进一步, 如果 $\mathbf{a} = \mathbf{b}$, 即 $\mathbf{g} = \mathbf{a}^2$, 则 $\mathbf{a_g} = 2\mathbf{a}$.

推论: $\mathcal{G}_{\langle\rangle}$-不变性. 线性化的容量映射 $\mathbb{R}(G) \to \mathbb{R}(A)$ 关于群 $\mathcal{G}_{\langle\rangle} = GL(\mathbb{R}(G), \langle\rangle)$ 在 $\mathbb{R}(G)$ 的自然作用是等变的, 其中 $\mathbb{R}(G)$ 与 $\mathbb{R}(A)$ 的张量对称平方积相同.

注记. 容易看出, 两个 $\mathcal{G}_{\langle\rangle}$-等变的映射只相差常值乘积因子, 因此等变性质在相差一个常数倍的意义下唯一地刻画了线性化容量映射.

孟德尔定律的代数表示. g-和 g'-父母后代的基因分布等于它们等位基因容量的乘积, $\mathbf{g}_{children(g,g')} = \mathbf{a}_g \mathbf{a}_{g'}$.

事实上, 如果 $g = ab, g' = a'b'$, 则

$$\mathbf{a}_g \mathbf{a}_{g'} = (a+b)(a'+b') = aa' + ab' + ba' + bb',$$

这和定律中等概率形式一致.

关于归一化的注记. 如果有人坚持使用概率分布 (我们不常这样做), 那么上式就必须归一化为

$$\frac{1}{4}\mathbf{a}_g\mathbf{a}_{g'} = \frac{1}{4}aa' + \frac{1}{4}ab' + \frac{1}{4}ba' + \frac{1}{4}bb'.$$

等价地说, 必须将容量映射除以 2 以使它保持 $\langle\rangle$.

随机交配的 "下一代映射". 设 X 为某种生物种群, g_x 表示 $x \in X$ 在给定位点的基因. 则 X 中基因的分布为

$$\mathbf{g}_X = \sum_x g_x = \sum_g n_g g,$$

其中 n_g 表示 X 中携带基因 g 的个体数目. 注意到和 $n = \sum_g n_g$ 等于 X 的基数 $\#X$. 如果我们随机地从 X 中挑选某个 x, 其基因由概率分布 $\mathbf{g} = \sum_g p_g g$ 表示, 其中 $p_g = \frac{1}{n}n_g$. 如果我们独立地从另一种群 X' 中挑选另一 "随机个体", 其基因分布为 $\mathbf{g}' = \sum_{g'} p_{g'} g'$, 则其后代的基因分布将由随机下一代定律表示:

$$\mathbf{g}_{children(\mathbf{g},\mathbf{g}')} = \sum_{g,g'} p_g p_{g'} \mathbf{g}_{children(g,g')}.$$

随机性和对称性. 在当前的语境下, "随机性" 成为我们在选择 x 时关于 X 的置换群作用的对称性: 一个 "随机个体" $\mathbf{x}$ 由 X 上的概率分布表示, 其权重都相等 (均为 $1/n$), 这里相应的基因分布

$$\mathbf{g}_X = \sum_x g_x = \sum_g n_g g$$

等于线性延拓

$$\mathbb{R}(X) \to \mathbb{R}(G), \quad x \mapsto g_x$$

在 $\mathbf{x}$ 处的值. 随机 $\mathbf{x}'$ 有类似含义, 而由上述关于后代公式中的双线性性所编码的两个选择的 "独立性" 反映了交配 (概率) 关于 $X \times X'$ 置换群的对称性.

随机交配的孟德尔定律. 独立地随机挑选父母, 其后代的基因分布遵守和个体同样的定律, 即它们遵守下列

等位基因乘积公式: $\mathbf{g}_{children(\mathbf{g},\mathbf{g}')} = \mathbf{a}_g\mathbf{a}_{g'}$.

特别地, 如果父母有相等的等位基因分布, 比如说 $\mathbf{a}$, 则下一代基因分布等于这个等位基因分布的平方: $\mathbf{g}_{children} = \mathbf{a}^2$.

证明. 按照 (个体) 孟德尔定律, 在 "随机下一代" 定律中以 $\mathbf{a}_g\mathbf{a}_{g'}$ 代入 $\mathbf{g}_{children(\mathbf{g},\mathbf{g}')}$, 然后将 $\sum\limits_{g,g'} p_g p_{g'} \mathbf{a}_g \mathbf{a}_{g'}$ 分解为乘积 $\left(\sum\limits_{g} p_g \mathbf{a}_g\right)$ $\left(\sum\limits_{g'} p_{g'} \mathbf{a}_{g'}\right)$.

推论 A. "随机后代" 的基因分布依赖于它们父母的等位基因分布, 而不是种群的亲本基因分布.

因为等位基因分布依赖于 $k = \#A$ 个参数, 而基因分布依赖于 $\#G = k(k+1)/2$ 个参数, 此推论将维数从 $k(k+1)/2$ 降到了 k.

推论 B. 后代的等位基因分布可用随机父母 $\mathbf{x}$, $\mathbf{x}'$ 的等位基因分布按照如下规则表达:

等位基因叠加公式 (莱布尼茨规则): $\mathbf{a}_{children} = \langle \mathbf{a}_{\mathbf{x}'} \rangle \mathbf{x} + \langle \mathbf{a}_{\mathbf{x}} \rangle \mathbf{x}'$.

特别地, 如果父母有相等的基因 (或只是等位基因) 分布, 则后代归一化的等位基因分布与父母相等 (这里归一化相当于将上述公式的输出结果乘以 $1/2$, 使之成为概率分布). 换句话说,

等位概率分布空间上归一化的 "下一代映射" 等于恒同映射, 即种群中等位基因的分布不应因随机交配而改变.

注记.

(a) 如果其中一个亲本充当雄性, 另一个为雌性, 它们的基因分布可能先验地不同. 不过, 作为例子, 如果我们处理自花授粉植物, 则我们可以假设亲本是从同一种群 X 中选取的, 因此拥有相等的基因和等位基因分布.

(b) 随机交配下等位基因分布的稳定性也可从随机交配映射 $\mathbb{R}(A) \to \mathbb{R}(A)$ 的 $\mathcal{G}_{\langle\rangle}$-等变性得出. 此映射 (归一化以保持概率分布) 固定空间 $\mathbb{R}(A)$ 中的单项式 (组成基) 不变, 从而固定所有的点, 因为每一个单项式 (基向量) 在群 $\mathcal{G}_{\langle\rangle}$ 作用下的轨道是 (扎里斯基) 稠密的.

小结: (卡斯尔) – 哈代 – 温伯格均衡原理. 假设 (种群) 父母有相等的基因分布, 比如 g_0. 用 $\mathbf{g}_1$, $\mathbf{g}_2$, $\cdots$ 表示它们随机子辈、孙辈等的基因分布. 归一化为概率分布时, $\mathbf{g}_1 = \mathbf{g}_2 = \cdots$ 成立. 事实上,

$\mathbf{g}_i = \left(\dfrac{1}{2} \mathbf{a}_{\mathbf{g}_{i-1}} \right)^2$, 其中当 $i \geqslant 1$ 时 $\mathbf{a}_{\mathbf{g}_i} = \mathbf{a}_{\mathbf{g}_{i-1}}$. 进一步, 如果 $\mathbf{g}_0$ 等于一个线性多项式的平方, 则 $\mathbf{g}_0 = \mathbf{g}_1$ 也成立, 并且平方条件对于此等式是充分必要条件.

注记.

(a) 均衡性质的证明出现在哈代给杂志编辑的信中, 那封信只有一页: "Mendelian proportions in a mixed population", Science 28: 49 − 50 (1908). 信中所处理的 2×2 对称矩阵 (按比例地) 用数目 $p : 2q : r$ 表示. 哈代写道:

"······ 假设这些数目都相当地大, 使得交配可视为随机的, 性别也在三族中均匀分布且繁殖能力相同. 一点乘法表形式的数学就足以表明下一代的数目为 $(p+q)^2 : 2(p+q)(q+r) : (q+r)^2$, 比如记为 $p_1 : 2q_1 : r_1$.

有趣的问题在于在何种情形下此分布和上一代相同? 易见使之成立的条件为 $q^2 = pr$. 既然 $q_1^2 = p_1 r_1$, 无论 p, q 还是 r 取何值, 在任何情况下其分布在第二代后都保持不变."

这几行澄清了与哈代同一时代的人在孟德尔理论的意义方面的困惑[①]. 具有讽刺意味的是, 这给哈代带来了远远超过他作为纯数学家的名气 (谷歌搜索的比例 ("哈代定理" + "哈代 – 李特尔伍德定理"): ("哈代 – 温伯格定律") 大约是 $1 : 30$.)

(b) 如不采用归一化而是投影化, 即除去标量因子, 则均衡原理可表述为: 投影化的 "下一代映射" R 是一个收缩 或幂等元, 即 $R \circ R = R$; 映射 R 将投影空间 $\mathbb{PR}(G)$ 收缩到子空间 $\mathbb{PR}(A) \subset \mathbb{PR}(G)$ 上, 其中投影等位基因空间 $\mathbb{PR}(A)$ 由所谓的瑟奇 – 韦罗内塞映射 $\mathbf{a} \mapsto \mathbf{g} = \mathbf{a}^2$ 嵌入到 $\mathbb{PR}(G)$ 中, 其中收缩映射 $\mathbb{PR}(G) \to \mathbb{PR}(A)$ 为有理 (而非常规) 映射, 其所有纤维均为 $\mathbb{PR}(G)$ 的投影子空间.

(c) 上述一切均可推广到具有 $d \geqslant 2$ 份染色体的 d 倍生物, 相应的基因分布空间由 a 变量 d 次齐次多项式 $\mathbf{g}$ 的全体来表示. 这里规范

[①] 见 http://en.wikipedia.org/wiki/Hardy-Weinberg. 在我看来, 哈代的要点不是 "乘法表", 而是将 "随机"(交配) "均匀分布" 以及 "同样"(繁殖能力) 当成数学概念. 这很可能对 1866 年的孟德尔来说是显而易见的. 设想如果黎曼 (1866 年去世) 得知孟德尔对 "同样的杂交品种总是重现出惊人的规律性" 的解释, 他也会感到惊奇和欣喜, 而不是像同时代的生物学家那样对孟德尔 "无趣" 的结果不屑一顾.

化的下一代映射可很方便地用算子 $\delta\mathbf{f} = (\deg\mathbf{f})^{-1}\partial_1\mathbf{f}$ 的 $(d-1)$ 次幂表示, 其中 $\mathbf{f}$ 为任意次数的多项式, ∂_1 表示沿向量 $\mathbf{1} = (1,1,\cdots,1)$ 求导. 换句话说, $\mathbf{g}_{children} = (\delta^{d-1}\mathbf{g}_{parents})^d$. 此时均衡原理成为很容易验证的等式:

$$\left(\delta^{d-1}(\delta^{d-1}\mathbf{g})^d\right)^d = \left(\mathbf{g}(\mathbf{1})^{d^2-d}(\delta^{d-1}\mathbf{g})\right)^d,$$

它对所有 d 次齐次多项式 $\mathbf{g}$ 均成立.

(d) "随机交配" 假设十分严格, 在纯形式下几乎观察不到. 在现实中, 可能会有某种选择机制起作用, 使得孟德尔的等概率定律失真, 此时下一代映射会变得更复杂. 例如, 繁殖者可从繁殖池中系统地清除白花. 在这种情形下, 我们还是可以得到 $\mathbb{R}(G)$ 空间 (和/或 $P\mathbb{R}(G)$) 到自身的一个齐次 2 次 "下一代" 映射, 它常可约化为 $\mathbb{R}(A)$ 上类似的映射. 这种映射在有限步之后未必稳定下来, 但可能渐近收敛于某个 (些) 稳定吸引不动点. 在简单模型中, 这种不动点的可能候选者是单项式所张成的单位单形 $\Delta \subset \mathbb{R}(A)$ 的顶点和/或中心 (见 [2]).

也可以将生物所占位置施加的限制考虑进来, 进而考虑在物理空间中基因和/或等位基因施加的限制: 个体只与邻居交配, 后代留在附近, 其中极端情形就是那些仅仅自花授粉的植物.

到了这儿, 数学家们就不难提出种种从美学观点看很吸引人的具体模型 (比如柯尔莫戈洛夫 – 彼得罗夫斯基 – 皮斯库诺夫方程). 但即使对生物学家来说也很难指明哪一个是可行的.

(e) 孟德尔定律相似于理想化学动力学 [1] 中的质量作用定律 ("真正化学" 的一阶近似), 后者由卡托 · 马西米兰 · 古尔伯格和彼得 · 瓦格 [2] 提出. 此定律是说化合物 A_i 转换为 B 的比率与 A_i 的浓度成比例, 因为在一个容器中为了参与反应而靠得很近的热运动 A_i 分子的几率与它们浓度之积成比例. (如果每个 B 分子的产出需要 k_i 个 A_i 分子, 那么 A_i 的浓度计入 k_i 次幂.) 这会导出关于化合物浓度的常微分方程的一个多线性系统 S, 这是 (归一化) 浓度所组成的欧氏 n 单形 $\Delta_n \subset \mathbb{R}^{n+1}$ 上的一个多项式向量场. (如果每个 B 分子的产出需要 k 个某类 A_i 分子, 那么 A_i 的浓度计入 k 次幂.)

---

① 其历史回顾可参见 http://www.sussex.ac.uk/chemistry/documents/rates.pdf.
② 关于 1864 年原始挪威语的英文翻译, 可参见 http://chimie.scola.ac-paris. fr/sitedechimie/hist_chi/text_origin/guldberg_waage/Concerning-Affinity.htm.

化学中出现的基本数学问题 (类似于孟德尔遗传学中的) 无法用光滑动力系统的语言表述, 即无法用所有微分同胚 (同胚) 群中相差共轭作用的那些变换的不变量来表述. 除了微分同胚, S 还有其他结构: 维数 n 不仅仅是一个数, 而是由带有体现不同反应比率层级的附加结构的 (带权) 图之顶点集所实现的组合对象. 化学家的常规操作 (加入催化剂, 移除反应物等) "自然地" 对应着图的转换/退化, 最终函子式地由动力学所反映, 其中相应于 "退化" 的对象是非常规意义下动力系统 S 的渐近极限.

另外, 当数学家追求一些表面上简单的系统 (例如圆周的微分同胚) 的动力学微妙之处时, 科学家寻觅的是 "现实世界" 动力系统中高深莫测的复杂性海洋中那些单纯性的孤岛.

对于线性系统的情形, 反应率的分离可使 (见 [3]) 连续动力系统约化为关于 V 的组合动力系统 (带有数值, 这些数值关联着有代数几何中 "热带约化" 气息的线性算子空间中判别式簇的奇性部分的度量/测度不变量).

对于非线性系统, 还没有概念上的数学框架 (尽管有大量特殊的系统已被分析清楚), 但对 S 的一种 "简单/健壮" 行为有一些组合准则常 (被认为) 在代谢途径上得到验证, 例如参见 [1].

重组. 下一代映射 $\mathbf{g} \mapsto \left(\frac{1}{2}\mathbf{a_g}\right)^2$ 可定义在空间 $\mathbb{R}(A \times A) = \mathbb{R}(A) \otimes \mathbb{R}(A)$ 上, 它用 $k \times k$ 矩阵表示 (其中 k 表示等位基因的数目, 即 A 的基数), 包含 $A \times A$ 上所有 (而不仅是对称) 分布. $\mathbf{g}$ 的定义为

在上述矩阵中, 将每一 (i, j) 位置的元素替换为第 i 行元素之和与第 j 列元素之和的乘积.

此时, 均衡性质的证明约化为如下同义反复: 考虑两个线性空间 $\mathbf{A}, \mathbf{B}$, 它们分别带有特别的非零线性函数, 均记为 $\langle\rangle$. 张量空间 $\mathbf{C} = \mathbf{A} \otimes \mathbf{B}$ 上的线性函数 $\langle\rangle$ 可定义为 $\langle\mathbf{c}\rangle = \langle\mathbf{a}\rangle\langle\mathbf{b}\rangle$ 的线性延拓, 其中 $\mathbf{c} = \mathbf{a} \otimes \mathbf{b}$ 为单项式. 从 $\mathbf{C} = \mathbf{A} \otimes \mathbf{B}$ 到其张量分量有两个 $\langle\rangle$-自然的线性映射, 其中 $E_\mathbf{A} : \mathbf{C} \to \mathbf{A}$ 定义为 (双线性) 映射 $\mathbf{a} \otimes \mathbf{b} \mapsto \langle\mathbf{b}\rangle\mathbf{a}$ 的线性延拓, $E_\mathbf{B} : \mathbf{C} \to \mathbf{B}$ 可类似定义. ($E_\mathbf{A}$ 和 $E_\mathbf{B}$ 分别对应于矩阵中对行和列的求和.) 有了这些, 我们可定义从 $\mathbf{C}$ 到自身的 "下一代" 映射 E 为 $E(\mathbf{c}) = E_{\mathbf{A(c)}} \otimes E_{\mathbf{B(c)}}$. 于是均衡性质可表述为:

$E \circ E(\mathbf{c}) = \langle \mathbf{c} \rangle E(\mathbf{c})$; 于是 E 为 $\mathbf{C}$ 中满足归一条件 $\langle \mathbf{c} \rangle = 1$ 的 (超平面) 子集上的幂等元 (即 $E \circ E = E$).

实际上, $E(\mathbf{c})$ 为单项式, 而每一个单项式, 比如 $\mathbf{c}' = \mathbf{a}' \otimes \mathbf{b}'$ 在 E 的作用下变为 $\langle \mathbf{b}' \rangle \mathbf{a}' \otimes \langle \mathbf{a}' \rangle \mathbf{b}' = \langle \mathbf{c}' \rangle \mathbf{c}'$.

让我们将上述讨论推广到 $\langle \rangle$-空间的多重张量积 $\otimes_{l \in L} \mathbf{A}_l$ 上, 其中 L 为任意有限集. 这种张量积可视为多项式代数 $\mathbf{A}^* = \mathbf{A}^*(X)$ 中的子空间, 其中 X 是 $\mathbf{A}_l$ 对偶空间 X_l 的和 (笛卡儿直和) $\oplus_{l \in L} X_l$: 张量积 $\otimes_{l \in L} \mathbf{A}_l$ 等同于关于每一个 x_l 变量的齐次 1 次多项式, 其中 $\langle \mathbf{a} \rangle$ 由某个向量 $x_0 \in X$ 处 $\mathbf{a}(x_0)$ 的值表示. 由于可用 X 中的平移从一个向量得到另一个向量, 而平移诱导了 $A^*(X)$ 代数的自同构, x_0 的选择不会带来变化; 在下面, 为了节约记号, 我们在 X 中取 $x_0 = 0$, 而不是像前面小节中那样对分布空间取 $x_0 = \mathbf{1} = (1, 1, \cdots, 1)$.

对每一个子集 $K \subset L$, 我们均附加以从 X 到坐标平面 $X_K = \oplus_{l \in K} X_l \subset X$ 的坐标投影, 并记 $E_K = P_K^*$ 为所诱导的 $\mathbf{A}^*$ 代数自同态. (简单说来, 将 E_K 应用于 $\mathbf{a}(x_l)$ 相当于当 $l \in L - K$ 时, 将 $\mathbf{a}$ 中的 x_l 均变为零.) 因为 P_K 为可交换幂等元, 对所有 $K \subset L$, E_K 也是如此. 其中, 当 K 为空集时, E_K 将 $\mathbf{A}^*$ 变为常数. 给定一族子集 $K \subset L$, 记为 $\mathcal{K}$, 我们将 $E_{\mathcal{K}}$ 定义为所有 E_K 的 (多项式) 乘积, 即 $E_{\mathcal{K}}(\mathbf{a}) = \prod_{K \in \mathcal{K}} E_K(\mathbf{a})$. 由于多项式乘积半群可交换, 且 E_K 均为自同态, 变换 $E_{\mathcal{K}}$ 均为 $\mathbf{A}^*$ 的乘性自同态 (但如果 $\mathcal{K}$ 中不止一个 K, 则此自同态不是加性的). 因为所有 E_K 均可交换, $E_{\mathcal{K}}$ 也是如此, 从而 $E_{\mathcal{K}}$ 之间的复合可用 $K \subset L$ 的交集按如下简单规则表示:

$$E_{\mathcal{K}} \circ E_{\mathcal{K}'} = \prod_{K \in \mathcal{K}, K' \in \mathcal{K}'} E_{K \cap K'},$$

这可从映射 P_K 之间复合的类似简单规则得出.

均衡映射. 如果 $\mathcal{K}$ 由 d 个互不相交的非空开集组成, 例如 $\mathcal{K}$ 由 L 所分割成的 d 个子集组成, 则 $E = E_{\mathcal{K}}$ 称为次数为 d 的均衡映射. 均衡映射显然满足:

(A) 复合性质. 一个次数为 d 和次数为 d' 的均衡映射的复合映射是次数为 dd' 的均衡映射, 满足如下 "自复合" 规则: $E \circ E(\mathbf{a}) = $

$\mathbf{a}(0)^{d^2-d}E(\mathbf{a})$, 其中指数对应于 L 中不同子集 $K_1,\cdots,K_d$ 之间相交所形成的 d^2-d 个空集.

(B) 多项式性质. 均衡映射保持关于每一个变量的次数不超过 k 的多项式子空间 $\mathbf{A}^{\leqslant k}\subset\mathbf{A}^*$. 于是 $\mathbf{A}^*$ 可表示为有限维 E-不变子空间之并, 且若 $\mathcal{K}$ 由 d 个子集 $K\subset L$ 组成, 则相应的均衡映射是每一个线性子空间 $\mathbf{A}^{\leqslant k}$ 上次数为 d 的多项式映射.

(C) 可线性化性质. $\mathbf{A}^{\leqslant k}$ 可视为 k-截断代数, 它是 $\mathbf{A}^*$ 添加关系 $x_l^{k+1}=0$ 以后所得到的商空间 (而非子空间). 映射 $E_{\mathcal{K}}$ (而不仅是均衡映射) 在此代数上的作用为乘性自同态; 它可用指数映射 exp "同时线性化", 其中 $\exp(\mathbf{a})=1+\mathbf{a}+\frac{1}{2}\mathbf{a}^2+\frac{1}{6}\mathbf{a}^3+\cdots$. 指数映射同构地将 k-截断多项式加群映为满足 $\mathbf{a}(0)>0$ 的 k-截断多项式乘法群.

(D) 到韦罗内塞的收缩性质. 从 (A) (以及 (C)) 可知, 每一个均衡映射 $E=E_{\mathcal{K}}$, $\mathcal{K}=(K_1,\cdots,K_d)$, 将由 $\mathbf{a}(0)=1$ 所定义的归一化超平面 $\mathbf{A}^\times=\mathbf{A}^\times(X)\subset\mathbf{A}^*$ 收缩到韦罗内塞乘积集合 $\mathbf{V}=\mathbf{V}_E=E(\mathbf{A}^\times)=\mathbf{A}_1^\times\cdot\mathbf{A}_2^\times\cdots\cdots\mathbf{A}_d^\times\subset\mathbf{A}^\times$, 其中 $\mathbf{A}_i^\times=\mathbf{A}^\times(X_{K_i})$. $\mathbf{V}$ 是 d 个多项式 $\mathbf{a}_i\in\mathbf{A}_i^\times$ 的乘积组成的集合, 其中 E 之间的复合对应于 V 之间的交集: $\mathbf{V}_{E\circ E'}=\mathbf{V}_E\cap\mathbf{V}_{E'}$.

纤维 $E^{-1}(\mathbf{v})\subset\mathbf{A}^\times$ 均为仿射子空间: 它们显然等于 $E=E_{\mathcal{K}}$ 的加性对应部分的纤维之和, 即 $E_{K_1}+\cdots+E_{K_d}$, 其中 $K_i\subset L$ 是 $\mathcal{K}=(K_1,\cdots,K_d)$ 的组成部分.

(E) $\mathcal{G}$-等变性. 均衡映射 E 与群 $\mathcal{G}$ 可交换, 其中 $\mathcal{G}$ 由 X 的保持分解 $X=\oplus_{l\in L}X_l$ 的线性变换组成, 这些线性变换作用于多项式. (例如, 韦罗内塞簇都是 $\mathcal{G}$-不变的.) 特别地, 所有的 E 均与伸缩变换 Λ 可交换, 其中 $\Lambda(x)=\lambda x$ 固定常值多项式 (比如 $1\in\mathbf{A}^\times$) 不变, 除此以外还有值为 $\lambda, \lambda^2, \lambda^3$ 等的特征值. 因此, 当 $\lambda>1$ 时, 变换 Λ 在保持不动点 $\mathbf{1}$ 的同时扩张 $\mathbf{A}^\times$. 于是, 那些与 Λ 可交换映射 (例如均衡映射及其线性组合) 的整体性质可从不动点 $\mathbf{1}$ 处相应的局部性质推出, 因为当 $N\to\infty$ 时 Λ 可转换 $\mathbf{1}$ 附近的所有点.

关于 Λ-等变映射的注记. 设 A 是带有线性变换 Λ 的线性空间 (例如, 以 $\mathbf{1}$ 为原点的 $\mathbf{A}^\times\cap\mathbf{A}^{\leqslant k}$), 其中 A 按照 Λ 的特征值 $\lambda, \lambda^2, \cdots, \lambda^n$ 分裂为 n 个特征子空间, 这里 λ 不是单位根, 比如 $\lambda>1$. 容易看出, A 的

每一个与 Λ 可交换的光滑变换必为次数最多为 n 的多项式映射; 变换 F 可逆 (其逆当然要是多项式变换) 当且仅当它在 0 处的微分 $D_0(F)$ 可逆; $D_0(F)=1$ 的变换 F 组成一幂零李群. 例如, 所有迭代 F^j 都是次数不超过同一 n 的多项式. 因此, 这些迭代能用 n 明确 (尽管复杂) 地表述出来就毫不奇怪了 (见 [5]).

罗宾斯 – 盖林格收敛性质. 考虑限制在 $\mathbf{A}^\times$ 上的均衡映射 $E_1, \cdots,$ E_m 的一个凸组合 $F = c_1E_1 + c_2E_2 + \cdots + c_mE_m$. 因为 $c_1 + c_2 + \cdots + c_m = 1$, 以及每一个 E_i 均固定复合映射 $E = E_F = E_1 \circ E_2 \circ \cdots \circ E_m$ 的韦罗内塞簇 $\mathbf{V} = E(\mathbf{A}^\times) = \cap_i \mathbf{V}_i$, F 也是如此. 同理, F 将每一个 (仿射!) 纤维 $E^{-1}(\mathbf{v})$ 映入自身.

E_i 在 $\mathbf{1} \in \mathbf{A}^\times$ 处的微分 $D_\mathbf{1}$ 的特征值均不超过 1, 等号在与韦罗内塞簇 $\mathbf{V}_i = E_i(\mathbf{A}^\times)$ 相切的向量处成立, 这是因为 E_i 是到 $\mathbf{V}_i$ 的光滑收缩 (其中在各自纤维的切向处特征值为零).

F 的微分是 E_i 微分的凸组合; 如果我们假设 c_i 均为正, 则可得出 $\mathbf{V}$ 上微分 $D(F)$ 在与 $\mathbf{V}$ 横截的向量处的特征值均小于 1 的结论, 因为 $\mathbf{V}$ 的切空间等于 $\mathbf{V}_i$ 切空间之交. (由于 F 固定 $\mathbf{V}$, 与 V 相切的向量处的特征值等于 1.) 换句话说, 微分 $D(F)$ 严格地压缩 $\mathbf{V}$ 处与 $\mathbf{V}$ 横截的向量. 由此可知 F 也会压缩 $\mathbf{V}$ 在 $\mathbf{A}^\times$ 中某个邻域 $\mathbf{U}$; 于是, 在 F 的迭代下, 每一点 $\mathbf{v} \in \mathbf{U}$ 均以指数形式趋于 $\mathbf{V}$. 事实上, $\mathbf{v}$ 的 F-轨道收敛于 $E(\mathbf{v}) \in \mathbf{V}$, 因为 F 保持 E 的纤维.

这个局部性质明显可与 (E) 中的扩张变换 λ 一起整体化, 从而得出

如果所有 c_i 均为正, 则 $\mathbf{A}^\times$ 上的迭代 $F^1 = F$, $F^2 = F \circ F^1, \cdots,$ $F^j = F \circ F^{j-1}, \cdots$ 收敛于均衡映射 $E = E_F : \mathbf{A}^\times \to \mathbf{V} \subset \mathbf{A}^\times$, 其中对每一个 $k = 1, 2, \cdots$, 在 $\mathbf{A}^\times \cap \mathbf{A}^{\leqslant k}$ 中紧集上的收敛是一致的且以指数形式那么快.

注记. 如将投影 P_K 换成变换 $P_{K,\varepsilon}(x) = (1-\varepsilon)x + \varepsilon P_K(x)$ ($0 < \varepsilon < 1$, 当 $\varepsilon \to 1$ 时为收敛于 P_K 的单参数半群), 并对某个 $\varepsilon = \varepsilon_K > 0$ 用相应的自同态 $E_{K,\varepsilon}$ (而不是直接用 E_K) 构造 F, 则上述结论仍然成立. 如果取无穷小的 ε, 则可得 $\mathbf{A}^\times$ 上的一个向量场, 它由一组非线性微分方程 $\mathcal{D}$ 表示, 其解 F^t, $t \in \mathbb{R}_+$ 描述了上述 F^j ($j = 0, 1, 2, \cdots$) 的一个时

间连续版本. 不像 F^j, F^t 是多项式上的乘性自同态. 它们都可以用上面 (C) 中的指数映射 exp 线性化, 于是可以得到 $\mathcal{D}$ 的用初等函数表示的 "明确" 解.

交叉和重组. 让我们回到基因及其等位基因. 现在在不同的位点处做一集合 L, 即我们考虑集合 A_l, $l \in L$ 而不是像前节中那样只考虑单一等位基因集. L-批等位基因, $a = (a_l)_{l \in L}$, 即笛卡儿积 $A = \times_{l \in L} A_l$ 中的点, 称为配子; 它们写成单项式 ab 形式的对称配对称为 (部分)基因组, 或传统上的合子.

基因组 (合子) 的集合记为 G, 对合映射作用在 G 上, 其中对所有可能的 $K \subset L$, 当 $l \in K$ 时, 对合映射交换 a_l 和 b_l. 这些对合映射可交换, 因此形成阿贝尔群 $\Gamma = \mathbb{Z}_2^L$, 即 L 上 $\mathbb{Z}_2$-值函数组成的集合. Γ 自然地作用在 G 上, 注意到同时交换所有 a_l, b_l 的对角线对合在 G 上的作用是平凡的, 因为 $ab = ba$. 对合 γ 和 L 分割为一对子集之间可一一对应: 第一个子集为 $K_0 = fix(\gamma)$, 包含那些 a_l 和 b_l 没有被 γ 所交换的 $l \in L$, 第二个子集 $K_1 = supp(\gamma)$ 是 a_l 和 b_l 确实被交换的那些 l.

交叉是指作用于 G 上的 Γ 中任意一个对合. 每一交叉均线性地作用在基因组分布空间 $\mathbf{G}$ 上, 即配子分布空间的对称张量积平方. $\mathbf{G} = \mathbf{A}^2$, 其中 $\mathbf{A} = \otimes_{l \in L} \mathbf{A}_l$, $\mathbf{A}_l$ 表示位点 $l \in L$ 处的等位基因分布空间 (即集合 A_l 上的分布).

Γ 的作用可用 Γ 上的分布 μ 线性地延拓, 记为 $R_\mu : \mathbf{G} \to \mathbf{G}$. 如果 μ 为概率分布, 则 R_μ 可视为随机交叉, 称之为重组.

二倍体生物中的配子在 (随机) 交配前经历了重组 (例如交叉), 于是它们贡献给下一代的不是从它们父母那里继承来的配子, 而是重组后的配子.

让我们描述在由一个重组所合成的随机交配下配子的分布如何变化, 这里我们假设所有的单个重组都依照同一个 γ 进行.

像先前那样, 我们用 $X = \oplus_{l \in L} X_l$ 上的多项式表示配子分布, 并将 $\mathbf{G}$ 实现为空间 $X \oplus X$ 上关于对合 $(x, x') \mapsto (x', x)$ 对称的多项式. 群 Γ 自然地作用在 $X \oplus X$ 上, 它将 $X_l \oplus X_l$ 中的那些 x_l 和 x'_l 予以交换, 其中当 $l \in K_0 = fix(\gamma)$ 时 x_l 和 x'_l 不变, 当 $l \in K_1 = supp(\gamma)$ 时 x_l 和 x'_l 予以交换. 于是, $X \oplus X$ (为了区分谁是谁, 临时记为 $X \oplus X'$) 分裂为四

个空间 $X \oplus X' = (X_0 \oplus X_1) \oplus (X_0' \oplus X_1')$.

一个以多项式 $\mathbf{a}(x_0, x_1)$ 表示的配子分布, 经过随机交配后变为 $\mathbf{g}(x_0, x_1, x_0', x_1') = \mathbf{a}(x_0, x_1)\mathbf{a}(x_0', x_1')$. 接着它重组为 $\gamma\mathbf{g} = \mathbf{g}(x_0, x_1', x_0', x_1) = \mathbf{a}(x_0, x_1')\mathbf{a}(x_0', x_1)$, 其配子量等于 $\mathbf{g}(x_0, x_1', 0, 0) = \mathbf{g}(0, 0, x_0', x_1) = \mathbf{a}(x_0, 0)\mathbf{a}(0, x_1')$. 这也可写为 $\mathbf{a}(x_0, 0)\mathbf{a}(0, x_1)$, 因为 $X = X'$, $X_1 = X_1'$. 我们观察到对 $\mathcal{K} = (K_0, K_1)$ 来说后者等于 $E_{\mathcal{K}}(\mathbf{a})$, 于是可得

每一个交叉 γ 在 $\mathbf{A}^*$ 上的作用由均衡算子 $E_\gamma = E_{\mathcal{K}}$ 给出, 其中 $\mathcal{K} = (K_0 = fix(\gamma), K_1 = supp(\gamma))$.

因而, 一个重组 $\mu = \mu(\gamma)$ 在配子分布上的作用为 $F = \sum_{\gamma \in \Gamma} \mu(\gamma)E_\gamma$. 根据收敛性质, 这个 F 的迭代收敛于均衡映射 $E = E_F$, 它对应的 L 的分割定义为: L 中 l_1 和 l_2 属于两个不同分割子集当且仅当存在 $\gamma \in \Gamma = \mathbb{Z}_2^L$, 使得 $\mu(\gamma) > 0$ 且两个分量 $\gamma_{l_1}, \gamma_{l_2}$ 中一个是平凡对合 (即 $\mathbb{Z}_2$ 中的恒通映射), 而另一个是非平凡的. 这就得出

罗宾斯 – 盖林格渐近均衡定理. 考虑种群 X_0, 它有某种配子概率分布 $\mathbf{a} = \mathbf{a}(X_0)$, 其中在位点 $l \in L$ 处相应的等位基因 (也是概率) 分布记为 $\mathbf{a}_l = \mathbf{a}_l(X_0)$. 注意到 $\mathbf{a}_l$ 在重组下都是 (显然) 保持不变的; 根据哈代 – 温伯格均衡原理, 它们在随机交配下也是保持不变的; 因此, 它们的乘积 (一般来说是一种不同于 $\mathbf{a}$ 的配子分布), 记为 $\mathbf{a}_{equi} = \mathbf{a}_{equi}(X_0) =_{def} \prod_{l \in L} \mathbf{a}_l$, 既在随机交配下, 也在重组下保持稳定.

设 μ 为群 $\Gamma = \mathbb{Z}_2^L$ 上的概率测度, 使得 μ 的支集生成 Γ. 则当 $i \to \infty$ 时, 配子概率分布 $\mathbf{a}(X_i)$ 收敛于 $\mathbf{a}_{equi} = \mathbf{a}_{equi}(X_0)$, 其中种群 X_0, $X_1, X_2, \cdots, X_i, \cdots$ 相继由随机交配和 μ-重组而来.

注记.

(a) 上面的结论也可以从如下观察得出: 分布 $\mathbf{a}$ 的熵 (1877 年由玻尔兹曼 (Boltzmann) 引入) 经每一轮下一代映射重组后会增加 $\varepsilon > 0$, 除非 $\mathbf{a}$ 达到均衡位置 (相关讨论和进一步的参考文献参见 [4] 之 5.4).

(b) 设 $\mathbf{A}^*$ 为拓扑代数, 考虑多项式自映射

$$F = \sum_J \mu_J E^J : \mathbf{A}^* \to \mathbf{A}^*,$$

其中 $E^J = E_{j_1}E_{j_2} \cdots$ 为 $\mathbf{A}^*$ 的某些自同态 E_{j_k} 的乘积. 对这种映射人

们一般不能期望有好的性质, 因为根据魏尔斯特拉斯逼近定理, 这些映射可能是稠密的. 不过, 如果在 $\mathbf{A}^*$ 的极大理想空间 B 上由 E_{j_k} 生成的半群 (比如, 对交换代数 $\mathbf{A}^*$, B 上的函数所实现的), 其动力学性质足够简单, 则 F 可能有一个具有受控吸引盆地的不动点 $a \in \mathbf{A}^*$(均衡态), 其中, 进一步, 这些 a 最大化 $\mathbf{A}^*$ 上的某些 (熵) 函数.

考虑一个经典 (性质稍有不同) 的例子, 其中 $\mathbf{A}^*$ 是 $\mathbb{R}^n$ 上的 L_1-函数 $\mathbf{a}$ 的全体, 乘法为卷积, F 为 $F(\mathbf{a}(x)) = \mathbf{a}^2(\sqrt{2}x)$. 中心高斯概率测度 $c \cdot e^{-Q(x)}$ (其中 $c = (\int e^{-Q(x)})^{-1}$) 在此 F 作用下不变. 在所有具有给定的二次矩的中心测度中, 它们的熵最大, 并且其 F-吸引盆地包含所有那些二次矩有限的中心测度.

很可能 (我没能找到文献), 这对更一般的单项映射 $F = \prod E_k$ (或许还有它们的凸组合) 仍成立, 其中自同态 E_k 由线性映射 $P_k : \mathbb{R}^n \to \mathbb{R}^n$ 所诱导, 且其中关于 P_k (以及关于吸引盆地) 的所需条件可从相应的作用于概率测度 $\mathbf{a}$ 的傅里叶像 $\hat{\mathbf{a}}$ 的对数 (在 0 处的泰勒展开) 上的线性映射的考虑中看出.

进一步, 如果 X 为某向量丛的总空间, X 上的测度具有逐纤维定义的卷积, 则类似的 "中心极限/遍历定理" 有可能对单项式 F (以及某些多项式) 仍成立, 如果 X 的逐纤维自线性映射 E_k 满足适当的条件.

这儿还有另一个情形, 其中映射 F 从 $\mathbf{A}^*$ 映到某张量积 $A^{\otimes d}$, 它受香农 – 卢米斯 – 惠特尼 – 希勒 – 布拉斯坎普 – 利布熵不等式的启发 (见 [4] 及其参考文献). 例如, 映射 $F : \mathbf{a}(x_i, y_i, z_i) \mapsto \mathbf{a}(x_i, y_i, 0)\mathbf{a}(x_i', 0, z_i')$ $\mathbf{a}(0, y_i'', z_i'')$ 将具有三组变量的多项式变为六组变量的多项式. 显然, 这种映射的迭代在某种意义下渐近趋于某些均衡分布的张量积, 它们是相应熵不等式的极值函数.

问题. 是否存在包含这一切的综合性理论?

(c) 本文关于孟德尔思想的演绎, 用哈代的话来说, 也属于 "乘法表式的数学", 只不过不是关于数字的 "表", 而是关于其他东西 —— 上述讨论中的截断多项式环. 这个 "东西" 起源于孟德尔 (未完全形式化的) 模型的普适性/函子性, 但一旦一切都约化为单纯数字时, 它实际上就看不见了.

就像经常发生的那样, 源于科学思想的数学后裔只能依据当时拥有的抽象概念才能够被看出来. 在种群遗传学和数量遗传学的语境下, 孟德尔的遗传定律被 (应用) 数学家们在每一特定时期的概念框架下研究了差不多一百年. (见 http://en.wikipedia.org/wiki/Population_genetics 及其参考文献, 以及 [2], [5], [6], 其中 "后函子式" 数学还未发出它的声音.)

基因连锁和基因的线性排列. 一个概念上的新思想, 即以重组为方法查看细胞内部, 并观察基因在染色体上是如何排列的, 源于一个生物学家.

在 1913 年的文章 "果蝇的性伴因子之线性排列, 如其结合模式所显示的那样" 中, 阿尔弗雷德·斯特蒂文特 (Alfred Sturtevant)[1], 远在分子生物学的产生和 DNA 的发现之前, 就从多代适当杂交的果蝇身上同时出现的特殊形态特征的统计规律中推断出染色体上基因排列的线性性. 因此他得到了世界上第一个基因图, 即他确定了染色体上某种基因的相对位置, 其中他用了线性性和基因连锁的想法.

这里有一个这样的心理图像: 基因可看成一根弦 (染色体) 上的珠子, 即基因位置的集合 L 可视为介于 1 和 $n = \#(L)$ 之间整数的一个集合 (区间), 记为 $[1, 2, 3, \cdots, n]$. 一个典型的交叉 γ 由在某个子区间 $[l_1, l_1 + 1, l_1 + 2, \cdots, l_2] \subset [1, 2, 3, \cdots, n]$ 中等位基因 a_l, b_l 之间的交换给出, 其中 $1 \leqslant l_1 \leqslant l_2 \leqslant n$ (即在所描述的集合 L 中 $supp(\gamma)$ 等于 $[l_1, l_1 + 1, l_1 + 2, \cdots, l_2]$), 也可由若干这样的变换复合而来. 换句话说, 弦可以在几个 (随机) 位置处被割开 (然后重组), 其中这样的切割解脱了相应的表型特性, 它们在切割之前原是锁定在几代之中的. 斯特蒂文特假定切开的概率大体上正比于基因之间的距离 (或随距离单调递增), 经他检查, 所获得的数据与线性性的想法相吻合.

托马斯·亨特·摩根 (Thomas Hunt Morgan) 向 19 岁的斯特蒂文特提出了这个问题, 当时后者是在他实验室工作的本科生. 前者将该结果描述为 "生物学历史上最迷人的进展之一"[2].

---

[1] 见 http://www.esp.org/foundations/genetics/classical/browse/, 那里还有关于遗传学的其他经典文献.

[2] 见 http://www.ias.ac.in/resonance/Nov2003/pdf/Nov2003ArticleInABox.pdf, http://www.esp.org/books/sturt/history/.

站在数学这一边来看, 斯特蒂文特的推理似乎仅限于如下平淡的观察: 如果在一个有限度量空间中, 对每一个经过适当排序的三元组, 三角不等式均约化为等式, 则度量一定是线性的, 即可由直线上的度量诱导而来. 但这并不是我们真正需要的结果, 因为斯特蒂文特的线性性更多是关于序的, 或者说是关于 "中间" 关系的, 而不是关于度量本身的.

更有意思的是, 斯特蒂文特的想法暗示了即使从今天的角度看仍然新颖的如下观点, 即可以认为集合 L 的几何结构由 2^L (L 的全体子集) 上的概率测度 (与这些测度类似的某些东西) 所编码.

通常, 人们没有什么完全直接的办法处理这样的测度: 集合 2^L 往往太大, 而单独的值 $\mu(K)$, $K \in 2^L$ 又太小, 以至于不具有任何观测意义. 不过, 人们可以支配某些量 —— 观测样本和/或受控制的特别编排实验的结果 —— 这提供了关于 μ 的一些信息. 在斯特蒂文特的情形下, 本质的一点就是设计关于果蝇的繁殖实验. 下面的例子依赖于非受控观测.

从 "现实世界" 图像提供的数据中重构物质空间的几何. 在样板模型下, 相关的 L 是一个屏幕上的像素集 (或人眼视网膜上的感光细胞), 其中在这一步我们仅将 L 视为一个剥离了任何结构 (比如屏幕的实际尺寸) 的有限集合 (其基数从几千到几千万).

一个图像是将 L 分为两个子集 K_{white} 和 K_{black} 的分割; 对世界的随机观察给我们提供了一批这样的分割, 它们可视为按 2^L 上某个测度 μ 所分布的样本. 重构 μ 看上去毫无希望, 因为我们根本得不到充足的样本, 集合 2^L 很大. 不过, 幸运的是, 支配现实世界图像的测度 (或我们用测度模拟的某个未知 "东西") μ 十分特别: 靠得越近的点越有可能拥有同样的颜色. 事实上, 仅仅通过 "查看" 图像而不带有关于距离的预设想法, 我们就能注意到黑/白值关于 L 中的某些配对 (l_1, l_2) 具有强相关性, 而对大多数配对而言根本没有相关性; 于是我们可以将这解释为 L 中距离几何的一种体现.

问题. 是否存在目前为止仍属未知的数学理论 ("乘法表式" 的也行), 使得它能综合这些想法, 并且不仅对在给定结构中 "指定的参数" 有用, 而且对预测以及/或生成新结构 (类) 有用?

生物学中的数学和预备数学. 没人指望发生在哈代和温伯格①身上的那一刻重现于自身. 那时一个纯粹的数学思想澄清了一个真正的生物学问题, 而今数学对生物学的绝大多数应用都是技术性的, 涉及大量的脏数据.

然而, 数学思考可能有助于从生物学中很糟糕地表达的暗示出发提出新的有用概念. 以孟德尔对遗传定律的表达或斯特蒂文特关于基因图的线性原理之类的东西为目标也许太天真了, 但头脑中有这些伟大的范例也是鼓舞人心的.

即便没有解决生物学问题, 人们也期待一种灵活的形式化语言, 能够对实验数据或/和数学上非平凡的并且从生物学上看不完全荒谬的事物进行编码. 一个简单而又有表现力的概念性 "记账设备" 的例子就是生命演化树 (达尔文于 1872 年提出). 而第二类例子是冯·诺依曼 (von Neumann) 关于自我复制自动机的构造 (20 世纪 40 年代的某个时候), 此时还没有理论能提供有意义的设计, 使它优于某些 "自我复制模型类别" 中的构造, 或优于与想象中的数学生物相伴而居住在生命世界中的生物类别的构造②. 寻找这种设计是预备数学问题的例子.

参考文献

[1] Craciun, G., Tang, Y., Feinberg, M., Understanding bistability in complex enzyme-driven reaction networks, Proceedings of the National Academy of Sciences USA, 109, 8697-8702, 2006.

[2] Gorban, A.N., Systems with inheritance: dynamics of distributions with conservation of support, natural selection and finite-dimensional asymptotics, E-print: http://arxiv.org/abs/cond-mat/0405451.

[3] Gorban, A.N., Radulescu, O., Dynamic and static limitation in multiscale reaction networks, revisited, E-print: arXiv:physics/0703278v2 [physics.chem-ph] (2007).

[4] Gromov, M., Entropy and isoperimetry for linear and non-linear group actions, E-print: http://www.ihes.fr/~gromov/topics/grig-may14.pdf.

[5] Liubich, Iu. I., Mathematical Structures in Population Genetics, Springer,

---

① http://en.wikipedia.org/wiki/Hardy-Weinberg.
② 比较 http://en.wikipedia.org/wiki/Self-replication.

1992.

[6]　Tian, J.P., Vojtechovsky, P., Mathematical concepts of evolution alge-
　　　bras in non-Mendelian genetics, E-print: http://www.math.du.edu/data/
　　　preprints/m0605.pdf.

第六章 流形: 我们来自哪里? 我们是什么? 我们要去哪里?*

摘 要

高维代数王国的子孙, 喜欢瑟斯顿和唐纳森魔术, 迷失在里奇流的漩涡中, 拓扑学家梦想着流形的理想之地 —— 完美的数学结构晶体, 将捕捉我们几何空间的模糊意象. 我们浏览过去的思想, 希望穿透掩盖未来的迷雾.

* 原文 Manifolds: Where do we come from? What are we? Where are we going? 写于 2010 年 9 月 13 日. 本章由赵恩涛翻译.

§1 理想与定义

我们对纽结和链环着迷. 这种美感和神秘感来自哪里? 为了窥见答案, 让我们倒流 2500 万年的时间.

粗略地讲, 25×10^6 使得我们同猩猩区分开来: 1200 万年前我们在系统树上有共同的祖先, 再往回 1200 万年, 树的另一个分支发展成了今天的猩猩.

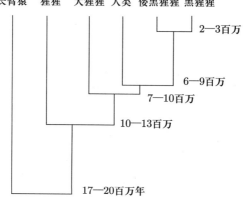

但是在猩猩中有没有拓扑学家?

是的, 肯定有: 许多猩猩擅长 "证明" 精致的绳结的平凡性, 比如当他们想乘船在河中顺流而下时, 他们很快掌握了解开系船绳索的技巧, 人们根据不同的目的而结成这些令人讨厌的绳结.

20 世纪 90 年代中期由动物心理学家安妮 · 鲁森 (Anne Russon) 在 Wanariset 猩猩放归项目中发现了一个更令人惊讶的结果 (见 [68], 第 144 页).

"······ Kinoi [幼年雄性猩猩], 当他拥有一根水管的时候, 他把每一秒钟都花在制造很大的圆圈上, 小心地将软管一头插入另一头, 紧紧地塞进去. 一旦他做成了圆圈, 他就来回地将自己身体的各个部位穿过 —— 胳膊、头、脚、整个躯干 —— 好像对穿过这个洞的想法完全着迷."

在没有明显目标或任何实际好处的情况下玩圆圈和绳结 —— 不管是猿还是 3D 拓扑学家 —— 对一个务实的观察者来说完全 "不聪

明". 但是, 我们几何学家在看到与自己的空间感受如此相似的动物的时候感觉非常兴奋.

但是 Kinoi 不可能会像我们一样阐述他的观点, 也与我们的学生不同, 他可以很容易被吓唬而接受 "图册的等价类" 和 "环形空间" 作为其拓扑背景下适当的定义. (虽有不顺从的表现, 我们仍会享受年幼的猩猩的陪伴; 他们是风趣活泼的生物, 不像好斗和鲁莽的黑猩猩 —— 我们进化中的近亲.)

除了拓扑, 猩猩不会急于接受人类的另一个定义, 即 "工具", 如 "用于达到特定目标的外部分离的物体 (为了排除用于爬树的树枝)". (动物园心理学家经常以工具的使用来衡量动物的智力.)

作为富有想象力的树栖生物, 猩猩更喜欢一个更广泛的定义, 例如 (见 [68]):

• 他们把树叶束起来做刷子来清洁他们的身体, 但不把树叶从树上摘下来;

• 他们经常折断树枝, 但当适合他们的目的时, 他们会故意让树枝附着在树上. 如果猩猩受到 "分离" 的概念的约束, 那么这些都不会实现.

士气. 我们最好的概念, 如流形, 像突出的路标一样远远超过我们从前的直觉. 但是我们不应该被概念迷惑. 毕竟, 它们是过去的残留, 往往会在我们探索未来的时候误导我们.

注记. 爱玩的动物的行为和数学家的工作之间的神经结构有着不平凡的相似之处 (见 [31]).

§2 同伦和障碍

从庞加莱开始的大半个世纪以来, 拓扑学家已经艰难地将他们热爱的科学从几何外衣中剥离开来.

"裸拓扑", 通过同调代数的加固, 通过下面的定理达到了今天惊人的高度.

塞尔 $[S^{n+N} \to S^N]$ **有限定理**. (1951) 球面之间映射 $S^{n+N} \to S^N$ 的同伦类至多只有有限个, 除了下面两个例外:

● $n = 0, \pi_N(S^N) = \mathbb{Z}$ 的维数相同的情形; 在这种情形 $S^N \to S^N$ 的同伦类由一个整数, 即映射的度来确定.

(布劳威尔 (Brouwer) 1912, 霍普夫 (Hopf) 1926. 我们将在第 4 节定义度.) 这用标准的符号通过写成

$$\pi_N(S^N) = \mathbb{Z}$$

来表示.

● 霍普夫情形, 这里 N 是偶数, $n = 2N - 1$. 这种情形 $\pi_{2N-1}(S^N)$ 包含一个同构于 $\mathbb{Z}$ 且指标有限的子群.

由此得出

当 $N \gg n$ 时同调群 $\pi_{n+N}(S^N)$ 是有限的,

这里, 根据 1928 年的弗罗伊登塔尔 (Freudenthal) 同纬映射定理 (这很简单),

当 $N \geqslant n$ 时群 $\pi_{n+N}(S^N)$ 不依赖于 N.

这些被称为球面的稳定同调群, 并记为 π_n^{st}.

1931 年 H. 霍普夫证明了映射 $f : S^3 \to S^2 = S^3/\mathbb{T}$ 是不可收缩的, 这里 $\mathbb{T} \subset \mathbb{C}$ 是范数为 1 的复数构成的群且通过 $(z_1, z_2) \mapsto (tz_1, tz_2)$ 作用在 $S^3 \subset \mathbb{C}^2$ 上.

一般来说, 单位切丛 $X = UT(S^{2k}) \to S^{2k}$ 具有优先的同调 $H_i(X)$, $0 < i < 4k - 1$. 根据塞尔定理, 存在度为正的映射 $S^{4k-1} \to X$ 和复合映射 $S^{4k-1} \to X \to S^{2k}$ 生成了 $\pi_{4k-1}(S^{2k})$ 中具有有限指标的无限循环群.

塞尔 (Serre) 的证明 —— 一个几何学家的噩梦 —— 包含了追踪球面之间映射所组成的无限维空间的同调群和同伦群之间大量的线

性代数关系, 而且它几乎不会告诉你这些映射的几何. (关于球的稳定
同伦群有限性的 "半几何" 证明见 [58], 关于一个相关的讨论见本文的
第 5 节. 另外, [23] 中的构造也可能相关.)

回忆一下, 球 S^M 到连通空间 X 的映射的同伦类集合构成一个
群, 记作 $\pi_M(X)$ (π 是对于庞加莱来说的, 他定义了基本群 π_1), 这里群
结构的定义依赖于区分点 $x_0 \in X$ 和 $s_0 \in S^M$. (关于不同的 x_0 所定义
的 π_M 是相互同构的, 并且如果 X 是单连通的, 即 $\pi_1(X) = 1$, 那么它
们是典型同构的.)

S^M 中的这个点可以这样选取, 使得 S^M 成为欧氏空间 $\mathbb{R}^M$ 的一
点紧化, 记作 $\mathbb{R}^M_\bullet$, 这里无穷远点 $\bullet$ 取为 s_0. 为方便, 我们不是研究映
射 $S^m = \mathbb{R}^m_\bullet \to (X, x_0)$, 而是处理具有紧致支集的映射 $f : \mathbb{R}^M \to X$, 这
里 f 的支集是由使得 $f(s) \neq x_0$ 的 $s \in \mathbb{R}^m$ 构成的 (开) 子集 $supp(f) =$
$supp_{x_0}(f) \subset \mathbb{R}^m$ 的闭包.

显然, 具有不同紧致支集的映射对 $f_1, f_2 : \mathbb{R}^M \to X$ 定义了 "连
接映射" $f : \mathbb{R}^M \to X$, 当 $supp(f_1)$ 落在左半平面 $\{s_1 < 0\} \subset \mathbb{R}^m$ 且
$supp(f_2) \subset \{s_1 > 0\} \subset \mathbb{R}^M$ 时, 这里 s_1 是 $\mathbb{R}^M$ 上的非零线性函数 (坐
标), f 的同伦类 (显然) 仅依赖于 f_1, f_2 的同伦类.

2 个映射的同伦类的复合记为 $[f_1] \cdot [f_2]$, 定义为向左移动远离的
f_1 与向右移动远离的 f_2 的连接的同伦类.

这里为了代数上的方便, 几何被牺牲掉: 首先我们选取球面 S^M
上的点而打破球的对称性, 然后通过 s_1 的选取而毁坏 $\mathbb{R}^M$ 的对称性.
如果 $M = 1$, 那么本质上有两种选择: s_1 和 $-s_1$, 分别对应于 f_1 与 f_2
的互换 —— 这没有问题, 因为复合通常是非交换的.

对一般的 $M \geqslant 2$, 这些 $s_1 \neq 0$, 同伦地讲, 由单位球 $S^{M-1} \subset \mathbb{R}^M$
进行参数化. 由于 $M \geqslant 2$ 时, S^{M-1} 是连通的, 复合是可交换的, 因此
π_i 中的复合记为 $[f_1] + [f_2]$, $i \geqslant 2$. 这在代数上很好, 但在 $O(M+1)$ 上
的含糊不清似乎是很大的代价. (代数学家可能这样回应: 这个含糊不
清可以用操作数 (operads) 或类似的东西来解决.)

但这可能是不可避免的. 例如, 对给定非平凡同伦类中的映射
$S^M \to S^M$, 你所能做的最好的是使得它们在正交群 $O(M+1)$ 的最大
环 $\mathbb{T}^k$ 的作用下对称 (即等变), 这里对偶数 M, $k = M/2$, 对奇数 M,

$k = (M+1)/2$.

如果 $n \geqslant 1$, 那么除了少数情形外, 映射 $S^{n+N} \to S^N$ 的同伦类中没有明显对称的代表元; 但是塞尔 (Serre) 的定理确实带有了一个几何信息.

如果 $n \neq 0$, $N-1$, 那么任意连续映射 $f_0 : S^{n+N} \to S^N$ 都同伦于映射 $f_1 : S^{n+N} \to S^N$, 其膨胀被常数所限制,

$$ dil(f_1) =_{def} \sup_{s_1 \neq s_2 \in S^{n+N}} \frac{dist(f(s_1), f(s_2))}{dist(s_1, s_2)} \leqslant const(n, N). $$

膨胀问题. (1) 常数 $C(n, N)$ 当 $n, N \to \infty$ 时的渐近行为是怎样的?

我们都知道, 塞尔膨胀常数 $const_S(n, N)$ 对 $n \to \infty$ 和比方说 $1 \leqslant N \leqslant n-2$ 是有界的, 但是我们随意看出来的界是高度 N 的幂塔 $(1+c)^{(1+c)^{(1+c)^{\cdots}}}$, 这是因为塞尔叶状结构的同伦提升性质的每个几何实现都会带来指数级的膨胀. 或许, 通过 "奇异配边" 给出的塞尔定理的 (可疑的) 几何方法 (见 [75], [23], [1] 和第 5 节) 会给出一个更好的估计.

(2) 设 $f : S^{n+N} \to S^N$ 是膨胀为 d 的可缩映射, 即 f 等于另一个映射的 m 倍, 这里 m 可被 $\pi_{n+N}(S^N)$ 的阶整除.

粗略地说, 在边界 $\partial(B^{n+N+1}) = S^{n+1}$ 上等于 f 的单位球上的映射 $F : B^{n+N+1} \to S^N$ 的膨胀的最小值 $D_{min} = D(d, n, N)$ 是什么?

当然, 膨胀是估量 "映射的几何尺寸" 的最简单的不变量. 或许, 对这些问题的有趣答案需要对映射的 "几何尺寸/形状" 有一个更加富有想象力的定义, 比如基于表示此类映射的多项式的最小次数.

塞尔定理及其衍生的定理构成了高维流形上多数拓扑的基础. 下面是经常用到的推论, 它们将与一般空间 X 相关的同伦问题和更易于处理的同调群 $H_i(X)$(定义见第 4 节) 联系起来.

$[S^{n+N} \to X]$-**定理**. 令 X 是一个紧致连通的剖分空间或胞腔空间 (定义见下), 或者更一般地, 一个连通的具有有限生成同调群 $H_i(X)$ $(i = 1, 2, \cdots)$ 的空间. 如果空间 X 是单连通的, 即 $\pi_1(X) = 1$, 那么它的同伦群有下述性质:

(1) 有限生成. 对所有 $m = 2, 3, \cdots$, 群 $\pi_m(X)$ 是 (阿贝尔群!) 有限成生的.

(2) 球形. 如果对 $i = 1, 2, N-1$ 有 $\pi_i(X) = 0$, 那么将映射 $S^N \to X$

映为 X 中由该 N-球面表示的 N-循环的 (显然的) 胡列维茨 (Hurewicz) 同态

$$\pi_N(X) \to H_N(X)$$

是一个同构. (这是初等的, 胡列维茨 (1935).)

(3) $\mathbb{Q}$-球形. 如果对 $i = 2, N-1$, 群 $\pi_i(X)$ 是有限的 (记住我们假设了 $\pi_1(X) = 1$), 那么对 $n = 1, \cdots, N-2$, 张乘上有理数的胡列维茨同态

$$\pi_{N+n}(X) \otimes \mathbb{Q} \to H_{N+n}(X) \otimes \mathbb{Q}$$

是同胚.

由于有限生成这一性质, $\mathbb{Q}$-球形等价于以下.

(3') **塞尔 m-球形定理**. 设对 $i = 1, 2, \cdots, N-1$ 和 $n \leqslant N-2$, 群 $\pi_i(X)$ 是有限的. 那么:

● 对某个 $m \neq 0$, X 中任意 $(N+n)$-循环的 m 倍同调于连续映射到 X 的 $(N+n)$-球面;

● 任何两个同调球面 $S^{N+n} \to X$ 与一个不可缩的, 即度 $m \neq 0$ 的自映射 $S^{n+N} \to S^{n+N}$ 复合后变成同伦.

下面是 m-球形的对偶.

塞尔 $[\to S^N]_{\mathbb{Q}}$-定理. 令 X 是紧致的 $n+N$ 维三角剖分空间, 这里或者 N 是奇数, 或者 $n < N-1$.

那么任意同态 $H_N(X) \to S^N$ 的非零数倍可以由连续映射 $X \to S^N$ 实现.

如果两个连续映射 $f, g : X \to S^N$ 是同调的, 即同调同态 $f_*, g_* : H_N(X) \to H_N(S^N) = \mathbb{Z}$ 相等, 那么存在度非零的连续自映射 $\sigma : S^N \to S^N$ 使得复合映射 $\sigma \circ f$ 和 $\sigma \circ g : X \to S^N$ 是同伦的.

根据骨架归纳和基本的障碍理论, 这些 $\mathbb{Q}$-定理可由关于球面间映射的塞尔有限定理得到. 粗略的过程如下.

胞腔和三角剖分空间. 回忆一下, 一个胞腔空间 X 是一个带有满足 $\cup_i(X_i) = X$ 的上升的 (有限或无限的) 闭子空间序列 $X_0 \subset X_1 \subset \cdots \subset X_i \subset \cdots$ (称为 X 的第 i 个骨架) 的拓扑空间, 并使得 X_0 是离散的有限或可数子集.

任意 $X_i, i > 0$, 均可通过将可数个 (或有限个) i-球按照从这些球的边界 $S^{i-1} = \partial(B^i)$ 到 X_{i-1} 的连续映射粘贴到 X_{i-1} 而得到.

例如, 如果 X 是一个剖分空间, 那么存在 i-单形 $\Delta^i \to X_i$ 的同胚嵌入, 它是边界映射 $\partial(\Delta^i) \to X_{i-1} \subset X_i$ 的延拓, 并附带要求 (这里的词 "单形", 从拓扑上讲与 B^i 是不可区分的, 因而是有关联的) 嵌入到 X 的这样两个单形 Δ^i 和 Δ^j 的交集是一个单形 Δ^k, 它是 $\Delta^i \supset \Delta^k$ 和 $\Delta^j \supset \Delta^k$ 的面.

如果 X 是一个非单形的胞腔空间, 我们也有连续映射 $B^i \to X_i$, 但是它们通常只在内部 $B^i \backslash \partial(B^i)$ 是嵌入, 这是因为粘贴映射 $\partial(B^i) \to X_{i-1}$ 不必是单射. 这些 B^i 在 X 中的像仍然被称作闭胞腔, 记为 $B_i \subset X_i$, 这些 i-胞腔的并集等于 X_i.

注意到, X_i 的同伦等价类由 X_{i-1} 的同伦等价类和从球面 $S^{i-1} = \partial(B^i)$ 到 X_{i-1} 的映射的同伦类决定. 我们可以自由地选取映射 $S^{i-1} \to X_{i-1}$, 这使得在构建一般空间时胞腔是比单形更有效的模块.

例如, 球面 S^n 可以由一个 0-胞腔和单个 n-胞腔构成.

如果对某一 $l \leqslant i-1$, $X_{i-1} = S^l$(如果没有维数在 l 与 $i-1$ 间的胞腔, 则有 $l < i-1$), 那么具有单个 i-单形的 X_i 的同伦类——对应于同伦群 $\pi_{i-1}(S^l)$.

另一方面, 每一胞腔空间可由同伦于单形的胞腔空间逼近, 这可用单纯映射逼近由 $(i-1)$-球到 X_{i-1} 的连续粘贴映射并对骨架 X_i 做归纳.

回想一下, X_1 和 X_2 之间的同伦等价由一对映射 $f_{12}: X_1 \to X_2$ 和 $f_{21}: X_2 \to X_1$ 给出, 使得两个复合映射 $f_{12} \circ f_{21}: X_1 \to X_1$ 和 $f_{21} \circ f_{12}: X_2 \to X_2$ 同伦于恒同映射.

障碍与上同调. 令 Y 为满足 $\pi_i(Y) = 0$ 的连通空间, $i = 1, \cdots, n-1 \geqslant 1$, $f: X \to Y$ 是连续映射, 并对 $i = 0, 1, \cdots, n-1$ 进行归纳来构造映射 $f_{new}: X \to Y$, 它同伦于 f 并将 X_{n-1} 映为单点 $y_0 \in Y$. 构造如下:

假设 $f(X_{i-1}) = y_0$. 那么对 X_i 的每个 i-胞腔, 得到的映射 $B^i \xrightarrow{f} Y$ 在 Y 中构造了 i-球面, 这是因为边界 $\partial B^i \subset X_{i-1}$ 变成一个点, 在我们的情形是变成 Y 中的 y_0.

由于 $\pi_i(Y) = 0$, Y 中的 B^i 可以在不扰动边界的情形下收缩到 y_0. 我们可以对 X_i 中的所有 i-胞腔都这样做, 因此将 X_i 收缩到 y_0. (一般情形下我们不能将 X 中闭子集 $X' \subset X$ 上的连续映射延拓到 X 上, 但对 X 的所有闭子集 X', 总可以将给定映射 $f_0 : X \to Y$, $f_0|X' = f_0'$ 的连续同伦 $f_t' : X' \to Y$, $t \in [0,t]$, 延拓到同伦 $f_t : X \to Y$, 这与如何将 $\mathbb{R}$-值函数从 $X' \subset X$ 延拓到 X 上是类似的.)

从 X 到 Y 中一点的收缩可以在第 n 步被阻止, 此时 $\pi_n(Y) \neq 0$, 而且映到 Y 中且满足 $\partial(B^n) \to y_0$ 的每个定向 n-胞腔 $B^n \subset X$ 代表了可能非零的元素 $c \in \pi_n(Y)$. (如果改变了 B^n 的方向, 那么 $c \mapsto -c$.)

此时我们假设空间 X 是三角剖分空间, 将 B^n 变成 Δ^n, 并注意到函数 $c(\Delta^n)$ 是 X 上取值于群 $\pi_n(Y)$ 中的 n-闭上链, 这意味着 (这对一般的胞腔空间需要更多的解释) 对剖分的所有 Δ^{n+1}, $\partial\Delta^{n+1}$ 的 $n+2$ 个侧面单形 Δ^n 求和为零 (如果我们规范地/正确地选取所有的 Δ^n 的方向).

这个闭上链的上同调类 $[c] \in H^n(X; \pi_n(X))$ 不依赖于 $(n-1)$-骨架是如何收缩的 (通过简单的讨论可知). 而且, 等价类 $[c]$ 中的每一闭上链 c' 可以由定义在 X_n 上, 并且在 X_{n-2} 上取常值的同伦得到. (对阿贝尔群 A, 两个 A-值的 n-闭上链 c, c' 在同一个上同调类中, 如果对所有 Δ^n, 在可定向单形 $\Delta^{n-1} \subset X_{n-1}$ 上存在 A-值函数 $d(\Delta^{n-1})$, 使得 $\Sigma_{\Delta^{n-1} \subset \Delta^n} d(\Delta^{n-1}) = c(\Delta^n) - c'(\Delta^n)$. 具有自然的加法结构的 n-闭上链上同调类的集合称作上同调群 $H^n(X; A)$. 可以证明 $H^n(X; A)$ 仅依赖于 X, 而与 X 的胞腔分解的选取无关. 关于同调和上同调更清晰的几何定义见第 4 节.)

特别地, 如果 $\dim(X) = n$, 那么我们把映射 $X \to Y$ 的同伦类 $[X \to Y]$ 的集合等同于上同调群 $H^n(X; \pi_n(X))$. 进一步将这个讨论应用在 $X = S^n$ 上, 则得到 $\pi_n(X) = H_n(X)$, 更一般地, 得到:

只要 $\pi_i(Y) = 0$ 对 $0 < i < \dim(X)$ 成立, 就有映射 $X \to Y$ 的同伦类的集合与同态的集合 $H_n(X) \to H_n(Y)$ 相等.

最后, 当我们用这个构造证明上面的 $\mathbb{Q}$-定理 (其中一个空间是球) 时, 我们连续将映射与这个球上度为 $m \neq 0$ 的自映射作复合, 只要根据塞尔有限定理就可以去除障碍.

例如, 如果 X 是一个没有 1-胞腔的有限胞腔空间, 我们可以对每个整数 l, 通过将 $\pi_i(X_i)$ 中所有 $(i+1)$-胞腔的粘贴映射 $S_i \to X_i$ 替代为其 l^{k_i}-重的方式定义同伦多重 l^*X, $k_2 \ll k_3 \ll \cdots$, 这个 l^*X 伴随着一个映射 $l^*X \to X$, 它诱导了同伦群与 $\mathbb{Q}$ 的张乘空间上的同构.

障碍理论 (这是 1940 年由艾伦伯格 (Eilenberg) 继承了庞特里亚金 (Pontryagin) 1938 年的文章而发展的) 很好地体现了代数拓扑的逻辑: X 的几何对称 (如果有的话) 被任意一个三角剖分或胞腔分解破坏, 然后另一种对称, 阿贝尔代数对称, 在 (上) 同调层面中出现了.

(关于代数拓扑与几何拓扑的综合概述见 [56].)

塞尔的想法是, 有限的单连通胞腔复形的同伦型和它们之间连续映射的有限图的同伦型是有限运算对象, 这可用有限多个整系数多项式方程和不等式进行编码, 且同伦理论的组织结构依赖于无限的对象, 这些无限对象是有限对象的归纳极限, 例如有限胞腔空间之间连续映射空间的同伦型.

§3 一般拉回

N 个光滑 (即无限可微) 函数 $f : \mathbb{R}^{n+N} \to \mathbb{R}$ $(i = 1, \cdots, N)$ 的公共零点集可能会比较令人讨厌, 即使是 $N = 1$ —— $\mathbb{R}$ 中每个闭子集可以表示为一个光滑函数的零点集. 但是, 如果函数 f_i 是处于一般情形下的, 那么公共零点集是 $\mathbb{R}^{n+N}$ 中的光滑 n-子流形.

在这里和后面, "f 处于一般位置" 或 "一般的 f", 这里 f 是拓扑空间 F (比如具有 C^∞ 拓扑的 C^∞ 映射空间) 的一个元素, 是指我们针对 f 所说的对 F 的一个开的致密子集中所有的 f 成立. (有时在 "一般" 的定义中我们只要求在开的致密子集的可数交集上成立.)

一般的光滑 (不像连续) 对象跟我们所希望的一样好; 这个 "好" 的证明是局部解析的和初等的 (至少在我们需要的情形); 每一个都可以平凡地由萨德 (Sard) 定理 + 隐函数定理得到.

带有函数的流形的表示可以如下推广.

一般的拉回构造(庞特里亚金 1938, 托姆 (Thom) 1954). 从光滑 N-流形 V 开始, 例如 $V = \mathbb{R}^N$ 或 $V = S^N$, 令 $X_0 \subset V$ 为光滑子流形, 例如 $0 \in \mathbb{R}^N$ 或点 $x_0 \in S^N$. 令 W 是 M 维的光滑流形, 比如 $M = n + N$.

如果 $f: W \to V$ 是一般的光滑映射, 那么拉回 $X = f^{-1}(X_0) \subset W$ 是 W 的光滑子流形, 且 $codim_W(X) = codim_V(X_0)$, 即 $M - dim(X) = N - dim(X_0)$.

此外, 如果流形 W, V 和 X_0 都是可定向的, 那么 X 具有自然的定向.

更进一步, 如果 W 具有边界, 那么 X 是 W 中具有边界 $\partial(X) \subset \partial(W)$ 的光滑子流形.

例. (a) 令 $f: W \subset V \supset X_0$ 是从 W 到 V 的光滑嵌入, 可能是非一般的. 那么 f 的一个小的一般的扰动 $f': W \to V$ 仍是嵌入, 且在 V 中的像 $W' = f'(W) \subset V$ 变得与 X_0 横截 (即无处相切). 我们可以在几何上完全明确地看到 (用 3-空间中相交于一条线的两个平面) 交集 $X = W' \cap X_0 (= (f')^{-1}(X_0))$ 是 V 中满足 $codim_V(X) = codim_V(M) + codim_V(X_0)$ 的子流形.

(b) 令 $f: S^3 \to S^2$ 是光滑映射, S_1, $S_2 \in S^3$ 是两个一般点 $s_1, s_2 \in S^2$ 的拉回. 这些 S_i 是光滑闭曲线, 它们自然是可定向的, 如果假定 S^2 和 S^3 有定向.

令 $D_i \subset B^2 = \partial(S^3)$ $(i = 1, 2)$ 是球 $B^4 \supset S^3 = \partial(B^4)$ 中具有可定向边界 S_i 的一般光滑可定向曲面, 用 $h(f)$ 表示 D_i 间的相交指标 (定义见下节).

假定映射 f 同伦于零, 将它延拓成光滑的一般映射 $\varphi: B^4 \to S^2$, 并取 s_i 的 φ-拉回 $D_i^\varphi = \varphi^{-1}(s_i) \subset B^4$.

令 S^4 是由两个 B^4 通过将边界等同起来而得到的 4-球面, 并令 $C_i = D_i \cup D_i^\varphi \subset S^4$.

由于 $\partial(D_i) = \partial(D_i^\varphi) = S_i$, 这些 S_i 是闭曲面; 因此它们间的相交指标为零 (因为它们在 S^4 中与零同调, 见下节), 且因为 D_i^φ 不相交, D_i 间的相交指标 $h(f)$ 为零.

因此霍普夫不变量 $h(f)$ 的非消失性可推出 f 与零非同伦.

例如, 霍普夫映射 $S^3 \to S^2$ 是不可缩的, 这是因为任何两个围着赤道圈 $S_i \subset S^3$ 的横截圆盘在单点相交.

看似平凡的拉回构造的要点是从 "简单流形" $X_0 \subset V$ 和 W 出发, 通过 "复杂映射" $W \to V$ 构造复杂的更有意思的流形. (用 "图册等价

类" 的方式定义有趣的流形几乎是不可能的.)

比如, 如果 $V = \mathbb{R}$ 且映射为 W 上的函数, 那么我们可以对函数用代数和解析操作来生成很多的函数, 这样我们可以取 N 个函数而获得到 $\mathbb{R}^N$ 的映射.

对所有的 V 和 W, 一个不太显然的 (光滑的、一般的) 映射可以借助代数拓扑对连续映射 $W \to V$ 进行光滑的一般逼近得到.

根据托姆 (1954), 我们可以将上面的讨论应用于到开流形 V 的一点紧化空间 $V_\bullet$ 的映射上, 这样我们仍然可以讨论映射 $W \to V_\bullet$. 下 $V \subset V_\bullet$ 中光滑子流形 X_0 的一般拉回.

托姆空间. 紧致空间 X_0 上 N-向量丛 $V \to X_0$ 的托姆空间是 V 的一点紧化 $V_\bullet$, 这里 X_0 作为丛的零截面 (即 $x \mapsto 0 \in \mathbb{R}_x^N$) 而自然地嵌入到 $V \subset V_\bullet$ 中.

如果 $X = X^n \subset W = W^{n+N}$ 是光滑子流形, 那么它的法丛 $U^\perp \to X$ 的全空间 (近乎典则地) 微分同胚于 X 的小的 (法)ε-邻域 $U(\varepsilon) \subset W$, 这里 X 在 $x \in X$ 的法 ε-球 $B^N(\varepsilon) = B_x^N(\varepsilon)$ 沿径向映到 $U^\perp \to X$ 在 x 点的纤维 $\mathbb{R}^N = \mathbb{R}_x^N$ 中.

于是托姆空间 $U_\bullet^\perp$ 与 $U(\varepsilon)_\bullet$ 等同, 且在 $U(\varepsilon) \subset W$ 上为恒同映射、将补集 $W \backslash U(\varepsilon)$ 映为 $\bullet \in U(\varepsilon)_\bullet$ 的重复映射 $W_\bullet \to U(\varepsilon)_\bullet$ 对所有闭的光滑子流形 $X \subset W$ 定义了阿蒂亚 – 托姆 (Atiyah-Thom) 映射

$$A_\bullet^\perp : W_\bullet \to U_\bullet^\perp.$$

回想一下, n 维空间上的每个 $\mathbb{R}^N$-丛, $n < N$, 都可通过格拉斯曼 (Grassmann) 流形 $X_0 = Gr_N(\mathbb{R}^{n+N})$ 上的重复丛 V 借助连续映射, 比如 $G : X \to X_0 = Gr_N(\mathbb{R}^{n+N})$, 诱导而来.

例如, 如果 $X \subset \mathbb{R}^{n+N}$, 我们取法高斯映射 G, 它将 $x \in X$ 映为与 X 在点 x 的法空间平行的 N-平面 $G(x) \in Gr_N(\mathbb{R}^{n+N}) = X_0$.

由于托姆空间构造显然是以函子的形式, 每个 $U^\perp$-丛都对 $X = X^n \subset W = W^{n+N}$ 诱导了映射 $X \to X_0 = Gr_N(\mathbb{R}^{n+N})$, 且定义了一个映射 $U_\bullet^\perp \to V_\bullet$, 它与 $A_\bullet^\perp$ 复合可得到托姆映射

$$T_\bullet : W_\bullet \to V_\bullet, \quad V \to X_0 = Gr_N(\mathbb{R}^{n+N}) \text{ 为重复 } N\text{-丛}.$$

由于所有 n-流形可以 (显然地) 嵌入 (通过一般的光滑映射) 到欧氏空间 $\mathbb{R}^{n+N}$, $N \gg n$, 任一闭的, 即紧致无边的 n-流形 X 可以通过将一般拉回构造应用到从 $S^{n+N} = \mathbb{R}_\bullet^{n+N}$ 到典则 N-向量丛 $V \to X_0 = Gr_N(\mathbb{R}^{n+N})$ 的托姆空间 $V_\bullet$ 的映射 f 而得到,

$$X = f^{-1}(X_0), \ f: S^{n+N} \to V_\bullet \supset X_0 = Gr_N(\mathbb{R}^{n+N}).$$

在某种程度上, 托姆已经发现了世界上所有流形的源头, 并对问题 "流形是从哪里来的? " 这一问题作出如下回应.

1954 回答. 所以闭的光滑 n-流形 X 都可作为外围托姆空间 $V_\bullet \supset X_0$ 中格拉斯曼流形 $X_0 = Gr_N(\mathbb{R}^{n+N})$ 在一般光滑映射 $S^{n+N} \to V_\bullet$ 下的拉回.

由一般拉回构造得到的流形 X 会带来些许讽刺: 一般映射是很多的, 但是很难指出其中的任何一个 —— 我们对个别 X 的拓扑和几何没法多讲. (看来如果不给流形贴上 "随机字符串", 我们不能将所有的流形都放在一个篮子里.)

但是, 有了塞尔定理, 这个构造揭示了 "所有流形的空间" 中一个令人惊异的结构. (在塞尔之前, 庞特里亚金和紧接着的罗赫林 (Rokhlin) 从相反的方向考虑, 通过庞特里亚金构造将光滑流形应用到同伦论中.)

从一个相似对象的集合 $\mathcal{X}$ 中选取一个对象 X, 比如一个子流形, 这里 $\mathcal{X}$ 中没有特别的元素 X^*, 是一个著名的难题, 古人就已经知道了, 可以追溯到亚里士多德的《论天》. 这在 14 世纪作为布里丹 (Buridan) 驴子问题而出现, 在 20 世纪初作为策梅洛 (Zermelo) 选择问题而重新出现.

几何学家/分析学家尝试寻找 X: 首先在 $\mathcal{X}$ 上找到/构造一个 "价值函数", 然后选取 "最优的"X. 例如, 我们可以在带有黎曼度量的 $(n+N)$-流形 W 中寻找体积极小的 n-子流形 X. 但是, 除了 $n \leqslant 6$ 的超曲面 $X^n \subset W^{n+1}$, 极小流形 X 通常是奇异的 (西蒙斯 (Simons), 1968). 当所有 "确定性的" 选择都失败的时候, 从 $\mathcal{X}$ 中选取 "一般的" 或 "随机的"X 是一个几何学家最后的诉求. 这在拓扑中更加恶化, 因为:

● 除一般拉回和与之密切相关的流形之外, 已知的构造都不能以合理可控的方式提供所有的流形;

●另一方面, 在几何上比较有意义的流形 X 并不是任何东西的拉回. 通常, 它们是 "简单流形的复杂的商", 例如 $X = S/\Gamma$, 这里 S 是一个对称空间, 如双曲 n-空间, Γ 是作用在 S 上的离散等距群, 可能有不动点.

(显然每个曲面 X 都同胚于这样的商, 而且根据瑟斯顿 (Thurston) 的一个定理, 这对紧致 3-流形也是一样的. 但是如果 $n \geqslant 4$, 我们不知道是否任 光滑流形都同胚于这样的 S/Γ. 很难想象对丁双曲 4-空间 S, 存在无穷多个不相互微分同胚但同胚的 S/Γ, 但这可能是我们想象力的问题.)

从另一头出发, "简单" 流形有分支覆盖 $X \to X_0$, 我们希望分支轨迹 $\Sigma_0 \subset X_0$ 是一个具有 "平缓奇点" 且 $X_0 \backslash \Sigma_0$ 具有 "有趣的" 基本群的子簇, 但是找到这样的 Σ_0 是很难的 (见第 7 节 (3) 之后).

而且, 甚至对简单的 $\Sigma_0 \subset X_0$, 对分支覆盖 $X \to X_0$, 这里 X 是流形, 也可能是很难的. 例如, 这对平坦 n-环 $X_0 = \mathbb{T}^n$ 的分支覆盖来说是非平凡的, 这里 Σ_0 是若干可能相交的一般平坦 $(n-2)$-子环的并集.

§4 对偶和符号差

循环和同调. 如果 X 是光滑 n-流形, 我们要定义 X 中的 "几何 i-循环" C, 将同调类 $[C] \in H_i(X)$ 描述成 "具有余二维奇点的紧致可定向 i-子流形 $C \subset X$".

但是这个限制太强, 因为它排除了比如曲面中的自相交闭曲线和/或双重覆盖映射 $S^1 \to S^1$.

因此, 我们允许 $C \subset W$ 可能带有余一维的奇点, 而且, 除可定向外, 在 C 的非奇异轨迹上还有局部常值的整数值函数.

首先, 我们在光滑流形中所有闭子集上定义维数, 它具有常见的单调性、局部性、极大可加性, 即 $dim(A \cup B) = \max(dim(A), dim(B))$.

另外, 我们希望维数在紧致子集上的一般光滑映射下是单调的, 即 $dim(f(A)) \leqslant dim(A)$, 且如果 $f: X^{m+n} \to Y^n$ 是一般映射, 那么 $dim(f^{-1}(A)) \leqslant dim(A) + m$.

那么我们可以将 "一般维数" 定义为具有这些性质的极小函数, 这在光滑紧致子流形上与通常的维数是一样的. 这当然与每一步中

特定的 "一般性" 是有关的, 但到目前为止这从没引起任何麻烦, 因为我们并不是开始就取映射的极限.

一个 i-循环 $C \subset X$ 是 X 中维数为 i 的闭子集, 它带有如下定义在 C 上的 $\mathbb{Z}$-重函数, 且 C 具有如下点集分解

$$C = C_{reg} \cup C_{\times} \cup C_{sing},$$

使得:

- C_{sing} 是维数 $\leqslant i - 2$ 的闭子集.
- C_{reg} 是 C 中开的致密集, 且它是 X 中的光滑 i-子流形.

$C_{\times} \cup C_{sing}$ 是维数 $\leqslant i - 1$ 的闭子集. 局部上, 在每一点 $x \in C_{\times}$, 并集 $C_{reg} \cup C_{\times}$ 微分同胚于 X 中一组光滑且在边界 $\mathbb{R}^{i-1}$ 上重合的 $\mathbb{R}^{i}_{+}$, 这些称为分支, 基本例子是一般位置的超曲面的并集.

- $\mathbb{Z}$-重结构是由 C_{reg} 的定向和 C_{reg} 上的一个局部常值的多重/权重 $\mathbb{Z}$-函数给出 (当 $i = 0$ 时只需要有这样的函数, 而没有定向的要求), 使得在每一点 $x \in C_{\times}$, C 的分支上的这些定向重数的和等于零.

每一个 C 都可以变成 C', 使得 $C'_{\times}$ 是空集, 且如果 $codim(C) \geqslant 1$, 即 $dim(X) > dim(C)$, 也满足权重 $= \pm 1$.

例如, 如果 C_{reg} 的 $2l$ 个重数为 1 的可定向分支在 $C_{\times}$ 相交, 将它们分成具有相反定向的 l 对, 因为每一对都沿 $C_{\times}$ 相交, 保持它们相互粘连, 并与其他对分开.

不论分支的分离多么简单, 比如总权重为 $2l$, 它可以用 $l!$ 种不同的方式进行. 因为这种含糊不清, 可怜的 C' 变得相当非有效.

如果 X 是一个闭的定向 n-流形, 那么它自己变成 n-循环并代表了基本类 $[X] \in H_n(X)$. 其他的 n-循环是 X 的定向连通分支的整数组合.

考虑带边流形的奇异对应是比较方便的. 由于代数拓扑学家更擅用 "链", 但我们用 "板块" 这个词, 这里一个具有边界 $\partial(D) \subset D$ 的 $(i-1)$-板块 D, 除了存在子集 $\partial(D)_{\times} \subset D_{\times}$ 之外与一个循环是一样的, 定向权重不会抵消, $\partial(D)_{\times}$ 的闭包等于 $\partial(D) \subset D$, 且 $dim(\partial(D) \backslash \partial(D)_{\times}) \leqslant i - 1$.

在几何上讲, 我们如同在 $(i+1)$-循环上一样在 $D \backslash \partial(D)$ 上添加条

件, 并在 (闭集) ∂D 上加上局部 i-循环的条件, 这里 $\partial(D)$ 上具有从 D 上诱导的典则加权定向.

(在 $C = \partial(D)$ 上有两种相反的典则诱导定向, 比如 2-圆盘的圆形边界上, 没有明显的理由倾向于偏爱两者中的一个. 我们选组 $\partial(D)$ 上由切向量 $\tau_1, \cdots, \tau_n$ 构成的标架定义的定向, 使得 D 上由 $\nu, \tau_1, \cdots, \tau_n$ 给出的定向与原来的定向一致, 这里 ν 是向内的法向量.)

每个板块可以通过扩大集合 $D_\times$ (而且/或者, 本质上更弱一点, D_{sing}) 来再次细分. 我们不关心这样的板块的区别, 更一般地, $D_1 = D_2$ 表示两个板块有共同的细分.

我们更进一步, 如果 D_{reg} 上的权重函数等于零, 那么记 $D = 0$.

我们用 $-D$ 表示板块或者权重函数取反号, 或者取相反的定向.

我们定义 $D_1 + D_2$, 如果存在板块 D 包含 D_1 和 D_2 为其子板块且权重函数满足显然的加法准则.

于是, 我们约定如果 $D_1 - D_2 = 0$, 那么 $D_1 = D_2$.

关于一般性. 目前为止, 除了维数的定义, 我们还没用到任何一般性. 但是从现在开始, 我们假设所有的对象都是一般的. 这是必要的, 比如当定义 $D_1 + D_2$ 时, 这是因为任意的板块的和不是板块, 但是一般的板块的和显然是板块.

而且, 如果你习惯了一般性, 那么下面对你来说是显然的:

如果 $D \subset X$ 是 i-板块 (i-链), 那么在一般映射 $f : X \to Y$ 下的像 $f(D) \subset Y$ 是一个 i-板块 (i-链).

注意到, 对 $dim(Y) = i + 1$, 像 $f(D)$ 的自交迹成为 $f(D)_\times$ 的一部分, 而且如果 $dim(Y) = i + 1$, 那么由 $f(\partial(D))$ 产生了新 $\times$-奇点.

更显然的是:

一个 i-板块 $D \subset Y^n$ 在一般映射 $f : X^{+n} \to Y^n$ 的拉回 $f^{-1}(D)$ 是 X^{m+n} 中的 $(i+m)$-板块; 如果 D 是一个循环, 且 X^{m+n} 是一个闭流形 (或映射 f 是恰当的), 那么 $f^{-1}(D)$ 是一个循环.

最后一个技术性细节, 我们将上面的定义推广到任意三角剖分空间 X, "光滑一般性" 被 "分片光滑一般性" 或分片线性映射代替.

同调. X 中两个 i-循环 C_1 和 C_2 称为同调的, 记为 $C_1 \sim C_2$, 如果在 $X \times [0, 1]$ 中存在一个 i-板块 D, 使得 $\partial(D) = C_1 \times 0 - C_2 \times 1$.

例如, 任何可缩的循环 $C \subset X$ 都与零同调, 这是因为 C 在 $Y = X \times [0,1]$ 中对应于光滑一般同伦的锥构成了边界等于 C 的板块.

由于 X 中的小子集是可缩的, 循环 $C \subset X$ 同调于零当且仅当它具有一个使之成为 "任意小的循环" 的和, 即对每个局部有限的覆盖 $X = \cup_i U_i$, 存在循环 $C_i \subset U_i$ 使得 $C = \cup_i C_i$.

同调群 $H_i(X)$ 定义为以 X 中所有 i-循环 C 关于关系 $C_1 \sim C_2$ 当且仅当 $[C_1] - [C_2] = 0$ 的 $[C]$ 为生成元的阿贝尔群.

类似地, 我们可以允许 C 和 D 具有分数权重来定义关于有理数域 $\mathbb{Q}$ 的 $H_i(X, \mathbb{Q})$.

例. 任何有 k 个连通分支的闭的可定向 n-流形 X 满足 $H_n(X) = Z^k$, 这里 $H_n(X)$ 是由它的基本类生成的.

根据定义这是显然的, 因为 $X \times [0,1]$ 中仅有的满足 $\partial(D) \subset \partial(X \times [0,1])$ 的板块 D 是由 $X \times [0,1]$ 的连通分支组成的, 因此 $H_n(X)$ 等于 X 中 n-循环的群. 所以每个闭的定向流形 X 都是不可缩的.

上述论点可能看起来容易得令人怀疑, 因为甚至证明 S^n 的非可缩性也是困难的, 这可以由关于连续映射而不是一般光滑或组合映射的布劳威尔 (Brouwer) 不动点定理看出, 除了 $n = 1$ 且覆盖映射是 $\mathbb{R} \to S^1$ 和具有霍普夫纤维化的 $S^3 \to S^2$ 的 S^2.

隐情是: 难点隐藏在 $(n+1)$-板块 (比如 X 上的锥) 在 $X \times [0,1]$ 中的一般像还是 $(n+1)$-板块这一事实中.

但是很显然, 对每个有 k 个分支的流形或三角剖分空间有 $H_0(X) = \mathbb{Z}^k$, 而对该结果的推广是没有任何吸引力的.

球 S^n 满足 $H_i(S^n) = 0, 1 < i < n$, 这是因为 $s_0 \in S^n$ 的补集微分同胚于 $\mathbb{R}^n$, 且维数 $< n$ 的一般循环不经过 s_0, 而可缩的 $\mathbb{R}^n$ 上维数为正的同调为零.

很明显, 连续映射 $f : X \to Y$, 在经过一般扰动后, 定义了同胚 $f_{*i} : H_i(X) \to H_i(Y)$, $C \to f(C)$, 且同伦的映射 $f_1, f_2 : X \to Y$ 诱导了相同的同胚 $H_i(X) \to H_i(Y)$.

实际上, 由同伦 f_t, $t \in [0,1]$, 一般地映为 $Y \times [0,1]$ 的柱面 $C \times [0,1]$ 是我们所说的满足 $\partial(D) = f_1(C) - f_2(C)$ 的板块.

因此, 同调在关于流形 X, Y 间的同伦等价 $X \leftrightarrow Y$ 下是不变的,这对剖分空间也成立.

类似地, 如果流形间的光滑一般映射 $f: X^{m+n} \to Y^n$ 是恰当的 (紧集的原像是紧集) 且 Y 是无边的, 那么循环的拉回定义了一个在映射的恰当同伦下不变的同胚, 记为 $f^!: H_i(Y) \to H_{i+m}(X)$.

同调群比同伦群更容易处理, 这是因为 X 中 i-循环的定义完全是局部的, 而 "X 中的球" 并不能通过逐点地看它们而认清它. (整体主义哲学家知道了这个后肯定会洋洋得意.)

从同调上说, 一个空间是其部分的和: 局部性可以允许对由简单的部分, 比如胞腔, 组合而成的空间 X 的同调进行有效的计算.

根据沙利文 (Sullivan), 通过限制循环和板块的可能的奇点而定义的广义同调函子满足局部性 + 可加性[6]. 其中的一些, 比如协边, 我们会在下一节看到.

映射的度. 令 $f: X \to Y$ 是两个闭的、连通的、定向且维数相同的流形间光滑 (或逐片光滑) 的一般映射.

那么度 $deg(f)$ 可以 (很显然) 等价地定义为像 $f_*[X] \in \mathbb{Z} = H_n(Y)$ 或者生成元 $[\bullet] \in H_0(Y) \in \mathbb{Z} = H_0(X)$ 的 $f^!$-像. 例如, l-重覆盖映射 $X \to Y$ 的度为 l. 同样, 我们有: 任意空间之间的有限覆盖映射在有理同调群上是满射.

为理解度的定义背后的局部几何, 仔细看一下当 X(仍然假设紧致) 具有非空边界时的 f, 并注意到一个一般点 $y \in Y$ 的某些 (小的) 开邻域的 f-拉回 $\tilde{U}_y \subset X$ 由有限多个连通分支 $\tilde{U}_i \subset \tilde{U}$ 组成, 且对所有的 $\tilde{U}_i$ 映射 $f: \tilde{U}_i \to U_y$ 是一个微分同胚.

因此, 每一 $\tilde{U}_i$ 都带有两个定向: 一个是由 X 诱导的, 第二个是通过 f 从 Y 诱导的. 当两个定向一致时对每个 $\tilde{U}_i$ 赋值 +1 并求和, 当不一致时赋值 -1 并求和, 则和被称为局部度 $deg_y(f)$.

如果两个一般点 y_1, y_2 可以由 Y 中与 X 的边界的 f-像 $f(\partial(X)) \subset Y$ 不交叉的路径连接, 那么 $deg_{y_1}(f) = deg_{y_2}(f)$, 这是因为这个路径的 f-拉回, (可以假设是一般的) 除了可能的闭曲线之外还包括了 Y 中几条连接 $f^{-1}(y_1) \subset \tilde{U}_{y_1} \subset X$ 中 $\pm$-度点和 $f^{-1}(y_2) \subset \tilde{U}_{y_2}$ 中 $\mp$-度点的线段.

因此, 如果 X 是无边的, 那么局部度不依赖于 y. 从而, 显然地, 它与以同调的方式定义的度是相符的.

类似地, 我们在这一构想 (不涉及同调) 中可以看到, 局部度在一般同伦 $F : X \times [0,1] \to Y$ 下是不变的, 这里光滑 (通常不连通) 拉回曲线 $F^{-1}(y) \subset X = X \times 1$ 连接了 $F(x,0)^{-1}(y) \subset X$ 中的 $\pm$-点与 $F(x,1)^{-1} \subset X = X \times 1$ 的 $\mp$-点.

几何循环与代数循环. 现在我们来解释对剖分空间 X 来说几何定义与代数定义是如何一致的.

回忆一下, 三角剖分空间的同调是用 $\mathbb{Z}$-循环以代数的方式定义的, 它是 $\mathbb{Z}$-链, 即是可定向 i-单形 Δ_s^i 的整系数为 k_s 的正规线性组合, 这里根据 "代数循环" 的定义, 这些和具有零代数边界, 这等价于对每一上同调于零的 $\mathbb{Z}$-余循环 c 有 $c(C_{alg}) = 0$.

但是这恰恰与 i-骨架 X_i 中一般循环 C_{geo} 的定义是相同的, 再说一遍, $C_{alg} \overset{taut}{\mapsto} C_{geo}$ 给出了从代数同调到几何同调的同胚.

另一方面, 一个 $(i+j)$-单形减去它的中心可以同伦于它的边界. 那么对三角剖分骨架进行显然的逆向归纳法, 可知空间 X 减去一个余维数为 $i+1$ 的子集 $\Sigma \subset X$ 后可以同伦于 i-骨架 $X_i \subset X$.

由于每个一般 i-循环都失掉了 Σ, 它可以同伦于 X_i, 这里生成的映射, 比方说是 $f : X \to C$, 将 C 映到一个代数循环.

这时候, 两个定义的等价性就变得显然了, 这里注意到讨论对具有逐片线性粘贴映射的所有胞腔空间 X 都是适用的.

关于这个 X 的同调的通常定义意味着与 X_i 中所有的 i-循环和 X_{i+1} 中所有的 $(i+1)$-板块有关. 在这种情形下, i-循环的群变成了由所有的 i-胞腔张成的群的子群, 这表明, 例如, $H_i(X)$ 的阶不会超过 X_i 中 i-胞腔的数目.

我们回到一般几何循环, 并注意到如果 X 是一个非紧流形, 我们可以在这些循环的定义中丢掉 "紧致". 生成的群表示为 $H_1(X, \partial_\infty)$. 如果 X 是紧致带边的, 那么关于 X 的内部的这个群称为相对同调群 $H_i(X, \partial(X))$. (这个内部的通常的同调群可以典则地同构于 X 的相对同调群.)

相交环. 光滑流形 X 中一般的循环的交定义了 n-流形 X 的同调

上的乘法结构, 记作: 对 $[C_1] \in H_{n-i}(X)$ 和 $[C_2] \in H_{n-j}(X)$ 有

$$[C_1] \cdot [C_2] = [C_1] \cap [C_2] = [C_1 \cap C_2] \in H_{n-(i+j)}(X),$$

这里 $[C] \cap [C]$ 由 $C \subset X$ 与它的较小的一般扰动 $C' \subset X$ 的交所定义.

(这里一般性是最有用的: 当单纯循环在一个剖分的骨架上相交时是令人讨厌的. 另一方面, 如果 X 不是流形, 我们可以调整循环的定义以适应 X 的奇异部分的局部拓扑, 这样就得到我们所称的相交同调.)

显然, 相交与恰当映射 f 的 $f^!$ 相关, 而与 f_* 无关. 特别地, 前者可以得到, 这个乘积关于闭的同维数流形间定向同伦等价是不变的. (但是与 X 同伦等价的 $X \times \mathbb{R}$ 具有平凡的相交环, 不论 X 的环是哪一个.)

也要注意到奇数余维循环的交是反交换的, 而如果两者中的一个是偶数余维的, 那么它是可交换的.

维数互补的两个循环的交是 0-循环, 当 X 是可定向时, 它的总 $\mathbb{Z}$-权重是有意义的; 它被称为循环的相交指标.

也要观察到 C_1 和 C_2 的交与 $C_1 \times C_2$ 和对角线 $X_{diag} \subset X \times X$ 的交是相同的.

例. (a) 复射影空间 $\mathbb{C}P^k$ 的相交环是由超平面 $[\mathbb{C}P^{k-1}] \in H_{2k-2}(\mathbb{C}P^k)$ 的同调类关于乘法生成的, 仅有的关系是 $[\mathbb{C}P^{k-1}]^{k-1} = 0$, 且显然有 $[\mathbb{C}P^{k-i}] \cdot [\mathbb{C}P^{k-j}] = [\mathbb{C}P^{k-(i+j)}]$.

这里只需要验证同调类 $[\mathbb{C}P^i]$ (关于加法) 生成 $H_i(\mathbb{C}P^{k-1})$, 这可以通过观察到 $\mathbb{C}P^{i+1} \backslash \mathbb{C}P^i$ 是 $(2i+2)$-胞腔, $i = 0, 1, \cdots, k-1$, 即开的拓扑球 B_{op}^{2i+2} 来看出 (这里胞腔粘贴映射 $\partial(B^{2i+2}) = S^{2i+1} \to \mathbb{C}P^i$ 是 $S^{2i+1} \to S^{2i+1}/\mathbb{T} = \mathbb{C}P^{i+1}$ 关于 $S^{2i+1} \subset \mathbb{C}^{2i+1}$ 上模为 1 的复数乘法群 $\mathbb{T}$ 的显然作用的商映射).

(b) n-环的相交环同构于具有 n-生成元的外代数, 即乘法生成元 $h_i \in H_{n-1}(\mathbb{T}^n)$ 间仅有的关系是 $h_i h_j = -h_j h_i$, 这里 h_i 是 n 坐标子环 $\mathbb{T}_i^{n-1} \subset \mathbb{T}^n$ 的同调类.

这可由下面的库内特 (Künneth) 公式得到, 但也可以根据 $\mathbb{T}^n$ 显然地分解成 2^n 个胞腔而直接证明.

相交环结构极大地丰富了同调. 另外, $H_* = \oplus_i H_i$ 就是分次阿贝

尔群 —— 最原始的代数对象 (如果是有限生成的) —— 可以用简单的数值不变量完全刻画: 秩和它们的循环因子的阶.

但是环结构, 比方说 n-流形 X 上的 H_{n-2}, 对 $n = 2d$ 定义了 $H_{n-2} = H_{n-2}(X)$ 上的对称 d-形式, 它是 r 元整系数 d 次多项式, 这里 $r = rank(H_{n-2})$. 对 $d \geqslant 3$(为了确定无疑, $d \geqslant 4$) 世界上所有的数论都分类不了这些.

我们也可以让非紧的循环相交, 这里紧致的 C_1 与非紧的 C_2 的交是紧致的; 这定义了相交配对

$$H_{n-i}(X) \otimes H_{n-j}(X, \partial_\infty) \to H_{n-(i+j)}(X).$$

最后注意, X 中一般 0-循环 C 是点 $x \in X$ 的有限集, 对每个 $x \in C$ 附加 "方向" 符号 ± 1, 这些 ± 1 的和称为 C 的指标. 如果 X 是连通的, 那么 $ind(C) = 0$ 当且仅当 $[C] = 0$.

托姆同构. 令 $p : V \to X$ 是 X 上每个纤维都定向的光滑 (这是非必要的)$\mathbb{R}^N$-丛, 这里 $X \subset V$ 是作为零截面的嵌入, 并令 $V_\bullet$ 是 V 的托姆空间. 那么有两个自然的同调同态.

交 $\cap : H_{i+N}(V_\bullet) \to H_i(X)$. 这通过 $V_\bullet$ 中一般 $(i+N)$-循环与 X 的交而定义.

托姆同纬映象 $S_\bullet : H_i(X) \to H_i(V_\bullet)$, 这里每个循环 $C \subset X$ 被映为 V 在 C 上的限制的托姆空间, 即 $C \mapsto (p^{-1}(C))_\bullet \subset V_\bullet$.

这些 $\cap$ 和 $S_\bullet$ 是互逆的. 实际上对所有 $C \subset X$ 有 $(\cup \circ S_\bullet)(C) = C$, 对 $V_\bullet$ 中所有循环 C' 也有 $(S_\bullet \circ \cap)(C') \approx C'$, 这里同调是由 $V_\bullet \supset V$ 中 C' 的每个纤维的径向同调确定的, 它确定了 $\bullet$, 并通过 $v \mapsto tv$ 变换每个 $v \in V$. 显然, 对 $V_\bullet$ 中所有的一般循环 C', 当 $t \to \infty$ 时有 $tC' \to (S_\bullet \circ \cap)(C')$.

因此我们获得托姆同构

$$H_i(X) \leftrightarrow H_{i+N}(V_\bullet).$$

类似地我们看到:

每个 $\mathbb{R}^N$-丛 $V \to X$ 的托姆空间是 $(N-1)$-连通的, 即 $\pi_j(V_\bullet) = 0$, $j = 1, 2, \cdots, N-1$.

实际上, 对 $j < N$, 一般 j-球面 $S^j \to V_\bullet$ 与 $X \subset V$ 不相交, 这里 X 作为零截面嵌入到 V 中. 因此, 这个球沿径向 (在 V 的纤维中) 收缩到 $\bullet \in V_\bullet$.

欧拉类. 令 $f : X \to B$ 是光滑闭流形 B 上具有 $\mathbb{R}^{2k}$-纤维的纤维化. 那么 B 中 $2k$-循环与零截面嵌入 $B \subset X$ 的相交指标定义了一个整数上同调类, 即一个同态 (可加映射) $e : H_{2k}(B) \to \mathbb{Z} \subset \mathbb{Q}$, 称为纤维化的欧拉类. (实际上, 这个定义中 B 不需要假设为一个流形.)

注意到, 欧拉数消失当且仅当同调投影同态 $_0f_{*2k} : H_{2k}(V \setminus B; \mathbb{Q}) \to H_{2k}(B, \mathbb{Q})$ 是满射, 这里 $B \subset X$ 是作为零截面 $b \mapsto 0_b \in \mathbb{R}_b^k$ 的嵌入, $_0f : V \setminus B \to B$ 是映射 (投影)f 到 $V \setminus B$ 上的限制.

而且, 很容易看到, 由 (本节后面定义的上同调上 $\smile$-环结构的) 欧拉类生成的 $H^*(B)$ 中的理想与上同调同态 $_0f^* : H^*(B) \to H^*(V \setminus B)$ 的核相同.

如果 B 是一个闭的连通定向流形, 那么 $e[B]$ 称为 $X \to B$ 的欧拉数, 仍记为 e.

换句话说, 数 e 等于 $B \subset X$ 的自相交数. 由于相交配对在 H_{2k} 上是对称的, 欧拉数的符号不依赖于 B 的定向, 但是依赖于 X 的定向.

还注意到, 如果 X 嵌入到另一个更大的 $4k$-流形 $X' \supset X$ 中, 那么 B 在 X' 中的自相交指标等于它在 X 中的自相交指标.

如果 X 是切丛 $T(B)$, 那么 X 具有规范的定向 (即使 B 是非定向的), 且欧拉数是明确定义的, 它等于对角线 $X_{diag} \subset X \times X$ 的自相交数.

庞加莱 – 霍普夫 (Poincaré-Hopf) 公式. *每个闭的定向 $2k$-流形 B 的切丛的欧拉数满足*

$$e = \chi(B) = \sum_{i=0,1,\cdots,k} rank(H_i(X; \mathbb{Q})).$$

很难相信这可能是真的! 一个单循环 (令它是基本的) 知道 B 的所有同调的某些信息.

可能这个公式的最清晰的证明是通过莫尔斯 (Morse) 理论 (庞加莱已经知道), 而且几乎可被认为是 "平凡的".

一个更代数化的方法是通过库内特公式 (见下面), 以及用 $H_*(X)$

中的相交环结构来表示的等价类 $[X_{diag}] \in H_{2k}(X \times X)$ 而得到.

也可以用如下方法定义连通非定向的 B 的欧拉数. 取典则的定向二重覆盖 $\tilde{B} \to B$, 这里 $b \in B$ 上的每个点 $\tilde{b} \in \tilde{B}$ 可以表示为 $b+B$ 在 b 附近的定向. 令 $\tilde{X} \to \tilde{B}$ 是通过覆盖映射 $\tilde{B} \to B$ 从 X 诱导的丛, 即这个 $\tilde{X}$ 是与 $\tilde{B} \to B$ 对应的 X 的自然二重覆盖. 最后, 记 $e(X) = e(\tilde{X})/2$.

非定向 $2k$-流形的庞加莱 – 霍普夫公式可以由定向的情形通过欧拉示性数 χ 的可乘性而得到, 这对所有紧致的三角剖分空间 B 都成立,

$$\text{对 } l\text{-重覆盖 } \tilde{B} \to B \text{ 有 } \chi(\tilde{B}) = l \cdot \chi(B).$$

如果同调是通过 B 的剖分来定义的, 那么根据直接的线性代数可得 $\chi(B)$ 与 i-单形的数目的交错和 $\sum_i (-1)^i N(\Delta^i)$ 相等, 因此可乘性成立. 但这对我们的几何循环来说不是那么容易. (如果 B 是闭流形, 这仍然可以由庞加莱 – 霍普夫公式和对覆盖映射的欧拉数的自然可乘性得到.)

库内特定理. 两个空间的笛卡儿积的有理同调与每个因子的同调的分次张量积相同. 实际上自然同态

$$\bigoplus_{i+j=k} H_i(X_1; \mathbb{Q}) \otimes H_j(X_2; \mathbb{Q}) \to H_k(X_1 \times X_2; \mathbb{Q}), \ k = 0, 1, 2, \cdots$$

是一个同构. 而且, 如果 X_1 和 X_2 是闭的定向流形, 这个同态与相交乘积是相容的 (如果你说得比较合适).

如果 X_1 和 X_2 具有胞腔分解, 且每个的 i-胞腔的数目与它们各自的 H_i 的阶相等, 那么这是显然的. 在一般的情形, 证明比较麻烦, 除非用链复形的语言, 这样难点可用线性代数消除. (然而, 跟踪几何循环有时候可能是必要的, 例如在代数几何中、在叶状循环的几何中以及求黎曼流形乘积的所谓填充剖面的时候.)

庞加莱 $\mathbb{Q}$-对偶. 令 X 是连通的定向 n-流形.

相交指标确定了维数互补的同调之间的线性对偶:

$H_i(X; \mathbb{Q})$ 等于 $H_{n-i}(X, \partial_\infty; \mathbb{Q})$ 的 $\mathbb{Q}$ 线性对偶.

换句话说, 相交配对

$$H_i(X) \otimes H_{n-i}(X, \partial_\infty) \xrightarrow{\cap} H_0(X) = \mathbb{Z}$$

是 $\mathbb{Q}$-忠实的: 一个紧致 i-循环的倍数同调于零当且仅当它与每个一般的非紧 $(n-i)$-循环的相交指标等于零.

此外, 如果 X 是带边流形的内部, 那么一个非紧循环的倍数同调于零当且仅当它与每个维数互补的紧致一般循环的交等于零.

对闭流形 X 证明 $[H_i \leftrightarrow H^{n-i}]$. 很抱歉, 我们选取 X 的光滑三角剖分, 即 T 在局部上与 $\mathbb{R}^n$ 中由仿射单形构成的三角剖分一样好, 从而打破了对称性 (见下面).

给定 T, 对每个一般 i-循环 $C \subset X$ 指定 C 与 T 中每个定向的 Δ^{n-i} 的相交指标, 并注意到得到的函数 $c^\perp : \Delta^{n-i} \mapsto ind(\Delta^{n-i} \cap C)$ 是一个 $\mathbb{Z}$-值余循环 (见第二节), 这是由于 C 与每一个 $(n-i)$-球面 $\partial(\Delta^{n-i+1})$ 的相交指标为零, 因为这些球在 X 中与零同调.

反过来, 给定一个 $\mathbb{Z}$ 余循环, 如下构造一个 i-循环 $C_\perp \subset X$. 从 $(n-i+1)$-单形 Δ^{n-i+1} 出发, 在每个单形中取一个光滑的定向曲线 S, 其边界点落在 Δ^{n-i+1} 的 $(n-i)$-面的中心, 这里只要 S 与一个面 Δ^{n-i} 相交, 那么 S 与它垂直, 且曲线 S(稍微延拓使之穿过 Δ^{n-i}) 与 Δ^{n-i} 的相交指标等于 $c(\Delta^{n-i})$. 这样的曲线 (显然) 存在, 因为函数 c 是一个余循环. 注意到, T 中每个 $(n-i+2)$-单形的边界球面 $S^{n-i+1} = \partial\Delta^{n-i+2}$ 中的所有 $(n-i+1)$-单形上所有这样的曲线 S 的并集是 S^{n-i+1} 中的一个闭的(不连通) 曲线, 它与每个 $(n-i)$-单形 $\Delta^{n-1} \subset S^{n-i+1}$ 的相交指标等于 $c(\Delta^{n-i})$ (这里的相交指标是在 S^{n-i+1} 中赋值的, 而不是在 X 中).

那么对 j 用归纳法, 通过关于每个单形 $\Delta^{n-i+j} \subset T_{n-i+j}$ 的中心在 $C_\perp^j$ 与边界球 $\partial(\Delta^{n-i+j})$ 的交集上作锥, 来构造 $C_\perp$ 与我们的三角剖分的 $(n-i+j)$-骨架 T_{n-i+j} 的 (后来的) 交 $C_\perp^j$.

很容易看到, 得到的 $C_\perp$ 是一个 i-循环, 且复合映射 $C \to c^\perp \to C_\perp$ 与 $c \to C_\perp \to c^\perp$ 定义了相应的单位映射 $H_i(X) \to H_i(X)$ 和 $H^{n-i}(X;\mathbb{Z}) \to H^{n-i}(X;\mathbb{Z})$, 这样我们得到庞加莱 $\mathbb{Z}$-同构,

$$H_i(X) \leftrightarrow H^{n-i}(X;\mathbb{Z}).$$

为完成 $\mathbb{Q}$-对偶性的证明, 需要说明 $H^j(X;\mathbb{Q}) \otimes \mathbb{Q}$ 与 $H_j(X;\mathbb{Q})$ 的 $\mathbb{Q}$-线性对偶相同.

为了做这个, 我们用代数 $\mathbb{Z}$-循环 $\sum_j k_j \Delta^i$ 表示 $H_i(X)$, 而且目前在代数领域要向 T 的链复形和余链复形之间的同调求助:

我们用 $(h,c) \mapsto c(h) \in \mathbb{Z}$ 表示等价类 $h \in H_i(X)$ 与 $c \in H^i(X;\mathbb{Z})$ 之间的自然配对, 它与 $\mathbb{Q}$ 作张乘后, 对所有的紧致三角剖分空间 X 确定了 $H^i(X;\mathbb{Q})$ 与 $H^i(X;\mathbb{Q})$ 的 $\mathbb{Q}$-线性对偶之间的同构

$$H^i(X;\mathbb{Q}) \leftrightarrow Hom[H^i(X;\mathbb{Q}) \to \mathbb{Q}].$$

证毕.

推论. (a) 庞加莱对偶的一个不显然的部分是这个论断: 对每个 $\mathbb{Q}$-同调的非平凡循环 C, 都存在一个维数互补的循环 C', 使得 C 与 C' 的相交指标不消失.

但是对偶的简单部分也是有用的, 因为它允许我们通过生成足够多的维数互补的非平凡相交循环而给出同调的下界.

例如, 它可以说明闭流形是不可缩的 (这约化到对度进行讨论). 它也蕴含着对闭的定向流形 X, 库内特对 $H_*(X;\mathbb{Q}) \otimes H_*(Y;\mathbb{Q}) \to H_*(X \times Y;\mathbb{Q})$ 是单射.

(b) 令 $f: X^{n+m} \to Y^n$ 是闭的定向流形之间的光滑映射, 使得一般点的拉回的同调类与零是不同调的, 即 $0 \neq [f^{-1}(y_0)]$. 那么对所有的 i, 同态 $f^{!i}: H_i(Y;\mathbb{Q}) \to H_{i+m}(X;\mathbb{Q})$ 是单射.

实际上, 每个非零的 $h \in H_i(Y;\mathbb{Q})$ 都伴随着一个 $h' \in H_{n-i}(Y)$, 使得二者的相交指标 $\neq 0$. 由于 $f^!(h)$ 与 $f^!(h')$ 的交等于 $d[f^{-1}(y_0)]$, $f^!(h)$ 与 $f^!(h')$ 都是非零的.

因此/同样, 所有的 $f_{*,j}: H_j(X) \to H_j(Y)$ 都是满射.

例如,

(b1) 闭的定向流形之间度为正的等维映射 f 的有理上同调是满射.

(b2) 令 $f: X \to Y$ 是一个光滑纤维化, 纤维是具有非零欧拉示性数的闭的可定向流形, 比如同胚于 S^{2k} 的流形. 那么纤维不同调于零, 这是因为每个纤维的切丛的欧拉类 e, 这对所有的 X 都可以定义, 在 $f^{-1}(y_0)$ 上不消失; 因此, f_* 是满射.

回想一下, 具有 S^{2k-1}-纤维的单位切丛纤维化 $X = UT(S^{2k}) \to$

$S^{2k} = Y$ 对 $1 \leqslant i \leqslant 4k - 1$ 有 $H_i(X; \mathbb{Q}) = 0$, 这是因为 $T(S^{2k})$ 的欧拉类不消失; 因此 f_* 在所有的 $H_i(X; \mathbb{Q})$ 上消失, $i > 0$.

几何循环. 我们只给出了上同调的组合定义, 但这可以用定向板块 D 上 "一般局部常值" 函数的几何 i-循环 c 来更加不变地定义, 使得当 D 的方向翻转后 $c(D) = -c(-D)$, 这里 $c(D_1 + D_2) = c(D_1) + c(D_2)$, 最后的余循环条件是对所有同调于零的 i-循环 C 有 $c(C) = 0$. 由于每个 $C \sim 0$ 可以分解成小的循环的和, 条件 $c(C) = 0$ 只需要对 (任意) "小循环" 加以验证.

余循环在检验几何循环 C 的非平凡性时不亚于庞加莱对偶循环: 如果 $c(C) \neq 0$, 那么 C 不同调于零, 且 c 也不上同调于零.

如果我们考虑 $H^*(X : \mathbb{R})$, 那么这些余循环 $c(D)$ 可以在同伦于单位映射的光滑自映射 $X \to X$ 空间的测度上求平均. (求平均后的余循环是一般循环的一类对偶.) 最终, 它们可以约化到在 X 上给定的紧致连通自同构群下不变的微分形式, 那让上同调从后门回到了几何中.

上同调的完整性. 鉴于以上情况, 有理上同调类 $c \in H^i(X; \mathbb{Q})$ 可以被定义为同态 $c : H_i(X) \to \mathbb{Q}$. 这样的 c 被称为整数型, 如果它的像包含在 $\mathbb{Z} \subset \mathbb{Q}$ 中. (某些同调类的不完整性是由米尔诺 (Milnor) 发现的拓扑球上非标准光滑结构存在的原因, 见第 6 节.)

$\mathbb{Q}$-对偶没有告诉你所有的事情. 例如, 下述闭 n-流形的简单性质与完整的同调对偶相关.

连通性/可缩性. 如果 X 是一个闭的 k-连通的 n-流形, 即对 $i = 1, \cdots, k$ 有 $\pi_i(X) = 0$, 那么一个点的补集, $X \backslash \{x_0\}$, 是 $(n-k-1)$-可缩的, 即存在单位映射 $X \backslash \{x_0\} \to X \backslash \{x_0\}$ 的同伦 f_t, 使得 $P = f_1(X \backslash \{x_0\})$ 是具有 $codim(P) \geqslant k + 1$ 的光滑剖分子空间 $P \subset X \backslash \{x_0\}$.

例如, 如果对 $1 \leqslant i \leqslant n/2$ 有 $\pi_i(X) = 0$, 那么 X 与 S^n 同伦等价.

光滑三角剖分. 回想, 一个光滑 n-流形的三角剖分子集的 "光滑性", 比方说 $P \in X$, 意思是指, 对每个闭的 i-单形 $\Delta \subset P$, 存在

- 一个包含 Δ 的开子集 $U \subset X$,
- $\mathbb{R}^n$ 的一个仿射三角剖分 P', $n = dim(X)$,
- 一个微分同胚 $\to U' \subset \mathbb{R}^n$,

将 Δ 映射到 P' 中的 i-的单形 Δ' 上.

于是, 我们定义了光滑流形 X 的光滑三角剖分 T 的概念, 也称 X 的光滑结构与 T 相容.

每个光滑流形 X 都可以给一个光滑三角剖分, 比如可以如下给出.

令 S 是 $\mathbb{R}^N$ 的仿射 (即由仿射单形构成的) 三角剖分, 它在格 $\Gamma = \mathbb{Z}^M \subset \mathbb{R}^N$ 的作用下不变 (即 S 是由 M-环 $\mathbb{R}^N/\Gamma$ 的一个三角剖分诱导的), 并令 $X_f \subset_f \mathbb{R}^M$ 是一个光滑的嵌入 (或浸入) 闭 n-流形. 那么, (显然) 存在

- 一个任意小的正常数 $\delta_0 = \delta_0(S) > 0$,
- 一个任意大的数 $\lambda \geqslant \lambda_0(X, f, \delta_0) > 0$,
- S 的顶点的 δ-小的移动, $\delta \leqslant \delta_0$, 这里它们自己的移动依赖于 X 到 $\mathbb{R}^N$ 的嵌入 f 和 λ, 使得三角剖分移动后相应的单形, 比方说 $S' = S'_\delta = S'(X, f)$, 与 λ-数乘后的 X 是 δ'-横截的, 即 $\lambda X = X \subset_{\lambda f} \mathbb{R}^N$, 这里一个仿射单形与 λX 的 δ'-横截性的意思是指由 Δ' 的顶点经过关于某个 $\delta' = \delta'(S, \delta)$ 的任意 δ'-移动后得到的仿射单形 Δ'' 与 λX 横截. 特别地, λX 与 S' 中 i-单形的交角都 $\geqslant \delta'$, $i = 0, 1, \cdots, M - 1$.

如果 λ 足够大 (因此 $\lambda X \subset \mathbb{R}^M$ 接近平坦), 那么 δ'-横截性 (显然) 可以推出 λX 与每个单形以及每个点 $x \in \lambda X \subset \mathbb{R}^M$ 附近的 S' 中的邻域的交集, 跟切空间 $T_x(\lambda X) \subset \mathbb{R}^M$ 与这些单形的交集的组合模式是一样的. 因此, λX 的从 S' 诱导的 (胞腔) 分解 $\Pi = \Pi_f$ 可以细分为 $X = \lambda X$ 的三角剖分.

目前为止, 本节中几乎所有的我们陈述过的事实从本质上来说庞加莱都是理解的, 他在某些点上从几何循环转换到了三角剖分, 显然是为了证明他的对偶定理. (关于庞加莱研究同调的方法的继续发展见 [41].)

庞加莱提出的几何/一般循环的语言很适合于观察和证明拓扑中随时遇到的众多显然很小的东西. (我怀疑几何学家, 甚至更糟糕的是某些代数拓扑学家在画交换图的时候会想到循环. 更改一下霍尔丹 (J. B. S. Haldane) 的话: "几何学就像拓扑学家的情妇: '没有她, 他就

活不下去, 但是又不愿意在公共场合被看到与她在一起.' ")

但是如果你在同伦论中远离流形, 那么考虑上同调, 用上同调积代替相交积会更简单.

上同调积是一个双线性配对, 通常表示为 $H^i \otimes H^j \overset{\smile}{\to} H^{i+j}$, 它是闭的定向 n-流形 X 上相交积 $H_{n-i} \otimes H_{n-j} \overset{\cap}{\to} H_{n-i-j}$ 的庞加莱对偶.

⌣ 积可以对所有的, 比方说, 三角剖分的 X 作为相对同调的相交积的对偶 $H_{M-i}(U;\infty) \otimes H_{M-j}(U;\infty) \to H_{M-i-j}(U;\infty)$ 来定义, 这里 X 嵌入到某个 $\mathbb{R}^N$ 中, $U \supset X$ 是 X 的小的正则邻域. 这样定义的 ⌣ 积在连续映射 f 下是不变的:

对所有的 $h_1, h_2 \in H^*(Y)$ 有 $f^*(h_1 \smile h_2) = f^*(h_i) \smile f^*(h_2)$.

很容易看到, ⌣ 对与库内特同态 $H^*(X) \otimes H^*(X) \to H^*(X \times X)$ 与到其对角线 $H^*(X \times X) \to H^*(X_{diag})$ 的限制的复合相同.

你几乎不能期望不用线性化的 (上) 同调而得到像塞尔有限定理那样的结果; 但是, 几何构造在这过程中提供了很大的帮助.

拓扑流形和 $\mathbb{Q}$-流形. 庞加莱对偶的组合证明对开子集 $X \subset \mathbb{R}^n$ 来说是最显而易见的, 这里 $\mathbb{R}^n$ 到方体的标准分解是它自己关于一般向量的平移的组合对偶.

庞加莱对偶对所有的定向拓扑流形 X 都有效, 对所有的有理同调或 $\mathbb{Q}$-流形也有效, 这是紧致的三角剖分 n-空间, 而且由亚历山大 (Alexander) 对偶 (的一个特殊情形) 可知 X 中每一个 i-单形 Δ^i 的链 $L^{n-i-1} \subset X$ 与球面 S^{n-i-1} 有同样的有理同调.

除有理同调球面外, S^n (或具有 S^n 的有理同调的 $\mathbb{Q}$-流形) 中一个嵌入的拓扑 k-球面的补集的有理同调, 与 $(n-k-1)$-球面的有理同调相等.

(链 $L^{n-i-1}(\Delta^i)$ 是一些单形 $\Delta^{n-i-1} \subset X$ 的并集, 这些 $\Delta^{n-i-1} \subset X$ 满足与 Δ^i 不相交, 且存在 X 中的包含了 Δ^i 和 Δ^{m-i-1} 的单形.)

或者, 一个 n-流形 X 可以嵌入到某个 $\mathbb{R}^N$ 中, X 的对偶约化为容许托姆同构 $H_i(X) \leftrightarrow H_{i+M-n}(U)$ 的 X 中 "适当正则" 的邻域 $U \subset \mathbb{R}^M$.

如果 X 是一个拓扑流形, 那么维数互补的 "局部一般" 循环在离散集上相交, 这允许我们定义它们的几何相交指标. 我们也可以将满足 $\sum_j dim(C_i) = dim(X)$ 的几个循环 C_j 的相交定义为 $\times_j C_j \subset X^k$ 与

X_{diag} 的相交指标, $j = 1, \cdots, k$, 但是对更多的我们不能那么简单地处理.

可能存在一个广泛的公式和 "函子庞加莱对偶" 显然的不变证明, 可以使得, 例如, 符号差的可乘性 (见下面) 和有理庞特里亚金类 (见第 10 节) 显而易见, 也可以应用到像那些我们将要在第 11 节看到的空间中维数为 βN 的 "循环" 上, 这里 $N = \infty$, $0 \leqslant \beta \leqslant 1$.

符号差. 一个定向的, 可能非紧的, 且/或不连通的 $2k$ 维流形 X 中 (紧致) k-循环的交定义了同调群 $H_k(X)$ 上的双线性形式. 如果 k 是奇数, 这个形式是反对称的, 如果 k-是偶数, 那么它是对称的.

后者的符号差, 即对角化的形式中正平方的个数减去负平方的个数, 称为 $sig(X)$. 如果 $H_k(X)$ 具有有限的阶, 比如 X 是紧致的且可能带边, 那么这是良定的.

从几何上讲, 相交形式的对角化可以由 X 中互不相交的、每一个都具有非零 (正的或负的) 自相交指标的 k-循环的最大集达到. (如果循环可以由光滑的、闭的定向的 k-子流形代表, 那么这些指标等于这些子流形上法丛的欧拉数. 实际上, 这样的子流形的最大系统总是存在, 这是由托姆从塞尔有限定理导出的.)

例. (a) $S^{2k} \times S^{2k}$ 具有零符号差, 这是因为 $2k$-同调是由两个坐标球的等价类 $[s_1 \times S^{2k}]$ 和 $[S^{2k} \times s_2]$ 生成的, 且两个等价类的自交指标为零.

(b) 复射影空间 $\mathbb{C}P^{2m}$ 的符号差为 1, 这是因为中间的同调是由自交指标 $= 1$ 的复射影子空间 $\mathbb{C}P^m \subset \mathbb{C}P^{2m}$ 的等价类生成的.

(c) 切丛 $T(S^{2k})$ 具有指标 1, 这是因为 $H_k(S^{2k})$ 是由自交指标等于欧拉示性数 $\chi(S^{2k}) = 2$ 的 $[S^{2k}]$ 生成的.

显然有 $sig(mX) = m \cdot sig(X)$, 这里 mX 表示 m 个 X 的不交并, 还有 $sig(-X) = -sig(X)$, 这里 "−" 意味着方向翻转. 此外, 每个紧致定向 $(4k + 1)$-流形 Y 的定向边界 X 的符号差为零. (罗赫林, 1952.)

(非定向流形的定向边界可能具有非零的符号差. 例如, 满足 $sig(\tilde{X}) = 2sig(X)$ 的二重覆盖 $\tilde{X} \to X$ 非定向地围住相应的 X 上的 1-球丛 Y.)

证明. 如果 k-循环 C_i 在 Y 中围住相对 $(k+1)$-循环 D_i, $i=1,2$, 那么 C_1 与 C_2 的 (零维) 交集围住 Y 中的一个相对 1-循环, 使得相交指标为零. 因此, 相交形式在包含同态 $H_k(X) \to H_k(Y)$ 的核 $ker_k \subset H_k(X)$ 上消失.

另一方面, 显然的等式

$$[C \cap D]_Y = [C \cap \partial D]_X$$

和 Y 中的庞加莱对偶表明关于 X 中相交形式的正交补 $ker_k^\perp \subset H_k(X)$ 包含在 ker_k 中. 证毕.

注意到这个讨论完全依赖于庞加莱对偶, 而且它同样可以适用于带边的拓扑流形和 $\mathbb{Q}$-流形.

也要注意, 库内特公式和庞加莱对偶 (平凡地) 推出闭流形上符号差的笛卡儿可乘性,

$$sig(X_1 \times X_2) = sig(X_1) \cdot sig(X_2).$$

例如, 复射影空间的乘积 $\times_i \mathbb{C}P^{2k_i}$ 的符号差为 1. (这里库内特公式是显然的, $\times_i \mathbb{C}P^{2k_i}$ 分解为 $\times_i (2k_i+1)$ 个胞腔.)

令人惊讶的是, 在覆盖映射下闭流形上符号差的可乘性不能很清晰地看出来.

可乘性公式. 如果 $\tilde{X} \to X$ 是一个 l-重覆盖映射, 那么

$$sign(\tilde{X}) = l \cdot sigh(X).$$

有时这个的证明很初等, 例如, 如果 X 的基本群是自由的. 在这种情形, 显然存在闭超曲面 $Y \subset X$ 和 $\tilde{Y} \subset \tilde{X}$ 使得 $\tilde{X} \backslash \tilde{Y}$ 微分同胚于 l 个 $X \backslash Y$ 的不交并. 这蕴含着可乘性, 因为符号差是可加的: 从一个流形中移除一个闭超曲面不会改变符号差.

因此,

$$sig(\tilde{X}) = sig(\tilde{X} \backslash \tilde{Y}) = l \cdot sig(X \backslash Y) = l \cdot sig(X).$$

(这个 "符号差的可加性" 可以简单地从庞加莱对偶看出来, 就像诺维科夫 (S. Novikov) 观察到的.)

一般来说, 给定一个有限覆盖 $\tilde{X} \to X$, 存在浸入超曲面 $Y \subset X$(有可能自交) 使得 $X \backslash Y$ 上的覆盖平凡化; 因此 $\tilde{X}$ 可以由若干片 $X \backslash Y$ 组合而成, 每一片取 l 次. 我们还有另外一个关于某些 "分层符号差" 的公式, 但是在一般的情形比较复杂.

另一方面, 符号差的可乘性可以由塞尔有限定理用几行推导出来 (见下面).

§5 符号差与协边

让我们构造一个紧致定向的带边流形 Y, 使对某个整数 m, 定向边界 $\partial(Y)$ 等于 $m\tilde{X} - mlX$.

将 X 嵌入到 $\mathbb{R}^{n+N}$ 中, $M \gg n = 2k = dim(X)$, 令 $\tilde{X} \subset \mathbb{R}^{n+N}$ 是由覆盖映射经过小的一般扰动得到的嵌入, $\tilde{X}' \subset \mathbb{R}^{n+N}$ 是 l 个 X 经一般扰动后的并集.

令 $\tilde{A}_{\bullet}$ 和 $\tilde{A}'_{\bullet}$ 是从 $S^{n+N} = \mathbb{R}^{n+N}_{\bullet}$ 到法丛 $\tilde{U} \to \tilde{X}$ 和 $\tilde{U}' \to \tilde{X}'$ 的托姆空间 $\tilde{U}_{\bullet}$ 和 $U'_{\bullet}$ 的阿蒂亚 – 托姆映射.

令 $\tilde{P} : \tilde{X} \to X$ 和 $\tilde{P}' : \tilde{X}' \to X$ 是法向投影. 这些投影显然从法丛 $U^{\perp} \to X$ 诱导了 $\tilde{X}$ 和 $\tilde{X}'$ 的法丛 $\tilde{U}$ 和 $\tilde{U}'$. 令

$$\tilde{P}_{\bullet} : \tilde{U}_{\bullet} \to U^{\perp}_{\bullet}, \quad \tilde{P}'_{\bullet} : \tilde{U}'_{\bullet} \to U^{\perp}_{\bullet}$$

是相应的托姆空间之间的映射, 让我们来看从球面 $S^{n+N} = \mathbb{R}^{n+N}_{\bullet}$ 到托姆空间 $U^{\perp}_{\bullet}$ 的两个映射 f 和 f',

$$f = \tilde{P}_{\bullet} \circ \tilde{A}_{\bullet} : S^{n+N} \to U^{\perp}_{\bullet}, \quad f' = \tilde{P}'_{\bullet} \circ \tilde{A}'_{\bullet} : S^{n+N} \to U^{\perp}_{\bullet}.$$

显然

[$\tilde{\bullet}\tilde{\bullet}'$]
$$f^{-1}(X) = \tilde{X}, \ (f')^{-1} = \tilde{X}'.$$

另一方面, 映射 f 和 f' 的同调同态通过托姆同纬映象同态 $S_{\bullet} : H_n(X) \to H_{n+N}(U^{\perp}_{\bullet})$ 与 $\tilde{P}$ 和 $\tilde{P}'$ 建立联系如下:

$$f_*[S^{n+N}] = S_{\bullet} \circ \tilde{P}_*[\tilde{X}], \ f'_*[S^{n+N}] = S_{\bullet} \circ \tilde{P}'_*[\tilde{X}'].$$

因为 $deg(\tilde{P}) = deg(\tilde{P}') = l$,

$$\tilde{P}_*[\tilde{X}] = \tilde{P}'_*[\tilde{X}'] = l \cdot [X],$$

$$f'[S^{n+N}] = f[S^{n+N}] = l \cdot S_\bullet[X] \in H_{n+N}(H_\bullet^\perp);$$

因此: 因为 $\pi_i(U_\bullet^\perp) = 0$, $i = 1, \cdots, N-1$, 根据塞尔定理, 某些映射 $f, f' : S^{n+N} \to U_\bullet^\perp$ 的非零 m 倍可以通过一个 (光滑的一般) 同伦 $F : S^{n+N} \times [0,1] \to U_\bullet^\perp$ 连接起来.

那么, 由 [$\bullet\bullet'$], 拉回 $F^{-1}(X) \subset S^{n+N} \times [0,1]$ 构建了 $m\tilde{X} \subset S^{n+N} \times 0$ 与 $m\tilde{X}' = mlX \subset S^{n+N} \times 1$ 之间的协边. 这推出 $m \cdot sig(\tilde{X}) = ml \cdot sig(X)$, 且因为 $m \neq 0$, 我们得到 $sig(\tilde{X}) = l \cdot sig(X)$. 证毕.

协边和罗赫林 – 托姆 – 希策布鲁赫 (Rokhlin-Thom-Hirzebruch) 公式. 让我们通过只允许 X 中非奇异的 i-循环, 即 X 中光滑闭的定向 i-子流形, 来修改对一个流形 X 的同调的定义, 并记得到的阿贝尔群为 $\mathcal{B}_i^o(X)$.

如果 $2i \geqslant n = dim(X)$, 在对非奇异循环求和时会遇到 (小小的) 问题, 这是因为一般的 i-子流形可能相交, 且它们的并集不可避免是奇异的. 我们下面假设 $i < n/2$; 否则, 我们用 $X \times \mathbb{R}^N$ 代替 X, $N \gg n$, 这里注意到 $\mathcal{B}_i^o(X \times \mathbb{R}^N)$ 在 $N \gg i$ 时不依赖于 N.

不像同调, 协边群 $\mathcal{B}_i^o(X)$ 甚至对可缩的空间 X 也可能是非平凡的, 例如 $X = \mathbb{R}^{n+N}$. ($\mathbb{R}^n$ 中的每个循环等于其上任何一个锥的边界, 但这对流形是不行的, 这是由于锥的顶点是奇点, 而这在协边的定义中是不允许的.) 实际上:

如果 $N \gg n$, 那么协边群 $\mathcal{B}_i^o = \mathcal{B}_i^o(\mathbb{R}^{n+N})$ 标准地同构于同伦群 $\pi_{n+N}(V_\bullet)$, 这里 $V_\bullet$ 是格拉斯曼流形 $V = Gr_N^{or}(\mathbb{R}^{n+N+1})$ 上重复的定向 $\mathbb{R}^N$ 丛 V 的托姆空间 (托姆, 1954).

证明. 令 $X_0 = Gr_N^{or}(\mathbb{R}^{n+N})$ 是定向 N-平面的格拉斯曼流形, $V \to X_0$ 是这个 X_0 上的重复定向 $\mathbb{R}^N$ 丛.

(空间 $Gr_N^{or}(\mathbb{R}^{n+N})$ 等于非定向 N-平面的空间 $Gr_N(\mathbb{R}^{n+N})$ 的二重覆盖. 例如, $Gr_1^{or}(\mathbb{R}^{n+1})$ 等于球 S^n, 而 $Gr_1(\mathbb{R}^{n+1})$ 是射影空间, 这是由 $\pm$-对合对 S^n 分割而来的.)

令 $U^\perp \to X$ 是 X 的定向法丛, 方向由 X 和 $\mathbb{R}^N \supset X$ 的定向诱导

而来, 令 $G : X \to X_0$ 是定向的高斯映射, 它将每一点 $x \in X$ 映为与 X 在 x 点的定向法空间平行的定向 N-平面 $G(x) \in X_0$.

由于 G 从 V 诱导了 $U^\perp$, 它定义了托姆映射 $S^{n+N} = \mathbb{R}^{n+N}_\bullet \to V_\bullet$, 且每个协边 $Y \subset S^{n+N} \times [0,1]$ 实现了在两个端点 $Y \cap S^{n+N} \times 0$ 和 $Y \cap S^{n+N} \times 1$ 的托姆映射之间的同伦 $S^{n+N} \times [0,1] \to V_\bullet$.

这定义了一个同态

$$\tau_{b\pi} : \mathcal{B}^o_n \to \pi_{n+N}(V_\bullet),$$

因为 $\mathcal{B}^o_n(\mathbb{R}^{i+N})$ 的加法结构与 $\pi_{i+N}(V_\bullet)$ 的加法结构一致. (我们不验证这个, 这是平凡的, 我们诉诸一般的原理: "同一个集合上的两个自然阿贝尔群结构必须是一致的.")

还要注意到在 $\mathbb{R}^{n+N+1}$ 中需要额外的 1, 这是因为 $\mathbb{R}^{n+N}$ 中流形的协边 Y 也是 $\mathbb{R}^{n+N+1}$ 中的, 或者等价地, 在 $S^{n+N+1} \times [0,1]$ 中.

另一方面, 一般拉回构造

$$f \mapsto f^{-1}(X_0) \subset \mathbb{R}^{n+N} \supset \mathbb{R}^{n+N}_\bullet = S^{n+N}$$

定义了从 $\pi_{n+N}(V_\bullet)$ 到 $\mathcal{B}^o_n$ 的同态, 这里显然 $\tau_{\pi b} \circ \tau_{b\pi}$ 和 $\tau_{b\pi} \circ \tau_{\pi b}$ 是恒同同态. 证毕.

现在塞尔 $\mathbb{Q}$-球形定理可以推出下述的定理.

托姆定理. (阿贝尔) 群 $\mathcal{B}^o_i$ 是有限生成的; 对 $X_0 = Gr_N(\mathbb{R}^{i+N+1})$, $\mathcal{B}^o_n \otimes \mathbb{Q}$ 与有理同调群 $H_i(X_0; \mathbb{Q}) = H_i(X_0) \otimes \mathbb{Q}$ 是同构的.

实际上, 对 $N \gg n$ 有 $\pi(V^\bullet) = 0$, 因此由塞尔,

$$\pi_{n+N}(V_\bullet) \otimes \mathbb{Q} = H_{n+N}(V_\bullet; \mathbb{Q}),$$

而根据托姆同构,

$$H_{n+N}(V_\bullet; \mathbb{Q}) = H_n(X_0; \mathbb{Q}).$$

为了应用这个, 我们需要计算同调 $H_n(Gr^{or}_N(\mathbb{R}^{N+n+j}))$, 显然由上面可知, 这与 $N \geqslant 2n+2$ 和 $j > 1$ 是不相关的; 因此我们转向

$$Gr^{or} =_{def} \bigcup_{j, N \to \infty} Gr^{or}_N(\mathbb{R}^{N+j}).$$

现在让我们借助乘法结构 (见第 4 节) 的优势用上同调的语言来叙述答案, 回想一下闭的定向 n- 流形上的上同调积 $H^i(X) \otimes H^j(X) \overset{\smile}{\to} H^{i+j}(X)$ 是利用庞加莱对偶 $H^*(X) \leftrightarrow H_{n-*}(X)$ 通过相交积 $H_{n-i}(X) \otimes H_{n-j}(X) \overset{\cap}{\to} H_{n-(i+j)}(X)$ 来定义的.

上同调环 $H^*(Gr^{or}; \mathbb{Q})$ 是某些著名的整数类, 称为庞特里亚金类 $p_k \in H^{4k}(Gr^{or}; \mathbb{Q})$ 中的多项式环, $k = 1, 2, 3, \cdots$. 见 [50], [21].

(当 $N = dim(X) \to \infty$ 时用同调的语言来表达这些有点尴尬, 虽然根据庞加莱对偶上同调环 $H^*(X)$ 与 $H_{N-*}(X)$ 是典范同构的.)

如果 X 是光滑的定向 n-流形, 它的庞特里亚金类 $p_k(X) \in H^{4k}(X; \mathbb{Z})$ 定义为 p_k 通过嵌入 $X \to \mathbb{R}^{n+N}$ 的法高斯映射 $G \to Gr_N^{or}(\mathbb{R}^{N+n})$ 诱导的等价类, $N \gg n$.

例. (见 [50]). (a) 复射影空间满足

$$p_k(\mathbb{C}P^n) = \binom{n+1}{k} h^{2k},$$

其中 $h \in H^2(\mathbb{C}P^n)$ 是生成元, 这是超平面 $\mathbb{C}P^{n-1} \subset \mathbb{C}P^{n-1}$ 的庞加莱对偶.

(b) 笛卡儿乘积 $X_1 \times X_2$ 的有理庞特里亚金类满足

$$p_k(X_1 \times X_2) = \sum_{i+j=k} p_i(X_1) \otimes p_j(X).$$

如果 Q 是分次度为 $n = 4k$ 的 p_i 的单位 (即是一个幂乘积) 单项式, 那么值 $Q(p_i)[X]$ 称为 (庞特里亚金) Q-数. 等价地, 这是 $Q(p_i) \in H^{4i}(Gr^{or}; \mathbb{Z})$ 在 Gr^{or} 中的 X (的基本类) 在高斯映射下的像上的值.

托姆定理现在可以如下重新表达.

两个定向 n-流形是 $\mathbb{Q}$-毗邻的当且仅当它们对所有的单项式来说有相等的 Q-数. 因此 $\mathcal{B}_n^o \otimes \mathbb{Q} = 0$, 除非 n 可以被 4 整除且对 $n = 4k$, $\mathcal{B}_n^o \otimes \mathbb{Q}$ 等于分次度为 n 的 Q-单项式的个数, 即等于 $\prod_i p_i^{k_i}$, 其中 $\sum_i k_i = k$.

(我们本节的后面给出证明, 也可见[50].)

例如, 如果 $n = 4$, 那么这样的多项式是存在唯一的 (p_1); 如果 $n = 8$, 那么有两个 $(p_2$ 和 $p_1^2)$; 如果 $n = 12$, 有三个单项式 $(p_3, p_1 p_2, p_1^3)$;

如果 $n = 16$, 它们有 5 个.

一般地, 这样的单项式的个数, 比方说 $\pi(k) = rank(H^{4k}(Gr^{or}; \mathbb{Q})) = rank_{\mathbb{Q}}(\mathcal{B}^o_{4k})$, (显然) 等于置换群 $\Pi(k)$(这可以看成是 $SO(4k)$ 中 Weyl 群的特定子群) 中共轭类的个数, 这里根据欧拉公式, 生成函数 $E(t) = 1 + \sum_{k=1,2,\cdots} \pi(k)t^k$ 满足

$$1/E(t) = \prod_{k=1,2,\cdots} (1 - t^k) = \sum_{-\infty < k < \infty} (-1)^k t^{(2k^2-k)/2}.$$

其中第一个等式显然, 第二个等式是很难处理的 (欧拉本人没能证明它), 现在我们知道

$$\pi(k) \sim \frac{\exp(\pi\sqrt{2k/3})}{4k\sqrt{3}}, \quad k \to \infty.$$

因为复射影空间的最高庞特里亚金类 p_k 不消失, $p_k(\mathbb{C}P^{2k}) \neq 0$, 这些空间的乘积构成了 $\mathcal{B}^o_n \otimes \mathbb{Q}$ 的一组基.

最后, 注意到在流形的笛卡儿乘积下协边群一起构成了一个交换环, 记为 $\mathcal{B}^o_*$, 托姆定理表明:

$\mathcal{B}^o_* \otimes \mathbb{Q}$ 是 $\mathbb{Q}$ 上关于变量 $\mathbb{C}P^{2k}$ 的多项式环, $k = 0, 2, 4, \cdots$.

作为 $\mathbb{C}P^{2k}$ 的代替, 我们可以用复双曲空间 $\mathbb{C}H^{2k}$ 的紧致商作为 $\mathcal{B}^o_* \otimes \mathbb{Q}$ 的生成元. 商空间 $\mathbb{C}H^{2k}/\Gamma$ 有两个密切相关且引人注目的特征: 它们的切丛容许一个自然的平坦联络, 它们的有理庞特里亚金数是同伦不变的, 见第 10 节. 寻找 $\mathbb{C}H^{2k}/\Gamma$ 和 $\mathbb{C}P^{2k}$ 的笛卡儿乘积 (的线性组合) 之间的 "自然协边" 将会是有趣的问题, 例如这会关联到复解析分支覆盖 $\mathbb{C}H^{2k}/\Gamma \to \mathbb{C}P^{2k}$.

因为符号差是可加的, 在这个乘积下也是可乘的, 它定义了一个同态 $[sig]: \mathcal{B}^o_* \to \mathbb{Z}$, 它在度为 $4k$ 时可以借助于庞特里亚金类中万有多项式来表示, 记为 $L_k(p_i)$,

$$sig(X) = L_k(p_i)[X], \quad \text{对所有闭的定向 } 4k\text{-流形 } X.$$

例如,

$$L_1 = \frac{1}{2}p_1, \quad L_2 = \frac{1}{45}(7p_2 - p_1^2), \quad L_3 = \frac{1}{945}(62p_3 - 13p_1p_2 + 2p_1^3).$$

因此,

$$sig(X^4) = \frac{1}{2}p_1[X^4], \qquad\qquad (\text{罗赫林, } 1953)$$

$$sig(X^8) = \frac{1}{45}(7p_2(X^8) - p_1^2(X^8))[X^8], \qquad (\text{托姆, } 1954)$$

且希策布鲁赫推导出一个简明的一般公式 (见下面), 他对复射影空间的乘积 $X = \times_j \mathbb{C}P^{2k_j}$ 用上面 p_i 的值对 L_k 的系数进行了赋值, 它们都有 $sig(X) = 1$, 将满足 $\sum_j 4k_j = n = 4k$ 的 $\times_j \mathbb{C}P^{2k_j}$, $X = X^n$, 代入公式 $sig(X) = L_k(X)$ 即可得到一般公式. 这个计算看似平凡, 但得到的结果却出乎意料地美.

希策布鲁赫符号差定理. 令

$$R(Z) = \frac{\sqrt{z}}{\tanh(\sqrt{z})} = 1 + z/3 - z^2/45 + \cdots$$
$$= 1 + 2\sum_{l>0}(-1)^{l+1}\frac{\zeta(2l)z^l}{\pi^{2l}} = 1 + \frac{2^{2l}B_{2l}z^l}{(2l)!},$$

其中 $\zeta(2l) = 1 + \frac{1}{2^{2l}} + \frac{1}{3^{2l}} + \frac{1}{4^{2l}} + \cdots$, 并令

$$B_{2l} = (-1)^l 2l\zeta(1-2l) = (-1)^{l+1}(2l)!\zeta(2l)/2^{2l-1}\pi^{2l}$$

为伯努利数 [47],

$$B_2 = 1/6, \ B_4 = -1/30, \cdots, B_{12} = -691/2730,$$
$$B_{14} = 7/6, \cdots, B_{30} = 8615841276005/14322, \cdots.$$

记

$$R(z_1) \cdot \cdots \cdot R(z_k) = 1 + P_1(z_j) + \cdots + P_k(z_j) + \cdots,$$

其中 P_j 是关于 $z_1, \cdots, z_k$ 的 j 次齐次对称多项式, 并重写

$$P_k(z_j) = L_k(p_i),$$

其中 $p_i = p_i(z_1, \cdots, z_k)$ 是关于 z_j 的 i 次齐次对称多项式. 希策布鲁赫定理是说:

上述 L_k 就是使得等式 $L_k(p_i)[X] = sig(X)$ 成立的多项式.

这个公式的一个显著方面是庞特里亚金数和符号差是整数, 而希策布鲁赫多项式 L_k 有非平凡的分母. 这可以得到关于光滑闭的定向 $4k$-流形的某些庞特里亚金数的 (而且某些时候符号差的) 万有整除性.

但是, 尽管符号差公式携带了沉重的整数负荷, 他的推导仅依赖于有理协边群 $\mathcal{B}_n^o \otimes \mathbb{Q}$. 基本线性代数中的这一点被托姆忽视了, 他用关于真协边群 $\mathcal{B}_n^o$ 的特别的、更难的计算推导出 8-流形的符号差公式. 但是希策布鲁赫给出的这一公式的特性不仅仅是线性代数.

问题. 是否存在由希策布鲁赫公式所编码的、通过某些无限维流形进行的分析/算术实现?

稳定格拉斯曼流形的上同调的计算. 首先, 我们说明上同调 $H^*(Gr^{or}; \mathbb{Q})$ 是由某些等价类 $e_i \in H^*(Gr^{or}; \mathbb{Q})$ 关于乘法生成的, 然后我们证明 L_i-类是多重独立的. (关于格拉斯曼流形的整系数上同调的计算见 [50].)

将单位切丛 $UT(S^n)$ 看作 $\mathbb{R}^{n+1}$ 中的正交 2-标架空间, 并回想一下 $UT(S^{2k})$ 是一个有理同调 $(4k-1)$-球面.

令 $W_k = Gr_{2k+1}^{or}(\mathbb{R}^\infty)$ 是 $\mathbb{R}^N$ 中定向 $(2k+1)$-平面的格拉斯曼流形并令 $N \to \infty$, W_k'' 是由对 (w, u) 组成的, 其中 $w \in W_k$ 是一个 $(2k+1)$-平面 $\mathbb{R}_w^{2k+1} \subset \mathbb{R}^\infty$, u 是 $\mathbb{R}_w^{2k+1}$ 中的单位正交标架 (单位正交向量对).

将每个 (w, u) 映为与 u 垂直的 $(2k+1)$-平面 $u_w^\perp \subset \mathbb{R}_w^{2k+1}$ 的映射 $p: W_k'' \to W_{k-1} = Gr_{2k-1}^{or}(\mathbb{R}^\infty)$ 是具有可缩纤维的纤维化, 且纤维是 $\mathbb{R}^\infty \ominus u_w^\perp = \mathbb{R}^{\infty - (2k-1)}$ 中的单位正交 2-标架空间; 因此, p 是一个同伦等价.

一个更有趣的纤维化是 $q: W_k \to W_k''$, $(w, u) \mapsto w$, 其纤维是 $UT(S^{2k})$. 由于 $UT(S^{2k})$ 是有理 $(4k-1)$-球面, 上同调同态 $q^*: H^*(W_k''; \mathbb{Q}) \to H^*(W_k; \mathbb{Q})$ 的核作为 $\smile$-理想是由有理欧拉类 $e_k \in H^{4k}(W_k''; \mathbb{Q})$ 生成的.

对 k 进行归纳可知 $W_k = Gr_{2k+1}^{or}(\mathbb{R}^\infty)$ 的有理上同调代数是由某些 $e_i \in H^{4i}(W_k; \mathbb{Q})$, $i = 0, 1, \cdots, k$ 生成的, 而且因为 $Gr^{or} = \lim_{\leftarrow k \to \infty} Gr_{2k+1}^{or}$, e_i 也生成了 Gr^{or} 的上同调.

复射影空间的 L-类的直接计算. 令 $V \to X$ 是一个定向的向量丛, 根据罗赫林 – 施瓦兹 (Schwartz) 和托姆, 可以定义如下 V 的 L-类, 这里不用考虑庞特里亚金类. 假设 X 是具有平凡切丛的流形; 否则将 X

嵌入到某个 $\mathbb{R}^M$ 中, M 较大, 并取它的一个小的正则邻域. 根据塞尔定理, 对每个同调类 $h \in H_{4k}(X) = H_{4k}(V)$, 存在 $m = m(h) \neq 0$ 使得 h 的 m 可由一个闭的 $4k$-子流形 $Z = Z_h \subset V$ 表示出来, 这个子流形等于球面 S^{M-4k} 中的一般点在具有 "紧致支撑集"(即除了 V 中的一个紧致子集之外的点都映为 $\bullet \in S^{M-4k}$) 的一般映射 $V \to S^{M-4k}$ 下的拉回. 注意到这样的 Z 在 V 中具有平凡的法丛.

用关于所有 $h \in H_{4k}(V) = H_{4k}(X)$ 的等式 $L(V)(h) = sig(Z_h)/m(h)$ 来定义 $L(V) = 1 + L_1(V) + L_2(V) + \cdots \in H^{4*}(V; \mathbb{Q}) = \oplus_k H^{4k}(V; \mathbb{Q})$.

如果丛 V 是由 $W \to Y$ 通过 $f : X \to Y$ 诱导的, 那么 $L(V) = f^*(L(W))$, 这是因为对 $dim(W) > 2k$(这个我们可以假设), 我们的 Z 在 W 中的一般像具有平凡的法丛.

根据符号差的笛卡儿可乘性, 我们清楚地知道丛 $V_1 \times V_2 \to X_1 \times X_2$ 满足 $L(V_1 \times V_2) = L(V_1) \otimes L(V_2)$.

因此, X 上 V_1 和 V_2 的惠特尼 (Whitney) 和 $V_1 \oplus V_2 \to X$ 的 L-类满足

$$L(V_1 \oplus V_2) = L(V_1) \smile L(V_2),$$

其中惠特尼和定义为 $V_1 \times V_2 \to X \times X$ 到 $X_{diag} \subset X \times X$ 的限制.

回想复射影空间 $\mathbb{C}P^k$ —— $\mathbb{C}^{k+1}$ 中 $\mathbb{C}$-曲线的空间伴随着由这些曲线表示的典则 $\mathbb{C}$-丛, 记为 $U \to \mathbb{C}P^k$, 具有相反方向的同一个丛记为 U^-. (对于 $\mathbb{C}$-对象我们总是指典则方向.)

注意到对平凡 $\mathbb{C}$-丛, $U^- = Hom_{\mathbb{C}}(U \to \theta)$ 且

$$\theta = \mathbb{C}P^k \times \mathbb{C} \to \mathbb{C}P^k = Hom_{\mathbb{C}}(U \to U)$$

成立, 且欧拉类 $e(U^-) = -d(U)$ 等于超曲面 $\mathbb{C}P^{k-1} \subset \mathbb{C}P^k$ 的庞加莱对偶空间 $H^2(\mathbb{C}P^k)$ 的生成元.

U^- 的惠特尼 $(k+1)$-倍数丛, 记为 $(k+1)U^-$, 等于切丛 $T_k = T(\mathbb{C}P^k)$ 加上 θ. 实际上, 令 $U^\perp \to \mathbb{C}P^k$ 是代表 $\mathbb{C}P^k$ 中点的直线的法向所构成的 $\mathbb{C}^k$-丛. 显然 $U^\perp \oplus U = (k+1)\theta$, 即 $U^\perp \oplus U$ 是一个平凡 $\mathbb{C}^{k+1}$-丛, 且再一次地,

$$T_k = Hom_{\mathbb{C}}(U^\perp \to U).$$

由此可见,

$$T_k \oplus \theta = Hom_{\mathbb{C}}(U \to U^{\perp} \oplus U) = Hom_{\mathbb{C}}(U \to (k+1)\theta) = (k+1)U^-.$$

回想一下

$$sig(\mathbb{C}P^{2k}) = 1; \quad \text{因此 } L_k((k+1)U^-) = L_k(T_k) = e^{2k}.$$

现在我们计算 $L(U^-) = 1 + \sum_k L_k = 1 + \sum_k l_{2k}e^{2k}$, 主要是通过将 e^{2k} 与这个和的 $(k+1)$ 次幂的 $2k$ 次项等同起来.

$$\left(1 + \sum_k l_{2k}e^{2k}\right)^{k+1} = 1 + \cdots + e^{2k} + \cdots,$$

从而,

$$(1 + l_1 e^2)^3 = 1 + 3l_1 + \cdots = 1 + e^2 + \cdots,$$
$$\text{这使得 } l_1 = 1/3 \text{ 且 } L_1(U^-) = e^2/3.$$

因此

$$(1 + l_1 e^2 + l_2 e^4)^5 = 1 + \cdots + (10l_1 + 5l_2)e^4 + \cdots = 1 + \cdots + e^4 + \cdots,$$

这蕴含着 $l_2 = 1/5 - 2l_1 = 1/5 - 2/3$ 且 $L_2(U^-) = (-7/15)e^4$, 等等.

最后我们对 $T_{2k} = T(\mathbb{C}p^{2k})$ 计算所有的 L-类 $L_j(T_{2k}) = (L(U^-))^{k+1}$, 进而计算出所有的 $L(\times_j \mathbb{C}P^{2k_j})$.

例如,

$$(L_1(\mathbb{C}P^8))^2[\mathbb{C}P^8] = 10/3, \quad \text{而 } (L_1(\mathbb{C}P^4 \times \mathbb{C}P^4))^2[\mathbb{C}P^4 \times \mathbb{C}P^4] = 2/3,$$

这推出具有相同符号差的 $\mathbb{C}P^4 \times \mathbb{C}P^4$ 与 $\mathbb{C}P^8$ 不是有理毗邻的, 类似地我们可以看出乘积 $\times_j \mathbb{C}P^{2k_j}$ 在我们先前陈述的毗邻环 $\mathcal{B}_*^{\circ} \otimes Q$ 中是多重独立的.

组合庞特里亚金类. 罗赫林 – 施瓦兹以及托姆 (独立地) 观察到, 一般点 $s \in S^{n-4k}$ 在逐片线性映射下的拉回是 $\mathbb{Q}$-流形, 并指出 $4k$-流形的符号差在这样的 $(4k+1)$ 维带边 $\mathbb{Q}$- 流形的协边下是不变的, 从而将他们关于 L_k 的定义, 进而将关于有理庞特里亚金类的定义, 应用

到三角剖分的 (不必是光滑的) 拓扑流形 X 上 (通过由亚历山大对偶引出的庞加莱对偶). 从而, 特别地, 他们已经说明:

光滑流形的有理庞特里亚金类在流形间逐片光滑的同胚下是不变的.

在拓扑范畴内, 组合拉回讨论失败了, 这是因为一般连续映射的好的概念是没有的. 但是, 诺维科夫 (1966) 证明了 L-类, 进而有理庞特里亚金类, 在任意同胚下是不变的 (见第 10 节).

托姆 – 罗赫林 – 施瓦兹讨论引出了关于所有 $\mathbb{Q}$-流形的有理庞特里亚金类的定义, 由于它们的链可能有庞大的基本群 $\pi_1(L^{n-i-1})$, 目前这是比光滑 (或组合) 流形更一般的对象.

但是, 对定向 $\mathbb{Q}$-流形自然定义的协边环 $\mathbb{Q}\mathcal{B}_*^o$ 在度 $n \neq 4$ 时与 $\mathcal{B}_*$ 仅有稍微的差别, 这里自然同态 $\mathcal{B}_n^o \otimes \mathbb{Q} \to \mathbb{Q}\mathcal{B}_n^o \otimes \mathbb{Q}$ 是同构. 这可以简单地由塞尔定理通过手术 (见第 9 节) 推得. 例如, 如果 $\mathbb{Q}$-流形 X 有单个奇点 —— $\mathbb{Q}$-球面 Σ 上的锥, 那么若干个 Σ 的连通和围住了一个光滑的 $\mathbb{Q}$-球, 这推出 X 的倍数与光滑流形是 $\mathbb{Q}$-毗邻的.

反过来, 由于 $rank_{\mathbb{Q}}(\mathbb{Q}\mathcal{B}_4^o) = \infty$, 群 $\mathbb{Q}\mathcal{B}_4^o \otimes \mathbb{Q}$ 比 $\mathcal{B}_4^o \otimes \mathbb{Q} = \mathbb{Q}$ 大得多 (见[44], [22], [23]和那里的参考文献).

(在 $\mathbb{Q}$-流形间给出能够在 $n > 4$ 也可以追踪 $\pi_1(L^{n-i-1})$ 的 "改良的协边" 的概念.)

最简单的 $\mathbb{Q}$-流形的例子是偶数维球面的切丛的一点紧化 $V_\bullet^{4k}$, $V^{4k} = T(S^{2k}) \to S^{2k}$, 这是因为相应的 $2k$-球丛的边界是 $\mathbb{Q}$-同调 $(2k-1)$-球面 —— 单位切丛 $UT(S^{2k}) \to S^{2k}$.

注意到球面的切丛是稳定平凡的 —— 它们在加上平凡丛后变得平凡, 即 $S^{2k} \subset \mathbb{R}^{2k+1}$ 的切丛在加上 $S^{2k} \subset \mathbb{R}^{2k+1}$ 的 (平凡的) 法丛后使得平凡丛稳定下来. 因此, 流形 $V^{4k} = T(S^{2k})$ 的所有示性类都是零, 而且 $V_\bullet^{4k}$ 的 $\mathbb{Q}$-类除维数 $4k$ 外都是零.

另一方面, $L_k(V_\bullet^{4k}) = sig(V_\bullet^{4k}) = 1$, 这是因为切丛 $V^{4k} = T(S^{2k}) \to S^{2k}$ 的欧拉数为零. 因此:

$\mathbb{Q}$-流形 $V_\bullet^{4k}$ 关于乘法生成了除 $\mathbb{Q}\mathcal{B}_4^o$ 外所有的 $\mathbb{Q}\mathcal{B}_*^o \otimes \mathbb{Q}$.

组合庞特里亚金数的局部公式. 令 X 是闭的定向三角剖分 (光滑的或组合的)$4k$-流形, 令 $\{S_x^{4k-1}\}_{x \in X_0}$ 是 X 中顶点为 x 的定向链 S_x^{4k-1}

的不交并. 那么:

对庞特里亚金类中每个总次数为 $4k$ 的单项式, 对所有 S_x^{4k-1} 都存在一个有理数 $Q[S_x]$ 的指派, 这里 $Q[S_x^{4k-1}]$ 仅与 S_x 的从 X 诱导的三角剖分的组合类型有关, 使得 X 的庞特里亚金 Q-数满足 (莱维特 – 罗克 (Levitt-Rourke), 1978)

$$Q(p_i)[X] = \sum_{S_x^{4k-1} \in [[X]]} Q[S_x^{4k-1}].$$

此外, 对 S_x^{4k-1} 有一个满足这一性质的标准实数指派, 这对所有的 $\mathbb{Q}$-流形也适用 (齐格 (Cheeger), 1983).

具有先验有理数 $Q[S_x]$ 的类似的有效组合公式是不存在的, 不论朝这个方向做多大的努力, 见[24]和那里的参考文献. (莱维特 – 罗克定理单单是存在性, 齐格的定义与 X 中余 2 维骨架外的 X 的非奇异轨迹上微分形式的 L^2-分析有关.)

问题. 令 $\{[S^{4k-1}]_\Delta\}$ 是由定向三角剖分 $(4k-1)$-球面的组合同构类组成的有限集合, 令 $\mathbb{Q}^{\{[S^{4k-1}]_\Delta\}}$ 是由函数 $q : \{[S^{4k-1}]_\Delta\} \to \mathbb{Q}$ 构成的 $\mathbb{Q}$-向量空间, 令 X 是同胚于 $4k$-环的闭的定向三角剖分化 $4k$-流形 (或关于这一问题是任意的可平行化流形).

记 $q(X) \in \mathbb{Q}^{\{[S^{4k-1}]_\Delta\}}$ 是一个函数, 使得 $q(X)([S^{4k-1}]_\Delta)$ 等于 $\{S_x^{4k-1}\}_{x \in X_0}$ 中 $[S^{4k-1}]_\Delta$ 的拷贝的数目, 令 $\mathcal{L}([S]_\Delta) \subset \mathbb{Q}^{\{[S^{4k-1}]_\Delta\}}$ 是对所有这种 X 的 $q(X)$ 的线性扩张.

上面表明 "q-数" 的向量 $q(X)$ 除了满足 $2k+1$ 个欧拉 – 庞加莱方程和迪恩 – 萨默维尔 (Dehn-Somerville) 方程外, 还满足 $\dfrac{\exp(\pi\sqrt{2k/3})}{4k\sqrt{3}}$ 线性 "庞特里亚金关系".

注意到欧拉 – 庞加莱方程和迪恩 – 萨默维尔方程不依赖于链的 ±-方向, 但是 "庞特里亚金关系" 是反对称的, 这是由于 $Q[-S^{4k-1}]_\Delta = -Q[S^{4k-1}]_\Delta$. 两种关系对所有的 $\mathbb{Q}$-流形都成立.

对特定的集合 $\{[S^{4k-1}]_\Delta\}$, 余维数 $codim(\mathcal{L}\{[S^{4k-1}]_\Delta\} \subset \mathbb{Q}^{\{[S^{4k-1}]_\Delta\}})$, 即 "$q$-数" 之间相互无关的关系的数目是多少?

[23] 指出:

• 所有组合球面的反对称 $\mathbb{Q}$-线性组合构成的空间 $\mathbb{Q}_{\pm}^{S^i}$ 关于微分

$q_{\pm}^i : \mathbb{Q}_{\pm}^{S^i} \to \mathbb{Q}_{\pm}^{S^{i-1}}$ 成为链复形, 这个微分通过取值为三角剖分 i-球面 $S_{\Delta}^i \in \mathcal{S}^i$ 上所有顶点的定向链的运算经线性扩张来定义.

• 取值在 $\mathbb{Q}_{\pm}^{S^{i-1}}$ 中的运算 $q_{\pm}^i$ 显然是定义在所有定向组合 i-流形 X 和组合 i-球面上, 它满足

$$q_{\pm}^{i-1}(q_{\pm}^i(X)) = 0, \text{即在这个复形中 } i\text{-流形代表了 } i\text{-循环}.$$

更进一步, [23] 说明了 (就像杰夫·齐格给我指出的) 所有这样的反对称关系式都是由 $q_{\pm}^{n-1} \circ q_{\pm}^n = 0$ 引出的关系生成/穷尽, 这个等式可被认为是迪恩 – 萨默维尔方程的一个 "定向 (庞特里亚金代替了欧拉 – 庞加莱) 对应".

$q_{\pm}^{n-1} \circ q_{\pm}^n = 0$ 的穷尽性和它的 (简单的, [25]) 迪恩 – 萨默维尔对应, 有可能可以推出在大多数 (所有?) 情形, 欧拉 – 庞加莱、迪恩 – 萨默维尔、庞特里亚金和 $q_{\pm}^{n-1} \circ q_{\pm}^n = 0$ 生成了向量 $q(X)$ 间的全套仿射 (即齐次和非齐次线性) 关系式, 但是对 X^n 上所有容许的链的特别集合 $\{[S^{4k-1}]_\Delta\}$, 很难求出由 $q_{\pm}^{n-1} \circ q_{\pm}^n = 0$ 引出的独立的关系式的数目.

例. 令 $D_0 = D_0(\Gamma)$ 表示一般的格 $\Gamma \subset \mathbb{R}^M$ 的狄利克雷 – 沃罗诺伊 (Dirichlet-Voronoi) (基本多面体) 区域, 令 $\{[S^{4k-1}]_\Delta\}$ 由 D_0 与 $\mathbb{R}^M$ 中一般仿射 n-平面的交集的边界 (的自然三角剖分的同构类) 组成.

在这种情形 $codim(\mathcal{L}\{[S^{n-1}]_\Delta\} \subset \mathbb{Q}^{\{[S^{n-1}]_\Delta\}})$ 是多少?

"几何 q-数", 即 λ-数乘子流形 $X \subset_f \mathbb{R}^M$, $\lambda \to \infty$, 与 D_0 的 Γ-平移的交集 σ 的组合类型的数目之间的 (仿射) 关系式是什么 (与前一节中在三角剖分构造一样)?

注意, 这些 σ 不是类凸的, 但这些在 $\lambda \to \infty$ 时可以忽略. 另一方面, 如果 λ 足够大, 所有的 σ 可通过 f 的小的扰动 f' 变成类凸的, 这个扰动是通过类似于前一节中对流形进行三角剖分的讨论得到的, 但是比那里的讨论稍微更具技巧性.

一些特别的 X, 例如 $\mathbb{R}^N$ 中的圆 n-球面, 其 "几何 q-数" 有什么特别的吗?

注意到, 对很多完备非紧的子流形 $X \subset \mathbb{R}^M$, "几何 q-数" 的比率是渐近定义的.

例如, 如果 X 是一个仿射子空间 $A = A^n \subset \mathbb{R}^M$, 这些比率 (显然) 可以用 $D \subset \mathbb{R}^n$ 中连通区域 Ω 的体积表示出来, 这些区域是通过

沿着某些超曲面将 D 割掉后得到的, 而这些超曲面由仿射 n 子空间 $A' \subset \mathbb{R}^M$ 生成, 它们平行于 A 且与 D 的 $(M-n-1)$-骨架相交.

这些体积之间关系式的类型的数目有多少?

特殊的 X 与欧氏空间和某些非欧氏空间中格 Γ 的其他基本区域的相交模式有类似的关系式/问题 (其中这些模式的精细渐近分布具有稍微的算术意味).

如果 $f: X^n \to \mathbb{R}^M$ 是带奇点的一般映射 (这在 $M \leqslant 2n$ 时是可能出现的), 而且 $D \subset \mathbb{R}^M$ 是 $\mathbb{R}^M$ 中一个小的凸多面体, 它的面与 f 是 δ-横截的 (例如与前一节中的三角剖分一样, $D = \lambda^{-1}D_0$, $\lambda \to \infty$), 那么拉回 $f^{-1}(D) \subset X$ 不必是拓扑胞腔. 但是, 关于特定示性数的某些局部/可加公式可能在相应的 X 的 "非胞腔分解" 中仍然是成立的.

例如, 对所有类型的 X, 我们 (显然) 有这样一个关于欧拉示性数的公式. 由前一节提到的诺维科夫的符号差可加性, 对 $sig(X)$ 和 $f: X \to \mathbb{R}$ (即 $M=1$) 我们也有这样一个 "局部公式".

证明所有的庞特里亚金数对 $M \geqslant n$ 可以这样局部地/可加地表示看起来不是很难, 但是还不清楚对给定的 $n=4k$ 和 $M < n$ 可以组合地/局部地/可加地表示的 Q-数究竟是什么.

(例如, 如果 $M=1$, 那么欧拉示性数和符号差可能是 X 上仅有的 "可以局部地/可加地表示" 的不变量.)

浸入的协边. 如果 $\mathbb{R}^{n+k}$ 中定向 n-循环容许的奇点是那些一般位置的 n-平面的集合, 那么得到的同调是定向浸入流形 $X^n \subset \mathbb{R}^{n+k}$ 的协边群. 比如, 如果 $k=1$, 根据庞特里亚金拉回构造, 这个群同构于稳定同伦群 $\pi_n^{st} = \pi_{n+N}(S^N)$, $N > n+1$, 这是因为 $\mathbb{R}^{n+k} \supset \mathbb{R}^{n+1} \supset X^n$ 中一个定向的 X^n 小的一般扰动是到 $\mathbb{R}^{n+N}$ 中的具有平凡法丛的嵌入, 这里根据斯梅尔 – 赫希 (Smale-Hirsch) 浸入定理, 每一个具有平凡法丛的嵌入 $X^n \to \mathbb{R}^{n+N}$ 都可以与一个浸入 $X^n \to \mathbb{R}^{n+1} \subset \mathbb{R}^{n+N}$ 的扰动是同痕的. (这对 $n=0$ 和 $n=1$ 是显然的.)

由于浸入的定向 $X^n \subset \mathbb{R}^{n+1}$ 具有平凡的稳定法丛, 根据塞尔有限定理, 对 $n=4k$, 它们的符号差为零. 反过来, 稳定群 $\pi_n^{st} = \pi_{n+N}(S^N)$ 的有限性可以通过 X^n 的 (框架性的) 手术 (见第 9 节) (本质地) 约化为这些符号差的消失.

$\pi_{n+N}(S^N)$ 的复杂性在这个一维构想中转变成浸入 $X^n \subset \mathbb{R}^{n+1}$ 的 "修饰过的自交" 的协边不变量, 这在 X 的 l-倍轨迹的 l-重覆盖的结构中部分地反应出来了.

这样的覆盖的伽罗瓦群可以与整个置换群 $\Pi(n)$ 相同, "修饰过的不变量" 存在于某些 "修饰过的" $\Pi(l)$ 的分类空间的协边群中, 这里 "维数修饰" 暗示着关于这些群的一个归纳计算, 特别地, 该计算可以推出关于球面的稳定同伦群的塞尔有限定理. 实际上, 就像安德拉斯·苏奇 (Andras Szucs) 给我指出的那样, 这可以用与迭代路径空间相关联的配置空间实现, 也见 [1], [75], [76].

余一维浸入的最简单的协边不变量与一般浸入 $X^n \to \mathbb{R}^{n+1}$ 的 $(n+1)$-重点的数目相同. 例如, 具有单个二重点的图 $\infty \subset \mathbb{R}^2$ 代表了 $\pi_{n=1}^{st} = \pi_{1+N}(S^N)$ 中的非零元素. $(n+1)$-重点的数目对 $n = 3$ 可以是奇数 (对 $n = 0$ 是平凡的), 但是对定向 n-流形, $n \neq 0, 1, 3$, 余一维浸入的情形总是偶数, 非定向的情形更加复杂 [16], [17].

我们知道, (见下一节) 稳定同伦群 $\pi_n^{st} = \pi_{n+N}(S^N)$, $N \gg n$ 中的每个元素在 $n \neq 2, 6, 14, 30, 62, 126$ 时可以由浸入 $X^n \to \mathbb{R}^{n+1}$ 代表, 这里 X^n 是一个同伦球; 如果 $n = 2, 6, 14, 30, 62, 126$, 这可以用 $rank(H_*(X_n)) = 4$ 的 X^n 做到.

比如像 $f(X^n) \subset \mathbb{R}^{n+1}$ 的同调和/或 $f(X^n)$ 的 l-重点子集 (的自然覆盖) 的同调, 其拓扑可能的最小规模是怎样的?

关于协边的几何问题. 令 X 是具有局部有界几何的闭的定向黎曼 n-流形, 这意味着 X 中每个 R-球容许一个到欧氏 R-球的 λ-双利普希茨同构.

假设 X 与零毗邻, 考虑所有延拓了 $X = \partial(Y)$ 且具有黎曼张量的紧致黎曼 $(n+1)$-流形 Y, 使得 Y 的局部几何被某些常数 $R' \ll R$ 和 $\lambda' \gg \lambda$ 界定, 在边界上也有显然的预设.

可以证明, 这些 Y 的体积的下确界可以被界定为

$$\inf_Y Vol(Y) \leqslant F(Vol(X)),$$

且函数 $F = F(V)$ 是具有幂指数界的. (F 也依赖于 R, λ, R', λ', 但是对 $R' \ll R, \lambda' \gg \lambda$ 这看起来不是本质的.)

当 $V \to \infty$ 时 $F(V)$ 的真正的渐近行为是怎样的?

在我们所知的情形它可能是线性的, 上述 "维数转化" 构想和/或 [23] 中的构造在这里可能有用.

这个问题, 在关于某些曲率积分和/或谱不变量, 而不是体积时, 是否有更好的背景?

格拉斯曼流形的实上同调可以由不变的微分形式解析地表示. $B_n^o \otimes \mathbb{R}$ 是否有类似的解析/几何表示? (可以考虑一类可测的 n-叶化, 见第 10 节, 或者也许比这更复杂的东西.)

§6 怪球

1956 年, 让所有人都感到惊讶的是, 米尔诺找到了与 S^N 不微分同胚的光滑流形 Σ^7; 但是, 它们每一个都可以分解成两个 7-球 $B_1^7, B_2^7 \subset \Sigma^7$ 的并, 它们边界的交集 $\partial(B_1^7) = \partial(B_2^7) = S^6 \subset \Sigma^7$ 就像在通常的球 S^7 中一样.

实际上, 这个分解确实蕴含着 Σ^7 在拓扑范畴内是 "通常的": 这样的 Σ^7 (显然) 同胚于 S^7.

"等式" $\partial(B_1^7) = \partial(B_2^7)$ 正是精妙之所在; 这个边界的等同绝不是这两个球中点之间的恒同映射 —— 它并不是来自于任何微分同胚 $B_1^7 \leftrightarrow B_2^7$.

等式 $\partial(B_1^7) = \partial(B_2^7)$ 可以看做是圆球面 S^6 —— 标准球 B^7 的边界的自微分同胚 f, 但是在米尔诺的例子中这个 f 不能延拓成 B^7 的微分同胚; 否则, Σ^7 将微分同胚于 S^7. (然而, f 径向延拓成 B^7 的一个逐片光滑的同胚, 这生成了 Σ^7 与 S^7 之间逐片光滑的同胚.)

由此可知, 这样的 f 不能归入可以导出 S^6 上等距变换的微分同胚系列中. 因此, 微分同胚群 $diff(S^6)$ 上任何几何 "能量极小化" 流或者被卡住不动, 或者产生奇点. (关于这样的流及其奇点, 如果有的话, 似乎也是知之甚少.)

米尔诺球 Σ^7 是相当平淡无奇的空间 —— 它们是某些 $\mathbb{R}^4$-丛 $V \to S^4$ 中 4-球丛 $\Theta^8 \to S^4$, 即 $\Theta^8 \subset V$ 的 (全空间的) 边界, 因此我们的 Σ^7 是 S^4 上的某个 S^3-丛.

所有的 S^4 上的 4-球丛, 或者等价地 $\mathbb{R}^4$-丛, 是很容易描述的, 每个都被两个数确定: 欧拉数 e, 这是 $S^4 \subset \Theta^8$ 的自交指标并假设是整数, 以及庞特里亚金数 p_1 (即庞特里亚金类 $p_1 \in H^4(S^4)$ 在 $[S^4] \in H_4(S^4)$ 上的值), 这可以是任意偶数.

(米尔诺用 3-球面到由 $\mathbb{R}^4$ 中保持方向的线性等距群 $SO(4)$ 的映射构造纤维化如下. 将 S^4 分解为两个圆的 4-球, 比方说是 $S^4 = B_+^4 \cup B_-^4$, 具有共同的边界 $S_\partial^3 = B_+^4 \cap B_-^4$, 令 $f : s_\partial \mapsto O_\partial \in SO(4)$ 是一个光滑映射. 那么将 $B_+^4 \times \mathbb{R}^4$ 和 $B_-^4 \times \mathbb{R}^4$ 的边界通过微分同胚 $(s_\partial, O_\partial(s))$ 粘贴起来, 得到 $V^8 = B_+^4 \times \mathbb{R}^4 \cup_f B_-^4 \times \mathbb{R}^4$, 这就获得了 S^4 上的 $\mathbb{R}^4$-纤维化.

为构造具体的 f, 将 $\mathbb{R}^4$ 与四元数线 $\mathbb{H}$ 等同起来, 将 S^3 与范数为 1 的四元数的乘法群等同. 令 $f(s) = f_{ij}(s) \in SO(4)$, 作用是 $x \mapsto s^i x s^j$, $x \in \mathbb{H}$, 且是关于四元数的左乘和右乘. 然后米尔诺计算得出: $e = i + j$, $p_1 = \pm 2(i - j)$.)

显然, 所有的 Σ^7 都是 2-连通的, 但是 $H_3(\Sigma^7)$ 可能是非零的 (比如对平凡丛). 容易证明 Σ^7 与 S^7 有相同的同调 (因此同伦于 S^7) 当且仅当 $e = \pm 1$, 这是指零截面球 $S^4 \subset \Theta^8$ 的自交指标等于 ± 1; 对 Σ^7 我们坚持选 $e = 1$.

满足 $e = \pm 1$ 的 Σ^7 的基本例子 (正负号取决于 Θ^8 中的定向选择) 是通常的源自霍普夫纤维化 $S^7 \to S^4$ 的 7-球面, 这里 S^7 是作为放置在四元数平面 $\mathbb{H}^2 = \mathbb{R}^8$ 中的单位球面, 单位四元数群 $G = S^3$ 自由作用在其上, 且 S^7/G 与代表了四元数射影线的球面 S^4 相同.

如果 Σ^7 与 S^7 微分同胚, 那么我们可以沿着 S^7-边界将 8-球粘到 Θ^8 上, 得到了一个光滑闭流形, 记作 Θ_+^8.

米尔诺注意到 Θ_+^8 的符号差等于 ± 1, 这是因为 Θ_+^8 的同调是由单个的循环 —— 球面 $S^4 \subset \Theta^8 \subset \Theta_+^8$ 代表的, 而它的自交指标等于欧拉数.

米尔诺援引了托姆符号差定理

$$45 sig(X) + p_1^2[X] = 72 p_2[X],$$

得出数 $45 + p_1^2$ 必是可以被 7 整除的; 因此不满足这个条件的这些 Θ^8 的边界 Σ^7 必须是怪异的. (你不必知道庞特里亚金类的定义, 只需要记住它们是整系数上同调类.)

最后, 米尔诺用四元数在每个满足 $e = 1$ 的 Σ^7 上明确地构造了一个仅有两个临界点 —— 最大值点和最小值点的莫尔斯函数 $\Sigma^7 \to \mathbb{R}$; 这推出了到两个球的分解. (我们将在第 8 节给出解释.)

(米尔诺一丝不苟地给出的拓扑讨论变成了常识, 现在可以在任何教科书中找到; 他的引理在今天学习拓扑的学生看来是显然的. 对当今的读者来说最难的是最后的米尔诺引理, 即他的函数 $\Sigma^7 \to \mathbb{R}$ 是仅有两个临界点的莫尔斯函数. 米尔诺在这一点上很简洁: "容易验证" 就是他说的全部的东西.)

与米尔诺怪球面 Σ^7 相关的 8-流形 Θ_+^8 可以做三角剖分, 且在剖分中仅有单个非光滑的点. 但是它们不容许任何与三角剖分相容的光滑结构, 这是因为他们的 (由罗赫林 – 施瓦兹和托姆定义的) 组合庞特里亚金数使得由托姆公式 $sig(X^8) = L_2[X^8]$ 引出的整除条件不成立; 实际上, 它们与光滑流形不是组合毗邻的.

此外, 这些 Θ_+^8 甚至不是拓扑毗邻的, 因此根据 (稍微精细化的) 诺维科夫的拓扑庞特里亚金类定理, 它们不同胚于光滑流形.

同调球面的数目, 即同伦于 S^n 但相互不微分同胚的流形 Σ^n 的数目并没有那么大. 实际上, 根据凯尔瓦尔 (Kervaire) 和米尔诺的工作[39](他们最终是通过塞尔有限定理推导出来的), 当 $n \neq 4$ 时它是有限的. (现在已经知道, 每个光滑的同伦球 Σ^n 都同胚于 S^n, 这是根据庞加莱猜想的解决, 斯梅尔 (Smale) 解决了 $n \geqslant 5$ 的情形, 弗里德曼 (Freedman) 解决了 $n = 4$ 的情形, 佩雷尔曼 (Perelman) 解决了 $n = 3$ 的情形, 且根据莫伊泽 (Moise) 定理当 $n = 3$ 时 "同胚" $\Rightarrow$ "微分同胚".)

凯尔瓦尔和米尔诺从证明对每个同伦球面 Σ^n 存在光滑映射 $f: S^{n+N} \to S^N (N \gg n)$ 使得一般点 $s \in S^N$ 的拉回 $f^{-1}(s) \subset S^{n+N}$ 微分同胚于 Σ^n 开始. (根据赫希 (Hirsch) 定理, 这样的使得 $f^{-1}(x) = \Sigma^n$ 的 f 的存在性等价于浸入 $\Sigma^n \to \mathbb{R}^{n+1}$ 的存在性.)

然后, 将手术应用 (见第 9 节) 到一点的 f_0-拉回上, 这里一般映射 $f_0: S^{n+N} \to S^N$ 是给定的, 他们证明几乎所有的映射 $S^{n+N} \to S^N$ 的同伦类都源自同伦 n-球. 也就是:

• 如果 $n \neq 4k + 2$, 那么映射 $S^{n+N} \to S^N$ $(N \gg n)$ 的每个同伦类可以由 "Σ^n-映射" 代表, 即一般点的拉回是一个同伦球.

如果 $n = 4k+2$, 那么 "Σ^n-映射" 的同伦类组成了相应稳定同伦群的子群, 比如说 $K_n^\perp \subset \pi_n^{st} = \pi_{n+N}(S^N)$, $N \gg n$, 它的指标是 1 或 2, 而且可以用凯尔瓦尔 – 阿尔夫 (Arf) 不变量来表示, 这个不变量分类了 (类似于 $n = 4k$ 时的符号差) 适当定义的 $(4k+2)$-流形中模 $-2(k+1)$-循环的 "自交".

根据庞特里亚金、凯尔瓦尔 – 米尔诺和巴拉特 – 琼斯 – 马霍瓦尔德 (Barratt-Jones-Mahowald) 的工作 (见 [9]), 现在已经知道:

• 如果 $n = 2, 6, 14, 30, 62$, 那么凯尔瓦尔不变量可以是非零的, 即 $\pi_n^{st}/K_n^\perp = \mathbb{Z}^2$.

进一步地,

• 对 $n \neq 2, 6, 14, 30, 62, 126$, 凯尔瓦尔不变量消失, 即 $K_n^\perp = \pi_n^{st}$ (这里还不知道是否 $\pi_{126}^{st}/K_{126}^\perp$ 等于 $\{0\}$ 或 $\mathbb{Z}^2$).

换句话说,

每个连续映射 $S^{n+N} \to S^N$, $N \gg n \neq 2, 6, \cdots, 126$, 都同伦于光滑映射 $f: S^{n+N} \to S^N$, 使得一般点的 f-拉回是一个同伦 n-球面.

$n \neq 2^l - 2$ 的情形可以追溯到布劳德 (Browder) (1969), $n = 2^l - 2, l \geqslant 8$ 的情形是最近由希尔 (Hill)、霍普金斯 (Hopkins) 和拉夫纳尔 (Ravenel) [37]完成的.

如果一般点关于光滑映射 $f: S^{n+N} \to S^N$ 的拉回微分同胚于 S^n, 那么映射 f 可能是不可缩的. 实际上, 这样的 f 的同伦类的集合构成了球面的稳定同伦群的循环子群, 表示为 $J_n \subset \pi_n^{st} = \pi_{n+N}(S^N)$, $N \gg n$ (称为 J-同态 $\pi_n(SO(\infty)) \to \pi_n^{st}$ 的像). J_n 的秩对 $b \neq 4k - 1$ 是 1 或 2; 如果 $n = 4k - 1$, 那么 J_n 的秩等于 $|B_{2k}/4k|$ 的分母, 这里 B_{2k} 是伯努利数. 第一个非平凡的 J 是

$$J_1 = \mathbb{Z}_2, J_3 = \mathbb{Z}_{24}, J_7 = \mathbb{Z}_{240}, J_8 = \mathbb{Z}_2, J_9 = \mathbb{Z}_2, J_{11} = \mathbb{Z}_{504}.$$

一般地, 使得一般点的 f 拉回微分同胚于给定同伦球 Σ^n 的映射 f 的同伦类构成了稳定同伦群 π_n^{st} 的 J_n-余子集. 因此对应 $\Sigma^n \rightsquigarrow f$ 定义了一个从同伦球的微分同胚类的集合 $\{\Sigma^n\}$ 到商群 π_n^{st}/J_n 的映射, 记为 $\mu: \{\Sigma^n\} \to \pi_n^{st}/J_n$.

映射 μ (根据上面, 当 $n \neq 2, 6, 14, 30, 62, 126$ 时是满射) 对 $n \neq 4$ 是 "有限对一" 的, 在 $n \geqslant 5$ 时有限性的证明依赖于斯梅尔的 h-配边定理

(见第 8 节). 事实上, 同伦 n-球组成了一个关于连通和运算 $\Sigma_1 \sqcup \Sigma_2$ 的阿贝尔群 ($n \neq 4$), 而且通过将手术应用到边界为 Σ^n 的流形 Θ^{n+1} 上, 这里 Θ^{n+1} 是作为一般点在从 $(n+N+1)$-球 B^{n+N+1} 到 S^N 光滑映射下的拉回 (不像上面的米尔诺的 Θ^8), 凯尔瓦尔和米尔诺证明了:

($\bigstar$) $\mu : \{\Sigma^n\} \to \pi_n^{st}/J_n$ 是一个同构, 具有有限的 ($n \neq 4$) 核, 它是一个循环群, 记为 $\mathcal{B}^{n+1} \subset \{\Sigma^n\}$.

(同伦球 $\Sigma^n \in \mathcal{B}^{n+1}$ 围住了具有平凡切丛的 $(n+1)$-流形.)

而且,

($\star$) 对 $n = 2m \neq 4$, μ 的核 $\mathcal{B}^{n+1}$ 是零.

如果 $n+1 = 4k+2$, 那么 $\mathcal{B}^{n+1}$ 是零或 $\mathbb{Z}_2$, 取决于凯尔瓦尔不变量:

($\star$) 如果 n 等于 1, 5, 13, 29, 96, 如果 125 也有可能, 那么 $\mathcal{B}^{n+1}$ 是零, 而且对其余的 $n = 4k+1$, $\mathcal{B}^{n+1} = \mathbb{Z}_2$.

($\star$) 如果 $n = 4k-1$, 那么 $\mathcal{B}^{n+1}$ 的基数 (秩) 等于 $2^{2k-2}(2^{2k-1}-1)$ 乘以 $|4B_{2k}/k|$ 的分子, 这里 B_{2k} 是伯努利数.

上述和已知的关于稳定同伦群 π_n^{st} 的结果可以推出, 比如, 当 $n = 5, 6$ 时不存在怪球, 存在 28 个互相不微分同胚的同伦 7-球, 有 16 个同伦 18-球, 以及 523264 个互相不微分同胚的 19-球.

根据佩雷尔曼, 在同伦 3-球上仅有一个光滑结构, 但 $n = 4$ 的情形仍然是公开的. (但是, 根据弗里德曼关于 4 维庞加莱猜想的解答, 每个同伦 4-球同胚于 S^4.)

§7　同痕与相交

除了构造、列出和分类流形 X, 我们会想了解映射 $X \to Y$ 的空间的拓扑.

所有 C^∞ 映射的空间 $[X \to Y]_{smooth}$ 独自带有少许的几何负荷, 这是由于这个空间同伦等价于 $[X \to]_{cont(inuous)}$.

分析学家可能关心 $[X \to Y]_{smooth}$ 的完备化, 比如用索伯列夫 (Sobolev) 拓扑, 但几何学家热衷于研究几何结构, 例如这个空间上的黎曼度量.

但从一个微分拓扑学家的观点来看, 最有趣的是将 X 微分同胚地映到一个光滑子流形 $X' = f(X) \subset Y$ 的光滑嵌入 $F: X \to Y$ 的空间.

如果 $dim(Y) > 2dim(X)$, 那么一般的 f 是嵌入, 但一般情形下, 你不能简单地随意构造它们. 但是, 给定这样的一个嵌入 $f_0: X \to Y$, 存在它的大量光滑同伦, 称作 (光滑) 同痕 $f_t, t \in [0,1]$, 对每个 t 仍然是嵌入, 且可由下面的定理得到.

同痕定理 (托姆, 1954). 令 $Z \subset X$ 是一个紧致的光滑子流形 (允许带边), $f_0: X \to Y$ 是一个嵌入, 这里本质的情形是 $X \subset Y$ 且 f_0 是恒同映射.

那么 $Z \xrightarrow{f_0} Y$ 的每个同痕可以延拓成 X 上的同痕. 更一般地, 限制映射 $R_{|Z}: [X \to Y]_{emb} \to [Z \to Y]_{emb}$ 是一个纤维化; 特别地, 同痕延拓性质对任意一组由一个紧致空间参数化的嵌入 $X \to Y$ 都成立.

这类似于连续映射 $X \to Y$ 空间的同伦延拓性质 (在第 1 节中提到) —— 代数拓扑的 "几何" 基础.

关于证明, 可以简单地运用隐函数定理归化到 $X = Y$ 和 $dim(Z) = dim(W)$ 的情形.

由于微分同胚集合在所有光滑映射的空间中是开的, 我们可以延拓 "小的" 同痕, 即那些只对 Z 做稍微移动的同痕, 因为 Y 的微分同胚构成了一个群, 那么同痕可以通过与 Y 的小微分同胚复合而得到. (细节很简单.)

"开" 和 "群" 这二者都很关键: 例如, 局部微分同胚的同伦, 比方说是从一个圆盘 $B^2 \subset S^2$ 到 S^2 的, 当映射 $B^2 \to S^2$ 开始就有自交时, 是不能延拓到 S^2 上. 另外, 延拓拓扑同痕更难 (不过这是可能的, [12], [40]), 这是由于同胚的集合在所有连续映射的空间中绝不是开的.

例如, 如果 $dim(Y) \geqslant 2dim(Z) + 2$, 那么 Z 的一般光滑同伦是同痕: Z 在 Y 中移动的时候一般不与自身相交 (比如, 不像 3-空间中移动的曲线, 在这种情形自交在同伦的小的扰动下是稳定的). 因此, Z 的每个一般同伦可以延拓为 Y 的光滑同痕.

马祖尔 (Mazur) 骗局和主猜测. 令 U_1, U_2 是紧致带边 n-流形, $f_{12}: U_1 \to U_2$ 和 $f_{21}: U_2 \to U_1$ 是嵌入, 都落在它们各自的目标流形的

内部.

令 W_1 和 W_2 分别是下面无穷多个空间的递增序列的并 (归纳极限):

$$W_1 = U_1 \subset_{f_{12}} U_2 \subset_{f_{21}} \subset U_1 \subset_{f_{12}} U_2 \subset_{f_{12}} \cdots,$$

$$W_2 = U_2 \subset_{f_{21}} \subset U_1 \subset_{f_{12}} U_2 \subset_{f_{12}} U_1 \subset_{f_{12}} \cdots.$$

注意到 W_1 和 W_2 是不带边的开流形, 它们是微分同胚的, 这是因为丢掉 $U_1 \subset U_2 \subset U_3 \subset \cdots$ 的第一项不改变并集.

类似地, 这两个流形都微分同胚于下面的序列的并

$$W_{11} = U_1 \subset_{f_{11}} U_1 \subset_{f_{11}} \cdots, \quad W_{22} = U_2 \subset_{f_{22}} U_2 \subset_{f_{22}} \cdots,$$

其中

$$f_{11} = f_{12} \circ f_{21} : U_1 \to U_1, \quad f_{22} = f_{21} \circ f_{12} : U_2 \to U_2.$$

如果自嵌入 f_{11} 同痕于恒同映射, 那么根据同痕定理, W_{11} 微分同胚于 U_1 的内部, 这对 f_{22} 同样适用 (或者任何一个这样的自嵌入).

因此我们由上面的讨论可以得到, 例如,

对 $N \geqslant n+2$, $\mathbb{R}^{n+N}$ 中两个同伦等价的 n-流形 (或者一般的三角剖分空间)Z_1 和 Z_2 的开的正规邻域 U_1^{op} 和 U_2^{op} 是微分同胚的 (马祖尔, 1961).

任何人都可能猜测条件 "开" 单单是一个技术性假设, 每个人都这样认为, 直到米尔诺 1961 年关于主猜测 —— 组合拓扑的主要猜测的反例出现.

米尔诺证明了, 对每个素数 $p \geqslant 7$, 在球 S^3 上存在两个循环群 $\mathbb{Z}_p$ 的自由作用 A_1 和 A_2, 使得:

商 (透镜) 空间 $Z_1 = S^3/A_1$ 和 $Z_2 = S^3/A_2$ 是同伦等价的, 但是它们在任何 $\mathbb{R}^{3+N}$ 中的闭的正规邻域 U_1 和 U_2 不微分同胚. (根据 h-配边定理, 这对单连通的流形 Z_i 来说是不会发生的.)

而且,

将锥粘贴在这些流形的边界上后得到的多面体 P_1 和 P_2 不容许同构的单纯细分.

但是, 这些 U_i $(i=1,2)$ 的内部 U_i^{op} 当 $N \geqslant 5$ 时是微分同胚的. 在这种情形, P_1 和 P_2 作为两个同胚的空间 U_1^{op} 和 U_2^{op} 的一点紧化空间是同胚的.

先前已经知道这些 Z_1 和 Z_2 是同伦等价的 (怀特海 (J. H. C. White-head), 1941); 但是它们在组合上是不等价的 (赖德迈斯特 (Reidemeis-ter), 1936), 因此根据莫伊泽 1951 年给出的 3-流形的主猜测的正面回答, 它们是不同胚的.

微分同胚很少有真正直接的几何构造, 但是那些能找到的构造有很广泛的应用, 例如向量丛的每个纤维的线性微分同胚. 即使是纯粹的 $\mathbb{R}^n$ 的简单同态 $x \mapsto tx$ 的存在性, 结合同痕定理, 也可以毫不费力地推出, 例如, 下面的引理.

$[B \to Y]$-**引理**. n-球 (或 $\mathbb{R}^n$) 到任意 $Y = Y^{n+k}$ 的嵌入 f 的空间同伦等价于 Y 中切向 n-标架空间; 实际上微分 $f \mapsto Df|0$ 构成了两个空间之间的同伦等价.

例如,

关于 $0 \in B^n$ 点的雅可比 (Jacobi) 矩阵的指派 $f \mapsto J(f)|0$ 是嵌入 $f: B \to \mathbb{R}^n$ 的空间到线性群 $GL(n)$ 的同伦等价.

推论: 球粘贴引理. 令 X_1 和 X_2 是 $(n+1)$ 维的、边界分别为 Y_1 和 Y_2 的流形, 令 $B_1 \subset Y_1$ 是微分同胚于 n-球的光滑子流形, 令 $f: B_1 \to B_2 \subset Y_2 = \partial(A_2)$ 是一个微分同胚.

如果 X_i 的边界 Y_i 是连通的, 那么沿着 B_1 将 X_1 通过 f 粘贴到 X_2 上, 然后在 "拐角处"(更确切地说是 "折痕") 进行 (显然是标准的) 光滑化, 得到的 $(n+1)$-流形 $X_3 = X_1 +_f X_2$ 的微分同胚类不依赖于 B_1 和 f.

这个 X_3 表示为 $X_1 \natural_\partial X_2$. 例如, 球的这样的 "和", $B^{n+1} \natural_\partial B^{n+1}$, 还是一个 $(n+1)$-球.

连通和. 边界 $Y_3 = \partial(X_3)$ 的定义可以不用考虑 $X_i \supset Y_i$, 如下面. 将 Y_1 和 Y_2 用 $f: B_1 \to B_2 \subset Y_2$ 粘起来, 然后移除球 B_1 和它的 f-像 B_2 的内部.

如果流形 Y_i(不必是任何人的边界, 甚至是闭的) 是连通的, 那么得到的连通和流形表示为 $Y_1 \natural Y_2$.

这不是浪费胶水吗? 你可能想知道为什么还要那么麻烦地将球的内部粘贴起来, 如果你即将要把它们移除. 首先在两个流形上移除这些内部, 然后将余下的部分沿着球 $S_i^{n-1} = \partial(B_i)$ 粘贴起来, 难道不会更容易吗?

这更简单, 这样做也是不对的: 结果可能与微分同胚 $S_1^{n-1} \leftrightarrow S_2^{n-1}$ 相关, 就像在米尔诺的例子中 $Y_1 = Y_2 = S^7$ 发生的一样; 但是根据 $[B \to Y]$-引理, 用球定义的连通和是唯一的.

粘球运算接下来可能会用很多次; 因此, 例如, 可以从较小的球构建 "大的 $(n+1)$-球", 这时这个引理在低维时可以被用来保证粘贴部位的球形.

粘贴和协边. 取两个闭的 n-流形 X_1 和 X_2, 并令

$$X_0 \supset U_1 \underset{f}{\leftrightarrow} U_2 \subset X_2$$

是带边的紧致 n 维子流形 $U_i \subset X_i$ 之间方向翻转的微分同胚, $i = 1, 2$. 如果我们用 f 把 X_1 和 X_2 粘起来, 并将 (粘在一起的)U_i 的内部移除, 得到的流形, 比方说是 $X_3 = X_1 +_{-U} X_2$, 自然是定向的, 而且显然地, 它与 X_1 和 X_0 的不交并是定向毗邻的. (这与第 4 节中提到的循环的几何/代数消除类似.)

反过来, 我们可以给出定向协边群 $\mathcal{B}_n^o$ 的另一个定义, 将其定义为由满足对所有 $X_3 = X_1 +_{-U} X_2$ 有 $X_3 = X_1 + X_2$ 这样的关系的定向 n-流形生成的阿贝尔群. 这个甚至当 U 只能选取与 $S^i \times B^{n-i}$ 微分同胚的那些时, 就像在由莫尔斯函数诱导出来的手柄分解, 也可以给出同样的 $\mathcal{B}_n^o$.

同痕定理对维数没有明确的要求, 但是下面的海富里热 (Haefliger) (1961) 的构造, 推广了 1941 年的惠特尼引理, 表明在高维时同痕有一些特别之处.

令 Y 是一个光滑 n-流形, $X', X'' \subset Y$ 是一般的光滑闭子流形. 记 $\Sigma_0 = X' \cap X''$, 并令 X 是 X' 和 X'' 的 (抽象的) 不交并. (如果 X' 和 X'' 是连通的同维数流形, 那么我们可以说 X 是一个具有两个嵌入到 Y 中的 "连通分支"X' 和 X'' 的光滑流形.)

显然,

$$dim(\Sigma_0) = n - k' - k'', \quad n = dim(Y),$$
$$n - k' = dim(X'), \quad n - k'' = dim(X'').$$

令 $f_t : X \to Y$, $t \in [0,1]$, 是从 X' 从 X'' 中分离的光滑一般同伦, 即 $f_1(X')$ 与 $f_1(X'')$ 不相交, 并令

$$\tilde{\Sigma} = \{(x', x'', t)\}_{f_t(x')=f_t(x'')} \subset X' \times X'' \times [0,1],$$

即 $\tilde{\Sigma}$ 由满足 $f_t(x') = f_t(x'')$ 的三元组 (x', x'', t) 构成.

令 $\Sigma \subset X' \cup X''$ 是并集 $S' \cup S''$, 这里 $S' \subset X'$ 是 $\tilde{\Sigma}$ 到 $X' \times X'' \times [0,1]$ 中 X'-因子的投影, $S'' \subset X''$ 是 $\tilde{\Sigma}$ 到 X''-因子的投影.

那么, $\Sigma \subset X' \cup X''$ 中的点之间存在对应 $x' \leftrightarrow x''$, 这里两个点是对应的, 如果 $x' \in S'$ 和 $x'' \in S''$ 在同伦的某个时刻 t_* 相遇, 即

$$\text{对某个 } t_* \in [0,1] \text{ 有 } f_{t_*}(x') = f_{t_*}(x'').$$

最后, 令 $W \subset Y$ 是 f_t-路径的并, 这些路径记作 $[x' *_t x''] \subset Y$, 通过移动点 $x' \in S'$ 和 $x'' \in S''$ 得到, 直到它们在某个时刻 t_* 相遇. 换言之, $[x' *_t x''] \subset Y$ 由点 $f_t(x')$ 和 $f_t(x'')$ 的并集构成, 其中 $t \in [0, t_* = t_*(x') = t_*(x'')]$, 而

$$W = \bigcup_{x' \in S'} [x' *_t x''] = \bigcup_{x'' \in S''} [x' *_t x''].$$

显然,

$$dim(\Sigma) = dim(\Sigma_0) + 1 = n - k' - k'' + 1,$$
$$dim(W) = dim(\Sigma) + 1 = n - k' - k'' + 2.$$

为了了解这一构想, 看一下欧氏 3-空间 Y 中一个 2-圆球 X' ($k' = 1$) 和一个圆圈 X'' 组成的 X, 这里 X 和 X'' 在两个点 x_1 和 x_2 相交 —— 在这种情形 $\Sigma_0 = \{x_1, x_2\}$.

当 X' 和 X'' 通过平行移动沿着不同的方向相互移开时, 它们的交点掠过 W, 这里 W 与由 X' 围住的 3-球和由 X'' 张成的平坦 2-圆盘的交集相同. W 的边界 Σ 由两个弧 $S' \subset X'$ 和 $S'' \subset X''$ 构成, 这里 S' 连接了 X' 中的 x_1 和 x_2, S'' 连接了 X'' 中的 x_1 和 x_2.

回到一般的情形, 一般我们希望 W 是一个没有二重点的光滑子流形, 而且除了在边界上不可避免出现的拐角外也没有其他奇点, 这里 S' 与 S'' 在拐角上沿着 Σ_0 相交. 我们需要

$$2dim(W) = 2(n - k' = k'' + 2) < n = dim(Y), \quad 即 \ 2k' + 2k'' > n + 4.$$

我们也希望避免 W 与 X' 和 X'' 在 $\Sigma = \partial(W)$ 外相交. 如果我们约定 $k'' \geqslant k'$, 这一般需要

$$dim(W) + dim(X) = (n - k' - k'' + 2) + (n - k') < n,$$

即 $2k' + k'' > n + 2$.

这些不等式推出 $k' \geqslant k \geqslant 3$, 而且使它们有意义的最低的维数是第一惠特尼类: $dim(Y) = n = 6$ 且 $k' = k'' = 3$.

因此, W 称为惠特尼圆盘, 尽管根据目前 W 的定义它可能不同胚于 B^2 (根据海富里热).

海富里热引理 (惠特尼的 $k + k' = n$ 情形). 令外围 n-流形 Y 中两个子流形 X' 和 X'' 的维数 $n - k' = dim(X')$ 和 $n - k'' = dim(X'')$ 满足 $2k' + k'' > n + 2$, 其中 $k'' \geqslant k'$.

那么在 Y 中, X' 和 X'' 的 (不交并的) 每个将 X' 从 X'' 分离的同伦 f_t 可以替换为一个在两个流形上都分离的同伦 f_t^{new}, 且它是一个同痕, 即对所有的 $t \in [0,1]$, $f_t^{new}(X')$ 和 $f_t^{new}(X'')$ 在 Y 中保持光滑, 没有自交点, 且 $f_1^{new}(X')$ 和 $f_1^{new}(X'')$ 不相交.

证明. 假设 f_t 是光滑的、一般的, 去掉 W 的一个小的邻域 $U_{3\varepsilon} \subset Y$. 根据一般性, 这个 f_t 是 X' 和 X'' 落在 $U_{3\varepsilon} \subset Y$ 中的同痕: $f_t(X')$ 和 $f_t(X'')$ 分别与 $U_{3\varepsilon}$ 的交集, 称为 $X'_{3\varepsilon}(t)$ 和 $X''_{3\varepsilon}(t)$, 对所有的 t 都是 $U_{3\varepsilon}$ 中的光滑子流形, 而且在 $W \subset U_{3\varepsilon}$ 外是不相交的.

因此, 根据托姆同痕定理, 存在 $Y \backslash U_{3\varepsilon}$ 的同痕 F_t, 它在 $U_{2\varepsilon} \backslash U_\varepsilon$ 上等于 f_t, 在 $Y \backslash U_{3\varepsilon}$ 上关于 t 是常值的.

因为 f_t 和 F_t 在定义区域的重合处 $U_{2\varepsilon} \backslash U$ 上相同, 它们一起构成了 X' 和 X'' 的同伦, 这显然满足我们的要求.

这个定理有几个直接的推广/应用.

(1) 可以允许在 X 的连通分支里面有自交点 Σ_0, 这里能够移除 Σ_0 (这种情况下用分离 f_t 表示) 的必要的同伦条件是: 映射 $\tilde{f} : X \times X \to$

$Y \times Y$ 关于 $X \times X$ 中的对合 $(x_1, x_2) \leftrightarrow (x_2, x_1)$ 和 $Y \times Y$ 中的对合 $(y_1, y_2) \leftrightarrow (y_2, y_1)$ 是可交换的, 对角线 $Y_{diag} \subset Y \times Y$ 的拉回 $f^{-1}(Y_{diag})$ 与 $X_{diag} \subset X \times X$ 相同 ([33]).

(2) 我们可以将上述的讨论应用到 p 参数族映射 $X \times Y$ 上, 只需要在 $dim(X)$ 之外针对额外的 p 多增加关于 $dim(Y)$ 条件 ([33]).

如果 $p = 1$, 这导出了 $3k > n+3$ 时由上述对称映射 $X \times X \to X \times X$ 的同伦给出的嵌入 $X \to Y$ 的同痕分类, 这表明, 例如, 对这些维数没有纽结 (海富里热, 1961).

如果 $3k > n + 3$, 那么每个光滑嵌入 $S^{n-k} \to \mathbb{R}^n$ 光滑同痕于标准的 $S^{n-k} \subset \mathbb{R}^n$.

但是如果 $3k = n + 3$ 且 $k = 2l + 1$ 是奇数, 那么存在: 无限多个嵌入 $S^{4l-1} \to \mathbb{R}^{6l}$ 的同痕类 (海富里热, 1962).

这种纽结 $S^{4l-1} \to \mathbb{R}^{6l}$ 的非平凡性可以这样证明: 说明延拓了 $S^{4l-1} = \partial(B^{4l})$ 的映射 $f_0 : B^{4l} \to \mathbb{R}^{6l} \times \mathbb{R}$ 不能变成一个能保持与 $\mathbb{R}^{6l} = \mathbb{R}^{6l} \times 0$ 横截且边界等于纽结 $S^{4l-1} \subset \mathbb{R}^{6l}$ 的嵌入.

关于 f_0 的惠特尼 – 海富里热 W 的维数是 $6l + 1 - 2(2l + 1) + 2 = 2l + 1$, 而且它一般在几个点上与 B^{4l} 横截相交.

这样得到的 W 与 B 的 (适当定义的) 相交指标是非零的 (否则, 根据惠特尼我们可以消除这些点) 且不依赖于 f_0. 实际上, 它等于海富里热的链不变量. (这让人想起沙利文极小模型所描述的 "更高的链乘积", 见第 9 节.)

(3) 鉴于以上情况, 如果想通过惠特尼 – 海富里热分离过程的归纳应用来放宽对维数的限制, 那么必须要小心, 这是因为正在出现的消除 "更高的" 交集的障碍/不变量可能没有那么显而易见. (超曲面的这类 "更高的自交" 的结构带有关于球的稳定同伦群的重要信息.)

但这是可能的, 至少在 $\mathbb{Q}$-层面, 对余维数 $k \geqslant 3$ 的映射的所有倍数的自交集有全面的代数控制. 而且, 即使不与 $\mathbb{Q}$ 作张乘, 在组合范畴内更高的自交障碍往往会消失.

例如, 不存在余维数 $k \geqslant 3$ 的组合纽结 (塞曼 (Zeeman), 1963).

给 $X = X^n \subset Y \subset Y^{n+2}$ 打结的基本机制与补集 $U = Y \subset X$ 的基本群 Γ 有关. 当你想解开纽结时, 群 Γ 可能看起来很讨厌, 特别是

4-流形中的曲面 X^2, 但是对各种 $X \subset Y$, 这些 $\Gamma = \Gamma(X)$ 完美地形成了复杂模式, 而我们却知之甚少.

例如, 群 $\Gamma = \pi_1(U)$ 抓住了代数流形的平展上同调和拓扑流形的诺维科夫 – 庞特里亚金类 (见第 10 节). 可能曲面 $X^2 \subset Y^4$ 的群 $\Gamma(X^2)$ 可以告知我们很多关于 4-流形的光滑拓扑的信息.

构造 "简单的" $X \subset Y$ 的系统方法是极少的, 例如满足其补集具有 "有意思的" (比如, 远非自由的) 基本群的浸入子流形.

一个不假思索的建议是复代数流形 Y_0 中 (特殊的奇异) 除子 X_0 在一般映射 $Y \to Y_0$ 的拉回, 以及立方体细分 Y^{n+2} 中的浸入子簇 X^n, 这里 X^n 是由方体 $\square^{n+2} \subset Y^{n+2}$ 内的 n-子方体 $\square^n$ 形成的, 这些内部的 $\square^n \subset \square^{n+2}$ 与 $\square^{n+2}$ 中 n-面体平行.

浸入 $X^n \to Y^{n+2}$ 的自交的可能拓扑仍然是完全不清楚的, 比方说对 $S^3 \to S^5$, 自交形成了 S^3 中的链, 对 $S^4 \to S^6$ 则是 S^4 中的一个浸入曲面.

(4) 如果没有同伦障碍, 那么我们能控制 $f^{new}(X) \subset Y$ 的像的位置, 比如, 让它落在一个给定的开子集 $W_0 \subset W$ 中.

在组合或 "逐片光滑" 范畴内, 比方说对 "不打结的球", 上面的都推广和简化了, 基本的构造如下.

吞没. 令 X 是光滑流形 Y 中逐片光滑的多面体.

如果 $n - k = dim(X) \leqslant dim(Y) - 3$, 而且对 $i = 1, \cdots, dim(Y)$ 有 $\pi_i(Y) = 0$, 那么存在 Y 的光滑同痕 F_t, 它最终 (对 $t = 1$) 将 X 变成 Y 中一个给定点的 (小的) 邻域.

证明概要. 从一般的 f_t 开始. 这个 f_t 在某个维数 $dim(W) \leqslant n - 2k + 2$ 的 W 之外起作用. 在上述条件下这是 $< dim(X)$, 那么接下来的证明就是对 $dim(X)$ 进行归纳.

这叫做 "吞没", 是因为 B。当沿着时间反向的同痕移动时吞没了 X. 吞没是斯托林斯 (Stallings) 在拓扑范畴内研究庞加莱猜想的方法里发明的, 可以如下进行.

令 Y 是光滑 n-流形. 那么简单地用一下 Y 的两个互相对偶的光滑三角剖分, 对每个 i, 可以将 Y 分解成 Y 中维数为 i 和 $n-i-1$ 的光滑子多面体 X_1 和 X_2 的正规邻域 U_1 和 U_2 的并集 (类似于一个 3-流形到它里面的两个加厚图的并集的手柄体分解), 这里回想一下 $X \subset Y$ 的邻域是正规的, 如果存在一个同痕 $f_t : U \to U$ 将 U 变得可以与 X 任意接近.

现在令 Y 是维数 $n \geqslant 7$ 的同伦球面, 比方说 $n = 7$, 并令 $i = 3$. 那么 X_1 和 X_2, 进而 U_1 和 U_2, 可以被球 (的微分同胚像) 吞没, 比如说 $B_1 \supset U_1$, $B_2 \supset U_2$, 而它们的中心记作 $0_1 \in B_1$, $0_2 \in B_2$.

通过将 6-球面 $\partial(B_1) \subset B_2$ 沿着在 B_2 中的径向同痕朝着 0_2 移动, 我们将 $Y \backslash 0_2$ 表示为球 B_1 的同痕拷贝的递增序列的并. 这推出 (用同痕定理)$Y \backslash 0_2$ 微分同胚于 $\mathbb{R}^7$, 从而 Y 同胚于 S^7.

(当 $n \geqslant 5$ 时这个讨论的精炼推广在组合和拓扑的范畴内证明了庞加莱猜想. 关于证明各种 "庞加莱猜想" 的技巧以及原始论文的参考文献见 [67].)

§8　手柄和 h-配边

斯梅尔研究庞加莱猜想的原始方法与流形的手柄分解相关 —— 这是同伦论中胞腔分解的对应.

这样的分解更灵活, 比三角剖分更丰富, 它们更适合与诸如同调群的代数对象相配. 比如, 我们有时用适当选取的胞腔或者手柄来实现同调的一组基, 但是表示出三角剖分的性质甚至是不可能的.

回想一下, 一个 n 维 i-手柄是一个分解成乘积 $B^n = B^i \times B^{n-i}(\varepsilon)$ 的球 B^n, 我们把这样的手柄想象成一个单位 i-球的 ε-增厚, 而且把

$$A(\varepsilon) = S^i \times B^{n-1}(\varepsilon) \subset S^{n-1} = \partial B^n$$

看成它的轴向 $(i-1)$-球面 $S^{i-1} \times 0$ —— S^{n-1} 中赤道 i-球的 ε-邻域.

如果 X 是一个边界为 Y 的 n-球, $f : A(\varepsilon) \to Y$ 是一个光滑嵌入, 我们可以用 f 将 B^n 粘到 X 上, 得到的流形 (使沿着 $\partial A(\varepsilon)$ 的 "拐角" 变得光滑) 表示为 $X +_f B^n$ 或 $X +_{S^{i-1}} B^n$, 后一个的下标与 Y 中轴向球面的 f-像有关.

这对边界的影响, 即变更

$$\partial(X) = Y \rightsquigarrow_f Y' = \partial(X +_{S^{i-1}} B^n)$$

不依赖于 X, 仅仅与 Y 和 f 有关. 它称为 Y 在球面 $f(S^{i-1} \times 0) \subset Y$ 上的 i-手术.

流形 $X = Y \times [0,1] +_{S^{i-1}} B^n$, 这里 B^n 是粘贴到 $Y \times 1$ 上的, 成了 $Y = Y \times 0$ 与 Y' 的一个协边, 其中 Y' 是 X 的边界用几何手术修改过的 $Y \times 1$-分支. 如果流形 Y 是定向的, 那么 X 也是, 除非 $i = 1$, 以及 1-手柄 $B^1 \times B^{n-1}(\varepsilon)$ 的两端是按照不同的方向粘贴在 Y 的同一个连通分支上.

当我们沿着零 – 同伦球 $S^{i-1} \subset Y$ 把一个 i-手柄粘贴到 X 上时, 我们就构造了 $X +_{S^{i-1}} B^n$ 中一个新的 i-循环; 当我们沿着 X 中的不同伦于零的 i-球粘贴上一个 $(i+1)$-手柄时, 我们 "杀掉了" 一个 i-循环.

这些同调的生成/湮没可能会抵消掉对方, X 的手柄分解可能会产生比 $H_*(X)$ 中独立同调的数目更多的手柄 (球).

斯梅尔的论证分两步进行.

(1) 整体代数抵消根据 "改组的" 手柄分解为 "基本步骤" (基于关于简单同伦型的怀特海理论);

(2) 每个基本步骤就像在下面的例子 (没有解释 $n = 6$ 的情形) 中一样在几何上实现.

用 4-手柄抵消掉 3-手柄. 令 $X = S^3 \times B^4(\varepsilon_0)$, 让我们将 4-手柄 $B^7 = B^4 \times B^3(\varepsilon)$, $\varepsilon \ll \varepsilon_0$, 按照某个从 $A(\varepsilon) \subset \partial(B^7)$ 到 $A_\sim$ 的微分同胚, 粘贴到某个球

$$S^3_\sim \subset Y = \partial(X) = S^3 \times S^3(\varepsilon_0), \ S^3(\varepsilon_0) = \partial B^4(\varepsilon_0)$$

的 (正规) ε-邻域 $A_\sim$ 上.

如果 $S^3_\sim = S^3 \times b_0$ 是一个标准球面, $b_0 \in S^3(\varepsilon_0)$, 那么得到的 $X_\sim = X +_{S^3_\sim} B^7$ 显然微分同胚于 B^7: 在 B^7 上添加 $S^3 \times B^4(\varepsilon_0)$ 意味着在边界上 "吹胀" 轴向 3-球的 ε-邻域上的球 B^7.

理解它的另一个方法是注意到 $S^3 \times B^4(\varepsilon_0)$ 到 B^7 的添加可以分解为连续将两个球粘贴在 B^7 上, 如下.

取围绕某个点 $s_0 \in S^3$ 的球 $B^3(\delta) \subset S^3$, 将 $X = S^3 \times B^4(\varepsilon_0)$ 分解

为如下两个球的并集

$$B_\delta^7 = B^3(\delta) \times B^4(\varepsilon_0),$$
$$B_{1-\delta}^7 = B^3(1-\delta) \times B^4(\varepsilon_0),$$
$$B^3(1-\delta) =_{def} S^3 \backslash B^3(\delta).$$

显然, $B_{1-\delta}^7$ 到 X 的附着轨迹, 以及 B_δ^7 到 $X + B_{1-\delta}^7$ 的附着轨迹都微分同胚于 (在磨光了拐角之后) 6-球.

让我们修改一下球面 $S^3 \times b_0 \subset S^3 \times B^4(\varepsilon_0) = \partial(X)$, 将原先的 3-球的标准嵌入

$$B^3(1-\delta) \to B_{1-\delta}^7 = B^3(1-\delta) \times S^3(\varepsilon_0) \subset \partial(X)$$

替换为另一个, 比如说

$$f_\sim : B^3(1-\delta) \to B_{1-\delta}^7 = B^3(1-\delta) \times S^3(\varepsilon_0) = \partial(X),$$

使得 $f_\sim$ 在 $\partial(B^3(1-\delta)) = \partial(B^3(\delta)) = S^2(\delta)$ 的边界附近与原先的嵌入相同.

那么, 相同的 "一个球接着一个球" 的讨论也适用, 这因为 $B_{1-\delta}^7$ 附着在 X 上的第一个粘贴部位, 尽管 "扭动了", 根据同痕定理仍然是微分同胚于 B^6, 而第二个粘贴部位根本没变化. 那么我们得出结论:

当 $S_\sim^3 \subset S^3 \times S^3(\varepsilon_0)$ 与 $s_0 \times S^3(\varepsilon_0), s_0 \in S^3$, 在一个单点横截相交时, 流形 $X_\sim = X +_{S_\sim^3} B^7$ 与 B^7 为微分同胚.

最后, 根据惠特尼引理, $S^3 \times B^4(\varepsilon_0)$ 中每个同调于标准的 $S^3 \times b_0 \subset S^3 \times B^4(\varepsilon_0)$ 的嵌入 $S^3 \to S^3 \times S^3(\varepsilon_0) \subset S^3 \times B^4(\varepsilon_0)$ 可以同痕于另一个, 它们相交于 $s_0 \times S^3(\varepsilon_0)$, 但在一个单点横截. 因此:

手柄确实相互抵消: 如果球面

$$S_\sim^3 \subset S^3 \times S^3(\varepsilon_0) = \partial(X) \subset X = S^3 \times B^4(\varepsilon_0)$$

在 X 中同调于

$$S^3 \times b_0 \subset X = S^3 \times B^4(\varepsilon_0),\ b_0 \in B^4(\varepsilon),$$

那么流形 $X +_{S_\sim^3} B^7$ 微分同胚于 7-球.

让我们在这一构想中证明米尔诺球面 Σ^7 减去一个小球是微分同胚于 B^7 的. 回想一下 Σ^7 是 S^4 上的纤维化, 比方说通过 $p: \Sigma^7 \to S^4$, 具有 S^3-纤维, 欧拉数 $e = \pm 1$.

将 S^4 分解为具有共同 S^3-边界的两个圆球, $S^4 = B_+^4 \cup B_-^4$. 那么 Σ^7 分解为 $X_+ = p^{-1}(B_+^4) = B_+^4 \times S^3$ 和 $X_- = p^{-1}(B_-^4) = B_-^4 \times S^3$, 这里边界 $\partial(X_+) = S_+^3 \times S^3$ 和 $\partial(X_-) = S_-^3 \times S^3$ ($S_\pm^3 = \partial(B_\pm^4)$) 之间的粘贴微分同胚在同调的意义下与 $e = \pm 1$ 的霍普夫纤维化 $S^7 \to S^4$ 是相同的.

因此, 如果我们将 $B_-^4 \times S^3$ 的 S^3-因子分解成两个圆球, 比如说 $S^3 = B_1^3 \cup B_2^3$, 那么 $B_-^4 \times B_1^3$ 或 $B_-^4 \times B_2^3$ 变成了粘贴到 X_+ 上的 4-手柄, 手柄抵消对它是适用的, 这说明 $X_+ \cup (B_-^4 \times B_1^3)$ 是一个光滑的 7-球. (我们显然只在这里需要惠特尼引理: 满足 $e(V) = \pm 1$ 的定向 $\mathbb{R}^{2k}$-丛 $V \to X = X^{2k}$ 中的零截面 $X \subset V$ 可以扰动成与 X 在一个单点横截相交的 $X' \subset V$.)

手柄消除/对消技巧没有解决微分同胚 $Y \leftrightarrow Y'$ 的存在性, 而是约化到流形间 h-配边的存在性, 这里具有两个边界分支 Y 和 Y' 的流形 X 被称为 (在 Y 个 Y' 之间) h-配边的, 如果包含 $Y \subset X$ 是同伦等价.

斯梅尔 h-配边定理. 如果一个 h-配边有 $dim(X) \geqslant 6$ 且 $\pi_1(X) = 1$, 那么 X 通过保持 $Y = Y \times 0$ 不动的微分同胚使得它与 $Y \times [0,1]$ 微分同胚.

注意到对同伦球 Σ^n, $n \geqslant 6$, 可以把这个应用到 Σ^n 减掉两个小的开球而得证, 而 $m = 1$ 的情形被斯梅尔通过构造 Σ^5 与 S^5 之间的 h-配边而证明.

斯梅尔的手柄技巧也推得下面与庞加莱连通性/可缩性对应的几何版本 (见第 4 节).

令 X 是一个闭的 n-流形, $n \geqslant 5$, 对 $i = 1, \cdots, k$ 有 $\pi_i(X) = 0$. 那么 X 包含了一个 $(n-k-1)$ 维光滑子多面体 $P \subset X$, 使得 P 的开 (正规的) 邻域 $U_\varepsilon(P) \subset X$ 的补集微分同胚于 n-球 (这里边界 $\partial(U_\varepsilon)$ 是一个 ε-塌缩到 $P = P^{n-k-1}$ 的 $(n-1)$-球).

如果 $n = 5$ 且 X 嵌入到某个 $\mathbb{R}^{5+N}$ 后其法丛是平凡的, 即 X 到格拉斯曼 $Gr(\mathbb{R}^{5+N})$ 的法高斯映射是可缩的, 那么斯梅尔在假设 $\pi_1(X) =$

1 的条件下证明了:

我们可以选取 $P = P^3 \subset X = X^5$ 为一个光滑的拓扑线段 $s = [0,1]$ 和几个球面 S_i^2 和 S_i^3 的并集, 其中每个 S_i^3 与 s 在一点相遇, 与 S_i^2 在一个单点上横截相交, 而且 s, S_i^2 和 S_i^3 之间没有其他交点.

换言之, (斯梅尔, 1965) X 微分同胚于几个 $S^2 \times S^3$ 的拷贝的连通和.

这个定理中需要用丛的平凡性来保证 X 中所有的嵌入 2-球面有平凡的法丛, 即它们的正规邻域分裂为 $S^2 \times \mathbb{R}^3$, 这在考虑手柄的时候很容易得到.

如果丢掉平凡性的条件, 则有:

单连通 5-流形的分类 (巴登 (Barden), 1966). *存在有限个显式构造的 5-流形 X_i, 使得每个闭的单连通流形 X 都微分同胚于 X_i 的连通和.*

鉴于上面的斯梅尔定理, 这是可能的, 因为所有单连通的 5-流形具有 "几乎平凡" 的法丛, 例如它们仅有的可能的庞特里亚金类 $p_1 \in H^4(X)$ 是零. 实际上 $\pi_1(X) = 0$ 可以推出 $H_1(X) = \pi_1(X)/[\pi_1(X), \pi_1(X)] = 0$, 然后根据庞加莱对偶有 $H^4(X) = H_1(X) = 0$.

当你遇到协边的时候, 一般性吊索将你发射到代数拓扑的顶层是如此之迅速, 你几乎不能分清附着在它上面的几何绳索.

斯梅尔的胞腔和手柄, 恰恰相反, 就像光滑的变形虫, 在难以驾驭的几何沼泽里爬行时分分合合, 这里 n 维胞腔连续地塌缩成较低维的胞腔, 并通过极薄的缝隙不断地挤压. 但是, 据我们所知, 它们的运动是受到某个代数 k-理论 (某些理论?) 指出的规则控制的.

这个移动几乎不能被任何传统的几何流所控制. 首先, "单连通" 的条件不能在几何中编码 ([52], [28] [53]), 也不能通过将流形分割来打破对称性, 而且在几何中通用性也很差.

但是, 在 "(一般的, 随机的?) 变形虫空间" 中某些推广的 "带有部分塌缩和手术的里奇 (Ricci) 流" 可能会将它无法解决的部分分割去掉, 并将新的几何带入到这个构想中.

例如, 取一个紧致的局部对称空间 $X_0 = S/\Gamma$, 其中 S 是一个秩 $\geqslant$ 的非紧的不可约对称空间, 并沿着某个不可缩的圆 $S^1 \subset X_0$ 进行 2-手术. 根据马古利斯 (Margulis) 定理, 得到的流形 X 具有有限的基本群,

因此有限覆盖 $\tilde{X} \to X$ 是单连通的. 一个几何流能对这些 X_0 和 $\tilde{X}$ 做什么? 它能将 X 还原到 X_0 吗?

§9 手术中的流形

阿蒂亚–托姆构造和塞尔理论允许我们为 m-支配 $X_1 \succ_m X_2, m > 0$(意思就是存在度为 m 的映射 $f : X_1 \to X_2$) 构造 "任意大的" 流形 X.

闭的连通定向流形间每个这样的 f 对所有的 $i = 0, 1, \cdots, n$ 诱导了一个满同胚 $f_{*i} : H_i(X_1; \mathbb{Q}) \to H_i(X_1; \mathbb{Q})$(正如我们从 4 节中所知道的), 或者等价地, 一个单的上同调同胚 $f^{*i} : H^i(X_2; \mathbb{Q}) \to H^i(X_2; \mathbb{Q})$.

实际上, 根据庞加莱对偶, 上积 (这是上同调中乘积的通用名) 配对 $H^i(X_2; \mathbb{Q}) \otimes H^{n-i}(X_2; \mathbb{Q}) \to \mathbb{Q} = H^n(X_2; \mathbb{Q})$ 是忠实的; 因此, 如果 f^{*i} 消失, 那么 f^{*n} 也消失. 但是后者意味着被 $m = deg(f)$ 相乘,

$$H^n(X_2; \mathbb{Q}) = \mathbb{Q} \to_d \mathbb{Q} = H^n(X_1; \mathbb{Q}).$$

(上同调乘积与同伦的相交积相比的主要优势是前者是通过所有的连续映射保持的, 即对所有 $f : X \to Y$ 和所有 $c_1 \in H^i(Y), c_2 \in H^j(Y)$ 有 $f^{*i+j}(c_1 \cdot c_2) = f^{*i}(c_1)f^{*j}(c_2)$.)

如果 $m = 1$, 那么 (根据完整的上同调庞加莱对偶) 上述对所有的系数域 $\mathbb{F}$ 仍正确; 而且, 诱导的同态 $\pi_i(X_1) \to \pi_i(X_2)$ 是满射, 只要看一下从 $f : X_1 \to X_2$ 到由万有覆盖 $\tilde{X}_2 \to X_2$ 导出的、从覆盖 $\tilde{X}_1 \to X_1$ 到 $\tilde{X}_2$ 的诱导映射的提升就可以理解. (度为 $m > 1$ 的映射将 $\pi_1(X_1)$ 映成 $\pi_1(X_2)$ 中指标有限的子群, 且指标整除 m.)

让我们从伪流形出发构造流形, 这里一个紧致定向 n 维伪流形是一个三角剖分化的 n-空间, 使得

- X_0 中每个维数 $< n$ 的单形落在一个 n-单形的边界上,
- X_0 中 $(n-2)$-单形的并集是一个定向流形.

伪流形的构造和识别比流形简单得多: 本质上, 它们是单纯复形, 每个 $(n-1)$-单形有且仅有 2 个 n-单形与之相邻.

对满足 i-单形的链 $L^{n-i-1} = L_{\Delta_i} \subset X$ 是拓扑 $(n-i-1)$-球面的三角剖分化 n-流形 X 的比较简单的刻画是没有的. 甚至除几个低维的情形外, 决定是否 $\pi_1(L^{n-i-1}) = 1$ 也是不可解的问题.

　　因此, 通过组合构造来生成流形是很难的; 但是, 我们可以用一个流形来 "支配" 任何伪流形, 这里注意到, 度的概念可以完美地适用于定向伪流形.

　　令 X_0 是一个连通的定向 n-伪流形. 那么存在一个光滑闭的连通定向流形 X 和一个度为 $m > 0$ 的连续映射 $f : X \to X_0$.

　　而且, 给定一个定向 $\mathbb{R}^N$-丛 $V_0 \to X_0$, $N \geqslant 1$, 我们可以找到 m-支配的、也容许一个光滑嵌入 $X \subset \mathbb{R}^{n+N}$ 的 X, 使得我们的度为 $m > 0$ 的 $f : X \to X_0$ 从 V_0 诱导了 X 的法丛.

　　证明. 由于 V_0 的托姆空间 $V_\bullet$ 的前 $N - 1$ 个同伦群消失, 只要 $N > n$, 塞尔 m-球状定理就可以引出一个映射 $f_\bullet : S^{n+N} \to V_\bullet$ 和一个非零的度 m. 那么 $X_0 \subset V_0$ 的 "一般" 拉回 X(见第 3 节) 可以对托姆协边起到与在第 5 节中一样的作用.

　　一般地, 如果 $1 \leqslant N \leqslant n$, 基本类 $[V_\bullet] \in H_{n+N}(V_\bullet)$ 的 m-球形可以用沙利文极小模型来证明, 见 [19] 中的定理 24.5.

　　空间 X 的极小模型是一个自由的 (反) 交换的微分形式代数, 它在某种程度上延拓了 X 的上同调代数, 也忠实地为 X 的同伦 $\mathbb{Q}$-不变量进行编码. 如果 X 是一个光滑 N-流形, 那么它可以依据 X 中的 "高级链" 来理解.

　　例如, 如果余维数为 i_1, i_2 的两个循环 $C_2, C_2 \subset X$ 满足 $C_1 \sim 0$ 和 $C_1 \cap C_2 = 0$, 那么它们之间的 (一阶) 链类是商群 $H_{N-i_1-i_2-1}(X)/(H_{N-i_1-1}(X) \cap [C_2])$ 的元素, 这个商群是用板块 $D_1 \in \partial^{-1}(C_1)$ 来定义的, 即使得 $\partial(D_1) = C_1$, 作为 $[D_1 \cap D_2]$ 在商映射

$$H_{N-i_1-i_2-1}(X) \ni [D_1 \cap D_2] \mapsto H_{N-i_1-i_2-1}(X)/(H_{N-i_1-1}(X) \cap [C_2])$$

的像.

　　手术与布劳德 – 诺维科夫定理 (1962 [8], [54]). 令 X 是一个光滑闭的单连通定向 n-流形, $n \geqslant 5$, $V_0 \to X_0$ 是一个稳定向量丛, 其中 "稳定" 的意思是指 $N = rank(C) \gg n$. 我们想改动 X_0 的光滑结构且保持同伦群不变, 但用它在 $\mathbb{R}^{+N}$ 中的法丛替换为 V_0.

　　阿蒂亚在[2]中强调对这有一个显然的代数 – 拓扑障碍, 我们称之为 $[V_\bullet]$-球形, 意思是指存在一个从 S^{n+N} 到 V_0 的托姆空间 $V_\bullet$ 的度为

1 的映射 $f_\bullet$, 即 $f_\bullet$ 将生成元 $[S^{n+N}] \in H_{n+N}(S^{n+N}) = \mathbb{Z}$(对 S^{n+N} 的某个方向) 打到托姆空间的基本类, $[V_\bullet] \in H_{n+N}(V_\bullet)\mathbb{Z}$, 它在 X 中用方向来区分. (对方向我们必须保持学究气, 这是为了追踪可能的/不可能的代数对消.)

但是, 这个障碍是 "$\mathbb{Q}$-非本质的", 见 [2]: 根据塞尔有限定理, 容许这样的 $f_\bullet$ 的向量丛的集合构成了阿蒂亚 (约化) k-群的一个指标有限的子集的陪集.

回想, $K(X)$ 是 X 上向量丛的同构类正规生成的阿贝尔群, 其中当惠特尼和 $V_1 \oplus V_2$ 同构于平凡丛时有 $[V_1] + [V_2] =_{def} 0$.

一个 $\mathbb{R}^{n_1}$-丛 $V_1 \to X$ 与一个 $\mathbb{R}^{n_2}$-丛 $V_2 \to X$ 的惠特尼和是 X 上的 $\mathbb{R}^{n_1+n_2}$-丛, 它等于两个丛逐纤维的笛卡儿积.

例如, 一个光滑子流形 $X^n \subset W^{n+N}$ 是切丛与在 W 中的法丛的惠特尼和等于 W 的切丛在 X 上的嵌入. 这对 $W = \mathbb{R}^{n+N}$ 来说是平凡的, 即它同构于 $\mathbb{R}^{n+N} \times X \to X$, 因为 $\mathbb{R}^{n+N}$ 的切丛显然是平凡的.

假定一个度为 1 的 $f_\bullet : S^{n+N} \to V_\bullet$, 我们取 X_0 的 "一般拉回" X,

$$X \subset \mathbb{R}^{n+N} \subset \mathbb{R}^{n+N}_\bullet = S^{n+N},$$

记 $f : X \to X_0$ 为 $f_\bullet$ 在 X 上的限制, 这里回想一下, f 从 V_0 诱导了 X 的法丛.

映射 $f : X_1 \to X_0$ 显然是到上的, 但远非单射 —— 它可能有无法控制的复杂的褶皱. 实际上, 它甚至不是同伦等价 —— 我们知道, 由 f 诱导的同调同态

$$f_{*i} : H_i(X_1) \to H_i(X_0)$$

是满射, 而且可能 (通常是) 有非平凡的核 $ker_i \subset H_i(X_1)$. 但是, 这些核可以通过障碍理论 (推广了 $X_0 = S^n$ 的情形, 归功于凯尔瓦尔 – 米尔诺) 的 "手术实施" 来 "杀掉".

假设 $ker_i = 0$, $i = 0, 1, \cdots, k-1$, 借助胡列维茨定理, 并用映到 X_1 的 k-球面实现 ker_k 中的循环, 这里要注意到, 根据 (初等的) 胡列维茨定理的相对版本, 这些球面的 f_0-像在 X_0 中是可缩的.

此外, 如果 $k < n/2$, 那么这些球面 $S^k \subset X_1$ 是一般的嵌入 (没有自交点), 而且在 X_1 中有平凡的法丛, 这是因为本质上它们通过可缩

映射来自于 $V \to X_1$. 因此, X_1 中的这些球面的小邻域 (ε-环) $A = A_\varepsilon$ 分裂了: $A = S^k \times B_\varepsilon^{n-1} \subset X_1$.

由此可见, 相应的球形循环能被 $(k+1)$-手术杀掉 (这里 X_0 现在扮演了手术定义中 Y 的角色); 此外, 不难安排一个与 f 有同样性质的从得到的流形到 X_0 的映射.

如果 $n = dim(X_0)$ 是奇数, 直到 $k = (n-1)/2$ 这也是有效的, 而且根据庞加莱对偶, 可以使得所有的 ker_i 等于零, 包括 $i > k$.

由于根据 (初等的) 怀特海定理, 诱导同调群之间同构的单连通空间之间的连续映射是同伦等价, 得到的流形 X 同伦等价于 X_0, 这要借助我们用手术修改后的映射 f, 称它为 $f_{srg} : X \to X_0$.

此外, 根据 f_{srg} 的构造, 这个映射从 $V \to V_0$ 诱导了 X 的法丛. 因此我们得出:

对给定的奇数维单连通流形 X_0, 阿蒂亚 $[V_\bullet]$-球形是用其同伦等价类中的一个光滑流形 X 的法丛实现稳定向量丛 $V_0 \to X_0$ 的唯一条件.

如果 n 是偶数, 对 $k = n/2$ 我们需要杀掉 k-球面, 这里出现了另外的一个障碍. 例如, 如果 k 是偶数, 手术没有改变符号差; 因此, 丛 V 的庞特里亚金类首先必须满足罗赫林 – 托姆 – 希策布鲁赫公式.

(对切丛 $T(X)$ 有一个附加的限制 —— 欧拉示性数 $\chi(X) = \sum_{i=0,\cdots,n} (-1)^i rank_\mathbb{Q}(H_i(X))$ 与欧拉数 $(e(TX))$, 即 $X \subset T(X)$ 的自交指标, 是相等的.)

另一方面, 等式 $L(V)[X_0] = sig(X_0)$ (显然) 蕴含着 $sig(X) = sig(X_0)$. 由此可知

$$ker_k \subset H_k(X) \text{ 上的相交形式具有零符号差,}$$

这是因为所有的 $h \in ker_k$ 与来自 X_0 的 k-循环的拉回的相交指标为零.

那么, 假设对 $1 < k$ 和 $n \neq 4$ 有 $ker_i = 0$, 我们可以运用惠特尼引理, 用 $2m$ 个嵌入球面 $S_{2j-1}^k, S_{2j}^k \subset X_1, j = 1, \cdots, m$, 来作为 $ker_k \subset H_k(X_1)$ 的一组基, 这些球面的相交指标为零, S_{2j-1}^k 与 S_{2j}^k 只有一个交点, 这些球面之间没有其他的交点.

因为满足 $[S^k] \in ker_k$ 的球面 $S^k \subset X$ 的稳定法丛 $U^\perp$ 是平凡的 (即与平凡 1-丛的惠特尼和, $U^\perp \oplus \mathbb{R}$, 是平凡的), 这样一个球面 S^k 的法丛 $U^\perp \subset U^\perp(S^k)$ 是平凡的当且仅当欧拉数 $e(U^\perp)$ 消失.

实际上任何满足 $V \times \mathbb{R} = B \times \mathbb{R}^{k+1}$ 的定向 k-丛 $V \to B$ 都是由定向格拉斯曼 $Gr_k^{or}(\mathbb{R}^{k+1})$ 上的反复丛 V_0 诱导的, 这里 $Gr_k^{or}(\mathbb{R}^{k+1}) = S^k$, V_0 是切丛 $T(S^k)$. 因此, V 的欧拉类是通过分类映射 $G : B \to S^k$ 从 $T(S^k)$ 的欧拉类诱导的. 如果 $B = S^k$, 那么欧拉数 $e(V)$ 等于 $2deg(G)$, 而且如果 $e(V) = 0$, 那么映射 G 是可缩的, 这使得 $V = S^k \times \mathbb{R}^k$.

现在注意到 $e(U^\perp(S^k))$ 可以方便地等同于 X 中 S^k 的自交指标. 根据定义, $e(U^\perp(S^k))$ 等于 $S^k \subset U^\perp(S^k)$ 的自交指标, 而这与该球面在 X 中的自交指标一样.

那么, 容易看出应用到球面 S_{2j}^k $(j = 1, \cdots, m)$ 上的 $(k+1)$-手术杀掉了所有的 ker_k, 并使 $X \to X_0$ 成为一个同伦等价.

在上面的讨论中有几点需要验证 (并修正), 但这一切在线性代数的圈子里却惊人地适合. (因为凯尔瓦尔 – 阿尔夫不变量, k 为奇数的情形更加微妙.)

注意, 我们开始的 X_0 不必是一个流形, 而是一个庞加莱 (布劳德) n-空间, 即是一个有限的胞腔复形, 满足庞加莱对偶: 对所有的系数域 (和环) $\mathbb{F}$, 有 $H_i(X_0, \mathbb{F}) = H^{n-i}(X_0, \mathbb{F})$, 对于不同的 $\mathbb{F}$, 这些 "等式" 必须是一致的.

还有, 除了光滑 n-流形的存在性, 上述手术讨论也适用于同伦等价的流形 X_1 和 X_0 之间的协边 Y. 在关于 Y 的法丛的适当条件下, 这样的协边可以用手术修改成一个 h-配边. 结合 h-配边定理, 这就导出了维数 $n \geqslant 5$ 的单连通流形上光滑结构的代数分类 (见[54]).

那么塞尔有限定理蕴含着:

在给定的同伦等价类中最多存在有限个具有预定庞特里亚金类 $p_k \in H^{4k}(X)$ 的光滑闭的单连通 n-流形 X.

综上所述, 问题 "流形是什么" 有下面的答案.

1962 答案. 在相差 "有限修正项" 的假定下, 光滑闭的单连通 n-流形, $n \geqslant 5$, "正好" 就是具有特异上同调类 $p_i \in H^{4i}(X)$ 的单连通的庞加莱 n-空间, 使得如果 $n = 4k$, 那么 $L_k(p_i)[X] = sig(X)$.

这是对 "流形问题" 的一个奇妙的答案, 这在 10 年之前是想象不到的. 但是,

● 庞加莱空间是不能进行分类的. 甚至供选择的上同调环在 $\mathbb{Q}$ 上也是不能分类的. 流形是否有特殊的 "有趣的" 等价类, 而且/或者比 $diff$ 分类更粗糙?

● $\pi_1 = 1$ 是很强的限制. 手术理论延拓到了具有任意的基本群 Γ 的流形上, 而且以诺维科夫猜想为模 —— 关系 $L_k(p_i)[X] = sig(X)$ (见下一节) 的非单连通对应 —— 用 "Γ (的群环) 上的庞加莱复形" 给出比较详细的回答.

但是这没有给你太多关于 "拓扑上有意义的" Γ, 比如有限覆盖为 $\mathbb{R}^n$ 的 n-流形 X 的基本群 (关于此, 见 [13], [14]).

§10 椭圆机翼和抛物流

目前我们看到的拓扑中的几何结构是在 "熵" 方面的; 拓扑学家正从各种可能性的崎岖的地形中找到平缓的路线, 你在登上这些陡峭路线的能量斜坡的时候不需要流汗. 自庞加莱后大约 50 年来在这个结构中没有本质性的新的分析.

分析在 1963 年阿蒂亚和辛格 (Singer) 发现指标定理的时候砰的一声回来了.

基本想法很简单: 对两个空间, 比方说 Φ 和 Ψ, 它们的维数的 "差" 可以定义, 而且是有限的, 即使这些空间自己是无限维的, 只需要这些空间伴随着一个线性的 (有时候是非线性的) 弗雷德霍姆 (Fredholm) 算子 $D : \Phi \to \Psi$. 这意味着, 存在算子 $E : \Psi \to \Phi$ 使得 $(1 - D \circ E) : \Psi \to \Psi$ 和 $(1 - E \circ D) : \Phi \to \Phi$ 是紧算子. (在非线性的情形, 定义是局部, 而且更加精细.)

如果 D 是弗雷德霍姆算子, 那么空间 $ker(D)$ 和 $coker(D) = \Psi/D(\Phi)$ 是有限维的, 而且指标 $ind(D) = dim(ker(D)) - dim(coker(D))$ 是弗雷德霍姆算子空间中 D 的同伦不变量.

如果, 而且这是一个 "大如果 (big IF)", 你能将这样的 D 与一个几何或拓扑对象 X 联系起来, 这个指标将充当 X 的一个不变量.

早就知道, 椭圆微分算子, 比如普通的拉普拉斯 (Laplace) 算子, 在

适当 (边界) 条件下是弗雷德霍姆算子, 但是这些 "自然的" 算子中大多数是自伴的, 而且具有零指标: 它们在拓扑学中毫无用处.

"有意思的" 椭圆微分算子 D 是恐慌: 椭圆性条件是 D 的系数之间微妙的不等式 (或者, 更确切的, 非等式). 实际上, 现在所用的所有这样的 (线性) 算子都是从一个简单的算子流传下来的: 旋量上的阿蒂亚 – 辛格 – 狄拉克 (Atiyah-Singer-Dirac) 算子.

阿蒂亚 – 辛格已经用传统的拓扑不变量计算过他们的几何算子的指标, 从而发现了后者的新性质.

例如, 他们将一个闭的光滑黎曼流形 X 的符号差表示为作用在 X 的微分形式上的算子 D_{sig} 的指标. 由于椭圆算子 D 的拟基本解算子 E 可以由局部拟基本解拼接起来而得到, 正是 D_{sig} 的存在性推出了符号差的可乘性.

与 PDE 的经典理论不同, 阿蒂亚和辛格以及他们众多追随者的椭圆理论在本质上是函子性的, 因为它用一致的方式同时处理很多互联的算子.

因此, 势流形 (庞加莱复形) 上的光滑结构定义了一个从同伦范畴到 "弗雷德霍姆图" 范畴的函子 (即: 算子 —— 单箭头图); 人们想忘掉流形而研究这些函子本身. 例如, 一个闭的光滑流形表示了阿蒂亚 K-理论中的一个同调类 —— D_{sig} 的指标, 跟与它们有内在联系的 X 上的向量丛作扭曲积.

有趣的是, 指标理论的第一批应用之一就是 1941 年提出的惠特尼 4 维猜想的解决 (梅西 (Massey), 1969), 这同样也可以应用到所有维数, 无论它们是大还是小. 这个猜想简述如下.

一个嵌入到欧氏空间 $\mathbb{R}^4$ 中的闭的连通非定向曲面可能的法丛的数目 $N(Y)$ 等于 $|\chi(Y)-1|+1$, 这里 χ 表示欧拉示性数. 等价地, Y 在 $\mathbb{R}^4$ 中小的正规邻域的可能的微分同胚型有 $|\chi(Y)-1|+1$ 种.

如果 Y 是定向曲面, 那么 $N(Y)=1$, 这是因为经过初等的讨论可知这样的 Y 的一个小的邻域同胚于 $Y \times \mathbb{R}^2$.

如果 Y 是非定向的, 惠特尼已经通过构造 $N=|\chi(Y)-1|+1$ 个从 Y 到 $\mathbb{R}^4$ 的具有不等的法丛的嵌入证明了 $N(Y) \geqslant |\chi(Y)-1|+1$, 然后猜测不能做得更好.

梅西的证明概要. 取 $S^4 \supset \mathbb{R}^4 \supset Y$ 的带分支的 (在此情形是唯一的) 二重覆盖, 在 Y 分叉且带有自然的对合 $I : X \to X$.

通过应用阿蒂亚 – 辛格等价符号差定理, 将 I 即由 X 中的循环 C 与 $I(C)$ 的交定义的 $H_2(X)$ 上的二次型的符号差, 用 $Y \subset \mathbb{R}^4$ 的法丛的欧拉数 $e^\perp$ 表示为 $sig = e^\perp/2$ (关于合适的方向和符号约定). 证明 $rank(H_2(X)) = 2 - \chi(Y)$, 从而确定了界 $|e^\perp/2| \leqslant 2 - \chi(Y)$, 这与惠特尼的猜测一致.

(高维拓扑的实践暗示了 $N(Y) = \infty$. 如今, 唐纳森 (Donaldson) 理论推出了曲面到 4-流形的嵌入在拓扑上的多重限制.)

非单连通解析几何. 除了欧拉 – 庞加莱公式, 布劳德 – 诺维科夫理论还推出, 在闭的单连通 $4k$-流形的切丛上存在唯一的 "$\mathbb{Q}$-本质的 (即无挠的) 同伦限制" —— 罗赫林 – 托姆 – 希策布鲁赫符号差关系.

但是在 1966 年, 谢尔盖 · 诺维科夫在证明有理庞特里亚金类的拓扑不变性, 即证明由法高斯映射诱导的同调同态 $H_*(X^n, \mathbb{Q}) \to H_*(Gr_N(\mathbb{R}^{n+N}); \mathbb{Q})$ 的过程中, 发现了下面的非单连通流形 X 的新的关系.

令 $f : X^n \to Y^{n-4k}$ 是光滑映射. 那么根据一般拉回定理和符号差的配边不变性, 一般点的 $4k$ 维拉回流形 $Z = f^{-1}(y)$ 的符号差 $sig[f] = sig(Z)$ 在给定的同伦类 $[f]$ 中不依赖于点和/或 f, 但是它在同伦等价 $h : X_1 \to X_2$ 下可能会改变.

通过一个详尽的 (而且乍一看是迂回的) 手术 + 代数 k-理论的讨论, 诺维科夫证明了

如果 Y 是一个 k-环面, 那么 $sig[f \circ h] = sig[f]$,

这里最简单的投影 $X \times \mathbb{T}^{n-4k} \to \mathbb{T}^{n-4k}$ 是我们证明庞特里亚金类的拓扑不变性所需要的 (几乎是全部). (诺维科夫证明的一个简化版本见 [27], 研究拓扑庞特里亚金类的一个不同的途径见 [62].)

诺维科夫猜测 (除了别的之外) 同样的结果对具有可缩的万有覆盖的任意闭流形也成立. (特别地, 这将推出, 如果一个定向流形 Y' 定向同伦等价于这样一个 Y, 那么它与 Y 是毗邻的.) 米申科 (Mishchenko, 1974) 运用无穷维丛上算子的指标定理对容许非正曲率

度量的流形 Y 证明了这一猜测, 从而将诺维科夫猜测与几何联系起来.

(双曲群也被引入了沙利文关于对数 $\geqslant 5$ 的拓扑流形上利普希茨结构的存在/唯一性定理.

双利普希茨同胚可能看起来很令人讨厌. 例如, 在 $\mathbb{R}^n$ 中取无穷多个不相交且半径 $\to 0$ 的圆球 $B_1, B_2, \cdots$, 取 B_1 的固定边界 $\partial(B_1)$ 的微分同胚, 并在每个 B_i 上取 f 的缩放的副本. 在这些球之外固定, 则当球在某个闭子集, 比如 $\mathbb{R}^n$ 中的超曲面上积聚时, 得到的同胚变得非常复杂. 但是, 我们能将符号差指标定理和某些唐纳森理论推广到这个不利的双利普希茨, 甚至拟共形的情形.)

诺维科夫猜想仍然是未解决的. 它可以被重新表示成纯粹的群论表达方式, 但是目前取得的大多数重要进展依赖于几何和指标理论.

有点相似地, 阿蒂亚在带有余紧致离散群作用的非紧流形 $\tilde{X}$ 上引入了平方可积的 (也称作 L^2 的) 上同调, 并证明了 L_2-指标定理. 例如, 他证明了:

如果紧致黎曼 $4k$-流形具有非零符号差, 那么万有覆盖 $\tilde{X}$ 容许一个非零的平方可加的调和 $2k$-形式.

这个 L_2-指标定理被阿兰·孔涅 (Alain Connes) 推广到可测的叶化空间上 (这里 "可测" 是指存在横截测度), 这里流形的两个基本属性 —— 光滑结构和测度 —— 被割裂了: 叶片上的光滑结构允许存在微分算子, 而横截测度构成了积分的基础, 两者在阿兰·孔涅的 "非交换世界" 中结合起来.

如果 X 是一个紧致的可测光滑 n-叶化的且每个叶片都定向的空间, 那么我们可以自然地定义庞特里亚金数, 这种情形下是实数.

(每个闭流形 X 都可以被视为可测的叶化空间, 而且 X 上带有 "横截狄拉克 δ-测度". 体积有限的完备黎曼流形也可以看成这样的叶化空间, 只要它们的万有覆盖具有局部有界几何 [11].)

在可测的叶化空间之间可以自然地定义协边的概念, 庞特里亚金数显然是协边不变的.

而且, 根据庞加莱对偶, L_2-结构 (这在叶片是 $\mathbb{Q}$-流形时也可以定义) 也是协边不变的.

根据阿蒂亚 – 孔涅 L_2-指标定理[11], 对应的 L_k-数, $k = n/4$, 在这里满足 L_2-符号差的希策布鲁赫公式 (抱歉, 记号搞混了: $L_2 \neq L_{n=2}$):
$$L_k(X) = sig(X).$$

看起来不难将这个推广到叶片是拓扑 (甚至是拓扑 $\mathbb{Q}$) 流形的可测叶化空间上.

问题. 令 X 是一个可测的、每个叶片都定向的 n-叶化空间, 庞特里亚金数为零, 比如 $n \neq 4k$. 如果 X 的每个叶片的测度都为零, 那么 X 与零定向毗邻吗?

布劳德 – 诺维科夫理论在可测叶化空间上的对应是什么?

可测叶化空间可以看作是某些万有拓扑叶化空间上的横截测度, 比如具有一致的局部有界几何 (或具有有界的覆盖几何) 且带标记点的完备黎曼流形 L 的等距类上的豪斯道夫 (Hausdorff) 模空间 X, 它被这些 L 反复叶化. 或者, 可以替代为带标记点的三角剖分流形, 满足与 L 中点相邻的单形的数目是一致有界的.

这样的 X 上最简单的横截测度是闭叶片上狄拉克 δ-测度凸组合的弱极限, 但是大多数 (所有的?) 已知的有意义的例子是通过群作用得到的, 比如如下.

令 L 是一个黎曼对称空间 (例如像第 5 节中的复双曲空间 $\mathbb{C}H^n$), 让 L 的等距群 G 嵌入到一个局部紧群 H 中, 并令 $O \subset H$ 是一个紧子群, 使得交 $O \cap G$ 等于固定点 $l_0 \in L$ 的 (迷向) 子群 $O_0 \in G$. 例如, H 可以是特殊线性群 $SL_N(\mathbb{R}), O = SO(N)$, 或者 H 是一个 adelic 群.

那么商空间 $\tilde{X} = H/O$ 被 $L = G/O_0$ 的 H-平移拷贝所叶化.

如果我们从 $\tilde{X}$ 传递到 $X = \tilde{X}/\Gamma$, 这里 Γ 是一个离散子群 $\Gamma \subset H$ 且 H/Γ 的体积有限, 那么这个叶状结构变得真正有意义. (如果想确保得到的 X 中叶状结构的所有叶子都是流形, 我们取无挠的 Γ, 但是奇异轨形叶状结构也是同样有趣的, 而且一般指标理论也是适用的.)

这样的 X 上庞特里亚金数的全向量, 在相差一个数乘的条件下, 仅依赖于 L, 但是还不清楚具有相同的 L 的不同 X 之间的 "自然 (或者任何) 协边" 是否存在.

很难对线性算子进行去线性化而保持它们在拓扑学上有意义. 两

个例外是 柯西 – 黎曼 (Cauchy-Riemann) 算子和 4 维的符号差算子.
前者被瑟斯顿 (自 70 年代后期) 用在他的 3 维几何化理论中, 后者以
杨 – 米尔斯 (Yang-Mills) 方程的形式产生了唐纳森 4 维理论 (1983) 和
塞尔伯格 – 威腾 (Seiberg-Witten) 理论 (1994).

唐纳森方法的逻辑类似于指标定理. 但是, 他的算子 $D : \Phi \to \Psi$
是非线性弗雷德霍姆, 他研究了适当一般的 ψ 的 (有限维的!) 拉回
$D^{-1}(\psi) \subset \Phi$ 的类协边不变量, 而不是指标.

杨 – 米尔斯方程和塞尔伯格 – 威腾方程的这些不变量阐明了光
滑 4 维拓扑结构的难以置信的丰富性, 从纯拓扑和/或线性分析的角
度看, 这仍然是不可见的.

理查德 · 哈密顿 (Richard Hamilton) 的非线性里奇流方程是爱因
斯坦 (Einstein) 方程的抛物亲属, 没有任何内置的拓扑复杂性; 它类似
于与普通拉普拉斯算子相关的朴素热方程. 它的潜在作用不在于展
示新的结构, 相反, 通过抹平黎曼度量的隆起和涟漪表明这些并不存
在. 佩雷尔曼于 2003 年在 3 维情形实现了这种潜力:

黎曼流形上的里奇流, 在其奇点处手动重定向, 最终将每一个闭
的黎曼 3-流形都变成瑟斯顿预测的典则几何形式.

(可能在叶化空间上也有非线性分析, 此处, 诸如 3 维抛物哈密
顿 – 里奇方程和 4 维椭圆杨 – 米尔斯/塞尔伯格 – 威腾方程的解在每
个叶子上快速地衰减比如 L^2-衰减, 这里非线性对象的 "衰减" 可能是
指对象之间距离的衰减.)

斯梅尔和佩雷尔曼对庞加莱猜想的证明几乎没有什么共同之处.
为什么这些陈述看起来那么相似? 他们证明的是同一个 "庞加莱猜
想" 吗? 可能答案是 "不", 这引出另一个问题: 哈密顿 – 佩雷尔曼 3 维
结构的高维对应是什么?

为了得到一个观点, 让我们看看另一个看起来很遥远的数学片
段 —— 代数方程理论, 其中数 2, 3 和 4 也发挥出色的作用. 如果
拓扑遵循一条扭曲的路径 $2 \to 5 \cdots \to 4 \to 3$, 则代数是直线运动
$1 \to 2 \to 3 \to 4 \to 5 \cdots$, 并且在这一点上肯定不会停止.

因此, 相比之下, 斯梅尔 – 布劳德 – 诺维科夫定理对应于度 $\geqslant 5$
的方程的不可解性, 而当前的 3 维和 4 维理论是解决度为 3 和 4 的方

程的宏大的公式的兄弟.

在拓扑学中, 对应于伽罗瓦理论、类域论、模块性定理 …… 的是什么?

这个代数/算术和几何之间实实在在地有什么共同之处吗?

似乎是这样的, 至少在表面上看起来是, 因为在这两种情况下, 数字 2,3,4 特殊性的原因来自同一个公式:

$$4 =_3 2 + 2:$$

一个 4 元素集恰好有 3 个包含两个元素的子集的划分, 这里注意到 $3 < 4$. 没有 $n \geqslant 5$ 的数字容许类似的分解.

在代数中, 公式意味着交错群 $A(4)$ 容许一个到 $A(3)$ 上的同态, 而高阶的群 $A(n)$ 是简单的非阿贝尔群.

在几何中, 这转化为李代数 $so(4)$ 到 $so(3) \oplus so(3)$ 的分解. 这导致 2 形式的空间分裂成自对偶和反自对偶的空间, 这是 4 维杨 – 米尔斯方程和塞尔伯格 – 威腾方程的基础.

在 2 维时, 群 $SO(2)$ "被展开" 成黎曼曲面的几何, 然后当延伸到 $homeo(S^1)$ 时, 揭示了共形场理论.

在 3 维时, 佩雷尔曼的证明是基于 3-流形上黎曼度量的无限小 $O(3)$-对称性 (这在瑟斯顿理论中被打破, 在基于手术的高维拓扑中更是如此) 并依赖于无迹曲率张量空间的不可约性.

看起来, 几何拓扑对于征服具有所有对称性的高维情形还有很长的路要走.

§11　晶体、脂质体和果蝇

许多几何理念是在流形的摇篮中培育出来的; 我们希望在一个更大但尚未开发的一般 "空间" 的世界中遵循这些理念.

最近, 高能物理和统计物理学为我们开辟了一些令人兴奋的新路线, 例如, 来自弦理论和非交换几何 —— 别人可能会对这些发表评论, 而不是我自己. 但是还有几个其他几何空间可能会出现的方向.

无限笛卡儿积和相关空间. 晶体是位于某些位点的相同分子 $mol_\gamma = mol_0$ 的集合, 这些位点是离散 (结晶体) 群 Γ 的元素.

如果每个分子的状态空间由某个 "流形" M 表示, 并且分子不相互作用, 那么我们的 "晶体" 的状态空间 X 等于笛卡儿幂 $M^\Gamma = \times_{\gamma \in \Gamma} M_\gamma$.

如果存在分子间约束, 则 X 将是 M^Γ 的子空间; 此外, 在某种等价关系下, 比如两种状态看做是等价的如果它们不能通过某种 "测量" 类别区分, X 可能是这种子空间的商空间.

我们寻找以下物理问题的数学对应. 通过对整个晶体的给定类别的测量, 可以确定单个分子的哪些性质?

抽象地说, 我们从带有笛卡儿 (直) 积的 "空间" M 的范畴 $\mathcal{M}$ 开始, 例如, 某些域上的有限集合范畴、光滑流形范畴或代数流形范畴. 给定一个可数群 Γ, 我们将这个范畴扩充如下.

Γ-幂范畴 $\Gamma^\mathcal{M}$. 对象 $X \in \Gamma^\mathcal{M}$ 是有限笛卡儿幂 M^Δ 的投影极限, 这里 $M \in \mathcal{M}$, 有限子集 $\Delta \subset \Gamma$. 每个这样的 X 都自然地受到 Γ 的作用, 而我们的 Γ-类中的可容许态射是 $\mathcal{M}$ 中态射的 Γ-等变射影极限.

因此, 每个态射, $F: X = M^\Gamma \to Y = N^\Gamma$ 由 $\mathcal{M}$ 中的单个态射定义, 比如说 $f: M^\Delta \to N = N$, 其中 $\Delta \subset \Gamma$ 是一个有限 (子) 集.

即, 如果我们将 $x \in X$ 和 $y \in Y$ 看作是 Γ 上的 M-值和 N-值函数 $x(\gamma)$ 和 $y(\gamma)$, 那么 $y(\gamma) = F(x)(\gamma) \in N$ 可以赋值如下:

用 γ 把 $\Delta \subset \Gamma$ 转化为 $\gamma\Delta \subset \Gamma$, 把 $x(\gamma)$ 限制在 $\gamma\Delta$ 上, 并将 f 应用到这个限制 $x|\gamma(\Delta) \in M^{\gamma\Delta} = M^\Delta$ 上.

特别地, $\mathcal{M}$ 中的每个态射 $f: M \to N$ 反复地定义了一个 $\mathcal{M}^\Gamma$ 上的态射, 记为 $f^\Gamma: M^\Gamma \to N^\Gamma$, 但 $\mathcal{M}^\Gamma$ 中有很多其他的态射.

对于一个给定的群 Γ 来说, 来自 $\mathcal{M}$ 的哪些概念、构造、态射与对象的性质等在 $\Gamma^\mathcal{M}$ 中 "幸存"? 特别地, 在笛卡儿积下可乘的诸如欧拉示性数和符号差等拓扑不变量会发生什么?

例如, 令 M 和 N 是流形. 假设 M 不容许到 N 的拓扑嵌入 (比如 $M = S^1, N = [0,1]$ 或者 $M = \mathbb{R}P^2, N = S^3$). 何时在范畴 $\mathcal{M}^\Gamma$ 中存在 M^Γ 到 N^Γ 的单态射?

(对于 Γ-笛卡儿积之间的连续 Γ-等变映射, 可以有意义地重申这些问题, 因为并非所有的连续的 Γ-等变映射都位于 $\mathcal{M}^\Gamma$.)

反过来, 令 $M \to N$ 是度非零的映射. 相应的映射 $f^\Gamma: M^\Gamma \to N^\Gamma$ 何时等变同伦于一个非满的映射?

Γ-子簇. 向 $\mathcal{M}^\Gamma$ 中添加由 $X = M^\Gamma$ 中等变系数方程定义的新对象, 例如如下.

令 M 是某个域 $\mathbb{F}$ 上的代数簇, $\Sigma \subset M \times M$ 是一个子簇, 比如说 $\mathbb{C}P^n \times \mathbb{C}P^n$ 中双度为 (p,q) 的一般代数超曲面.

那么顶点集 V 上的每个有向图 $G = (V, E)$ 定义了 M^V 中的一个子簇, 比方说由那些 M-值函数 $x(v), v \in V$ 组成的 $\Sigma(G) \subset M^V$, 这里当顶点 v_1 和 v_2 由 G 中有向边 $e \in E$ 连接时有 $(x(v_1), x(v_2)) \in \Sigma$. (如果 $\Sigma \subset M \times M$ 关于 $(m_1, m_2) \leftrightarrow (m_2, m_1)$ 是对称的, 那么不需要假设边是有向的.)

请注意, 即使 Σ 是非奇异的, $\Sigma(G)$ 也有可能是奇异的. (我怀疑, 这对 $\mathbb{C}P^n \times \mathbb{C}P^n$ 中的一般超曲面来说曾经发生过.) 另一方面, 如果我们在 $M \times M$ 中有一个 "足够丰富" 的子簇族 (比如 $\mathbb{C}P^n \times \mathbb{C}P^n$ 中的 (p,q)-超曲面族), 而且对每个 $e \in E$, 我们在该族中取一个有一般代表性的 $\Sigma_{gen} = \Sigma_{gen}(e) \subset M \times M$, 那么得到的 $M \times M$ 中的一般子簇, 称为 $\Sigma_{gen}(G)$, 是非奇异的, 而且如果 $\mathbb{F} = \mathbb{C}$, 它的拓扑不依赖于 $\Sigma_{gen}(e)$ 的选取.

我们对关于具有群 Γ 的共有作用的 (即商图 G/Γ 是有限的) 无限图 G 的 $\Sigma(G)$ 和 $\Sigma_{gen}(G)$ 有着强烈的兴趣. 特别是, 我们想要了解这些空间的 "无限维 (上) 同调", 比方说对 $\mathbb{F} = \mathbb{C}$ 和它们关于有限域 $\mathbb{F}$ 的点的 "基数"(关于一些结论和参考文献见[5]). 以下是试题.

令 Σ 是 $\mathbb{C}P^n \times \mathbb{C}P^n$ 中双度为 (p,q) 的超曲面, $\Gamma = \mathbb{Z}$. 令 $P_k(s)$ 表示 $\Sigma_{gen}(G/k\mathbb{Z})$ 的庞加莱多项式, $k = 1, 2, \cdots$, 并令

$$P(s,t) = \sum_{k=1}^\infty t^k P(s) = \sum_{k,i} t^k s^i rank(H_i(\Sigma_{gen}(G/k\mathbb{Z}))).$$

注意到函数 $p(s,t)$ 仅依赖于 n 和 (p,q).

$P(s,t)$ 是两个复变量 s 和 t 的亚纯函数吗? 它是否满足一些 "很好" 的泛函方程?

类似地, 如果 $\mathbb{F} = \mathbb{F}_p$, 我们对计算 $\Sigma(G/k\mathbb{Z})$ 的 $\mathbb{F}_{p^l}$-点的二元生成函数提同样的问题.

Γ-商. 这些是根据等价关系 $R \subset X \times X$ 定义的, 其中 R 是我们的范畴中的子对象.

(一个等价关系) R 的传递性, 以及作为有限定义的子对象, 很难同时满足. 然而, 双曲动力系统至少为有限集合范畴 $\mathcal{M}$ 提供了令人鼓舞的例子.

如果 $\mathcal{M}$ 是有限集合范畴, 那么由子集 $\Sigma \subset M \times M$ 定义的 $\mathcal{M}^{\Gamma}$ 中的子对象称为马尔可夫 (Markov) Γ-转移. 这些主要是针对 $\Gamma = \mathbb{Z}$ 在符号动力学的背景下做研究 [43], [7].

马尔可夫转移的 Γ-马尔可夫商 Z 通过等价关系 $R = R(\Sigma') \subset Y \times Y$ (这是马尔可夫子转移) 定义. (这些被称为双曲的和/或有限表示的动力系统 [20], [26].)

如果 $\Gamma = \mathbb{Z}$, 那么上面的 $P(s,t)$ 的对应, 现在只是 t 的函数, 本质上就是我们所称的动力系统中给周期性轨道计数的 ζ-函数. 在 [20] 中用 (Sinai-Bowen) 马尔可夫分割证明了这个函数在所有 $\mathbb{Z}$-马尔可夫商系统中都是合理的.

马尔可夫商的局部拓扑结构 (与转移空间不同, 那是 Cantor 集) 可能相当复杂, 但有些是拓扑流形.

例如, 在下幂零流形 V 和/或 V 的扩张自同态上的经典安诺索夫 (Anosov) 系统通过马尔可夫分割可以表示为一个 $\mathbb{Z}$-马尔可夫商 [35].

另一个例子是 Γ 为负曲率的闭 n-流形 V 的基本群. 理想边界 $Z = \partial_{\infty}(\Gamma)$ 是一个拓扑 $(n-1)$-球, 它带有一个允许 Γ-马尔可夫表示的 Γ-作用 [26].

由于与万有覆盖物有关的拓扑 S^{n-1}-丛 $S \to V$ 可视为主 Γ-丛, 很明显与单位切丛 $UT(V) \to V$ 同构, $Z = S^{n-1}$ 的马尔可夫表示由 Γ 定义了 V 的拓扑庞特里亚金类 p_i.

使用这个, 可以将 V 的庞特里亚金类 p_i 的同伦不变性约化到 "ε-拓扑不变性".

回想一下, ε-同胚由映射对 $f_{12} : V_1 \to V_2$ 和 $f_{21} : V_2 \to V_1$ 给出, 使得对于 V_1 和 V_2 上的某些度量和与这些度量相关的 $\varepsilon > 0$, 复合映射 $f_{11} : V_1 \to V_1$ 和 $f_{22} : V_2 \to V_2$ ε-接近于各自的恒同映射.

从诺维科夫开始的大多数已知关于 p_i 在同胚下不变性的证明同样适用于 ε-同胚.

这反过来又蕴含着 p_i 的同伦不变性, 如果同伦可以 "重新缩放"

为 ε-同伦.

例如, 如果 V 是一个幂零流形 $\tilde{V}/\Gamma$, (这里 $\tilde{V}$ 是一个同胚于 $\mathbb{R}^n$ 的幂零李群) 带有一个扩张自同构 $E : V \to V$ (使得 V 是一个转移的 $\mathbb{Z}$-马尔可夫商), 那么提升 $\tilde{E} : \tilde{V} \to \tilde{V}$ 的大负数幂 $\tilde{E}^{-N} : \tilde{V} \to \tilde{V}$ 将任何同伦变得接近于恒同映射. 那么 p_i 的 ε-拓扑不变性蕴含着这些 V 的同伦不变性. ($V = \mathbb{R}^n/\mathbb{Z}^n$ 和 $\tilde{E} : \tilde{v} \to 2\tilde{v}$ 的情形被科比 (Kirby) 用到了他的拓扑环面技巧中.)

一个类似的推理对许多 (基本流形) 群 Γ, 如双曲群, 推出了 p_i 的同伦不变性.

问题. 能否有效地用组合术语描述 Γ-马尔可夫商 Z 的局部和整体拓扑? 对于一个给定的 (例如双曲) 群, 我们能够 "分类" 那些作为拓扑流形或者更一般地局部可缩空间的 Γ-马尔可夫商 Z 吗?

例如, 是否可以用它们的 $\mathbb{Z}$-马尔可夫商表示的组合来描述经典的安诺索夫系统 Z? Z 是拓扑流形这个假设有多严格? Z 中周期点局部动态的拓扑结构在多大程度上限制了 Z 的拓扑结构? (例如, 我们希望将伪安诺索夫曲面的自同构整合到总体构图中.)

看起来, 正如双曲群的情形, 随着拓扑维数和/或局部拓扑连通性的增加, (不可约)$\mathbb{Z}$-马尔可夫商变得更加稀缺/刚性/对称.

除了有限集之外, 还有关于范畴 $\mathcal{M}$ 上的有趣的 Γ-马尔可夫商吗? 例如, 对于 $\mathbb{Z}$ 上的代数簇的范畴, 有没有满足 $\mathbb{F}_{p^i}$-点构成的空间具有非平凡 (比如正维数的) 拓扑的对象?

脂质体和胶束是被水包围的膜的表面, 其由定向正交于膜表面的棒状 (磷脂) 分子组装, 亲水的 "头" 面向细胞的外部和内部, 而疏水的 "尾部" 埋入膜内.

这些曲面满足某些相当一般性的偏微分方程 (见 [30]). 如果我们将水加热, 膜会溶解: 它们的组成分子变得 (几乎) 随机地分散在水中; 然而, 如果我们冷却水, 它们所满足的解、曲面和方程就会重新出现.

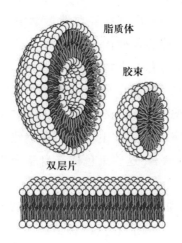

脂质体

胶束

双层片

问题. 是否存在将统计集 $\mathcal{S}$ 与 PDE 的几何系统 S 相关联的 (拟) 正则的方式, 使得方程在低温 T 下出现并且还可以通过 T 中的一些 "解析延续" 从 $\mathcal{S}$ 的高温状态的属性中读出?

在背景空间中的脂质体和胶束的结构, 比方说 W, 由与表面 $X \subset W$ 垂直的 "某些东西" 构成, 让人联想到法丛由映射 $f_\bullet : W \to V_\bullet$ 生成的子流形的托姆 – 阿蒂亚表示, 这里 $V_\bullet$ 是某个空间 X_0 上向量丛 V_0 的托姆空间, 流形 $X = f_\bullet^{-1}(X_0) \subset W$ 的法丛由丛 V_0 所诱导.

这些 "一般映射" $f_\bullet$ 的空间看作是单个的 "确定性的" 脂质体 X 与其高温随机化之间的中间体. 我们能使这个清晰吗?

庞加莱 – 斯特蒂文特 (Poincaré-Sturtevant) *函子*. 大脑知道的关于空间几何的所有内容都是由我们的感觉器官传递给它的电脉冲流 S_{in}. 浏览我们的数学手稿的外国人直接感受到的东西, 是纸上的符号流, 比如说 G_{out}.

是否存在从感官输入到数学输出的自然类函子变换 $\mathcal{P}$, 即 "流的空间" 之间使得 $\mathcal{P}(S_{in})$ "=" G_{out} 的映射 $\mathcal{P} : \mathcal{S} \to \mathcal{G}$?

因为既不知道我们的 "流的空间" 是什么, 也不知道等号 "=" 的含义是什么, 所以要恰当地陈述这个问题并不容易.

然而, 这是一个基本的数学问题, 庞加莱指出了这个问题的解决方案 (以较弱的形式) [59]. 此外, 我们都见证了大脑解决这个问题的方法.

这类的更简单的问题出现在经典遗传学中.

通过观察同一物种的各种代表的表型 (没有可用的分子生物学), 我们可以得出什么样的有关生物体基因组几何的结论?

这个问题在 1913 年, 早在分子生物学和 DNA 的发现出现之前, 被 19 岁的阿尔弗雷德 · 斯特蒂文特 (Alfred Sturtevant) (当时是摩尔根 (T. H. Morgan) 实验室的一名学生) 解决, 他重建了黑腹果蝇染色体上 的一组基因上的线性结构, 这些染色体来自基因连锁空间的概率测度 样本.

在这里, 数学更加明显: 空间 X 的几何由类似于 X 中子集的集 合上的测度表示出来. 然而, 在这两种情况下, 我都不知道如何阐述 明确的数学问题 (比较 [29], [31]).

谁知道流形将流往何处?

§12 致谢

我想感谢安得烈 · 拉尼奇 (Andrew Ranicki) 在编辑本文最后一稿 上的帮助.

参考文献

[1] P. Akhmet'ev, Geometric approach to stable homotopy groups of spheres, The Adams-Hopf invariants, Fundam. Prikl. Mat., 13:8, 3-15, (2007).

[2] M. Atiyah, Thom complexes, Proc. London Math. Soc. (3) 11, 291-310, (1961).

[3] M. Atiyah, I. Singer, The Index of Elliptic Operators on Compact Manifolds, Bull. Amer. Math. Soc. 69: 322-433, (1963).

[4] D. Barden, Simply connected five manifolds, Ann. Math., 82, 365-385, (1965).

[5] M. Bertelson, Topological invariant for discrete group actions, Lett. Math. Phys. 62, 147-156, (2004).

[6] S. Buoncristiano, C. P. Rourke, B. J. Sanderson, A geometric approach to homology theory, London Mathematical Society Lecture Note Series, no. 18, Cambridge Univ. Press, (1976).

[7] M. Boyle, Open problems in symbolic dynamics, url http://wwwusers. math.umd.edu/ mmb/open/, (2008).

[8]　W. Browder, Homotopy type of differentiable manifolds, Colloq. Algebraic Topology, 42-46, Aarhus University, (1962). Reprinted in "Novikov conjectures, index theorems and rigidity, Vol. 1 (Oberwolfach, 1993)", 97-100, LMS Lecture Notes 226, (1995).

[9]　E. Brown Jr., The Kervaire invariant and surgery theory, www.math. rochester.edu/u/faculty/doug/otherpapers/brown2.pdf.

[10]　J. Cheeger, Spectral geometry of singular Riemannian spaces, J. Differential Geom. V. 18. 4, 575-657, (1983).

[11]　J. Cheeger, M. Gromov, On the characteristic numbers of complete manifolds of bounded curvature and nite volume, Differential geometry and complex analysis, H. E. Rauch Memorial Volume, Springer-Verlag, Berlin, (1985).

[12]　A. Chernavskii, Local contractibility of the group of homeomorphisms of a manifold, Math. USSR Sb. , 8 : 3, 287-333, (1969).

[13]　M. Davis, Poincaré duality groups, from: "Surveys on surgery theory, Vol. 1", Ann. of Math. Stud. 145, Princeton Univ. Press, Princeton, NJ, 167-193, (2000).

[14]　M. Davis, The Geometry and Topology of Coxeter Groups, London Mathematical Society Monographs, Princeton University Press, (2008).

[15]　S. Donaldson, An Application of Gauge Theory to Four Dimensional Topology, Journal of Differential Geometry 18 (2): 279-315, (1983).

[16]　P. Eccles, Multiple points of codimension one immersions of oriented manifolds, Math. Proc. Cambridge Philos. Soc. 87, 213-220, (1980).

[17]　P. Eccles, Codimension one immersions and the Kervaire invariant one problem, Math. Proc. Camb. Phil. Soc. 90, 483-493, (1981).

[18]　S. Eilenberg, Cohomology and continuous mappings, Ann. of Math., 41, 231-251, (1940).

[19]　Y. Felix, S. Halperin, J.-C. Thomas, Rational homotopy theory, Springer, (2001).

[20]　D. Fried, Finitely presented dynamical systems, Ergodic Theory and Dynamical Systems, 7, 489-507, (1987).

[21]　D. Fuks, Classical Manifolds, In Topology-1, Sovr. Probl. Math. Fund. Napr. (Itogi. Nauki-Tech.), M., VINITI, (1986).

[22]　M. Furuta, Homology cobordism group of homology 3-spheres, Invent. Math. 100, 339-355, (1990).

[23]　A. Gaifullin, The construction of combinatorial manifolds with prescribed sets of links of vertices, Izvestiya RAN: Ser. Mat. 72:5, 3-62, (2008).

[24]　A. Gaifullin, Conguration spaces, bistellar moves, and combinatorial for-

mulae for the first Pontryagin class, Tr. Mat. Inst. Steklova, Volume 268, 76-93, (2010).

[25] M. Gromov, On the number of simplices of subdivisions of nite complexes, Mat. Zametki, 3:5, 511-522, (1968).

[26] M. Gromov, Hyperbolic manifolds, groups and actions, Ann. Math. Studies 97, 183-215, Princeton University Press, Princeton, (1981).

[27] M. Gromov, Positive curvature, macroscopic dimension, spectral gaps and higher signatures, Functional analysis on the eve of the 21st century, Vol. II , 1-213, Progr. Math., 132, Birkhauser, (1996).

[28] M. Gromov, Spaces and questions, Geom. Funct. Anal., Special Volume, Part I:118-161, (2000).

[29] M. Gromov, Mendelian Dynamics and Sturtevant's Paradigm, in "Geometric and Probabilistic Structures", Contemporary Mathematics Series v. 469, (ed, Keith Burns, Dmitry Dolgopyat and Yakov Pesin), 227-242, American Mathematical Society, Providence RI, (2007).

[30] M. Gromov, Crystals, Proteins, Stability and Isoperimetry, Submitted to Bulletin of AMS, (2010), http://www.ihes.fr/~gromov/PDF/pansu-crystals-isoper.pdf.

[31] M. Gromov, Structures, Learning and Ergosystems, www.ihes.fr/~gromov /PDF/ergobrain.pdf.

[32] R. Hamilton, Three-manifolds with positive Ricci curvature, J. Differential Geom. Volume 17, Number 2, 255-306, (1982).

[33] A. Haefliger, Plongements direntiables de variétés dans variétés, Comment. Math. Helv. 36, 47-82, (1961).

[34] A. Haefliger, Knotted $(4k-1)$-spheres in $6k$-space, Ann. of Math. (2) 75, 452-466, (1962).

[35] B. Hasselblatt, Hyperbolic dynamical systems. Handbook of Dynamical Systems 1A, 239-319, Elsevier North Holland, (2002).

[36] H. Hopf, Abbildungsklassen n-dimensionaler Mannigfaltigkeiten. Math. Annalen 96, 225-250, (1926).

[37] M. Hill, M. Hopkins, D. Ravenel, On the non-existence of elements of Kervaire invariant one, www.math.rochester.edu/u/faculty/doug/kervaire–082609.pdf.

[38] W. Hurewicz, Beiträge zur Topologie der Deformationen I-II, Proc. Ned. Akad. Weten. Ser. A , 38, 112-119; 521-528, (1935).

[39] M. Kervaire, J. Milnor, Groups of homotopy spheres, I Ann. of Math., 77:3, 504-537, (1963).

[40] R. Kirby, L. Siebenmann, Foundational Essays on Topological Manifolds,

Smoothings and Triangulations, Ann. of Math. Studies 88, (1977).

[41] M. Kreck, Differential Algebraic Topology, Graduate Studies in Mathematics, Volume 110, (2010).

[42] N. Levitt, C. Rourke, The existence of combinatorial formulae for characteristic classes, Trans. Amer. Math. Soc. 239, 391-397, (1978).

[43] D. Lind, B. Marcus, An introduction to symbolic dynamics and coding, Cambridge University Press, (1995).

[44] N. Martin, On the difference between homology and piecewise-linear bundles, J. London Math. Soc. (2), 6:2, 197-204, (1973).

[45] W. Massey, Proof of a conjecture of Whitney, Pacic J. Math. Volume 31, Number 1, 143-156 (1969).

[46] B. Mazur, Stable equivalence of differentiable manifolds, Bull. Amer. Math. Soc. 67, 377-384, (1961).

[47] B. Mazur, Bernoulli numbers and the unity of mathematics, www.math.wisc.edu/~boston/Bernoulli.pdf.

[48] J. Milnor, On manifolds homeomorphic to the 7-sphere, Ann. of Math. (2) 64 (1956) 399-405, (1956).

[49] J. Milnor, Two complexes which are homeomorphic but combinatorially distinct, Annals of Mathematics 74 (2): 575-590, (1961).

[50] J. Milnor, J. Stashe, Characteristic classes, Princeton Univ. Press, (1974).

[51] A. Mishchenko, Innite-dimensional representations of discrete groups, and higher signatures, Math. USSR-Izv., 8:1, 85-111, (1974).

[52] A. Nabutovsky, Combinatorics of the space of Riemannian structures and logic phenomena of Euclidean Quantum Gravity, in "Perspectives in Riemannian Geometry", ed. by V. Apostolov et al., CRM Proceedings and Lecture Notes, vol. 40, 223-248, AMS, Providence, RI, (2006).

[53] A. Nabutovsky, S. Weinberger, The fractal geometry of Riem/Diff, Geometriae Dedicata 101, 1-54, (2003).

[54] S. Novikov, Homotopy equivalent smooth manifolds I, (In Russian), Izv. Akad. Nauk S.S.S.R. ser. mat. 28 (2), (1964), 365-474. Also, Translations Amer. Math. Soc. 48, 271-396, (1965).

[55] S. Novikov, On manifolds with free Abelian fundamental group and their application, Izv. Akad. Nauk SSSR, v. 30, N 1, 207-246, (1966).

[56] S. Novikov, Topology. 1 : General survey, Berlin etc.: Springer, 1996. - 319 c. (Encyclopaedia of mathematical sciences). Per. izd.: Itogi nauki i tekniki, Sovremennye problemy matematiki, Fundamental'nye napravleniya..., Topologiya... - Moscow.

[57] G. Perelman, Ricci flow with surgery on three-manifolds, arXiv:math.DG/

0303109, (2003).

[58] S. Podkorytov, An alternative proof of a weak form of Serre's theorem, J. of Math. Sci. vol 110, No.4 2875-2881, (2002).

[59] H. Poincaré, Science and hypothesis, London and Newcastle-on-Tyne: The Walter Scott Publishing Co., (1905).

[60] L. Pontryagin, Classication of continuous transformations of a complex into a sphere, Dokl. Akad. Nauk SSSR , 19, 361-363, (In Russian), (1938).

[61] L. Pontryagin, Homotopy classication of the mappings of an $(n + 2)$-dimensional sphere on an n-dimensional one, Dokl. Akad. Nauk SSSR (N.S.) 70, 957-959, (Russian), (1950).

[62] A. Ranicki, M. Weiss, On the construction and topological invariance of the Pontryagin classes, arXiv:0901.0819, (2009).

[63] V. Rokhlin, Summary of results in homotopy theory of continuous transformations of a sphere into a sphere, Uspekhi Mat. Nauk, 5:6(40), 88-101, (1950).

[64] V. Rokhlin, New results in the theory of 4-dimensional manifolds, Dokl. Akad. Nauk. SSSR 84, 221-224, (Russian), (1952).

[65] V. Rokhlin, On Pontrjagin characteristic classes, Dokl. Akad. Nauk SSSR 113, 276-279, (1957).

[66] V. Rokhlin, A. Schwarz, The combinatorial invariance of Pontryagin classes, Dokl. Akad Nauk SSSR, 114, 490-493, (1957).

[67] C. Rourke, Essay on the Poincaré conjecture, http://msp.warwick.ac.uk/~cpr/.

[68] A. Russon, Orangutans: Wizards of the Rain Forest, Key Porter books, (2004).

[69] J-P. Serre, Homologie singulière des espaces fibrés, Applications, Annals of Mathematics, 54 (3): 425-505, (1951).

[70] J. Simons, Minimal varieties in riemannian manifolds, Ann. Math. 88, 62-105, (1968).

[71] S. Smale, Generalized Poincaré's conjecture in dimensions greater than four, Ann. of Math. (2) 74, 391-406, (1961).

[72] S. Smale, On the structure of 5-manifolds. Ann. Math., 75, 38-46, (1962).

[73] J. Stallings, Polyhedral homotopy-spheres, Bull. Amer. Math. Soc. Volume 66, Number 6, 485-488, (1960).

[74] D. Sullivan, Hyperbolic geometry and homeomorphisms, Geometric Topology., Proc. Georgia Topology Conf., Athens, Ga., Academic Press, New York, 543-555, (1977).

[75] A. Szücs, Cobordism of singular maps, Geometry and Topology 12, 2379-

2452, (2008).

[76] A. Szùcs, A geometric proof of a theorem of Serre on p-components of $\pi_{n+k}(S^k)$, Periodica Matematica Hungarica, 29: 9-13, (1977).

[77] R. Thom, Quelques proprietes globales des variétés différentiables, Commentarii Mathematici Helvetici 28: 17-86, (1954).

[78] R. Thom, Les classes caractéristiques de Pontrjagin des variétés triangulées, Topologia Algebraica, Mexico, 54-67, (1958).

[79] W. Thurston, The geometry and topology of 3-manifolds, Princeton lecture notes (1978-1981).

[80] C. T. C. Wall, Surgery on compact manifolds, Mathematical Surveys and Monographs, 69 (2nd ed.), Providence, R.I.: American Mathematical Society, (1999).

[81] H. Whitney, On the topology of differentiable manifolds, from: "Lectures in Topology", University of Michigan Press, 101-141, (1941).

[82] H. Whitney, The self-intersection of a smooth n-manifold in $2n$-space, Ann. of Math. 45, 220-246, (1944).

[83] E. Witten, Monopoles and four-manifolds, Math. Res. Lett. 1 (6): 769-796, (1994).

[84] E. Zeeman, Unknotting combinatorial balls, Ann. of Math. (2) 78, 501-526, (1963).

第七章 晶体、蛋白质、稳定性和等周问题[*]

摘 要

我们试图陈述体现于生物分子组合中的结构模式所建议的若干数学问题. 我们对这些模式必然简略的、在有些地方也过于集中的描述, 是自包含的, 尽管是在一个粗浅的水平上. 细心的读者可能在这里或那里遇到晦涩难懂的叙述; 不过, 在第二次阅读和/或后面的要点中事情会变得更加易懂.

§1 生物学中有数学吗?

日 – 夜, 日 – 夜, 日 – 夜. 夏 – 冬, 夏 – 冬, 夏 – 冬……

这背后的结构是什么. 为了揭示它, 我们要到哪里查看? 是在鸟儿的歌唱里, 在奔腾的溪流中, 还是气候的变幻中?

根据后见之明, 我们知道该怎么做.

仰望夜空, 确定一些光点 —— 在相对不动的星星中缓慢移动的行

---

[*] 原文 Crystals, Proteins, Stability and Isoperimetry, 写于 2010 年 8 月 3 日, 发表于 *Bull. Amer. Math. Soc.* 48, pp. 229–257 (2011). 本章由梅加强翻译.

星 —— 的位置, 想象一下如果从太阳上看它们的轨迹是怎样的, 发明微积分, 猜测行星轨迹所满足的微分方程, 揭示它们的对称性……于是数学奇迹的世界向你开放了: 李群, 代数簇, 辛流形……

现在试试: 生 – 死, 生 – 死, 生 – 死…… 从这里出发我们能到达何处?

"……生命物质, 虽然无法避开目前已建立的 '物理定律', 很可能还涉及迄今未知的 '其他物理定律', 不过, 一旦被揭示出来, 它们就会像前者一样成为科学的整体部分."

1944 年, 埃尔温 · 薛定谔 (Erwin Schrdinger) 在他的书《什么是生命》中写下了上面的话. 显然, 他当时心里想着热力学第二定律的对应物. "其他物理定律" 还未成为现实. 但自 1944 年以来, 生物学有了长足的发展 —— 生命的分子模式已展示在我们眼前, 就像夜空中的星星那样.

但那些将引导我们到新数学世界的光点是什么?

初看上去, 大自然并没有显得特别聪明, 至少可以说她的演化策略并不复杂. 但她在数十亿候选者中做选择, 其选择标准 "适者生存" 之所以看上去简单, 可能是因为我们缺少数学想象力: 巨量的结构进入这个 "适者". 此外, 大自然不会遇上结构性空虚: 所有的物理和化学都可被她利用, 她在分子动力学和催化反应方面十分拿手.

然而, 一位数学家可能认为大自然是笨蛋: 演化的原始突变/选择机制不会产生我们这些数学家窥测不到的任何东西.

但这样一来, 我们不可避免地推断说大自然在最近几百万年中所编造出的人脑也不可能特别聪明: 所有数学, 更准确地说大脑中的数学建造机制, 必定仅限于演化在这个相对很短的时间段中碰上并安装于我们的那些规则.

另一方面, 大自然已经花了更漫长的时间 (以涉及的尝试次数来算) 去发明像细胞和核糖体这样的结构性实体.

(核糖体是由核糖体 RNA 和蛋白质组成的大分子组合, 其直径约为 25 nm 或 2.5×10^{-6} cm. 当一个核糖体沿一个信使 RNA 缓慢移动时, 通过翻译以四个字母 —— 四种碱基 —— 核苷酸分子写在此 RNA 上的遗传信息, 每秒从细胞中的 20(+1) 个氨基酸中合成一个多肽链,

$10 \sim 20$ 个残基. 其中, 一个 RNA 是由碱基组成的几百/几千长聚合链.

通常有很多核糖体并行地翻译同一个 RNA 分子, 它们之间约有 100 或更少的核苷酸; 也可以说是 RNA "爬行" 在一列核糖体中.)

人们可能会猜测, 如果在这些大自然的发明背后没有深远的数学 "东西", 那么不论是细胞还是大脑都不可能有. 但这些 "东西" 是什么呢? 为什么我们这些数学家还没意识到它们?

尽管成就辉煌, 我们对看不见的东西同样盲目. (大自然系统地对我们的头脑隐瞒我们不该知道的东西, 例如我们视网膜上的盲点. 这种隐藏的神经学机制还远未弄清.)

而且, 数学的历史显示, 当我们发明/认识新结构时我们是多么的迟缓, 哪怕它们就展现在我们眼前, 比如说双曲空间. (更近和更相关的例子有: 孟德尔遗传学数学发展的缓慢开端, 斯特蒂文特从基因连锁空间上概率测度的样本重构果蝇染色体上基因集合的线性结构 [13], 其背后一般数学原理的失败识别.)

我们的大脑几乎不能自行产生数学概念, 它需要 "原始结构" 的输入, 而大自然可以提供的倒是很多. 问题在于生物学提供给我们的这个 "很多" 实在是 "太多" 了: 很难决定哪些包含新数学的萌芽, 哪些仅为 "冷藏的偶然" —— 一种不相关的特殊复杂性.

要拒绝不相关的东西, 唯一的办法是首先学习并理解它是什么.

人们必须浏览无数的星星 —— 生物学家所揭示的结构性光点 —— 然后才能识别 "不可缺少的那一个". 当 (如果) 我们找到时, 我们才可能行进在通往新数学的漫长道路上.

即使我们未能从大量已知的片段中组装出有条理的结构, 我们也可能对现有数学知识的边界获得更好的认识, 而这由固有数学观点的 "自满之墙" 对我们隐藏起来了.

§2 周期性分子组合

晶体的 $\mathbb{Z}^3$-对称, 即原子/分子尺度的三重周期性, 是阿雨 (René Just Haüy) 在 18 世纪 00 年代后期发现/猜测的. 根据矿物学家的传说, 他是在琢磨一个破裂方解石晶体的碎片时得到这个想法的. (他的《矿物学》出版于 1801 年.)

但为什么会对称? 当你摇动一个大盒子里的土豆时, 它们不太可能同时排列为某种对称的物体; 然而, 这发生在很多大的土豆形状的分子上, 比如说肌红蛋白(见下图) —— 一种蛋白质, 其直径大约为 3 nm 的分子 (1 nm $= 10^{-3}$ μm $= 10^{-7}$ cm $= 10^{-9}$ m), 由大约 2000 个原子组成 —— $2 \sim 3$Å-球 (1 Å $= 0.1$ nm).

(肌红蛋白在肌肉中存储氧; 它包括一个金属有机物血红素基团和一个束缚 O_2 的铁原子.

肌红蛋白的 3D 结构是约翰·肯德鲁 (John Kendrew) 在 1958 年用 X 射线衍射分析法所破解的首个蛋白质结构.

X 射线的衍射给出的仅仅是晶体中电子密度的傅里叶变换的振幅; 对于从衍射图像中抽取 Å-尺度单个分子的信息来说, 晶体的周期性是关键; 这涉及许多非平凡的数学和非数学思想, 见维基百科中 "X 射线晶体学" 条目.)

对称是如何发生的呢? 最容易的解释是分子组装中的螺旋对称 [8], [7], [21], [25]. 假设同一种类 M 中的两个分子 (子) 基以某种一个粘 (泊) 在另一个上的方式优先结合在一起 (即对这样一对分子其结合能量存在唯一最小值, 与其他局部最小值有足够的区分). 在欧氏空间 $\mathbb{R}^3$ 中如果 $M_1 \vDash M_2$ 是一对如此结合的分子, 则存在 $\mathbb{R}^3$ 中 (通常唯一) 的等距变换 T 将 M_1 移为 M_2.

根据一个初等定理, 这样的 T 可分解为绕 $\mathbb{R}^3$ 中某根轴 L 的旋转再加上沿 L 的平移. 如果拷贝 $M_1, M_2 = T(M_1), \cdots, M_n = T(M_{n-1})$ 不重叠, 则 M 的 n 个拷贝组成的链, 记为 $M_1 \vDash M_2 \vDash \cdots \vDash M_n$, 在围绕 L 的空间中形成螺旋状, 它提供了 n 分子系综结合能量的最小值. 即使只是局部最小, 此最小值也有相当大的吸引盆地 (这需要证明), 从而运动学上很有可能做成螺旋排列.

螺旋对称 (α-螺旋) 在蛋白质中十分普遍, 1951 年它由鲍林 (Pauling)、科里 (Corey) 和布兰森 (Branson) 基于氨基酸的结构和蛋白质中氨基酸 (残基) 之间肽键的平面性所确定. (蛋白质常出现的另一模式, 称为 β-褶板, 显示出 $\mathbb{Z} \oplus \mathbb{Z}$ 对称, 见第 5 节.)

DNA 分子亦具有螺旋对称性. (已经发现了 DNA 双螺旋的三种形式.) 一个 DNA 螺旋由两个长链聚合物通过氢键结合而成, 其中每一条链均由四种碱基 —— 核苷酸 (腺嘌呤, 鸟嘌呤, 胞嘧啶, 胸腺嘧啶, 每种都包含 15 ± 1 个原子) 组成, 类似于组成 RNA 的碱基.

细胞中的 DNA 很长, 它们的空间形态远非度量 $\mathbb{Z}$-对称的, 即使 DNA 中键的模式是严格 $\mathbb{Z}$-周期的. 这是由某种类似于 α-螺旋的键的弹性所导致的. (例如人类 DNA 包含约 2.5×10^8 个基本对, 如完全展开的话约有 10 cm 长, 被打包成细胞中约 10 μm 的染色体.)

另一类螺旋 —— 形成一个长大约为 300 nm ($= 3 \times 10^{-5}$ cm), 直径大约为 $15 \sim 20$ nm (具有相当刚性) 的杆状病毒颗粒 —— 就是由 2130 个外壳蛋白分子组成的烟草花叶病毒衣壳 (外壳). (想象一下人们怎

样得到这个 "2130", 或查阅 [17], [3], [32], [19].)

(1892 年德米特里·伊万诺夫斯基 (Dmitri Ivannovski) 提供了感染烟草植物的一种非细菌性中介的存在性证据, 经过精细过滤后感染仍然存在.

1935 年温德尔·斯坦利 (Wendell Stanley) 分离并使病毒结晶, 发现它在结晶后仍具活性.

1939 年古斯塔夫·考斯奇 (Gustav Kausche)、埃德加·范卡特 (Edgar Pfankuch) 和赫尔穆特·拉斯卡 (Helmut Rusha) 得到了病毒的电子显微图像.

1952 ～ 1954 年詹姆斯·沃森 (James Watson) 研究了病毒晶体的 X 射线衍射并推断出它的螺旋结构.

1955 年海因茨·弗伦克耳–康拉特 (Heinz Fraenkel-Conrat) 和罗布利·威廉姆斯 (Robley Williams) 证实提纯后的病毒 RNA 和其外壳蛋白能自行组装成活性病毒.)

"生物螺旋" 比起 "纯螺旋" 要 "更对称" —— (几乎) 每一个子基都有三个或更多邻居跟它结合在一起. "生物螺旋" 和非螺旋对称性的起源可通过考虑 3 维空间中刚体运动的 2 维版本来理解.

平面上的一个典型等距同构是以某个角度 α 绕一个不动点的旋转, 其中这个 α 由 M_1 和 M_2 之间的 "束缚角" 所决定. 如果 $\alpha = 2\pi/n$, 其中 n 为整数, 则 M 的 n 个拷贝形成粗略的环形, 它具有 n 重旋转对称性.

于是, 例如, 并非所有的分子单元 M 都能形成 5 重对称组合, 但如果 "束缚角" 是 (平面的且) 与 $2\pi/5$ 差不多, 且束缚略有弹性, 则这种每一个 M 的拷贝都涉及两个 "轻微弯曲" 束缚的组合将成为可能.

回到 3 维欧氏空间 $\mathbb{R}^3$. 如果希望得到一个充分刚性的组合 (例如病毒外壳) V, 其中 M 的每一个拷贝都有两个以上 (比如四个) 邻居, 它们有两种不同的键, 使得 V 容许两个对称性 T 和 T', 则互相结合的分子之间的 "束缚角" 需要满足一定的关系, 与 $2\pi/n$-条件类似但更为复杂.

这些几何关系必须确保所期望的对称群 Γ 中生成元 T 和 T' 之间的代数关系, 其中 Γ 并未事先给定 —— 它伴随着自组装过程并且可能依赖于特定的动力学. 例如, 蛋白晶体的对称, 230 个晶体群中的某一个, 可能依赖于一个给定蛋白质被晶体化的特殊条件 (见维基百科中 "晶体结构" 条目以及 [16]).

等距群 Γ 自身并不决定一个 Γ-对称的组合: Γ 的特定的生成元 $T, T', \cdots$ 是本质的. 例如, 螺旋对称由群 $\Gamma = \{\cdots, T^{-2}, T^{-1}, T^0 = 1, T^1, T^2, \cdots\}$ 所控制, 它同构于 $\mathbb{Z}$-整数加群. 在 "生物" 螺旋中的这个 $\mathbb{Z}$ 由两个或更多生成元, 比如 T 和 T', 再加上关系 $T' = T^n$ 给出, 其中 n 适当地大. 比如对 α-螺旋来说 $n = 4$, 其中 T 和 T' 分别对应于蛋白质中氨基酸残基之间的 (强共价) 肽键和 (弱) 氢键. (有时 $n = 3$, $n = 5$ 的情形在 α-螺旋中极少出现.) 烟草花叶病毒满足 $T' = T^{16}$ 以及 $T'' = T^{17}$. (病毒学家用不同的术语表示这个, 例如参见 [2], [19], [3]; 希望我的解释是正确的.)

RNA核苷酸

蛋白质

另外, 让我们用分子 M 的完全构型空间 $\mathcal{M}$ 来思考, 其中 $\mathcal{M}$ 上有一个作用 A, 或群 Γ 的一族作用. 如果 $\mathcal{M}$ 上一个 (能量) 函数 E 在这些作用下不变, 则在很多情形下人们可以很容易地证明 E 在 Γ-对称构型子空间上的局部最小值也是它在整个 $\mathcal{M}$ 上的最小值.

例如, $\mathbb{R}^3$ 上有一个 9-参数的作用族 A, 它由群 $\Gamma = \mathbb{Z}^3 = \mathbb{Z} \oplus \mathbb{Z} \oplus \mathbb{Z}$ 给出 (其中每一个 A 由 3 个平移生成), 以显然的方式诱导了 $\mathbb{R}^3$ 中分子构型空间 (无限维) 上的作用. 因为分子之间的 (平均) 结合能量在 A 的作用下不变, (三周期) 生物晶体 (视为分子构型空间中的最小值点) 的出现就不显得那么令人惊奇了, 尽管 $\mathbb{R}^3$ 空间中的原始群作用是完全等距群, 其中在一个特殊的分子组合过程中一个特定的离散子群 Γ 出现了.

晶体 (以及更一般的 "空间关联模式"[24]) 已经被物理学家们研究得很多了, 但我怀疑至今是否存在一个结合晶体吸引盆地估计和结晶过程严格定量动力学的综合纯数学模型. 下面是一些问题.

设分子 M 带有有限群 G, 其中 G 位于某晶体群 G 的旋转商中. M 的对称性是如何增强其 Γ-晶体的吸引盆地的?

几种不同种类的分子的混合物是如何结晶的?

例如, 蛋白晶体保有大约 30% 的水分子, 它们在晶体成型中起到了本质的作用 [27].

人们可能会认为 (基于数参数个数), 一种混合物, 比如 M, M' 以及 M'' 按照随机浓度比例 $c : c' : c''$ 混合, 可能不会结晶. 但确实有特殊的比例 $c : c' : c''$ 非常有利于结晶, 特别是如果 M' 和 M'' 比 M 小并且刚好可放入 M-分子之间的空隙中. (我猜这一类的所有事情对晶体学家来说都是已知的 [28], 但最终数学家可能会提出特别有用的东西.)

忘记 "物理晶体" 吧, 一位数学家可能会想知道这样的事: 是否阿代尔群的离散子群也是来自某个巨大 "构型空间" 中的结晶过程?

§3 流体中的晶体: 红血球、脂质体、胶束

红血球 —— 红色血细胞, 血红蛋白的载体 —— 是一个大体上旋转对称的细胞, 有点像一个直径为 6000~8000 nm, 厚度为 1500~1800 nm (以动物细胞的标准来看比较小) 的双面凹圆盘. 红血球的细胞膜 (表面) 是 6 ~ 8nm 厚的双层杆状 (磷脂) 细胞, 它们垂直地排列在细胞膜的表面, 其中亲水的 "头部" 面对外部以及细胞的内部, 而疏水的 "尾部" 埋在细胞膜内. 这种构造表现像弯曲在 3 维空间中的一个不可思议的 (几乎没有惯性的) 2D-流体: 自身内部可自由移动 (保持面积) 但也能抗拒弯曲.

红血球的 (理想) 形状被认为是一个等周问题的解: 考虑 3 维空间中 (闭的单连通) 曲面 S, 给定其面积以及它所包围的区域的体积, 然后求编码了弯曲能量的曲率平方积分的最小值. (见 [15] 以及维基

百科中的 "细胞膜的弹性" 条目.)

在旋转对称的曲面类中, 相应的变分/等周问题是容易的. 但我不肯定极值曲面的旋转对称性是否已经被证明了.

(类似的图像可从胶束和微脂粒液体小滴的球对称形状中看到. 球面是等周问题 的 "解": 它们在包围给定体积的曲面中面积最小.

这归功于蒂朵 (Dido), 按照古希腊和古罗马的文献, 她是在公元前约 900 年建立迦太王国的过程中解决这个 2D-等周问题的. 但有些历史学家怀疑蒂朵是否受到了红血球的影响, 并了解完全对称问题解的对称破缺, 甚至怀疑她能给出 面积/体积$^{2/3}$ 极小解的球面性.)

上述讨论启发了如下几何变分问题.

设 X 为 C^∞-光滑流形, 给定整数 k, 用 X' 表示 X 的 k 维切平面组成的格拉斯曼丛, 定义 $X^{(r)} = (X^{r-1})'$.

设 X 带有 C^∞ 光滑黎曼度量 g_X, 利用切丛 $T(X')$ 的 Levi-Civita 分裂, g_X 和格拉斯曼纤维 $Gr_k(\mathbb{R}^n)$ 中的 $O(n)$-不变度量 g_{Gr} 就在 X' 上定义了一族度量 $g'_{p_0, p_1} = p_0 g_X + p_1 g_{Gr}$, 其中 $p_0, p_1 > 0$.

类似地, $X^{(r)}$ 上有一族度量 g_p^r, 它们以 $p \in P = \mathbb{R}_+^{r+1}$(正锥) 为参数.

每一光滑 k 维子流形 $S \subset X$ 均可提升到 $S^{(r)} \subset X^{(r)}$, 在 g_p^r 下这些提升的 k-体积定义了一个函数 $vol^r : \mathcal{S} \times P \to \mathbb{R}_+$, 其中 $\mathcal{S}$ 表示所有 S 组成的空间, vol^r 视为 $\mathcal{S} = \mathcal{S} \times p$ 上的一族函数 vol_p^r.

vol_p^r 的临界点有哪些?

这些临界点很少会属于 $\mathcal{S}$ 自身, 为了容许某些奇性, 我们必须将 $\mathcal{S}$ 适当地完备化 (关于一个适当的度量或其他东西).

什么是 (最小的) 完备化? 极值 $\mathcal{S}$ 的奇性有哪些?

可能具有奇性的 vol_p^r-极小化子中, 显著的例子就是代数/凯勒流

形 X 中的子簇 S. 很可能 (这好像很容易), 尽管带有奇性, 这些 S 在小的非凯勒摄动下作为函数 vol_p^r 的临界点仍是稳定的. (对非孤立的 S 要适当地理解 "稳定性".)

当 p 在极值 S 的子集中变化时, vol_p^r 的变化有多大? 特别地, 在 P 的边界处它是如何爆破的 (或根本就不爆破)?

如果在 $X^{(i+1)}$ 上使用另一度量, 例如 $X^{(i+1)}$ 的切丛按照从 $X^{(i+1)} \to X^{(i)}$ 上的非 Levi-Civita 联络分裂所给出的度量, 那么该图像如何变化?

对给定的 r 以及 $n \gg r$, $\mathbb{R}^n$ 中超曲面的相应红血球等周 vol^r-问题解的对称性是什么?

如果对 S 使用 l 维 ($l \neq k = \dim S$) 切平面, 比如第一步时 $l = n - 1 = \dim X - 1$, 而不是 k 维切平面, 又会有什么变化?

如果回忆起曲面 S 的物理来源, 那么数学会变得更为复杂. S 充当微胶粒以及类似的胶束的边界 —— 水和疏水物质之间的分界面 (见维基百科中 "类脂双层膜" 条目). 这些可作为渐近无穷维统计系综 (多粒子系统) $\mathcal{SE}$ 的 (低温) 极限, 这些 S (例如极小性, 常平均曲率等) 所满足的几何偏微分方程可从 $\mathcal{SE}$ 的相应几何性质导出.

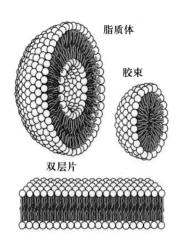

脂质体

胶束

双层片

(在代数/凯勒情形, 一个诱人的想法就是用 X 中一族代数子簇 $S^\perp$ 为这样的系综建模, 其维数 $2m = \dim X - \dim S$, 次数 $D \to \infty$, 并最终横截/正交于 S, 它们扮演的角色是那些杆状脂质分子; 另外, 也可用 $X^{(r)}$ 中类似的横截/正交于 $S^{(r)}(S$ 到 $X^{(r)}$ 的提升$)$ 的子簇, 或 X

中横截/正交于 S 的 (m,m)-流.)

是否可以从另外一边走并找到从某类偏微分方程 $\mathcal{D}$ (和/或 $\mathcal{D}$ 下面的几何结构) 通往 (渐近无限维) 统计系综 $\mathcal{SE}$ 的一个 (几乎) 函子式闸门 (箭头)? 穿过此闸门时能获得对称吗? 在空间 $\mathcal{SE}$ 中是否存在极值 S (随机) 摄动的某种渐近展开?

(很可能, 有些东西在物理文献中出现了, 但我在数学中找不到任何踪迹. 一个拓扑的, 而不是统计的此类 "闸门" 在 [12] 中已提出, 但其应用范围有很大的局限性.)

胶束和微胶粒与晶体之间有何关系?

二者均可视为短程相互作用粒子系统的统计系综的低温极限 (下面将看到这有点过分简化了), 在很多 (但不是所有) 情形一个单一 "粒子" M 可用空间中一个正交归一 (切) 标架表示, 系综的能量则为 $\sum_{ij} E(M_i, M_j)$, 其中 $E : Frame(\mathbb{R}^3) \times Frame(\mathbb{R}^3) \to \mathbb{R}$ 为相互作用函数 (包含动能项和熵项).

而且, 用 "杆子" 去 "填充" S 类似于将 ($\mathbb{R}^3$ 中的) 分子堆叠为晶体. 很可能, 一个 "用杆子对极值曲面的填充" 在 S 去掉一个 "小子集" $\Sigma \subset S$ (最可能 $codim\Sigma = 2$) 上具有组合周期性, 如果杆子截面在平面上的极小填充是稳定周期的.

最后, 假设 "杆子" 是圆柱形的并用具有同样截面的球来代替它们. 这些球 (原来是杆子) 沿 S 的排列 (或不如说是一个小的重排) 维持极值性但不再极小化能量 (由于界定球体的球面有多余正曲率): 能量的相应临界点处的莫尔斯指标将约等于 N —— 参与形成 S 的杆 (或球) 的数目.

就拓扑而言, 这将 "微脂体" S 和晶体放到了同样的地位: 这些曲面 S 与 (无穷小) 球的构型空间上能量的某种极值 (对于晶体而言不是最小) 点有联系. 这和拉里·古斯 [14] 研究过的黎曼流形 X 上的 $\mathbb{Z}_2$-链与 X 中球的构型空间之间 (在几何上) 自然的 (上) 同调耦合相吻合. 此图像不含测度和熵, 但这有可能以某种方式加以弥补.

从 "杆子" 过渡到 "球" 时能量函数有所修正, 这与辛莫尔斯理论中 "多参数/双曲稳定化" 大体相似. 还有, 古斯的 (上) 同调耦合也可在拟全纯曲线和辛流形中互不相交 (辛像) 球的 (构型) 空间之间建立. 这很有用, 例如在证明 "参数辛填充不等式" 的时候, 但这两条辛线索之间的关系尚不明了.

当 "杆子" 的 "本质维数" 严格介于 0 ([14] 中球的情形) 和 $codimS$ (如 [12]) 之间时, 对于 "杆子" 沿 S 的极值排列是否存在一个有意义的图像?

是否存在非欧李群中离散子群的随机扩张/摄动, 就像胶束和微脂粒那样?

是否存在胶束和微脂粒随机模型的辛化版本?

有限特征域上代数簇的子簇有 "微脂粒 – 晶体" 模型吗?

水、氢键以及疏水性. 生物学分子生活在水中并通过弱化学键相互作用 (例如一个吸引另一个).

化学键 (相互作用) 的强度可用破坏它所需要的能量来衡量, 其中一个方便的参考能量是玻尔兹曼的 $\frac{3}{2}kT$ (这里 3 是空间的维数, $\frac{1}{2}$ 来自 $E = \frac{1}{2}mv^2$), 室温 $T = 298$ K $\approx 25°C$ 时, 它是液体 (或气体) 中分子的平均动能 $\frac{1}{2}mv^2$, 不管它们的质量 m 是多少. 例如, 水分子在室温的 (平方) 平均速度约为 650 m/s.

室温 kT 接近于 2.45 kJ/mol $\approx$ 0.6 kcal/mol, 在标准绝对单位下约为 1/40 eV (1 kcal/mol $\approx$ 4.1840 kJ/mol, 1 eV $\approx$ 96.5 kJ/mol, 其中 1/mol $= N_A^{-1}$, $N_A \approx 6.0221415 \times 10^{23}$ 是阿伏伽德罗常数 —— 在当前标准下 12 克碳 ^{12}C 中原子的数目.)

作为比较, 绿光光子携带的能量约为 2.5 eV $\approx 100kT$, 大多数共价键有着类似的能量: 如果不暴露在光线中, 在室温下它们是稳定的. 有水的情况下肽键在此意义下是不稳定的. 事实上当它们断裂 (通过水解, 即当蛋白质合成时拿回它们失去的水分子) 时释放的能量大约为 10 kJ/mol $\approx 4kT$. 但室温下的易断裂由一个 "能量势垒" 所阻止: 在生理条件下水解的半衰期有几百年 [35], [31]. (而且, DNA 和 RNA 中核苷酸单体之间的磷酸双酯键在水中是亚稳的.)

生物分子之间的弱化学键差不多位于 $1 \sim 10kT$ 之间 (有时更多), 其中最强的是所谓的氢键, 这源于带有不规则分布电子之间的静电吸引, 这些电子与分子中特殊氢成分的质子相关联.

相近于 kT 的键不是一成不变的: 通过分子动能交换能量, 它们不停地断裂和热平衡下重现; 并且生物分子 M (比如蛋白质中的氨基酸) 之间的有效氢键经过 M 和水分子之间的氢链而被削弱了.

水分子自身之间的氢键形成了复杂的动态网络, 其中每一个水分子都能与其他 $n = 1, 2, 3, 4$ 个水分子组成氢链, 25°C 时 n 的平均数在 2.3 与 3.6 之间 (由不同的作者所估计). 这使得水的热力学十分奇特.

例如, 相比于其他可比较的物质甚至是更大的原子量, 水 (H_2O, 原子量约为 18) 的沸点相当高 (100°C≈ 373 K): O_2 的原子量约为 32, 沸点约为 90K ≈ –183°C, CO_2 的原子量约为 44, 沸点约为 216K ≈ –57°C. 在纳米尺度下水仍然没有被完全了解.

从集体的角度讲, 弱键可能相当稳定, 比如说室温下折叠的蛋白质. 但是弱键和共价键之间的明显能量间隙对生物分子的功能似乎是本质性的.

(在教科书上水分子之间氢键的能量值约为 5 kcal/mol, 但我既不肯定单个氢键能量的定义是否应该指 $\dfrac{5}{n}$ kcal/mol, 也没有去追查确定氢键能量和自由能量的实验, 后者的含义我还没有完全理解.)

不要认为 kT 太小以至于无须操心: 如果你的蛋白质中的弱相互作用下降 2%, 这将导致你的体温升高约 6K 从而在 43°C ≈ 316K 以上, 你就死定了.

然而, 有些嗜热单细胞生物, 多数是古细菌, 活过的温度高到你所有的蛋白质都会解开. 例如, 从太平洋中一个很深的热口中分离出了一种不可思议的菌株 121, 它在 121°C 时能繁殖, 并且在 130°C 时还能活上几个小时.

但是嗜热水生菌 (其 DNA 聚合酶在商业 PCR 中用来诊断 DNA 扩增) 不是古细菌 —— 它是嗜热细菌.

疏水分子, 比如 (磷) 脂质, 没被 (显著地) 极化, 不与水形成氢键. 不过, 当水中出现这种分子时, 它会破坏水分子之间的氢键; 于是整个系统 "试图" 极小化水和疏水物质之间的界面.

然而, 形成的曲面 S, 比如说胶束的边界, 在光滑曲面类中不是局部最小的, 因为在 S 两侧的水分子没有 (显著地) 穿过 S 相互作用. (局部) 最小性表现为 S 在 $\mathcal{SE}$ 中的不连续随机摄动. S 在 $\mathcal{SE}$ 中的形成并不遵循一条简单的能量梯度曲线. 而是一棵 "梯度树", 有点像河流 (河床) 支流的分叉网络, 沿着它能量往下流. 其中 "分叉" 在物理上由带边曲面实现, 它在晶体生长的图像中扮演了成核点 ("晶种") 的角色 (见维基百科).

所有这些都指向了脂质体和胶束的 vol^r 模型可能的随机扩张/摄动, 但这方面的数学还不存在.

红血球和血红蛋白. 在动物身体的血液中, 红血球携带血红蛋白, 它们能挤过 50000 nm 薄的毛细血管而不发生大的变形. (然而, 高 pH, 高含钙浓度, 暴露到玻璃表面, 减少白蛋白浓度, 以及延长存储时间可使红血球变成锯齿状的, 也称为带有短尖刺的棘红细胞.)

血红蛋白是一种大蛋白质 (大体上成球形, 直径约 6 nm), 由四个结构上相似的非共价地 (弱) 结合在一起的共有 574 个氨基酸 (残基) 的亚基构成. 每一个亚基包含一副以特殊珠蛋白 (超二级) 模式空间上排列的 α-螺旋片段, 它包含一个血红素基团 (带有铁原子的生物分子). 这有助于将氧结合进肺中然后在体内传输, 换取并携带从组织回到肺中的二氧化碳.

从血红蛋白释放的氧在肌肉中与肌红蛋白相结合以在肌肉中储存氧 (为此也含带有铁原子的血红素基团).

氧和血红蛋白的结合是一个积极的合作过程: 当血红蛋白的某个亚基氧化后, 它会引起整个蛋白质的形态变化, 从而导致其他三个亚基对氧增加亲和力. (这是大自然的一个常见技巧: 为了锐化一个对集体类阈值 s^k 的 s-响应, 就使用 "某种东西" 的 k 个拷贝.) 于是, 血红蛋白 (不像单个肌红蛋白) 从在肺中结合氧转换到在肌肉中释放氧, 其中局部氧压下降了约两倍. (这个 "两倍" 比较粗略, 就像海平面和海拔 6 km 的气压之比, 在 6 km 以上呼吸对人类已成问题. 不过, 某些鸟类, 例如某些鹅和鹰, 可在 10 km 以上自在地飞翔, 那里的气压只有海平面上的四分之一.)

血红蛋白占红色血细胞干物质的 97%, 且无须经过复杂的化学提纯. 它是首个被结晶的蛋白质. 1850 年左右奥托·冯克 (Otto Funke) (以及卡尔·赖克特 (Karl Reichert)?) 先用溶剂稀释红色血细胞然后让其缓慢蒸发得到了这些晶体. (大多数纯蛋白质只在特定的条件下和/或修改分子后才会结晶. 血红蛋白分子的对称性可能有利于结晶.)

红血球在较大骨头的红色骨髓中持续产生 (成年人的产生速率约为每秒 250 万或每天 2000 亿), 其成熟形式 (在哺乳动物中) 不含 DNA, 也不合成其蛋白质. 成年人有大约 20 ~ 30 万亿个红血球, 每立方毫米血液中含有约 5 百万个; 每个人类红血球含有大约 2 ~ 3 亿血红蛋白分子.

所有这些只不过是生物学知识海洋中的沧海一粟. 在这个海洋中, 结构从何处而生, 又到哪里结束呢?

§4　病毒中的信息和对称

1956 年, 克里克 (Crick)、沃森 (Watson)、卡斯帕 (Caspar) 和克鲁格 (Klug) 基本上基于数学的理由预言了病毒的二十面体对称性 (如下面透射电子显微镜显微图中的单纯疱疹病毒), 他们的理由部分地建立在病毒晶体的 X 射线衍射分析上 [38], [7].

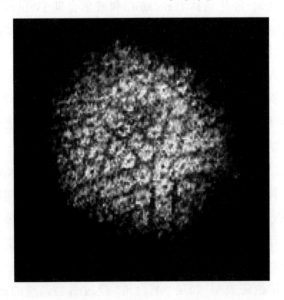

为什么随机突变/选择演化机制会产生那些奇异的对称性?

这背后的物理原因在现在看来应该是明显的: 像晶体一样, 病毒的对称性反映了物理定律的空间对称性, 这一点在 [4] 的第 3 页中指

出来了:

"(病毒的) 自组合与结晶过程类似, 受统计力学定律的控制. 蛋白质亚基和核酸链自发性地结合为简单病毒颗粒, 因为这是它们的最低 (自由) 能量态."

病毒衣壳的对称性并不比蛋白质晶体更诡异, 许多病毒 (例如疱疹类病毒是直径约为 100 nm 的二十面体) 都被人们弄清楚了 [2], [37], [3], [17]. 简而言之, 如果无视对称方程可能有非对称解这一感觉不舒服的事实, 人们可以简单地说既然物理世界是对称的, 对称形式似乎在功能上与非对称形式一样好, 即便不是更好一些. 例如, 人体的双侧对称性有利于行走. (对称性在线性系统中反复出现, 比如说病毒衣壳的小振动 [1], [36].)

上述几何/物理上的考虑表明病毒对称是有道理的但不是非常必然的. 克里克和沃森揭示了病毒壳体 (衣壳) 对称性的决定性原因: 一个病毒需要在其小壳体 (衣壳) 中打包 "最多基因信息", 壳体是由病毒基因所编码的蛋白质构成的.

(部分地基于富兰克林 (Franklin) 和威尔金斯 (Wilkins) 的 X 射线衍射结果, 1953 年克里克和沃森重构了 DNA 的双螺旋结构. 自那以后, DNA 为蛋白质编码的想法就开始流传起来. 伽莫夫 —— 提出大爆炸理论的人 —— 在 1954 年提议说每 20 个氨基酸必定会被一个核苷酸三联组所编码, 因为 $n = 3$ 是不等式 $4^n \geqslant 20$ 的最小解, 其中 4 是 DNA 中不同种类碱基的个数. 伽莫夫是生物学中简单想法变成最终事实的一个令人惊叹的例子.)

的确, 如果一个病毒对其衣壳蛋白使用 DNA (或 RNA) 中 n 个基因, 比方说, 每个对 m 个完全相同的蛋白质分子编码, 则所得病毒衣壳可包含 DNA 的规模约为 $(nm)^{3/2}$. 如果 m 比较大, 这会容许较小的 n, 从而有利于病毒. (小病毒繁殖较快, 因为受侵细胞产生了更多拷贝.)

上述能量论证表明, 如果 "结合角" 经过适当调整的话, 相同拷贝的蛋白分子的存在很可能形成对称组合.

现在, 一个革命性的因素进入这场游戏: 确定对称形式所用的参数要少于功能上差不多的非对称形式. 例如, 一个非对称的分子组合

可能有很多不同的 "结合角", 每一个都需要以某种形式由病毒 DNA (或 RNA) 编码, 而一个对称的形式的这种 "角度" 有很多都是一样的. 这简化了大自然的任务, 因为只需要在一个小一点的竞争性机会池子中做选择. (为了真正言之有理, 必须计算构成对称和相似非对称结构中特定分子/基因的几率.)

许多完全相同拷贝的大型异构 "单元"(比如杂聚分子) 的存在是生命的显著特点. 它们由某些受控放大的通用过程所产生 —— 这是生命系统的另一标志性特点. 基本的例子就是以每秒多达 1000 (对) 核苷酸残基的速率复制 DNA, (以 "模板") 从 DNA 转录到信使 RNA (每秒约 50 个残基), 然后由染色体从信使 RNA 翻译到蛋白质 (每秒约 15 个残基). 另一方面, 点火燃烧或链式核反应则是不受控的放大过程.

抽象地看, 人们对蛋白质分子之间的总束缚能量和 DNA 编码的 "信息/选择代价" 的某种组合做极小化, 但克里克 – 沃森想法的数学演绎仍然悬而未决 —— 过去 3000 年间几何学家所培育的 "等周动物" 没有一个与二十面体病毒相似.

最终, 病毒的对称性依赖于物理空间的几何所施加的结构性约束, 这容许像二十面体这种奇异物体的存在性.

(正多面体由新石器时代人发现, 他们几乎不可能受到病毒的启发. 这些多面体的数学分类由蒂奥泰德 (Theaetetus) 在约公元前 400 年完成. 这些可归功于大脑视觉流程系统过度的数学能力. 然而, 盲目又无脑的病毒早几十亿年前就已经发现了二十面体.)

§5　多肽和蛋白质: 序列、折叠和功能

多肽是由小的基本单位 —— 氨基酸残基 —— 组成的聚合链 $A_1 \vDash_p A_2 \vDash_p A_3 \vDash \cdots$. 有 20 个标准氨基酸; 大多数 (但不是全部) 细胞中的蛋白质都是由这 20 个组成的. (见维基百科中 "蛋白质" 和 "氨基酸" 条目.)

一个链的典型长度为 $100 \sim 300$ 个残基 (然而, 在肌联蛋白 $C_{132983} H_{211861} N_{36149} O_{4883} S_{69}$ —— 可收缩机制组合的粘着模板 —— 中长度可超过 34000 个残基, 它们在骨骼肌肉细胞中十分丰富).

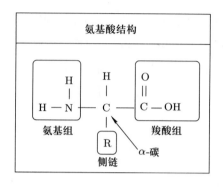

"残基" 是指氨基酸在聚合后的剩余物: 在链中每一个 (除了最后一个) 氨基酸分子的碳原子和下一个氨基酸的氮原子之间形成了较强的共价肽键 $\vdash_p$, 并产出一个水分子.

在聚合的同时, 由染色体及其 "帮手" 在细胞中合成的多肽链 (可以想象, 在天文上可观测的宇宙中形成了最复杂的化学系统) "折叠"成一种十分紧凑的形状, 称为蛋白质, 它由残基之间额外的弱内聚力维持, 主要是疏水 "压力" 和氢键. (20 个氨基酸中的 7 个, 比如色氨酸和半胱胺酸, 较为疏水. 它们倾向于在蛋白质疏水性核心中结成一团以尽量减少与周围水的接触.)

有些蛋白质由几条多肽链组成. 例如, 血红蛋白由四条约 150 个亚基长的链组成.

蛋白质的美既来自自身以及周围特殊种类之中众多的 "小型结构", 也来自未知但已能模糊地感受到的其存在性和性质背后的一般数学原理. 成千的论文在讨论这些 "小东西", 比如谷歌搜索中关于血红蛋白的条目超过 10^6, 而地球上最丰富的蛋白质 RuBisCO 在谷歌中出现的页面大于 25000. (很多此类事情是由亚瑟 · 莱斯克 (Arthur Lesk) 和陈 · 基瑟 (Chen Keaser) 向我解释的.)

氨基酸都是小分子, 其直径约 5Å $(1Å = 0.1nm = 10^{-10}m)$, 其中 20 个标准氨基酸中的 18 个由碳、氮、氧和氢组成, 其余的 2 个 (半胱胺酸和蛋氨酸) 也含有硫. 最小的氨基酸甘氨酸只有 10 个原子, 而最大的氨基酸色氨酸有 27 个原子.

每一个氨基酸都含有 9 原子主链 $H_2N - CH - C - O_2H$ 和一个共价地结合在主链中心碳原子 (称为 C_α 或 C^α) 上的侧链 (R-基团). 作为例外, 脯氨酸有结合在氮原子上的 5-环状侧链.

15 个氨基酸有树状的侧链, 例如 (少量疏水的) 甘胺酸中 R-基团的单个氢, 以及 (轻微疏水的) 丙氨酸中的 CH_3. 另 4 个氨基酸有单环 (边缘带有共价键), 例如脯氨酸. 最大的色氨酸则有两个环.

形式上, 一个蛋白质, 或在此阶段更准确地称为多肽, 可表示为以标记图 —— 氨基酸残基侧链 —— 为字母写在骨干 (它是一个线性图或边缘带有肽键的弦) 上的一个长单词.

脯氨酸

肽键

**水分子从两个甘氨酸氨基酸中
分离出来形成肽键**

肽键

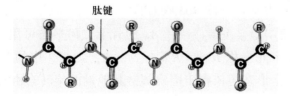

　　蛋白质的线性结构在 1902 年的一个会议上由弗兰兹·霍夫迈斯特 (Franz Hofmeister) 以及几个小时后参与同一会议的埃米尔·菲舍尔 (Emil Fischer) 先后提出, 但很多人怀疑, 热振动出现时为了将这么长的分子维持在一起肽键是否足够强. (在事物的表面, 比如肌联蛋白, 其半衰期一定只有几天. 它在形态上更稳定吗? 它在不停地循环吗? 它的功能需要稳定性吗? 我还没有足够深入地查阅文献.)

　　1955 年弗雷德里克·桑格 (Frederick Sanger) 确定了胰岛素两条多肽链的主/序结构, 1970 年用桑格的方法又给 DNA 和 RNA 测了序, 这标志着 "测序时代" 的开始. (在数学中, 这可与以让 – 皮埃尔·塞尔 (Jean Pierre Serre) 在 20 世纪 50 年代的工作为标志的向代数几何和拓扑学的转向相比较.)

　　(胰岛素是动物胰腺中产生的一种非常小的信使蛋白质, 它被分泌到血液中, 通过与细胞膜上的受体相结合来控制葡萄糖的吸收. 它的两条多肽链分别包含 21 和 30 个残基, 以弱力结合在一起, 并进一步由半胱氨酸残基侧链硫原子之间的三个共价 S–S 键所固定. 在 30-链中有两个半胱氨酸残基, 21-链中有四个; 在后者中一个 S–S 键连接两个残基, 其余的由两个键将两条链桥接在一起. 胰岛素的产生分为两步; 首先细胞合成胰岛素前体, 它是具有 $84 = 21 + 30 + 33$ 个残基的多肽链, 接着那个 33-片段被特定的蛋白质裂解酶所切除.)

　　在多肽链中原子骨干链 (除了末尾省略掉的 O 和 H) 看上去为

$$H_2N - C^\alpha - C' \vDash_p N - C^\alpha - C' \vDash_p N - C^\alpha - C' \vDash_p \cdots$$
$$\vDash_p N - C^\alpha - C' \vDash_p N - C^\alpha - CO_2H$$

肽键 $\vDash_p$ 具有相当的刚性, 其平面角约为 $120°$. 多肽的空间柔性主要来自每一个残基 A 中围绕 $N - C^\alpha$ 和 $C^\alpha - C'$ 键的旋转自由度, 其中由所有可能旋转角组成的 2-环面 $\mathbb{T}^2$ 中的子集 R_A 受 A 中侧链空间约束的限制, 称为拉马钱德兰区域 (图).

　　于是, 链 $A_1 \vDash_p A_2 \vDash_p \cdots \vDash_p A_n$ 的骨干空间形态可用 n 个拉马钱德兰区域笛卡儿乘积 $R_{A_1} \times R_{A_2} \times \cdots \times R_{A_n} \subset \mathbb{T}^{2n}$ 中的点来表示, 尽管多肽的完全形态还依赖于围绕侧链其他键的旋转自由度.

　　大多数天然 (即来自有机体) 多肽在特定的条件下呈现一个独特

(如果被宽泛地理解的话) 的空间形态, 其中本来在链中离得较远的原子由于它们之间的弱相互作用 (键) 而靠近. 除了非共价弱键, 某些蛋白质的稳定性, 比如胰岛素、核糖核酸酶以及很多蛇毒, 由半胱氨酸中硫原子之间的共价 $S-S$ 桥所加固.

牛胰核糖核酸酶 -A (大致上原子地表示为 $C_{575}H_{907}N_{171}O_{192}S_{12}$) 是生物学家实验室中一种常见的酶. 它用到了 20 个氨基酸中的 19 个, 其中八个半胱氨酸参与了四个 $S-S$ 桥以及含有硫原子的四个蛋氨酸残基; 只有色氨酸不在其中. 它有三个 α-螺旋和三个 β-发夹, 其中两个组成了一个四股反向平行 β-褶板 (后面会给出定义).

它由奶牛的胰腺所分泌; 其 RNA 剪切活力直到 100°C 仍是稳定的, 这主要应归于 $S-S$ 键对酶结构的加固. 它参与消化定居在牛胃中微生物所产生的 RNA, 其中共生细菌和原生动物分解了纤维素.

它的 124 个残基的氨基酸序列在 1960 年被确定, 1967 又用 X 射线衍射分析解决了 3D 结构.

生物学家普遍接受如下陈述:

正确确定蛋白质 3 维形态所需要的所有信息都包含在其一级氨基酸序列中. (这些 "所有" "信息" "需要" "正确" 等的数学解释绝不是唯一的.)

在细菌细胞中, 蛋白质折叠必须在最多数分钟内完成, 因为许多细菌的生命周期只有大约 20 分钟.

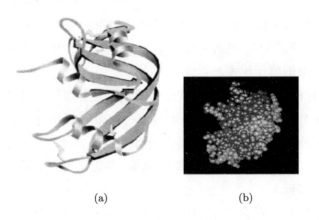

(a) (b)

许多 (大多数?) 长至 $150 \sim 250$ 的蛋白质在经人工加热或用某些化学试剂干扰弱相互作用而解开后, 一旦回归正常条件, 能自发性

地 (有时快到在几毫秒之内) 折叠回天然状态.

(常被强调的一件事就是细胞中的折叠是一个共转译过程: 有些蛋白质自发性地折叠, 但有些则不然, 如果它们从构型空间中随机位置开始或不接触染色体和/或其他协助翻译的蛋白联合体.)

这些事实在 1961 年由安芬森的团队对牛核糖核酸酶-A 加以证实, 其中牛核糖核酸酶-A 降解 RNA 能力的重现曾被作为适当折叠的见证.

(适当地理解) 折叠的唯一性与许多蛋白质晶体形式的存在性相一致, 因为纳米微粒的异质性混合不大可能 (?) 形成晶体. 不过, 关于折叠的普适性、唯一性以及机制都还存在争论.

(生物学 "基本事实" 表述中的歧义和非一致性令数学家感到失望. 例如, 你在文献中找到这样的断言: 胰岛素不能复原 —— 解开后无法折叠; 但有些作者声称 33-链不是集合其他两条链的关键, 在适当的恢复条件下天然胰岛素可从杂乱中生成, 其产出率为 25%, 如果两条链共价地相连的话产出率还可提高到 75%.

但失望可转为喜悦, 如果你想到对有歧义的声明的许多解释容许多种多样的数学发展.)

蛋白质如何折叠. 蛋白质的基本折叠模式称为二级结构, 它们可分成两组: α-螺旋 和 β-褶板; 二者都与蛋白质骨干的 $\mathbb{Z}$-对称性相关联.

20 世纪 30 年代早期, 威廉·阿斯特伯里 (William Astbury) 基于潮湿羊毛或头发经拉伸后其 X 射线纤维衍射发生变化猜测了螺旋结构; 20 世纪 50 年代早期, 鲍林 (Pauling)、科里 (Corey) 和布兰森 (Branson) 求出了详细的原子模型.

(羊毛和头发以及人体皮肤的最外层细胞、指甲以及鸟的羽毛中一种基本成分就是角蛋白. 角蛋白使一群带有螺旋分子的纤维状蛋白质互相缠绕, 其半胱氨酸残基之间有许多 S－S 桥, 从而导致刚性结构. 人类头发中含有约 15% 的半胱氨酸. 燃烧头发产生的典型气味就来自其中的硫.)

典型的螺旋包含约 10 个氨基酸 (约 3 个旋转), 但另一些可能有 40 个以上的残基. 在蛋白质的示意图中, 螺旋常用刚性杆子表示.

尽管螺旋是由骨干残基之间的氢键形成的, 不同的氨基酸序列对

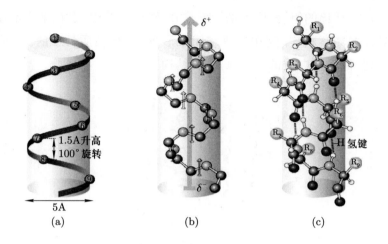

于形成 α-螺旋有不同的倾向.

(例如, 脯氨酸不适合螺旋, 因为它在氮原子处缺少氢键 (和一个氧原子) 所需要的氢原子, 而最小的氨基酸, 甘氨酸明显地瓦解螺旋, 因为其拉马钱德兰区域 $R_{glyc} \subset \mathbb{T}^2$ 相当大, 使得形成螺旋排列中的固定角时熵代价过高.)

蛋白质常规二级结构中的第二种形式 —— β-褶板显示出 $\mathbb{Z} \oplus \mathbb{Z}$-对称. 这样的褶板包含几个平行的或反向平行 (关于骨干链 $H_2N \to \cdots \to CO_2H$ 的方向) 的 β-股, 典型长度为 $5 \sim 10$ 个氨基酸, 横向由氢键相连, 最后形成有褶 (常扭转的) 板. (反向平行的) β-褶板的例子就是发夹弯(见下面的黑白图), 其中两条 β-股在骨干上 (几乎) 相互追随.

(不同多肽链的股线之间的 β-链接常形成不可解的聚合体 —— 淀粉状蛋白, 例如阿尔茨海默症和疯牛病, 其中淀粉状蛋白的类晶体结构尚未被很好地理解.)

β-褶板所定义的组合结构要比 α-螺旋丰富很多: 将股线排列为褶板是某种由骨干的 $\mathbb{Z}$-结构到 $\mathbb{Z} \oplus \mathbb{Z}$-结构的变换. 此变换的组合由骨干 S 中的特殊片段的子集 $\mathcal{S}$ 所决定, 它代表股线和关于顶点集 $\mathcal{S}$ 的图, 其中图的边与褶板中相邻的股线相连, 此外, 这些边被邻居关系所标记, 例如是平行还是反向平行的.

骨干股线带有序结构的这种图 (其自身信息并不丰富) 的联合组合在许多情形显示出树状 (嵌套) 模式 ([5]), 它与在上下文无关的语言中将句子解析为词和词组相似.

除了纯粹的组合, 刚性的 "杆子"(α-螺旋) 和 "板子"(β-褶板) 有相当柔性的环路相连, 这在 3 维空间中形成了 (蛋白质骨干的) 一种特殊排列, 称为蛋白质的超二级/三级结构 [22].

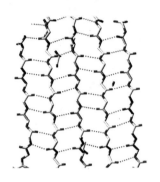

正如亚瑟·莱斯克几次着重向我指出的那样, 人们还是缺乏一种全面的形式语言来描述此类结构. (一种新的数学途径可参见 [30].)

蛋白质结合. 细胞中蛋白质的大多数功能都依赖于一个蛋白质 P 与另一个分子 M 或一类特殊分子类之间的特定结合.

例如, 通过一个结合另一个, 几个蛋白质分子就形成病毒衣壳 (外壳).

信号/信使蛋白质, 比如胰岛素, 会与细胞膜外表上特定的受体相结合.

调节蛋白与 DNA 中几个核苷酸长的片段相结合, 由此增强或抑制 RNA 的转录.

(核心型) 八聚体组蛋白形成 "卷轴", DNA 围绕着它每圈缠绕大约 150 对核苷酸 (又由连接组蛋白加以稳定). DNA 上 30 nm 厚的 "卷轴项链" 最终在 (真核) 细胞中组合为几微米长的染色体. (人类 DNA 在每个细胞中的长度约为 2 m —— 所有细胞中加起来的长度总共有几个光天 (light day) —— 大约是太阳到冥王星距离的十倍.)

蛋白质相当黏, 这是由它们参差不齐的表面上电荷分布的不均匀性所导致的, 它们倾向于非专门性地一个结合另一个. 令人惊奇的是这不会扰乱细胞的正常活力. (电荷分布的特殊形状可将两个粒子之间的总库仑力变成吸引力, 其中粒子可能是中性的, 甚至携带同样符号的非零电荷, 比如都是负的.)

催化. 某些蛋白质, 称为酶, 能使化学反应加速 [9]. (已知细胞中大约有 4000 种此类反应.) 例如, 设 M 是一个原子, 其中某个特定的键是亚稳的: 此键断裂时释放能量, 比如水环境中的氢键或 RNA 中核苷酸之间的磷酸二酯键. 阻止此种断裂自发性地发生的, 或更准确地说使之极不可能发生的, 是一个能量屏障 —— M 的构型空间 Y 中围绕一个亚稳态 $y_0 \in Y$ 的 "山区", 它防止能量流从 y_0 —— Y 上能量函数的局部极值点 —— 流到能量的真正最小值 y_{min}.

催化剂提供了穿越此屏障的通道 (或加宽了已有的非常狭窄和/或非常长的扭曲通道), 它提供了从 y_0 到 y_{min} 的道路. 这可由不同的化学机制 (尚未被完全理解 [18]) 实现.

消化酶分解聚合大分子. 例如, 胃中释放的胃蛋白酶和胰腺中生产的胰蛋白酶在某些氨基酸残基处断开蛋白质中的肽键, 这些残基对特殊的酶来说是特定性的. 而核糖核酸酶在特定位置与 RNA 分子相结合并切断核苷酸残基之间的共价键.

过氧化氢酶包含于那些与氧相接触的生物组织中 (比如你的唾液), 它能将 H_2O_2 分解为水和氧. 这是动力学上完美酶的例子, 它只受基质扩散速率的限制, 其中过氧化氢酶的每一个原子每秒能分解几百万的 H_2O_2 原子. (一旦你向 H_2O_2 的水溶液吐唾液, 液体就开始冒氧气泡.)

什么样的构型空间代表可以刻画这些酶的催化功能?

酶极为擅长它们所做的事: 有些能使反应速度提高 10^{18} 倍. (这说的是乳清酸核苷 5′-磷酸盐脱羧酶 [26]. 注意这种非催化反应 R 的实验测量必定与加速 1000000000000000000 倍后的测量大不相同.)

但是, 催化绿叶和藻类中最常见化学反应中的 RuBisCO, 其效率令人惊讶地低 —— 限制速率的是光合作用中的固碳过程, 它每秒才 "固定" $1 \sim 5$ 个二氧化碳分子 [11], [34].

§6 能量景观和蛋白质问题

设 $X = X(P)$ 为一个给定多肽链 P 在 $\mathbb{R}^3$ 中的构型空间, $E: X \to \mathbb{R}$ 为残基 (原子) 之间弱相互作用能量的 "总和". 能否找到 "基态" $x_{min} = x_{fold}$, 使得其能量最小并对应于折叠蛋白质? (毕竟大自然

在数秒内就能完成, 为何数学家却做不到?)

在此 $X(P)$ 模型中, 折叠过程对应于 E 的下游梯度流, 其中每一个 $x \in X$ 的轨道最终会抵达 $x_{\min}$. 但 E 可能有许多局部极小值点: 其数目像是随 X 的维数以指数形式增长, 而 X 的维数 (大体上) 与 P 中残基个数成正比. 如果是这样, 对大多数 E, 蛋白质不可能以相当快的速度折叠, 即便有的话.

在一个更为现实的模型中, 如果将热起伏考虑进来的话, "浅层"极小值点的问题就会消失 (此时, 从无序多肽链到紧凑形态转变过程中损失的熵也被考虑进来了). 现在, 折叠过程由按照 E 有所偏向的一个随机移动来表示, 其中在时间 Δt 内从点 $x_1 \in X$ 移动到附近点 $x_2 \in X$ 的概率密度正比于 $(\Delta t) \exp \left(E(x_1) - E(x_2) \right)$. (粗略地说, 这对应于将函数 E 光滑化; 从而消除了无关紧要的局部极小值点.)

"基态/折叠态" 由随机流中 $x_{\min} = x_{\text{fold}}$ 的一个 "小" 邻域 U_{fold} 表示, 其中我们的随机移动 "绝大部分" 时间都在 U_{fold} 中, 即对一个 (适当) 小的 $\varepsilon > 0$, 概率大于或等于 $1 - \varepsilon$.

显然, 对某些蛋白质来说区域 U_{fold} 可能会相当大: 相比于蛋白质的尺度 D, 环形 (链中 "非结构" 片段) 中某些残基的位置可能在统计上显著地 (即对不是特别小的 ε) 分布在距离为 d 的范围中, 比如说 $d > 0.1 - 0.2D$. 还有, 一个全面的模型必须考虑水分子的统计动力系统, 特别地, 它对 "折叠力" 的 "疏水分量" 尤为关键.

然而, 人们可能预计到一个 "典型的 E" 会有许多局部极小值点, 其吸引盆地相当宽/深, 以致 x 不断从一个 U 跳到另一个. 换言之, 稳定概率测度 $\mu_{st}(U(1-\varepsilon))$ 等于 $1-\varepsilon$ 的次水平集 $U(1-\varepsilon) = E^{-1}(-\infty, x = x(\varepsilon)) \subset X$ 可能有散布在 X 上的连通分支, 而不是围绕着任何 x_{fold} 局部化. 即便 $U(\varepsilon)$ 是局部化的, 从一个 "随机"$x \in X$ 到达它的时间也可能太长. 必定有关于 E 的某些特殊东西使得它容许 (快速) 折叠.

很难说出更多的东西, 因为我们对于高维空间上 "随机" 函数的次水平集的连通性质 (更不要说高维同调群, 这是有趣的独立问题) 了解不够. 在这方面, 有些东西可由渗流理论提供, 但它关心的是当区域尺度趋于无穷时固定维数空间的极限 (比如, 在格点中), 或与此相反, 只有维数趋于无穷 (如 n 维圈和 n 维立方.)

但是, 在这里, 空间 $X = X(P)$ 的尺度以及它的维数都随 P 的长度 N 而增加, 其中有趣的事在极限中发生的并不多, 而是发生在参数的特定 (大但又不是太大) 值处. (太长的多肽链, 比方说 500 个残基以上, 即使有的话, 也不会折叠成紧凑的蛋白球体, 但有些大蛋白质可能包含几个独立折叠的球形区域, 同时另一些具有纤维状结构, 比如肌联蛋白和角蛋白.)

显然, 骨干自由度既给 X 的尺度做贡献, 也给其维数做贡献, 而侧链的自由度只给 X 的维数做贡献.

如果 X 的尺度相比于 E 的 "波动尺度"(在很大程度上由 E 的梯度的平均值所控制) 较小, 并且 X 的维数比较大, 人们可能会预计到一个 (低能量) 次水平集的唯一较大团组 (连通分支), 它 (在测度意义下) 覆盖了 X 的大部分. (然而, 注意像 $E(x_1, \cdots, x_i, \cdots, x_n) = \sum_i E_i(x_i)$ 之类的事, 其中局部极小点的数目是 $N_{\min}(E) = \prod_i N_{\min}(E_i)$.)

不过, 如果与维数相比 X 很大, 则可以预见随机函数 E 会有很多局部极小点, 其 (可比能量下) 次水平集具有高度不连通性.

在后一情形, 人们不能指望 "一般" 多肽会折叠, 但可以想象某些特殊的多肽会像形成晶体和胶束那样折叠 —— 折叠过程由 $X = X(P)$ 中 "带有支流的河床" 之类的东西引导, 它将梯度流导向 X_{fold}, 其中这种河床 (支流组合) 的特定模式, 比方说 $R = R(P)$, 对应于 P 中特殊 "重要" 残基 (群) 之间的相互作用, 而这些模式是由大自然在演化过程中对 P 中天然蛋白质做的选择 [39], [43], [42], [40]. (对于蛋白晶体的情形, 由结晶学家扮演选择者的角色.)

能否在数学上将这些予以精确化?

对特定蛋白质 (族), 基于其形态和/或化学性质, 能对 R 有所洞见吗?

能否人为地设计蛋白质, 使得可以通过控制 R 使之折叠?

一个更为现实的问题就是去找到一类高维随机类梯度系统, 它可能与真实的蛋白质相去甚远, 但上述数学问题都有正面的答案.

但是无论如何应坚持这个巨大的空间 $X(P)$ 吗? 毕竟, 人们没有实验途径去了解整个 X (即便 "完全 X" 的 "理论存在性" 也是有争议的), 而是 X 关于此空间上特殊观测量 (函数) 的商, 其中 X 上在无

穷短时间 δt 内从一个区域到另一个区域的转移概率所定义的随机动力系统自然地诱导了 X 的每一商空间 Y 上的这种系统. (这显示出 X 可由 X 的可观测量商的投射极限代替.)

特别地, 拓扑空间 X 上函数 E 的次水平集的连通性由这样的商 —— 次水平树 $T = T(X, E)$ 所编码. 它有一个连续映射 $\tau : X \to T$ 以及函数 $E_T : T \to \mathbb{R}$, 使得 $E = E_t \circ \tau$, 其中 τ 所诱导的从 E 的每一个 l-次水平集 (即集 $E^{-1}(-\infty, t) \subset X$) 的连通分支集到 E_T 的 t-次水平集的映射是一对一的.

树 T 上有一个自然度量, 它使 $E_T : T \to \mathbb{R}$ 在 T 的每一条边上都是等距. 除此之外, 它还有从 X 诱导而来的随机移动的稳定测度.

(事实上, X 上的每一个测度都诱导了 T 上的测度. 一个诱人的想法是利用围绕 P 的残基中简单共价键旋转角测度的乘积, 但我不清楚这有多少意义.)

有多少蛋白质性质, 以及一般的分子组合, 可以用这些树的语言表述?

在这样的树上有一个自然的卷积操作 (结果仍为树), 比如说 $T_1 * T_2$, 它对应于非相互作用系统, 其中 $T_1 * T_2$ 等于 $T_1 \times T_2$ 上能量和 $E_1 + E_2$ 的次水平树. (这推广/改进了 $\mathbb{R}$ 上测度之间的卷积, 如果用水平集代替 E 的次水平集, 那么一种稍有不同的对象 —— 一般的图而不是树就会出现.)

如果系统确实相互作用, 则相应乘积空间上的总能量应写为 $E_1 + E_2 + E_{12}$, 其中相互作用项一般局部化于乘积空间上某个相对小的部分.

例如, 催化剂的效果, 比如说酶, 显然可以用完全构型空间乘积上的这个 E_{12} 来看, 但对此来说 T-商可能太小了.

为了以足够的几何描述酶的催化作用, 完全构型空间的最小商应该是什么? 这在多大程度上依赖于酶 P 的类型?

这些数学问题和物理问题纠缠在一起 [10].

1. 残基 (原子) 之间的弱相互作用能量只有近似的了解: 它们的量子力学推导远远超出了我们的计算能力, 就是直接实验也不能足够精确地确定原子/分子之间的相互作用.

2. 多肽的总相互能量 E 不是成对残基相互作用能量之和.

不过, 即便非二元值和不具有严格可加性, 相互作用能量仍是 (序列组合) 蛋白质 (在给定溶剂中) 的一个相对简单 (已知) 函数, 它很可能以合理的精确度编码大约 $10^4 \sim 10^6$ 比特的信息. (例如, 如果能量是关于成对残基相互作用之和, $E = \sum E_{ij}$, 而我们希望估计的误差最多为 ε, 对具有 N 个氨基酸残基的蛋白质就需要大约 $20^2 \log(N/\varepsilon)$ 比特.) 另一方面, 人们有关于蛋白质 (性质) 的很高吞吐量的数据, 其中每一个实验至少携带 1 比特.

什么是数学上的 "参数拟合" 方法, 当它应用于蛋白质时, 能提供 (有效版本的) 残基间相互作用的总能量吗?

(这样的方法在生物信息中探索过 [39], [43], [42], 但它似乎没有整合已知的生化数据, 比如说关于蛋白质折叠 (解开) 的量热法和/或蛋白质 – 蛋白质的结合, 如蛋白质 – 免疫球蛋白.)

多大比例的多肽链会折叠? 比方说, 长为 N 的氨基酸序列的数目为 $20^N \approx 10^{1.3N}$, 但绝大部分的多肽链很可能根本不能形成哪怕是跟蛋白质有一丁点像的东西. (在英语中, 字母的随机组合也不会成为有意义的句子.)

但有没有什么办法可以描述完全序列空间中那些 "可能的蛋白质" 构成的 "子集"(空间) $\mathcal{P}$? 此空间 $\mathcal{P}$ 的基数是多少?

将长为 N 的 "可能的" 蛋白质序列集合的基数写为 $20^{\sigma N}$, 其中 $0 < \sigma < 1$. $1 - \sigma$ 可视为空间 $\mathcal{P}$ 的 "余维数"(余熵), 其中序列全体空间的 "维数" 归一化为 1. 换言之, $1 - \sigma$ 表示使 P 表现得 "类蛋白质" 时序列所满足的 "方程的个数" 或约束数, 其中折叠倾向是成为 "类蛋白质" 的基本要素.

在现实中, σ 既依赖于 N 也依赖于一个特殊的蛋白质 P —— 对 σ 求值的一个点 $p \in \mathcal{P}$.

完全空间 $\mathcal{P}$ 太大, 不适合从实验上加以研究. 但可以衡量从给定 P 经若干突变后所得到的 P' 的比例, 例如通过将序列中一些残基换成另一些, 使得 P' 仍然折叠.

对天然蛋白质, 这种 "局部" $\sigma(P)$ 的下界可从蛋白质突变比率的数据中提取, 这些数据可通过比较不同生物体中同源蛋白质的序列来

估计 [29], [41]. 即, 设 $r = r(P)$ 为 P 的突变比率, $R = R(P)$ 为 "虚拟突变" 比率, 常称为 DNA 的同义突变, 它不改变相应的氨基酸 (由于基因代码的冗余性). 于是比例 r/R 为 σ 提供了一个合理的下界, 因为突变不仅必须保持折叠, 还要保持 P 的功能.

演化数据暗示, σ ("折叠分量") 的值大约为 1/2 (而不是靠近 0 或 1; 某些病毒基因之间的重叠表明, 对小蛋白质 $\sigma > 2/3$), 但仍不清楚的是, 在不同蛋白质族中变化很大的 r/R 的一个特殊值, 有多少是依赖于折叠类型的 (比如蛋白质的超二级结构), 又有多少是依赖于功能上的约束. (很可能, 可从比较具有相似结构的蛋白质和具有相似功能的突变比率中提取一些信息.)

例如, 某个与几个邻近蛋白质有特别相互作用的蛋白质, 预计有小的比例 r/R, 但这不必影响其 σ 的 "折叠分量". 此比例有时近乎零, 例如组蛋白 H4 (约有 100 个氨基酸残基, 对人和啮齿动物基本一样, 尽管二者分开演化了约 1 亿年 [33]), 于是比例 r/R 的意义值得怀疑.

(这个组蛋白的保存机制显然依赖于精细调整过的与邻近蛋白质和 DNA 之间的结构性关联, 以及还未被完全理解的特定组蛋白功能, 它们比病毒衣壳中易突变蛋白质的复杂很多.)

够有趣的是, 早在 1904 年, G. H. F. 纳托尔 (George Henry Falkiner Nuttall) 就观察到兔子产生的抗体/免疫球蛋白能抗人血蛋白, 也同样能凝结非洲猿的血清 (但对亚洲猿不行), 这显示了相应蛋白质之间的密切相似性, 甚至先于对它们序列的任何认识. 后来比较免疫学被莫里斯·古德曼 (Morris Goodman) 在 1961 年用于建立灵长类之间的演化关系.

然而, 还没有一般 (半数学) 的途径可以结合生化和序列/演化数据去衡量蛋白质的基本结构性性质, 比如反映在 r/R 中的结构性和功能性约束之间的相对地位. (但演化比较系统性地应用在生物信息中, 它通过序列预测蛋白质的构型.)

可以预料到对 σ 的主要贡献可用残基对在链上特定位置之间的相关关系表达, 它们在构型中以某种方式一个影响另一个. 但是在数学上要证明 (甚至是表述) 这一点似乎很困难; 人们也许想去看看高维空间中关于 "随机梯度流" 的 "设计" 和/或 "演化" 的那些更易理解的模型. (很可能, 在渗流理论中有易驾驭的问题模型.)

本文所展示的一切仅仅触及关于晶体、细胞膜、病毒衣壳以及蛋白质的已知 (未知) 东西的表面, 其中理解结构以及蛋白质的分子功能构成了 "测序时代" 主要生物问题解的第一步.

描述箭头基因型 $\rightsquigarrow$ 表现型, 其中 "基因型" 由生物体的基因组给出, 基因组可能被某些表观基因所 "装饰"(例如某些碱基的甲基化以及某些条件蛋白在 DNA 上的位置).

此问题可分为几个部分:

1. 对可作为 "可能生物体" 的活性基因组 G 的序列子集 $\mathcal{G}$ 找到现实 (数学) 描述, 从而确定映射 "$\rightsquigarrow$" 的定义域, 其中此描述必须用序列的语言表述.

在不同的精确度水平上, 可能会有好几个这样的描述, 其中这样的一个描述应该仅为近似, 它在近似/精确度和 "数学简单/复杂度" 之间保持平衡.

对此我们已对单个蛋白质 P 讨论过, 其中一个蛋白质序列和功能由 P 的 DNA 代码所决定 (除了选择性剪接、转录调节以及后转录修正).

2. 形式上描述 "表现型", 让它在不同精确度水平上仅为近似.

这即使对单个蛋白质 P 也是非平凡的, 其中它的 "表现型" 包括 P 的结构 (构型) 以及功能, 在功能中最容易描述的 (但常常最难确定的) 是蛋白质的结合和酶性质.

3. 将 "表现型空间", 或更准确地说此空间的一个重要的 (子) 商, (可能只是近似/统计上) 表示为 (可能稍稍注释过的) 基因空间关于某等价关系的商, 要求用序列的语言对此关系做有效的描述. (这类似于将 "现实世界" 描述为 "语句空间" 关于自然语言的商空间.)

特别地, 定义和计算 "映射 $\rightsquigarrow$ 的冗余度" 的数值大小, 它关联着此映射纤维的基数.

一个特殊和更现实的子问题就是在某个天然蛋白 P 的 "邻域" 中做上面的事. 这里冗余度可用与 P 相近的、能给出与 P 相似的蛋白质 P' 的氨基酸序列集上的等价关系来描述. 特别地, 我们想对映射 $\rightsquigarrow$ 的连续性区域以及在间断点处的跳跃说一些 "有意思的事".

在解决上述问题时, 数学家的角色可能包括设计一种 "参数拟合方案" 以确定与两种类型数据相容 (约束) 的 "数学/逻辑上简单" 的箭头 $\rightsquigarrow$ (或 $\rightsquigarrow$ 的一部分).

A. 关于蛋白质序列、结构和功能的数据 (例如从蛋白质数据库获取的).

B. 关于蛋白质的已知物理/化学 (这些数据需要初步一致的形式表示).

除了以上问题以外, 在分子生物学中还有其他两个带有数学色彩的问题: 高吞吐量实验的组合设计以及描述蛋白质 (和基因组) 的 "模空间".

后者联系着从 "生命的蛋白树" 到蛋白质空间 $\mathcal{P}$ 的映射, 其中缓慢的演化动力学塑造了快速的折叠和酶催化动力学. ("生命之树" 不是一个 "光秃秃的树": 水平基因转移, 嵌合蛋白质的人为构造, 编码蛋白质的 DNA 上基因的位置和数目, 蛋白质之间的相互作用, 等等, 都为此 "树" 添加了额外的结构.)

可以理解地/遗憾地, 我们关于 "蛋白质问题" 的表述思想落在了传统的数学框架中. 但愿解决它们的尝试能将我们引向新的和意外的事情.

斑头雁迁徙经过喜马拉雅时, 可飞至 10 km 的高度, 借助高空急流一天之内可飞 1000 mile (英里). 其血红蛋白可让它们在零下 $50°C$ 且密度只有海平面 25% 的空气中呼吸. 其血红蛋白与其低地近亲的氨基酸有四个不同, 可以说, 只有其中一个替换, 脯氨酸 $\mapsto$ 丙氨酸, 为其血红蛋白亲氧性激增以及高空飞行能力提供了贡献.

这种雁的血液中有两种不同的血红蛋白, 其中只有一种具有提升过的亲氧性; 第二种则为其适应低纬度提供了保障.

更加出人意料的是, 鲁氏秃鹫的血液中有四种不同的血红蛋白[23].

(1973 年 11 月 29 日, 一架飞机在科特迪瓦 11300 m 高空与一只鸟相撞, 这是驾驶员在撞击发生后很快记录下来的. 飞机在阿比让安全着陆, 鸟的残余物经鉴定为鲁氏秃鹫.)

参考文献

[1]　Andersson S, Larsson K, Larsson M. Virus Symmetry and Dynamics, http://www.sandforsk.se/sandforsk-articles/all.all.articles.htm.

[2]　Cann A J. Principles of molecular virology, 4th ed. Amsterdam: Elsevier Academic Press, 2005.

[3]　Casjens S. Principles of virion structure, function & assembly, and Baker J S and Johnson J E, Principles of virus structure determination in Structural Biology of Viruses, Chu W, Burnett R M, Garcia R L Wah Chiu, (eds), 1997; Oxford University Press.

[4]　Caspar D L D Klug A. "Physical Principles in the Construction of Regular Viruses" Cold Spring Harbor Symposia on Quantitative Biology XXVII, Cold Spring Harbor Laboratory, New York, pp. 1-24, 1962.

[5]　Chiang Y S, Gelfand T I, Kister A E, Gelfand I M. New classification of supersecondary structures of sandwich-like proteins uncovers strict patterns of strand assemblage, Proteins, 2007.

[6]　Collision between a Vulture and an Aircraft. THE WILSON BULLETIN, December, 1974, Vol. 86, No. 4, http://elibrary.unm.edu/sora/Wilson/v086n04/p0461?p0462.pdf.

[7]　Conformational Proteomics of Macromolecular Architecture: Approaching the Structure of Large Molecular Assemblies and Their Mechanisms of Action (With CD-Rom) (Paperback) by R. Holland Cheng (Author), Lena Hammar (Editor), 2004, a historical survey by Morgan.

[8]　Crane H R. Principles and problems of biological growth, The Scientific Monthly, Volume 70, Issue 6, pp. 376-389, 1950. (这篇文章经常被提及, 但由于在网上它不是免费的, 我还没有看到.)

[9]　Fersht A. Structure and Mechanism in Protein Science: A Guide to Enzyme Catalysis and Protein Folding, W. H. Freeman & Co Ltd; 3rd Revised edition, 1998.

[10]　Finkelstein A V, Ptitsyn O B. Protein Physics : A Course of Lectures, Academic Press, 2002.

[11]　Griffiths H. Designs on Rubisco, Nature 441, 940-941 (22 June 2006).

[12]　Gromov M. Isoperimetry of waists and concentration of maps, Geom. Funct. Anal. 13 (2003), 178-215.

[13]　Gromov M. Mendelian Dynamics and Sturtevant's Paradigm, In Geometric and Probabilistic Structures in Contemporary Mathematics Series: Dynamics (Keith Burns, Dmitry Dolgopyat, and Yakov Pesin editors), American Mathematical Society, Providence RI, 2007.

[14] Guth L. Minimax problems related to cup powers and Steenrod squares, GAFA 2009, to appear.

[15] Helfrich W, Naturforsch Z. Bending energy of vesicle membranes: General expressions for the first, second, and third variation of the shape energy and applications to spheres and cylinders, Phys. Rev. A 39, 5280-5288, 1989.

[16] Howard M. Introduction to Crystallography and Mineral Crystal Systems, http://www.rockhounds.com/rockshop/xtal/index.html.

[17] John E. Johnson virus assembly and maturation in Folding and self-assembly of biological macromolecules, Westhof E and Hardy N, editors, World Scientific, 2004.

[18] NeetDagger K E. Enzyme Catalytic Power Minireview Series, J. Biol. Chem., Vol. 273, Issue 40, 25527-25528, October 2, 1998.

[19] Klug A. The tobacco mosaic virus particle: structure and assembly, Philos. Trans. R. Soc. Lond. B. Biol. Sci. 1999, March 29; 354(1383), 531-535.

[20] Kolodny R, Koehl P, Guibas L, Levitt M. Small Libraries of Protein Fragments Model Native Protein Structures Accurately, J. Mol. Biol. 323 (2002), 297-307.

[21] Kushner D J. Self-Assembly of Biological Structures, Bacteriol Rev. 33, 302-345, 1969.

[22] Lesk A M. Introduction to Protein Architecture, Oxford University Press, 2000.

[23] Li W H. Molecular Evolution, Sinauer Associates, Sunderland, MA, USA., 1997.

[24] Lukatsky D B. Shakhnovich E I, Statistically enhanced promiscuity of structurally correlated patterns, Physical Review E 77 (2), 020901, 2008; and arxiv.org/pdf/q-bio/0603017.

[25] Mainzer K. Symmetries of Nature , Walter De Gruyter, NY, 1996.

[26] Miller B G, Wolfenden R. "Catalytic proficiency: the unusual case of OMP decarboxylase", Annu. Rev. Biochem, 71: 847-885, 2002.

[27] Nakasako M. Water-protein interactions from high-resolution protein crystallography, Philos Trans. R. Soc. Lond. B. Biol. Sci., 2004, August 29; 359(1448), 1191-1206.

[28] Nanev C N. How do crystal lattice contacts reveal protein crystallization mechanism? Cryst. Res. Technol. 43, No. 9, 914-920, 2008.

[29] Patthy L. Protein Evolution, Blackwell Science, 1999.

[30] Penner R C, Knudsen M, Wiuf C, Ellegaard A J. Fatgraph Models of Proteins, eprint arXiv:0902.1025.

[31]   Radzicka A, Wolfenden R. Rates of uncatalyzed peptide bond hydrolysis in neutral solution and the transition state affinities of proteases, Journal of the American Chemical Society, 1996, Vol.118, No.26.

[32]   Reddi K K. Tobacco mosaic virus with emphasis on the events within the host cell following infection in Advances in virus research, Volume 17, Kenneth Manley Smith ed. 1972-Science.

[33]   Rooney A P, Nei M. Purifying Selection and Birthand-death Evolution in the Histone H4 Gene Family, Molecular Biology and Evolution 19, 689-697, 2002.

[34]   Tabita F R, Hanson T E, Li H. Sriram Satagopan Jaya Singh and Sum Chan, Function, Structure, and Evolution of the RubisCO Like Proteins and Their RubisCO Homologs, Microbiol. Mol. Biol. Rev., 2007, December; 71(4), 576-599.

[35]   Testa B, Mayer J M. Hydrolysis in Drug and Prodrug Metabolism: Chemistry, Biochemistry, and Enzymology, Science, 2003.

[36]   Vliegenthart G A, Gompper G. Mechanical Deformation of Spherical Viruses with Icosahedral Symmetry, Biophys J., 2006, August 1; 91(3), 834-841.

[37]   Virology. http://pathmicro.med.sc.edu/mhunt/intro-vir.htm. Virus Structure.http://www.microbiologybytes.com/introduction/structure.html. Principles of Virus Architecture. http://web.uct.ac.za/depts/mmi/stannard/virarch.html.

[38]   History of Structural Virology. http://virologyhistory.wustl.edu/timeline.htm.

[39]   David Baker lab. http://depts.washington.edu/bakerpg/.

[40]   Andrzej Kolinski group. http://biocomp.chem.uw.edu.pl/.

[41]   Eugene Koonin group. http://www.ncbi.nlm.nih.gov/CBBresearch/Koonin/.

[42]   Olivier Lichtarge lab. http://mammoth.bcm.tmc.edu/.

《数学概览》(Panorama of Mathematics)

(主编: 严加安　季理真)